内陆水体边界测量
原理与方法

王俊 熊明 等 著

中国水利水电出版社
www.waterpub.com.cn
·北京·

内 容 提 要

　　本书着重讲述了内陆水体边界测量的基本理论、方法和勘测技术，并依据山区河流、平原河流、感潮河段、湖泊、水库及特殊类型水体边界的不同特点，结合典型工程的测量实践，对水体边界测量的技术与方法、河床组成的测量分析、数据处理系统及信息管理等内容做了详细的介绍，并对内陆水体边界测量方法与技术进行了展望。书中还包含了作者的生产与科研的经验、知识和成果。

　　本书可供从事水利、测绘工作的技术人员、学者和大专院校相关专业师生阅读参考。

图书在版编目（ＣＩＰ）数据

内陆水体边界测量原理与方法 / 王俊等著. -- 北京：
中国水利水电出版社，2019.2
ISBN 978-7-5170-7164-8

Ⅰ. ①内… Ⅱ. ①王… Ⅲ. ①内陆水域—水文测验—研究—中国 Ⅳ. ①P332

中国版本图书馆CIP数据核字(2018)第273142号

书　　名	内陆水体边界测量原理与方法 NEILU SHUITI BIANJIE CELIANG YUANLI YU FANGFA
作　　者	王　俊　熊　明等　著
出版发行	中国水利水电出版社 （北京市海淀区玉渊潭南路1号D座　100038） 网址：www.waterpub.com.cn E-mail：sales@waterpub.com.cn 电话：(010) 68367658（营销中心）
经　　售	北京科水图书销售中心（零售） 电话：(010) 88383994、63202643、68545874 全国各地新华书店和相关出版物销售网点
排　　版	中国水利水电出版社微机排版中心
印　　刷	北京印匠彩色印刷有限公司
规　　格	184mm×260mm　16开本　24.75印张　587千字
版　　次	2019年2月第1版　2019年2月第1次印刷
印　　数	0001—1500册
定　　价	**125.00元**

前言
FOREWORD

内陆水体是人类赖以生存的淡水资源，是生命之源、生产之要、生态之基。内陆水体边界测量成果是重要的基础地理信息，为水利、交通等涉水工程建设及运行提供技术支撑。受水流运动、泥沙输移等影响，内陆水体边界呈动态变化，对其进行准确测量是世界公认的难题。

目前，陆地和海洋测绘已形成相对完整的标准体系，测量技术较为成熟。然而，内陆水体形态多变、种类众多、组成复杂，测量手段相对落后。

长江水利委员会水文局（以下简称"长江委水文局"）自新中国成立初期开始内陆水体边界测量技术研究，1956 年编制了《河道观测资料整理及初步分析纲要》，首次统一了长江河道观测内业资料整理；1982 年编制了《长江河道观测技术规定》，在长江河道观测单位试行，形成我国第一个特定河流观测的规定；2000 年以后，随着技术的进步，长江委水文局先后主编了《水库水文泥沙观测规范》《河道演变勘测调查规范》《水道观测规范》《水文数据 GIS 分类编码标准》，由水利部颁布实施，初步构成了我国内陆水体边界测量的标准规范体系，指导着我国内陆水体边界测量工作。

2010 年以来，内陆水体边界测量技术研究先后得到国家重点研发计划"多因素影响下长江泥沙来源及分布变化研究"（2016YFC0402301）、水利部公益性行业科研专项经费项目"城陵矶附近蓄滞洪区洪水风险及优化调度研究"（201401021）、"三峡水库运用后荆江河道再造过程及影响研究"（201401011）以及国家重点基础研究发展计划（973 计划）项目"长江中游通江湖泊江湖关系演变及环境生态效应与调控"课题 1"长江中游通江湖泊江湖关系演变过程与机制"（2012CB417001）的资助和支持，项目研究成果"基于 GIS 的内外业一体化成图系统""长江水文泥沙信息分析管理系统"分获 2008年、2005 年湖北省科技进步二等奖，"内陆水体边界测量成套技术"获 2015年度湖北省科技进步一等奖，"长江三峡工程杨家脑以下河段水文泥沙观测关键技术研究"获 2017 年国家测绘科技进步二等奖。

本书是第一本有关内陆水体边界测量的专著，是长江委水文局对数十年来内陆水体边界测量技术的全面总结，是长江委水文局几代科技人员研究成果的结晶。本书共分 11 章。第 1 章为概述，主要界定内陆水体边界及特点，分析了我国内陆水体边界测量的技术现状和难点，提出了需要解决的问题；第 2 章主要介绍内陆水体边界测量的基本原理；第 3 章主要介绍内陆水体近岸地形测量的方法；第 4 章至第 8 章按山区河流、平原河流、感潮河段、湖泊和水库分别介绍了相应水体边界的测量方法以及特殊类型水体边界测量技术；第 9 章主要介绍不同类型水体边界的河床组成测量和分析方法；第 10 章介绍了水体边界测量数据的处理、存储和信息管理的方法；第 11 章总结了内陆水体边界测量方法的进步，对未来的发展进行了展望。

　　本书的第 1 章由熊明、郑亚慧撰写，第 2 章由周儒夫、陈晓敏撰写，第 3 章由刘世振撰写，第 4 章由马耀昌撰写，第 5 章由王华撰写，第 6 章由吴敬文撰写，第 7 章由何坦、毛北平撰写，第 8 章由柳长征、林云发撰写，第 9 章由彭玉明、彭万兵撰写，第 10 章由冯传勇、张志林撰写，第 11 章由熊明、周建红撰写。全书由王俊主持编写，熊明具体组稿、统稿，王俊审定。冯传勇、聂金华、孙振勇参与了全书图表、文字的编辑及校审工作。本书参阅了大量相关文献以及长江委水文局在各阶段的相关研究成果，在此谨致谢意。

　　由于本书涉及面广，未免挂一漏万，不足之处，敬请批评指正。

著者

2018 年 3 月于武汉

目录
CONTENTS

第1章

概　　述

1.1　内陆水体边界的界定

1.1.1　内陆水体边界的定义

生命起源于水，生物的生存离不开水，水是环境中最活跃的自然要素之一，是地表的主要组成物质。地球上的水体占地球表面的绝大多数，其中海洋面积占地球表面积的70.8%，陆地面积仅占地球表面积的29.2%。

水体可分为海洋水体和陆地水体。一般将分布在陆地表面和地下各种形态的水称为内陆水域，包括冰川、地表水和地下水。内陆水体则特指分布在陆地表面的液态水，包括静水、流水和湿地，占地球表面积的4%左右。

内陆水体边界是指与内陆水体接触的、相对稳定的陆地界面或水面。

内陆水体边界可划分为岸边界和底边界。岸边界是指由水体和地表相交所构成的水面，底边界是指承受水压力并与水接触的硬质床面（如岩石、卵石、砂等）或松软床面（如淤泥、浮泥等）。

1.1.2　内陆水体边界的种类

内陆水体一般可分为河流、湖泊、水库等。

1. 河流边界

河流通常指经常或间歇地沿狭长凹地流动的水流，一般由高向低沿河势向下流，一直流入湖泊或海洋。我国流域面积超过 $1000km^2$ 的河流有 1500 余条，主要河流大多发源于青藏高原。长江、黄河、珠江、黑龙江、辽河、海河流入太平洋；雅鲁藏布江、怒江等流入印度洋；新疆部分河流流入北冰洋或流入内陆河。

河流作为水沙的通道，按其流经地区的不同，一般可分为山区河流与平原河流两大类。每一条河流按水文和河谷特性分为上、中、下三段。对于较大的河流，其上游多为山区河流，比降大、流速大，冲刷占优势，岸底边界多为基岩和砾石；位于上游段及下游段之间的中游段，则往往兼有山区河流和平原河流的特性，比降和流速减小，流量加大，冲淤变化不大，边界多为粗砂；下游多为平原河流，比降平缓，流速较小，但流量大，淤积占优势，边界多为细砂或淤泥。对于较小的河流，其自身的上游、中游、下游三段可能均处于山区，也可能均位于平原区。

2. 湖泊边界

湖泊通常指可蓄水的相对封闭的天然内陆湿地。湖泊是全球水资源的重要储藏所，约占淡水储量的52%。我国湖泊众多，其中面积在1km²以上的天然湖泊就有2800多个，著名的淡水湖有鄱阳湖、洞庭湖、太湖、巢湖、洪泽湖等。

（1）内陆湖泊按照成因来说可分为构造湖、火山口湖、冰川湖、堰塞湖、岩溶湖、河成湖、海成湖等。

1）构造湖。由地壳内力作用，包括地质构造运动所产生的地壳断陷、坳陷和沉陷等所产生的构造湖盆，经储水而形成的湖泊，其特点是湖形狭长且水较深，如云南滇池、洱海，青海湖，新疆喀纳湖等。

2）火山口湖。由火山锥顶上的凹陷部分积水形成的湖泊，外形似圆形或马蹄形，火口湖面积不大、湖水较深，如长白山天池即为火山口湖，为我国第一深水湖泊。

3）冰川湖。由冰川挖蚀成的洼坑和水碛物堵塞冰川槽谷积水而成的一类湖泊，新疆阜康天池就是冰川湖泊。

4）堰塞湖。河流被外来物质堵塞而形成的湖泊，堰塞物一般由山崩、地震、滑坡、泥石流、冰碛物、火山喷发的熔岩流和流动的沙丘等形成，如我国的五大连池、镜泊湖即为堰塞湖。

5）岩溶湖。由碳酸盐类地层经流水长期溶蚀而形成岩溶洼地、岩溶漏斗或溶水洞等被堵塞而汇水形成的湖泊，如贵州省喀斯特地形湖泊。

6）河成湖。由于河流摆动和改道而形成的湖泊。它又可分为三类：一是由于河流摆动其天然堵塞支流而成形的湖泊，如鄱阳湖、洞庭湖等；二是由于河流本身被外来泥沙壅塞，水流宣泄不畅形成的湖泊，如苏鲁边界的南四湖；三是河流截弯取直后废弃的河段形成的牛轭湖，如内蒙古的乌梁素海。

7）海成湖。由于泥沙沉积使得部分海湾与海洋分割而成，如杭州西湖。

（2）内陆水体湖泊按类型可分成高山型湖泊（构造湖、火口湖、冰川湖、堰塞湖、岩溶湖）和沉积型湖泊（河成湖、海成湖）。高山型湖泊的边界特征是水深、面积不大，边界组成主要为岩石或大粒径的砂石；沉积型湖泊的边界特点是面积大、水深浅，其边界组成一般为粒径较小的泥沙。

3. 水库边界

水库通常指在山沟或河流的狭口处建造拦河坝形成的人工湖泊。根据水库的平面形态，可将水库分为湖泊型水库和河道型水库两类。

（1）湖泊型水库，一般指在平原、高原台地或低洼区修建的，形状与生态环境都类似于浅水湖泊的水库，或在丘陵地区修建的库容及淹没范围均较大的大型水库。平原地区水库的形态特征是水面开阔，岸线较平直，库湾少，底部平坦，岸线斜缓，水深较浅，如河南省宿鸭湖水库为亚洲最大的平原人工水库。

（2）河道型水库，一般指建造在山谷河流间的水库。水库形态是库岸陡峭，水面呈狭长形，水体较深但不同部位差异极大，上下游落差大。我国的三峡水库及长江上游的水库一般属于河道型水库。

在丘陵地区修建的大型水库，除水面开阔外，其库岸较复杂，水面分支很多，库湾多，且水深较深，这类水库一般面积大、库容大，我国的汉江丹江口水库、新安江水库即为这种类型。

平原型水库因主要位于浅丘及以下的平原地区，其边界组成主要是粒径较小的泥沙颗粒；河道型水库所处海拔较高，其边界往往由岩体或粒径较大的砂石颗粒所构成。

1.1.3　内陆水体边界的特点

内陆水体边界与海洋边界和陆地在特性上有较大不同。

海洋的岸、底边界主要受潮汐、洋流的影响，一般有规律可循。因潮汐过程规律较强，沿海各点的潮汐水位能够准确得到，从而能较为准确地确定岸边界。海洋的底边界受洋流控制，其演变较为缓慢，一般可近似认为底边界基本稳定。

陆地自然状态下主要受侵蚀影响，变化缓慢，可大致认为在一定时间范围内基本稳定，除非受人类活动或突发灾害的影响。但人类活动影响一般是有目的行为，其具有一定的可预测性。

内陆水体边界受影响的因素较多，既受降水、融雪、地下水补给等因素影响导致岸边界的变化，同时也由于水流能量的冲刷、破坏，使得河流的底边界处于随时高速变化之中。内陆水体边界特点如下：

（1）岸边界变化的不确定性。如前所述，岸边界是指水体与地表相交的水面，它包括水面与地表相交的水边线，也包括两岸之间的水表面。众所周知，水边线由所处河段的水位所确定，而水位与降水等各类补给有关，正是由于补给的不确定性，导致水边线是随机的。同时受水流的影响，水面并非处于同一水平面，如弯道水流就会出现明显的横比降，湖泊、水库受周边入汇等影响也会出现纵比降，这些比降的大小与水位流量有直接的关系，流量的不确定性又导致岸边界的不确定性。

（2）底边界变化的不确定性。由于流水的侵蚀、搬运和堆积作用是经常变化和更替的，导致水体的底边界变化是不确定的。河流依靠自身的动能对其边界产生的冲刷、破坏作用，包括冲蚀、磨蚀和溶蚀作用。侵蚀作用的强弱和变化取决于河床水流的强度和组成边界的抗冲能力，而河床水流强度又取决于降水、融雪等外界补给的强弱。正是由于降水、融雪的随机性及不可预见性，导致内陆水体底边界的不确定性。

1.2　内陆水体边界测量简述

1.2.1　内陆水体边界测量作用

内陆水体是人类赖以生存的淡水资源，是生命之源、生产之要、生态之基。防洪减灾、水资源管理、水工程运行、港口与航道建设维护都离不开水体边界信息。

自古以来，人类习惯于沿河而居，如何确保两岸居民的防洪安全是河流治理开发的首要任务。在河流上修建水库、堤防是最重要的防洪工程措施，而开展洪水预报、洪水调度则是主要的防洪非工程措施。但无论是防洪工程措施，还是防洪非工程措施，均需要如水下地形资料等准确的水体边界信息，用于计算水下工程量以及河道的槽蓄容量。若缺乏以上信息或者信息不准确，轻则导致防洪工程量计算不准或洪水预报调度误差，产生一定的经济损失，重则会给两岸居民生命财产带来巨大的伤害。

水电能源是清洁可再生性能源，确定河流开发方案、进行水电站工程的设计与运行都有赖于详细的水体边界测量成果，否则坝址的选择、特征水位的计算、各类库容的确定以及淹没线的处理都将失去依据，造成巨大的资源浪费和经济损失。

沿岸星罗密布的取水口、排水涵闸是两岸居民生活的保障，这些排水设施一般均布置在较为稳定的河岸，否则会因河流的自然变迁或人为影响陷于瘫痪，不能发挥其应有的作用。而分析研究河流演变规律只能依靠水体边界测量成果，没有任何其他信息可以替代。

大江大河一般有通航的要求，因此维护航道稳定、修建码头、港口是最基本的通航措施。正是由于内陆水体边界受泥沙冲淤影响等动态不稳定的特点，使得通航必须要有最新的、准确的水体边界测量成果，任何水底障碍物、航道变迁都会造成船毁人亡的惨剧。

总之，内陆水体边界测量成果是一切涉水工程设计和运行的基础，没有准确、实时的水体边界测量成果，就不可能最有效、可靠地利用水资源，甚至两岸人民的安全都不可能得到保障。

1.2.2　内陆水体边界测量分类

内陆水体边界测量的目的，就是掌握内陆河流、湖泊、水库等水体边界的地形变化及物质组成。因此，内陆水体边界测量的内容主要包括水下地形测量及河床组成分析两个部分，属于测绘科学与水文测量的交叉学科。

水下地形测量是陆地地形测量在水域的延伸，它综合应用了大地测量、水利水电工程测量、地图绘制、水文测验等技术和手段，其发展滞后于测绘技术、水文测量，与测深手段的不断完善紧密相关，经历了点状测量、线状测量、面测量等阶段。

最初的水深测量缘于古人树枝结绳测深，其后演化为测深杆。因测深杆测量水深深度极浅，后又发展为测深锤。这种原始测深方法精度很低、费工费时，属于点状测量。20世纪20年代出现的回声测深仪是利用声波在水中传播速度基本稳定的特性，通过水声换能器垂直向水下发射声波并接收水底回波，利用回波时间来确定被测点的水深。当测量船在水上航行时，船上的测深仪可测得一条连续的水深线（即地形断面），通过水深的变化，可以了解水下地形的情况。采用回声测深仪进行水下地形测量，属于线状测量。

20世纪70年代出现了多波束测深系统和条带式测深系统，它能一次给出与航线相垂直的平面内几十个甚至上百个测深点的水深值，或者一条一定宽度的、全覆盖的水深条带。所以它能精确、快速地测出沿航线一定宽度内水下目标的大小、形状和高低变化，属于面测量。

河床组成分析包括河床物质组成及河床物质粒径组成分析，主要采用在河底采集样本送实验室分析的方式。最初的河床采样是涉水挖掘，因受水深、流态的影响，采样成功率极低。近代测量通过开发各式各样的采样器以适应各种水流，达到采集水底样本的目的。

　　近年来，内陆水体边界测量项目不断发展，按观测目的可分为基本观测和工程观测。基本观测是指以收集国家基础地理信息为目的，在国家统一平面和高程基准上，对部分重点治理流域和湖泊开展的基础测绘工作；工程观测是指服务于涉水工程为目的而开展的工程建设区域的水体边界测量工作，工程观测包括大坝工程观测、护岸工程观测、桥渡工程观测、港口航道测量、港埠码头泵站观测、裁弯工程观测等。

　　按照观测河段类别可分为山区河道、平原河道、潮汐河段、湖泊、水库等水体边界的测量。

1.2.3　内陆水体边界测量难点

　　内陆水体边界测量的难点与内陆水体边界特点相适应。陆地地形除常规利用平高控制进行地形点测量外，如今大都利用航空摄影测量的方法进行，因地形转折可见，其测点的布置或复核较为明确简单，技术难度不高。由于光线难以穿透水体，水下地形就不能简单地进行航空测量或者地形点测量，只能根据不同的河流湖泊特性，采用不同的水下地形测量方法，如对于水流湍急、面积较大的水体则需要采取不同于陆地测量的特殊方法。海洋地形测绘由于洋流等规律性较强，其边界稳定或可预测，故测量方法较为固定。内陆水体边界测量的难点主要体现在以下几点。

　　1. 边界确定困难

　　受上游来水、风力、岸线失稳及潮汐等变化影响，水面与两岸的接触线，即岸边界一般处于实时动态变化之中。由于上述因素绝大多数不可预测，岸边界的测点布置又不可能无限密集，因此岸边界的确定任意性较大。

　　因受河流泥沙运动的影响，水体底部既有临底运动的悬移质又有推移质河床的运动，即水体底边界亦处于不断变化之中。水深测量时，瞬间反射声波的究竟是悬移质、推移质，还是河床质，测深仪器是无法判断的，即水体底边界的确定也有任意性。

　　2. 测量的时效性要求高

　　陆地地形测量一般在相对静止的状态下，可以通过增加测点观测来提高地形精度，一旦失败甚至可以重新补测。而内陆水体边界因其时变特点，决定了测量具有时效性要求，测量工作要在规定的时间期限内完成。一旦错过施测时机，就会失去获得所要求的测量成果的机会，毫无事后补测的可能，与陆上地形测量有明显的差异。

　　3. 边界不可见，精度控制难

　　陆地地形测量可以合理选择地形特征点进行测绘，可较为准确地把握地形变化。水体边界测量由于水体底边界的起伏变化不可见，只能采用断面法或散点法布设测点，因此极大地增加了漏测地形特征点的概率。

　　4. 测量环境复杂，数据需多源获取

　　陆地地形测点的三维坐标一般采用同一种仪器同时获得，而水体边界测量，其测点的平面坐标和水深则采用不同的仪器和方法测得，时间同步性、空间同步性都成为影响测量精度的重要因素。同时水体边界测量却是在运动载体上进行的，测量精度受仪器的安装、载体的姿态变化，平面、水深、水位的采集同步性，船速、动态吃水，水体边界判读等多种因素影响，其技术难度较陆上地形测量复杂得多。

1.3　我国内陆水体边界测量技术现状

1.3.1　内陆水体边界测量技术进展

内陆水体边界测量技术的进步与测绘科学的进步息息相关。测绘科学又分大地测量学、摄影测量与遥感学、地图制图学与地理信息工程、工程测量学、海洋测绘学等五个主要分支学科。随着空间技术、计算机技术和信息技术以及通信技术的发展，测绘科学出现了以全球定位系统（GPS）、遥感（RS）和地理信息系统（GIS）等"3S"技术为代表的现代测绘技术，使测绘学科由传统的手工图解逐步向数字化、信息化发展。

1. 测量方法

20 世纪 50 年代初期，我国内陆水体边界地形测量其平面定位一般采用交会法，该方法每个断面两岸标志均须测定平面位置，辅助工作量大，进度慢。大比例尺护岸水下地形采用纵断面法施测，容易出现漏测深槽及出现空白、重叠现象。至 20 世纪 50 年代末改为三部仪器交会方法计算平面位置，保证了测图精度。1976 年试用步话机现场成图，即在测深的同时，通过步话机传输交会角度，直接在船上成图，首次实现了水体边界地形的现场成图。

20 世纪 80 年代后，基于微波定位仪、GPS 定位系统等新技术、新仪器，长江委水文局先后开发了 CHC-Ⅰ、CHC-Ⅱ、CHC-Ⅲ 等三套河道测绘系统，初步实现了从外业数据采集到内业图廓绘制及注记点高的过程，向水下地形数字测图进了一步，但不能自动绘制等高线。

近年来，随着 GPS 性能与精度的不断提高，由 GPS 定位系统与回声测深仪结合组成DGPS 水下地形测量系统，已在内陆水体边界地形测量中得到普遍使用。通过与不同类型（发射角、精度）回声仪结合，可组合成不同性能的 DGPS 系统，以适用不同地形类观测，如山区性河道、平原性河道和湖泊水库等。DGPS 水下地形测量系统与常规测量相比具有精度高、作业周期短、成本消耗少、劳动强度小等特点，能够全天候工作，不受地形及通视条件的限制，是当前水体边界地形测量的主要手段。

2. 成图作业

在内陆水体边界地形图方面，新中国成立初期我国广泛采用三夹板底图，成图后尚需进行清绘、描图工序。1965 年，我国在长江首次使用聚酯薄膜成图获得成功，可直接用于晒图，节省了描图工序，并便于拼图和保管。20 世纪 80 年代，随着计算机技术的广泛使用，大量成图数据计算等基础工作由计算机完成。20 世纪 90 年代以后，随着计算机辅助设计系统的逐渐完善，为解决聚酯薄膜在使用过程中易出现的问题，1995 年长江委水文局率先研制成功适用于内河水体边界的成图软件，形成了数字测图的雏形与基础。1998年大洪水后，国家加大了水利投入，需大量施测水下地形，诸如清华山维 EPSW、南方CASS、瑞得 RDMS、北京道享 BSV 等数字测图软件相继面世。2000 年以后，随着 GPS、GIS 技术的全面融合，长江委水文局联合清华山维公司研发"基于 GIS 的内外业一体化河道成图系统"，通过提出河道地形测绘与 GIS 相结合的编码体系，定制了结合测绘、水利、地理信息的统一数据标准，依托大型数据库平台，直接对空间数据和属性数据统一管理，首次实现了内陆水体边界地形测绘的内、外业一体化，同时满足 GIS 与地形制图的需求，完全实现了 1∶500、1∶1000、1∶2000、1∶5000、1∶10000、1∶25000、1∶50000 等各种比例尺水下地形模块数据共享，大幅度降低了内陆水体边界测绘中重复劳动现象，极大地降低了生产成本，提高了工作效率。

3. 测量仪器

水体边界地形测量采用的测量仪器一般采用常规仪器进行观测，考虑到内陆水体的复杂性还根据实际情况对有关仪器进行了改进和研制。

20 世纪 90 年代以前，平面控制网和高程控制网分别建立，各成系统。网形是由三角形和四边形来构成，三角点必须设置在制高点以保证点间通视，三角点构成的网形要求具有较强的几何图形，以保证坐标传递时的精度。高程控制网中点与点之间的高差是利用水准仪一站一站测量高差的累计来完成的，因此水准点要选择在地势平坦和交通方便的道路附近，经纬仪、全站仪是控制测量以及陆上地形测量的主要仪器。90 年代以后，随着 GPS 技术的飞速发展，GPS 逐渐成为内陆水体控制及地形测量的主要仪器设备。由于 GPS 空间大地测量对地理条件和作业条件要求较低，GPS 点间无须通视，距离几乎不受限制，对点、网形要求相对较弱，可保证坐标传递的精度，尤其是 GNSS 静态网代替了传统的三角网、导线网，GNSS 测图逐渐代替了传统的平板仪、全站仪测图，水下地形测量中 GNSS 平面定位代替了传统的经纬仪交会法，在提高测量精度的同时也大大地提高了生产效率。

新中国成立初期，我国开始仿制回声测深仪，1956 年 9 月试制成功长江 56 型回声测深仪，该仪器最大测深为 150m，精度±0.2m，适用于江河水库测量。1964—1985 年期间先后研制了 CJ1801 型、CH2 型、南实Ⅰ型、南实Ⅱ型、南实Ⅲ型回声仪，均经水电部鉴定后批准在长江流域或全国使用。

针对回声测深仪效益低下等问题，特别是在 1998 年长江大洪水后，国家大力开展堤防隐蔽工程建设，需要大量水下地形测量成果。这期间，长江委水文局引进了多波束测深系统及旁扫声呐，并开展了适应性研究，极大地提高了水深测量的效益。

4. 河床组成勘测技术

随着三门峡、葛洲坝、三峡水利工程等大型水利枢纽的陆续兴建，为满足水利工程论证、设计及建设需要，有关河床的勘测技术与方法取得了较大进展。1986 年后，在全国泥沙测验技术研究工作组的推动下，特别是 1988 年"河流推移质及床沙测验规范"编写组成立后，对仪器研制与改进、取样方法、河床组成调查等进行了系列试验性研究，取得了较大突破，在河床组成勘测调查、测验手段及床沙的计算、整理等方面，形成了一套完整的、系统的分析方法，并在实际工程应用中取得了丰硕成果。

5. 标准规范

新中国成立初期，我国没有水体边界测量的标准规范，仅在开展水道地形及固定断面测量时临时编写"施测纲要"或"暂行细则"作为依据。1956 年为统一长江河道观测内业资料整理，长江委水文局编制了《河道观测资料整理及初步分析纲要》。1960 年在上述细则规定的基础上修改补充,编制了《长江河道观测技术规定》(草案),在长江河道观测单位试行,由此形成了我国第一个特定河流的规定体系。"文化大革命"期间,规范标准的执行受到很大冲击,直到1977年结合长江河道观测进展情况,重新编制了《长江河道观测技术规定》,经批准后在长江河道观测单位正式执行。由于当时没有统一的国家或行业批准,全国河道部门亦参照该规定执行。

随着技术的进步,自2000年起水利部陆续批准了由长江委水文局主编的《水道观测规范》(SL 257—2017)、《河道演变勘测调查规范》(SL 383—2007)、《水库水文泥沙观测规范》(SL 339—2006)、《水文数据GIS分类编码标准》(SL 385—2007),初步构建了我国内陆水体边界测量的标准规范体系,指导我国内陆水体边界测量。

1.3.2 需解决的关键技术问题

内陆水体边界测量相较于陆地和海洋测绘,测量方法还不完善,测量手段相对落后,还需要突破大量关键的技术难题,主要体现如下。

1. 水面线的精确计算

内陆水体受降水、水位、流量的影响,其水体与陆地的交汇水面线形态多变,水下地形测量的精度取决于测点水位和水深测量精度,测点水位精度异常重要。众所周知,内陆水体受水流运动的影响,水面是倾斜的、非水平面的,测量时受沿岸控制条件及工作量的影响,水位观测又不可能无限密集,因此,如何用有限的水位观测数据计算沿程水面线并保证其有足够的精度,是陆地测量所不涉及的。

2. 水深高精度的测量

内陆水体边界地形测量精度取决于水深测量精度。海洋底边界在一定时间内变化不大,可以认为基本稳定。内陆水体底边界与内陆水体悬移质、推移质的运动以及河床质导致的整体沙波运动息息相关,边界的不确定性会使水深的代表性失真。同时,内陆水体一般水深较浅,水深测量影响因素与海洋明显不同,修建涉水工程所要求的精度高,如何高精度地测量诸如河流、湖泊、水库等不同类型的水深,亦是急需解决的问题。

3. 人员不能到达水域的测量

我国西部河流河谷呈现高山深谷地貌,峡谷深切,许多地方测量人员无法到达水边立尺观测。对于内陆水体边界测量而言,没有岸边界的水位成果,其依赖于水位、水深的底边界成果将毫无意义。如何在人类无法涉足的水域测量水位等成果,是解决西部无人区内陆边界测量的关键性问题。

4. 河口地区高程与深度基准转换

内陆与海洋测绘都需要固定的基准面,内陆水体边界测量一般使用绝对基本面,如吴淞、黄海、1985国家高程基准等。海洋测绘使用的是长期平均海平面以下的深度基准,主要是考虑航海安全。由于内陆地区高程系统本身就因不同时期、不同部门测量而有所不同,导致高程基准的换算一直是令人困扰的问题,如要再考虑深度基准理论最低潮位计算方法的不确定性,将使得在河口地区采用的高程基准与海洋基准的换算极为繁杂。

5. 不同基准全息图形数据的转换

新中国成立后,鉴于当时的历史条件,我国暂时采用了克拉索夫斯基椭球参数,并与苏联1942年坐标系进行联测,建立了我国的大地坐标系,即"1954年北京坐标系"。随着测绘新理论、新技术的不断发展，我国又相继建立了"1980 西安坐标系""新 1954 年北京坐标系""2000 国家大地坐标系"。

我国大地测量基准的变化，反映了我国测绘理论研究和测绘水平的提高，促进了我国测绘技术的发展。但由于在不同的历史时期，我国生产了大量不同测绘基准下的测量成果，主要是不同比例尺的地形图，在使用这些成果时，若涉及不同时期测绘成果的对比分析，将产生极大的麻烦。

为了解决这一问题，需要研究如何采用快速合理的方法，解决不同基准下数字地形图的转换，既要使转换出来的数字地形图具有足够的精度，也要最大限度地保留原图的信息，做到"全息"转换。

6. 多平台、多传感器融合

内陆水体边界形态在时空上呈现多变的特征，在观测范围复杂、观测环境恶劣的情况下必须改变基于单一平台、单一传感器的传统数据获取方式，转而采用多平台、多类型传感器，进行综合数据的观测及获取。如在采用船载测深系统进行底边界观测的同时，采用船载激光雷达同步进行岸边界测量；采用车载、机载传感器进行高植被覆盖、人员无法到达的区域的岸上地形观测；借助高效的数据融合技术，形成时空维度完整的内陆水体边界观测。

7. 海量数据的处理

随着多平台、多传感器融合技术在内陆水体边界测量中的应用，传统"点、线采集"数据的方式逐渐被"面采集"所替代，各类传感器生产的数据量也呈现近几何级数的提升，如采用脉冲激光的三维激光扫描仪采样点速率可达到每秒数十万点，而采用相位激光方法测量的三维激光扫描仪甚至可以达到每秒数百万点，是传统观测设备的百万倍。同时各种测量方法具有数据范围重合、数据标准不一、数据类型各异的特点，测量要求拥有海量数据的处理能力，能够快速地完成数据生产、加工、融合、检验及成图工作。因此建立一套成熟可靠的海量数据获取、数据标准化、数据滤波、数据融合、数据检验及处理、数据成图及入库等的方法，使其具备强大的海量数据的处理能力，是内陆水体边界测量必须解决的问题。

第2章

内陆水体边界测量原理

2.1 测量基础知识

2.1.1 水准面和参考椭球体

地球自然表面由极其不平坦和不规则的陆地、海洋所组成。一般把地球看成是一个被海水包围的形体，也可设想为由一个静止的海水面向大陆内部延伸、最后包围起来的闭合形体。总体而言，海水面是地球上最广大的天然水准面，将海水在静止时的表面称为水准面。

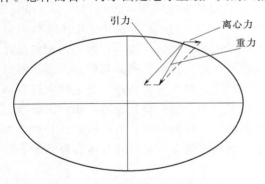

图 2.1-1　椭球体与重力作用线

地球上的任意一点，都同时受地球自转的表面离心力和地心引力的共同作用，其合力称为重力，重力的方向主要取决于引力的方向，同时受离心力的影响，通常称为铅垂线方向，如图 2.1-1 所示。铅垂线与水准面是测量所依据的基准线和面，两者的关系是水准面处处与铅垂线垂直。

受地球曲率影响，水准面有无穷多个。将一个与平均海水面重合并向陆地延伸形成的封闭曲面称为大地水准面，所包围的形体称为大地体。由于大地水准面的形状和大地

体的大小均接近地球自然表面的形状和大小，其位置是比较稳定的，如图 2.1-2 所示。故在测量工作中可选取大地水准面作为基准面，而与其相垂直的铅垂线为基准线。

地面点沿重力线到大地水准面的距离称为海拔。由于平均重力值的改变，海拔起算面也在发生改变，即不再是大地水准面，而称为似大地水准面。似大地水准面在海洋上同大地水准面一致，而在陆地则有差别。

大地水准面虽然最适合于作为测量的基准面，但大地水准面是略有起伏的不规则的表面，无法用数学公式把它精确地表达出来。测量最终目的就是要精确确定测点在地球表面的位置，为此必须确知所依据的基准面的形状，即基准面的形状能用数学公式准确地表达出来。

在地面上适当的位置选择一点为大地原点，作为推算地面点大地坐标的起算点。采用

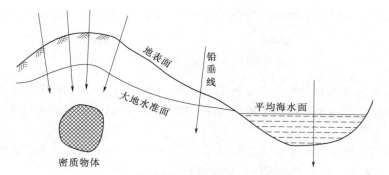

图 2.1-2　大地水准面与铅垂线

与地球形状和大小接近，并确定了和大地原点关系的地球椭球体为参考椭球体，其表面称为参考椭球面，如图 2.1-3 所示。

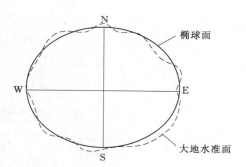

图 2.1-3　参考椭球面与大地水准面

由于地球椭球体可用长半径和扁率来表示，它十分迫近于椭球体，所以通常以参考椭球体表示地球椭球体的形状和大小。而参考椭球面是测量计算的基准面，它的形状和大小由长半轴 a，短半轴 b 决定；也可由长（短）半径和扁率 f 来决定。半径 a、b 及 f 称为椭球体的元素。根据 1979 年国际大地测量和物理协会决议，椭球体扁率 f 为

$$f = \frac{a-b}{a} = \frac{6378137 - 6356752}{6378137} = \frac{1}{298.257} \tag{2.1-1}$$

参考椭球体的几何参数 a、b、f，过去是用弧度测量和重力测量的方法测定，现代则可结合卫星大地测量资料精确地推算出来。世界各国推导和采用的参考椭球体几何参数较多，目前常用的地球参考椭球体几何参数见表 2.1-1。

表 2.1-1　　　　　　　　　常用的地球参考椭球体几何参数

地球参数	坐 标 系 统			
	WGS-84 坐标系	2000 国家大地坐标系	1980 西安坐标系	1954 年北京坐标系
椭球名称	WGS84	CGCS2000	1975 国际椭球	克拉索夫斯基
椭球类型	总地球椭球	总地球椭球	参考椭球	参考椭球
建成年代	1984 年	2008 年	1982 年	20 世纪 50 年代
长半轴 a/m	6378137	6378137	6378140	6378245
短半轴 b/m	6356752.1142	6356752.11414	6356755.2882	6356863.0188
扁率 f	1/298.257223563	1/298.257222101	1/298.257	1/298.3
第一偏心率平方 e^2	0.00669437999013	0.00669438002290	0.00669438499959	0.006693421622966
第二偏心率平方 e'^2	0.00673949674222	0.00673949677548	0.00673950181947	0.006738525414683
地球引力常数 $GM/(\text{m}^3/\text{s}^2)$	3.986005×10^{14}	$3.986004418 \times 10^{14}$	3.986005×10^{14}	—
自转角速度 $\omega/(\text{rad}/\text{s})$	7.292115×10^{-5}	7.292115×10^{-5}	7.292115×10^{-5}	—

由于参考椭球体的扁率很小，当测区面积不大时，一般可把地球近似的看作圆球体，其半径 R：

$$R = \frac{a+a+b}{3} = 6371009 \quad (\text{m}) \qquad (2.1-2)$$

如考虑地球的几何和物理参数，推算出与大地体吻合最好的地球椭球，称总地球椭球。总地球椭球只有一个，而参考椭球则是与某个区域，如一个国家大地水准面最为密合的椭球，可以有许多个。

目前，我国常用的高程系统有正常高系统（到似大地水准面）、正高系统（到大地水准面）、大地高系统（到参考椭球体，也称椭球高），如图 2.1-4 所示。

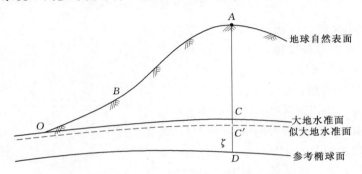

图 2.1-4　我国常用的高程基面

2.1.2　水平面的代表性

1. 垂线偏差及大地水准面差距

参考椭球表面不可能与大地水准面处处重合。在同一点上分别向椭球作法线和大地水准面作铅垂线，两者之间的夹角 u 称为垂线偏差（图 2.1-5），垂线偏差对水平方向（即与重力垂直的水平面，在水平面内的任一方向都是水平方向）和天顶距（以测站点铅垂线的天顶起算，由 $0°\sim180°$。某一天体的天顶距等于该天体的地平高度之余角 $90°$，即该天体的地平高度）观测均产生一定影响。

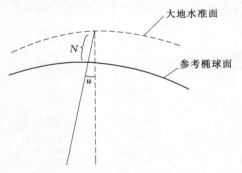

图 2.1-5　椭球面与大地水准面的关系

从大地水准面上的点沿地球椭球法线到地球椭球的距离，称为大地水准面差距（用 N 表示），当大地水准面超出参考椭球面或总椭球面的高度时，$N>0$；反之，$N<0$。

从大地水准面沿法线到总椭球面的距离称为绝对大地水准面差距，可用卫星大地测量方法求得，也可根据全球重力数据计算而得；大地水准面沿法线到参考椭球面的距离称相对大地水准面差距，一般采用天文水准测量或天文重力水准测量方法求得，还可采用空间测量技术获取。

2. 水准面曲率对水平距离的影响

图 2.1-6 中，倘若以半径 R 的球面为水准面，在地面上不太大的范围内有 A、B 两

点，它们在大地水准面上的投影点分别是 a、b。用过 a 点的水平面代替大地水准面，则 A、B 点在水平面上的投影为 a、b'，称 ab 弧的长度 D 是地面 A、B 两点在水准面之间的距离，切线段 ab' 是在水平面的距离。若以切线段 ab' 的长度代替相应的圆弧长度 ab 弧，则在距离方面将产生误差 ΔD：

$$\Delta D = |ab'| - ab \qquad (2.1-3)$$

当 A、B 通过圆心 O 的夹角 θ 不太大时，两者的误差 ΔD 为

$$\Delta D = \frac{D^3}{3R^2} \qquad (2.1-4)$$

假定 A、B 两点距离 D 分别为 10km、20km、50km、100km 时，产生的误差和相对误差见表 2.1-2。

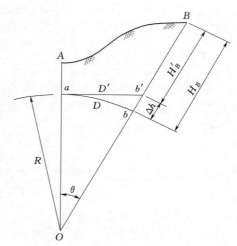

图 2.1-6　水平面代替水准面引起的距离误差

表 2.1-2　　　　　　　　　　水准面曲率对距离的影响值

距离 D/km	5	10	20	50	100
距离误差 ΔD/cm	0.10	0.82	6.57	102.65	821.2
相对误差 $\Delta D/D$	1/5000000	1/1217700	1/304400	1/48700	1/12000

由此可见，当在半径为 10km 的圆面积内进行测量时，用水平面代替水准面产生的距离误差仅为 0.82cm，其相对误差为 1/1217700。大地测量中经常使用的精密电磁波测距仪的测距精度为 1/1000000，而普通测距仪的测距精度为 1/10000。因此，在一般的地形测量中，可以不考虑地球曲率的影响，即可把水准面当作水平面看待，只有在大范围内进行精密测距时，才考虑地球曲率的影响。

3. 水准面曲率对水平角度的影响

实际测量工作中，野外实测的水平角为球面角，三点构成的三角形为球面三角形，而球面三角形三内角之和大于 180°。如果将水平面近似看成球面，由球面三角形代替平面三角形结果必然产生角度误差，如图 2.1-7 所示。

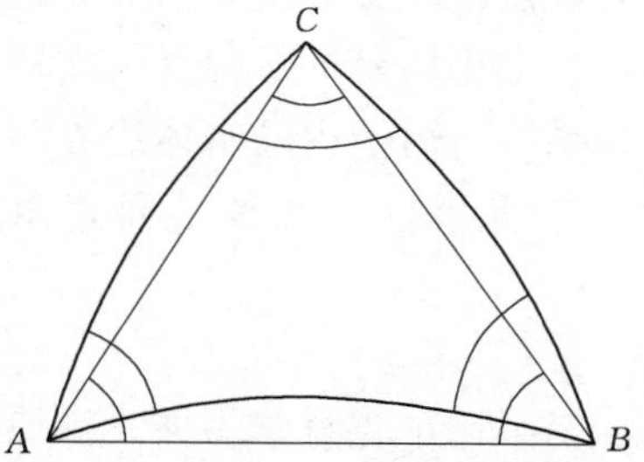

由平面三角学可知，球面角超 ε 为

$$\varepsilon = \frac{P}{R^2} \rho \qquad (2.1-5)$$

式中　P——实测球面三角形面积；

　　　ρ——弧度与秒的换算值，206265。

只要已知球面三角形的面积，就可以求出 ε 值，其具体影响参见表 2.1-3。

图 2.1-7　水平面代替水准面引起的水平角度影响误差

表 2.1-3 水准面曲率对水平角度影响值

球面面积 P/km^2	10	50	100	300	500
角度误差 $\varepsilon/('')$	0.05	0.25	0.51	1.52	2.54

可近似认为，用水平面代替水准面产生的角度误差很小，即使在 $500km^2$ 面积上产生的角度误差也远小于普通经纬仪的测角误差（如 J6 经纬仪）。因此，对于面积在 $100km^2$ 以内的多边形，地球曲率对水平角的影响只用在最精密的测量中，一般测量工作不必考虑。

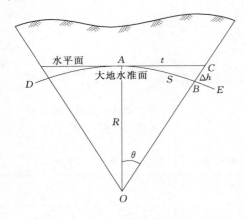

图 2.1-8 水平面代替水准面引起的高程误差

4. 水准面曲率对高差的影响

如果用水平面代替水准面进行高程测量，所测高程一定包含有地球弯曲而产生的高程误差。如图 2.1-8 所示，以水准面为基准面则认为 A、B 同高，以水平面为基准面则认为 A、C 同高。

如以水平面代替水准面，B 点升到了 C 点，BC 即为产生的高程误差。由于地球半径很大，S 和 θ 角一般很小，Δh 可以近似地用弦切角 $\theta/2$ 所对应的弧长来表示，见式（2.1-6）。因在较小范围内，地球曲率半径可认为是常数，故 Δh 与 D^2 成正比，其具体影响见表 2.1-4。

$$\Delta h = \frac{D^2}{2R} \qquad (2.1-6)$$

表 2.1-4 水准面曲率对高差影响值

距离 D/km	0.1	0.2	0.3	0.4	0.5	1	2	5	10
高程误差 $\Delta h/mm$	0.8	3	7	13	20	78	314	1962	7848

由表 2.1-4 所列数值可以看出，曲率对高差影响很大，即使在很短的距离也必须考虑水准面曲率对高程的影响。所以在高程控制测量中，水准面曲率对高差带来的影响是不容易忽略的。

2.1.3 测量坐标系

在测量工作中，通常用地面点在基准面上的投影位置和该点沿投影方向到基准面的距离表示地面点的空间位置，即采用三维坐标系统描述地面点。常用的坐标系统有天文地理坐标系、大地坐标系、空间大地直角坐标系或平面直角坐标系等。由于内陆水体边界测量范围相对较小，采用球面坐标表示点位极为不便，因此，常采用以下几种平面直角坐标系。

1. 1954 年北京坐标系

新中国成立初期，鉴于当时的历史条件，我国大地坐标系采用了克拉索夫斯基椭球参数，并与苏联 1942 年普尔科夫坐标系进行联测，通过计算建立了全国统一的 1954 年北京坐标系。因此，1954 年北京坐标系可以认为是苏联 1942 年坐标系的延伸，它的原点不在北京，而在苏联的普尔科沃。

该坐标系存在以下缺陷：

（1）椭球参数有较大误差。克拉索夫斯基椭球参数与现代精确的椭球参数相比，长半轴约大 109m。

（2）参考椭球面与我国大地水准面存在着自西向东系统性倾斜，系统性倾斜可使东部地区大地水准面差距最大达+69m，使得大比例尺地图的地面精度受到较大影响，同时也对观测元素的归算提出了严格的要求。

（3）几何大地测量和物理大地测量应用的参考面不统一，给实际测量工作带来麻烦。

（4）定向不明确。椭球短轴的指向既不是国际上较普遍采用的国际协议原点 CIO，也不是我国地极原点 JYD 1968.0，起始大地子午面也不是国际时间局 BIH 所定义的格林尼治平均天文台子午面，从而给坐标换算带来不便和测量误差。

2. WGS-84 坐标系

WGS-84 坐标系最初是由美国国防部 1987 年建立。该坐标系是一种地心地固坐标系统，又称为 1984 年世界大地坐标系。其原点位于地球质心，z 轴指向 BIH（国际时间局）1984.0 定义的协议地球极（CTP）方向，x 轴指向 BIH 1984.0 的零度子午面和 CTP 赤道的交点，y 轴通过与 z 轴、x 轴垂直构成右手坐标系，WGS-84 坐标系结构如图 2.1-9 所示。

WGS-84 坐标系两个重要参数长半径：$a=$ 6378137m ± 2m、扁率 $f = 1/298.257223563$。1996 年，WGS-84 坐标框架再次进行更新，得到了 WGS-84（G873），坐标参考历元为 1997.0，WGS-84（G873）框架的站坐标精度有了进一步的提高。WGS-84（G873）是目前

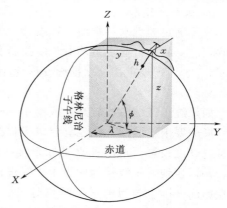

图 2.1-9　WGS-84 坐标系

使用的 GNSS 广播星历和 DMA 精密星历的坐标参考基准。

在内陆水体边界测量中，常需要在 WGS-84 坐标系与 1954 年北京坐标系（或 CGCS 2000）间进行相互转换。一般通过测区内 3 个以上已知公共点的两套坐标系的坐标，采用模型求解或最小二乘原理解算，得到坐标转换方程。常用方法有三参数法、四参数法和七参数法等。但最常使用的为七参数法，内含 3 个平移参数、3 个旋转参数和 1 个尺度参数。

在远离国家等级控制的山溪性河流、湖泊边界测量中，一般先直接采用 WGS-84 坐标系进行测图，待条件允许时再与国家坐标系进行联测，通过坐标转换使测量成果与现有国家坐标系统保持一致。

3. 1980 西安坐标系

1978 年 4 月"全国天文大地网整体平差会议"通过决议，我国采用 1975 年大地测量参考系统作为参考椭球，并将大地原点设在西安附近（陕西省泾阳县永乐镇），由此建立了新的国家大地坐标系——1980 西安坐标系，又称 1980 年国家大地坐标系。该系统采用

的地球椭球元素为：$a=6378140\text{m}$、扁率 $f=1/298.257$。

1980 西安坐标系与 1954 年北京坐标系的成果不同，它们各属不同的椭球与不同的椭球定位、定向，前者是整体平差，而后者仅为局部平差。两者间可以通过一定的数学模型进行相互转换，需要注意的是不同地区坐标转换参数是不一样的。

4．2000 国家大地坐标系（CGCS 2000）

2008 年 7 月 1 日，我国正式启用中国大地坐标系统 2000（CGCS 2000）作为国家法定的坐标系。它包括两部分：一是我国高精度 2000 国家 GNSS 大地网，国内网点 2542 个；二是天文网大地点近 5 万个，该坐标系基本涵盖我国整个国土面积，并通过统一平差解算。

CGCS 大地坐标系是右手地固直角坐标系，原点在地心；Z 轴为国际地球旋转局（IERS）参考极（IRP）方向；X 轴为 IERS 的参考子午面（IRM）与垂直于 Z 轴的赤道面的交线，Y 轴与 Z 轴和 X 轴构成右手正交坐标系。CGCS 的参考历元为 2000.0，参考椭球采用 2000 参考椭球，长半径 $a=6378137\text{m}$、扁率 $f=1/298.257222101$。

5．独立坐标系

为了满足大型水利枢纽工程设计、施工等需要，地形图上量测长度应尽可能接近地面实测长度。相关行业规范均对长度投影变形有具体明确的规定，如《工程测量规范》（GB 50026—2016）规定，长度投影变形应小于 2.5cm/km，大型构筑物长度投影变形应小于 1cm/km。

如果施工区的海拔较高，或离中央子午线较远，国家坐标系将不能满足行业规范对长度变形的要求。因此，在建立首级工程控制网时，需要将国家控制点坐标进行改算，转换为符合长度投影要求的独立坐标系统。通常情况下，可将控制网投影到当地平均高程面上，并以当地子午线作为中央子午线进行高斯投影，从而建立当地独立坐标系。独立坐标系投影面实际上为当地平均海拔对应的参考椭球，即地方参考椭球。地方参考椭球的中心、轴向和扁率与国家参考椭球相同，只是长半径发生了改变，从而解决长度投影产生的变形误差。

2.1.4 高程基准

平面直角坐标只能反映地面点在某一投影面或参考椭球面上的位置，并不能反映其高低起伏的差异，为此还需建立统一的高程基准。

在测量工作中，一般以大地水准面作为基准面，即某一地面点到大地水准面的铅垂距离，称为绝对高程或海拔，简称高程。地面上某一点到假定水准面的垂直距离称为假定高程或相对高程。常见的高程系统有大地高系统 H、正高系统 H_g 和正常高系统 h，其相互间关系如图 2.1-10 所示。

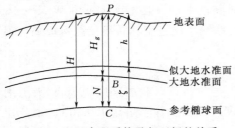

图 2.1-10 高程系统及相互间的关系

以参考椭球体为高程基准面的高程系统，称之为大地高系统。这个系统的高程是地面点通过该点的参考椭球的法线方向到参考椭球面的交点间的距离，称为大地高。大地高系统只有几何意义。

以大地水准面为高程基准面的高程系统，

称之为正高系统。这个系统的高程是地面点沿铅垂线方向到大地水准面的距离，称为正高。但地面上一点的正高是不可能严格求得的，也就是说，在陆地上无法精确测定出大地水准面的形状。

以似大地水准面为高程基准面的高程系统，称为正常高系统。这个系统的高程是地面点沿铅垂线方向到似大地水准面的距离，称为正常高。由于理论上可以算出某点的正常重力平均值，因此这一点的正常高值可以精确求得，且与水准路线的变换无关。因此，我国的水准点高程采用正常高系统。在内陆水体边界测量中，常采用的高程基准如下。

1. 1956 年黄海高程系

1957 年，我国确定青岛验潮站为基本验潮站，并根据该站 1950—1956 年 7 年间的黄海验潮资料，推求出黄海平均海水面（该站验潮井里横铜丝高度为 3.61m，即此铜丝 3.61m 以下处为黄海平均海水面）作为我国的高程基准面和统一起算面，此高程系统称为"1956 年黄海高程系"。我国测量的高程，都是根据这一原点推算的。

2. 1985 国家高程基准

由于计算 1956 年黄海高程所依据的青岛验潮站的资料系列较短等原因，中国测绘主管部门决定重新计算黄海平均海面，以青岛验潮站 1952—1979 年共 28 年的潮汐观测资料为计算依据（1950 年和 1951 年的数据因水尺变动原因而不使用）建立了"1985 国家高程基准"。具体的计算则是采用 10 组 19 年的数据滑动平均，最后取 10 组滑动平均值的总平均，并用精密水准测量接测位于青岛的中华人民共和国水准原点。

1985 国家高程基准与 1956 年黄海高程系的差值仅为 0.029m，这表明青岛附近的年平均海平面是非常稳定的。1985 国家高程基准已于 1987 年 5 月开始启用，1956 年黄海高程系同时废止。

3. 冻结基面

冻结基面主要用于长期水文观测。一般情况下，水文（位）站会将第一次观测所使用的基面固定下来，并作为以后观测使用的基面，称为冻结基面。为便于与国家高程系统一致，一般需加注冻结基面与绝对基面间的差值。

4. 吴淞高程系

清光绪九年（1883 年），将清咸丰十年至清光绪九年在黄浦江张华浜信号站测得的最低水位作为水尺零点。后又于清光绪二十六年，根据清同治十年至清光绪二十六年（1871—1900 年）该站的水位资料，制定了比实测最低水位略低的高程作为水尺零点，并正式确定为吴淞零点。民国 11 年（1922 年），扬子江水利委员会技术委员会确定长江流域均采用吴淞高程系，吴淞零点＝1956 年黄海高程系＋1.688m。目前，尚有部分长江沿岸水利工程及水文站点采用此高程系统。

5. 大连零点

日本入侵中国东北期间，在大连港码头仓区内设立验潮站，并以多年验潮资料求得的平均海面为零起算，称为"大连零点"。高程系基点设在辽宁省大连市大连港原一号码头东转角处，该基点在大连零点高程系中的高程为 3.765m。该系统于 1959 年以前在中国东北地区曾广泛使用，1959 年中国东北地区精密水准网山海关与中国东南部水准网连接平差后，改用 1956 年黄海高程系。大连零点与 1956 年黄海高程的换算关系为：大连零点＝

1956 年黄海高程系－0.025m。

6. 广州高程及珠江高程

清光绪三十四年（1908 年），两广督练公所参谋处测绘科在广州西濠口粤海关前珠江边设立水尺验潮，取得中等潮位定为零点，由此联测出粤海关正门口基石面高程，作为珠江高程起算点。后广东陆军测量局将其高程引测至广州大东门北横街两广陆军测绘学堂（1911 年后改为广东陆军测量学校），在学堂内埋设花岗岩标石，使标石面高程恰为高出中等潮位 5m。此后数十年中，该标石高程曾假定为 10.00m、110.00m，至 1954 年 10 月 1 日起恢复为 5.00m，并称之为"珠江高程系水准原点"，称其基面为"珠江基面"。从此，珠江水系的水利、水文测量统一采用"珠江基面"高程系统。

7. 坎门零点

1929 年 10 月，在浙江省玉环县坎门验潮所基本建成验潮井，于 1930 年 5 月正式验取潮汐资料。把 1930—1934 年共 48 个月潮汐观测资料算得的坎门平均海平面（位于水尺零点以上 3.880m 处）为"零"，作为高程起算面。通过精密水准测量，把"零点"起算数据引测刻在基岩上的验潮基准点上，其高程为 6.959m。

8. 波罗的海高程

以苏联喀琅施塔得验潮站 1946 年波罗的海平均海面为零起算的苏联国家高程系统。1956 年起，中苏两国为共同勘察黑龙江、乌苏里江，研讨开发事宜，曾多次联测两国高程系统。波罗的海高程＋0.374m＝1956 年黄海高程。我国新疆境内尚有部分水文站在使用"波罗的海高程"。

9. 废黄河口零点

江淮水利测量局于 1912 年 11 月 11 日下午 5 时废黄河口的潮水位为零，作为起算高程，称"废黄河口零点"。后该局又用多年潮位观测的平均潮水位确定新零点，其多数高程测量均以新零点起算。废黄河口零点高程系的原点，已湮没无存，原点处旧零点的高差和换用时间尚无资料查考。在废黄河口零点系统内，存在"江淮水利局惠济闸留点"和"蒋坝船坞西江淮水利局水准标"两个并列引据水准点。该高程系与 1985 国家高程基准换算关系为：废黄河口零点＝1985 国家高程基准＋0.19m。

10. 假定高程

对于独立的小范围测区，由于用图紧急或暂时无法与国家水准网联测时，可采用假定高程系。即假定任意一个水准面作为测区高程起算面，并给该水准点假定一高程值，其他控制点或测点均以此点高程作为起算点。

2.1.5　坐标投影

由于地球是一个赤道略宽两极略扁的不规则的梨形球体，故其表面是一个不可展平的曲面，必须借助地图投影的方法，将这个不可展平的曲面投影到一个平面上去，建立地球表面上的点与投影平面（即地图平面）上点间——对应的关系，即建立彼此间的数学转换公式，以保证空间信息在区域上的联系与完整。这个投影过程将产生投影变形。

由于投影的变形，地图上所表示的地物，如大陆、岛屿、海洋等的几何特性（长度、面积、角度、形状）也随之发生变形。每一幅地图都有不同程度的变形；在同一幅图上，不同地区的变形情况也不相同。为按照不同的需求缩小误差，就产生了各种投影方法。按变形性质，地图投影可分为三类：等角投影、等（面）积投影和任意投影。

（1）等角投影，又称正形投影，指投影面上任意两方向的夹角与地面上对应的角度相等。在微小的范围内，可以保持图上的图形与实地相似；不能保持其对应的面积成恒定的比例；图上任意点的各个方向上的局部比例尺都应该相等；不同地点的局部比例尺，是随着经、纬度的变动而改变的。

（2）等（面）积投影，地图上任何图形面积经主比例尺放大以后与实地上相应图形面积保持大小不变的一种投影方法。等（面）积投影保持等积就不能同时保持等角。

（3）任意投影。任意投影为既不等角也不等积的投影，其中还有一类"等距（离）投影"，在标准经纬线上无长度变形，多用于中小学教学图。

在内陆水体边界测量常采用高斯-克吕格投影，简称高斯投影，属等角投影。

1. 高斯投影特点

高斯投影是一种横轴等角切圆柱投影。将地球视为球体，假想一个平面卷成的横圆柱并套在球体外面，横轴圆柱的轴心通过球中心，球面上一根子午线与横轴圆柱面相切，该子午线在圆柱面上的投影为一直线，赤道面与圆柱面的交线与该子午线投影垂直。将横圆柱面展开成平面，两条正交直线构成高斯平面直角坐标系，如图 2.1－11 所示。

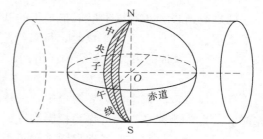

图 2.1－11　高斯投影示意图

中央子午线投影后为一条直线，投影长度与球面实际长度相等，没有变形；赤道线投影后是直线，但有长度变形；除中央子午线外，其余经线为向极点收敛的弧线，距中央经线越远，变形越大；除赤道外的其余纬线，投影后为凸向赤道的曲线，并以赤道为对称轴；经线和纬线投影后仍然保持正交。所有长度变形比均大于1，距中央经线越远，面积变形越大。采用分带投影的方法，可使投影边缘的变形不致过大。

高斯投影的优点如下：

（1）采用正形投影（在一定范围内，投影面上任何点上两个微分线段组成的角度投影前后保持不变，即角度和形状保持正确，亦称等角投影；等角投影的缺点是面积变形比其他投影大，只有在小面积内可保持形状和实际相似）时，三角测量中大量的角度观测元素在投影前后保持不变，并能用简单公式计算因变形带来的改正数。

（2）采用等角投影，可保证地图上图形同椭球上原形保持相似。

2. 高斯投影带

按一定经差将地球椭球面划分成若干投影带，这是高斯投影中限制长度变形的最有效方法。一般将地球椭球面沿子午线划分成经差相等的瓜瓣形地带，如图 2.1－12 所示。

分带时既要控制长度变形使其不大于测图误差，又要使带数不至于过多以减少工作量，一般高斯投影采用 6°带、3°带和任意带。

（1）高斯投影 6°带。自 0°子午线起每隔经差 6°自西向东分带，依次编号 1、2、3、…若带号用 N 表示，中央子午线的经度用 L_0 表示，则关系为

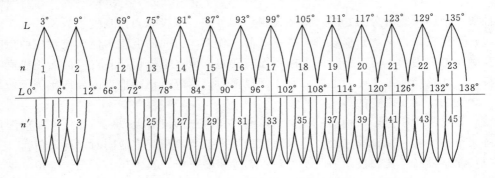

图 2.1-12 投影带的划分

$$L_0 = 6°N - 3 \quad (N = 1, 2, \cdots, 60) \tag{2.1-7}$$

我国处于东经 73°~135° 之间，按 6° 带分，最西为 13 投影带，最东为 23 投影带，共计 11 带。

（2）高斯投影 3° 带。3° 带是在 6° 带的基础上产生的。3° 带和 6° 带的中央子午线与 0° 带子午线重合，即自 1.5° 子午线起，每隔经差 3° 自西向东分带。我国 3° 带共计 22 带（24~45 带），若第 n 带的中央子午线的经度用 L_0 表示，则关系为

$$L_0 = 3°n \quad (n = 1, 2, \cdots, 120) \tag{2.1-8}$$

（3）任意带。在水体边界测量中，采用任意带可使长度变形更小，即中央子午线选择在测区中央，测区平均高度作为投影高程面，带宽一般为 1.5°。

我国各种大、中比例尺地形图采用了不同的高斯投影带，其中 1:1 万的地形图采用 3° 带；1:2.5 万至 1:5 万的地形图采用 6° 带；当大于 1:10000 或更大比例尺测图或精密工程测量时，要求投影变形更小，则采用 1.5° 带或中央子午线选择在测区中央的任意带。

3. 高斯平面直角坐标系

在高斯投影面上，中央子午线和赤道的投影都是直线。将中央子午线和赤道的交点作为坐标原点，中央子午线的投影为纵坐标，赤道的投影为横坐标，就构成高斯平面坐标系，如图 2.1-13 所示。

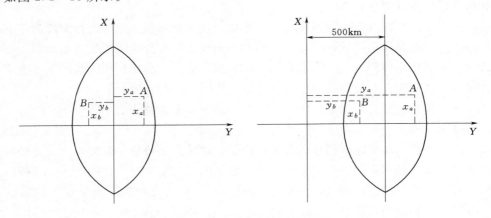

图 2.1-13 高斯平面直角坐标

在我国纵坐标都是正的。同时为了避免出现负的横坐标，在横坐标上加上 500000m，

并在坐标前面冠以带号，该坐标称为国家统一坐标。如横坐标 $y = 19623456.00\text{m}$，则该点位在 19 带内，其相对于中央子午线而言的横坐标则应减去 500000m 为 123456.00m。

4. 高斯投影带的重叠

高斯投影采用分带投影。虽然限制了长度变形，但相邻两带之间的高斯平面直角坐标系是相互独立的，所以在跨带地区测量时，就会遇到相邻边缘附近的地形图不能进行拼接的情况，如图 2.1－14 所示。

在内陆水体边界测量中，一般采用 3°带或 1.5°带投影，在跨带地区按某一带的控制点进行测量。形成地形图时，将一定范围的邻带坐标延伸到本带的图幅中，完成跨带区域测点的两投影带坐标成果，并分别成图。使用地形图时，规定只以某带坐标为准，并将其坐标值相同的短线边连成直线，构成与临带统一的坐标网。图 2.1－15 是邻带补充坐标网示意图。

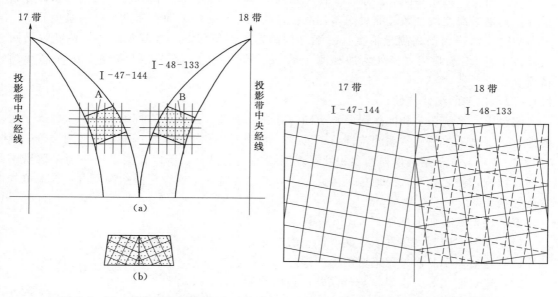

图 2.1－14　邻带坐标网拼接　　　　　　　图 2.1－15　邻带补充坐标网

2.1.6　测量误差

2.1.6.1　测量误差的来源与分类

1. 误差来源

测量误差来源主要有以下 3 个方面：

(1) 测量仪器。因计量器具本身设计、制造、安装和校正的不完善导致的各项误差，综合反映在计量器具的示值精度或不确定度。

(2) 外界条件。观测过程中，由于气温、气压、空气湿度和清晰度、风力、日光以及大气折光、地球曲率等因素的影响，导致测量误差。

(3) 人为误差。因测量人员感官及技术差异，在仪器对中、整平、瞄准、立尺、读数等方面产生误差。

2. 误差分类

依据产生误差的原因，测量误差可分为如下 3 种：

（1）系统误差。在相同的观测条件下对某个固定量作多次观测，如果观测误差在正负号及量的大小上表现出一致，即按一定的规律变化或保持为常数，这类误差称为系统误差。单向性是系统误差具有的最重要特性。

系统误差的大小，具有一定累积性，对测量影响较大，应通过改正或用一定的观测方法加以消除或限制到最低程度。测量前应检验和校正仪器结构。如通过尺长校正，求出尺长改正数进行高差改正；测水平角时采用盘左、盘右在起始方向改变度盘配置，消除刻度误差；测角时用盘左、盘右观测取平均值，消除仪器校正的残余误差。

（2）偶然误差。在相同的观测条件下，对某个固定量进行一系列观测，如果观测结果在正负号和数值上都没有一致倾向，即没有任何规律性，这类误差称为偶然误差，又称随机误差。它由偶然原因造成，在测量过程中不可避免。

（3）粗差。指在相同观测条件下作一系列的观测，由于如读错刻度，或记录和计算错误等，其绝对误差值远超过测量限差，亦称过失误差。对粗差而言完全是可以避免的。

为防止错误和提高测量精度，一般选用高精度测量仪器、重复观测（等精度观测两次及以上）、多余观测（额外增加观测个数）、规范操作以及平差计算等方法提高观测精度。

2.1.6.2 误差的统计特性

测量中，系统误差和偶然误差总是同时存在。当系统误差显著时，偶然误差则处于次要地位，观测误差呈现"系统"性质；反之，当系统误差处于次要地位，则观测误差呈现"偶然"性质。由于系统误差的累积性对观测结果影响显著，所以在测量中必须采取措施削弱其影响，使之处于次要地位。因此，误差的统计特性主要针对偶然误差占主导地位的观测数据。

偶然误差具有如下规律：

（1）在一定的观测条件下，偶然误差的绝对值不会超过一定的限度。

（2）绝对值小的误差比绝对值大的误差出现的可能性大。

（3）绝对值相等的正误差与负误差，其出现的可能性相等。

（4）当观测次数无限多时，偶然误差的算术平均值趋近于零。

在相同条件下进行的观测，无论观测条件如何，对一个量还是多个量，观测误差必然具有上述四个特性，且观测个数越多，特性越明显。观测次数足够多时，误差分布曲线为

$$f(\Delta) = \frac{1}{\sqrt{2\pi}} e^{-\frac{\Delta^2}{2\sigma^2}} \qquad (2.1-9)$$

式中 Δ——观测值与理论值之间的差值，亦称真误差。常用 δ（观测误差的标准差）来表示，并按下式计算：

$$\sigma^2 = \lim_{n \to \infty} \frac{[\Delta^2]}{n} \qquad (2.1-10)$$

式（2.1-9）在统计学中以单位正态分布作为标准，特征的平均值等于0，标准偏差等于1（即 $\mu=0$，$\sigma=1$）。单位正态分布性质具有：正态曲线下的面积等于1；68%的曲线下的面积在平均值两边的一个 σ 区间内，95%的曲线下的面积在平均值两边的 2σ 区间内，如图2.1-16所示。

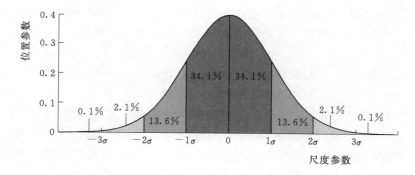

图 2.1-16　偶然误差的正态分布曲线图

2.1.6.3　测量精度评定标准

一定条件下的观测，对应着一定的误差分布。如果误差分布较密集，则表示观测质量较好，标准差 σ 值较小；反之，如果误差分布较分散，则表示观测质量较差，标准差 σ 值也较大。因此，观测误差标准差值的大小，反映了观测结果的精度。

1. 中误差

观测误差的精度评定可采用中误差、平均误差、或然误差、容许误差、相对中误差等表示。因观测个数有限，一般采用式（2.1-11）评价测量精度：

$$m=\pm\sqrt{\frac{[\Delta\Delta]}{n}} \qquad (2.1-11)$$

式中　m——中误差；

　　　Δ——真误差，观测值与其真值之差。

标准差 σ 与中误差 m 的区别在于观测个数 n。标准差表示 $n\rightarrow\infty$ 时误差分布的扩散特性，即理论上的观测精度指标；中误差是 n 为有限个数时求得的观测精度指标。中误差是标准差的近似值，随着 n 增大，m 趋于 σ。

等精度观测值（观测条件相同）对应着一个误差分布，一个标准差。因标准差的估值为中误差，故同精度观测值具有相同的中误差。

2. 平均误差

某些精度评定采用下述精度指标：

$$\theta=\pm\frac{[|\Delta|]}{n} \qquad (2.1-12)$$

式中　θ——平均误差，即误差绝对值的平均值。

3. 或然误差

将观测误差按绝对值的大小顺序排列，取居中的一个误差值为精度指标，称为或然误差，以 ρ 表示。误差理论可以证明，当 $n\rightarrow\infty$ 时，中误差 m、平均误差 θ 和或然误差 ρ 之间有一定的数量关系，即 $\theta\approx0.7979m$、$\rho\approx0.6745m$。

4. 容许误差

容许误差又称极限误差，是指一定观测条件下，偶然误差的绝对值不应超过的限制。从图 2.1-16 可知，大于中误差的真误差出现的可能性为 31.7%；大于两倍中误差的真误差出现的可能性约为 4.6%；大于三倍中误差的真误差出现的可能性只占 3‰左右。因此，常取三倍中误差作为测量误差的限值即限差（或称容许误差）。

$$\Delta_容 = 3m \qquad (2.1-13)$$

当测量要求严格时，也有采取两倍中误差为容许误差。

$$\Delta_容 = 2m \qquad (2.1-14)$$

5. 相对中误差

中误差有时还不足以反映测量精度，如丈量两条直线，一条长 100m，另一条长 20m，它们的中误差都是 ±10mm，显然，不能说两者精度相同，而是前者精度优于后者。为此，常利用中误差与观测值的比值，即 $\frac{m_i}{L_i}$ 来评定精度，通常称此比值为相对中误差。

有时，求得真误差和容许误差后，也用相对误差表示。例如，在导线测量中，假设起算数据没有误差时，求出的全长相对闭合差就是相对误差。相关规范中规定全长相对闭合差不能超过 1/2000 或 1/15000，也是容许相对误差。

对相对误差而言，真误差、中误差、容许误差统称为绝对误差。

2.1.6.4 等精度测量的误差传播

测量中，根据观测条件相同与否，分为等精度测量和不等精度测量。在实际测量中，许多未知量不能直接观测而需要由若干观测值间接计算。例如，某未知点 B 的高程 H_B，由起始点 A 的高程 H_A 加上从 A 到 B 进行若干站水准测量观测高差 $\sum h_i$（$i=1$，2，…，n），则未知点 B 的高程 H_B 是各独立观测值的函数。

1. 倍数函数的误差传播

设有函数：

$$z = kx \qquad (2.1-15)$$

式中　z——观测值的倍数函数；

　　　k——常数；

　　　x——观测值。

若观测值 x 的中误差为 m_x，而 z 的中误差为 m_z，m_z 和 m_x 之间的关系可以由真误差关系导出：

$$m_z = km_x \qquad (2.1-16)$$

即观测值与常数乘积的中误差，等于观测值中误差乘常数。

2. 和或差函数的误差传播

设有函数：

$$z = x \pm y \qquad (2.1-17)$$

式中　z——观测值 x、y 的和或差函数，x、y 为独立观测值。

x、y 的中误差为 m_x、m_y，函数 z 的中误差与观测值中误差关系为

$$m_z^2 = m_x^2 + m_y^2 \qquad (2.1-18)$$

观测值的和或差的中误差平方，等于观测值中误差的平方和。若函数 z 为 n 个独立观测值的和或差，则 z 的中误差为

$$m_z^2 = m_1^2 + m_2^2 + \cdots + m_n^2 \qquad (2.1-19)$$

式中 m_1，m_2，$\cdots$，m_n——独立观测值 x_1，x_2，$\cdots$，x_n 的中误差。

当观测值为同精度时，则

$$m_z = \sqrt{n}m \qquad (2.1-20)$$

因此，在同精度观测时，观测值和或差的中误差，与观测值数 n 的平方根成正比。

3. 线性函数的误差传播

设线性函数：

$$z = k_1x_1 \pm k_2x_2 \pm \cdots \pm k_nx_n \qquad (2.1-21)$$

式中 x_1，x_2，$\cdots$，x_n——独立观测值；

k_1，k_2，$\cdots$，k_n——常数。

z 的中误差平方为

$$m^2 = k_1^2 m_{x_1}^2 \pm k_2^2 m_{x_2}^2 \pm \cdots \pm k_n^2 m_{x_n}^2 \qquad (2.1-22)$$

4. 任意函数的误差传播

设任意函数：

$$z = f(x_1, x_2, \cdots, x_n) \qquad (2.1-23)$$

当 x_i 具有误差 Δ 时，函数 z 相应地产生真误差 Δ_z，可以近似地用函数的全微分来表达。

$$\Delta_z = \left(\frac{\partial f}{\partial x_1}\right)\Delta_{x_z} + \left(\frac{\partial f}{\partial x_2}\right)\Delta_{x_2} + \cdots + \left(\frac{\partial f}{\partial x_n}\right)\Delta_{x_n} \qquad (2.1-24)$$

式中，$\frac{\partial f}{\partial x_i}$（$i = 1$，$2$，$\cdots$，$n$）是函数对各个变量所取的偏导数，若以观测值代入计算，其数值是常数。参加线性函数的误差传播，任意函数的误差传播为

$$m_z^2 = \left(\frac{\partial f}{\partial x_1}\right)^2 m_1^2 + \left(\frac{\partial f}{\partial x_2}\right)^2 m_2^2 + \cdots + \left(\frac{\partial f}{\partial x_n}\right)^2 m_n^2 \qquad (2.1-25)$$

2.1.6.5 不等精度测量的误差传播

由于观测条件不同，一组观测值的精度也可能不同，求解不能简单地采用算术平均值方法，要采用加权平均值法。观测值的误差越小，精度越高，权越大；反之，误差越大，精度越低，权越小。观测值的权（常用 P 表示）一般与中误差 m 的平方成反比。若不等精度观测值 L_1，L_2，$\cdots$，L_n 的中误差分别为 m_1，m_2，$\cdots$，m_n，则 L_i 的权可定义为

$$P_i = \frac{C}{m_i^2} \qquad (2.1-26)$$

式中 C——常数。

$C=1$ 的权称为"单位权"；权等于 1 的中误差称为"单位权中误差"，一般用 μ 表示。习惯上取一次观测、一个测回的测量误差为单位权中误差，式（2.1-26）也可表示为

$$P_i = \frac{\mu^2}{m_i^2} \qquad (2.1-27)$$

不等精度观测值的加权平均值的计算式为

$$x_i = \frac{P_1L_1 + P_2L_2 + \cdots + P_nL_n}{P_1 + P_2 + \cdots + P_n} = \frac{[PL]}{[P]} \qquad (2.1-28)$$

根据误差传播定律

$$m_x^2 = \frac{\mu^2}{[P]} \tag{2.1-29}$$

加权平均值中误差为

$$m_x = \frac{\mu}{[P]} \tag{2.1-30}$$

2.1.7　地形图

将地物和地貌的平面位置和高程按水平投影的方法（沿铅垂线方向投影到水平面上），以一定的图式符号和比例尺缩绘到图纸上，这类图纸称为地形图。若图上只有地物的平面位置，不表示地面起伏，称为平面图。

2.1.7.1　地形图的特征

地形图一般具有以下特征：

（1）可量测性。由于地形图采用地图投影、地图比例尺和地图定向等数学法则，故可在图上精确量取测点坐标和高程、线长度和方位、区域面积和地面坡度等。

（2）直观性。通过地图符号系统（又称地图语言），表达出各类地理要素，可直观、准确地获取地理空间信息。

（3）一览性。地形图是缩小了的地面表象，不可能表达地面上所有的地理要素，需要通过制图综合（取舍、概括）的方法，将使用者需要的内容，一览无遗地呈现出来。

与一般的地形图相比，内陆水体边界地形图需增加水面流速流向，环流、测验断面测点流速、床沙布置点等相关水体特性，并重点突出与水体相关的水利工程、护岸工程、地貌与土质、水文特征和边界物质组成等。

2.1.7.2　地形图比例尺

1. 概念

各种地物、地貌不可能按实际大小绘制在图纸上，必须缩小若干倍。一般将图上距离 d 与实地水平距离 D 之比称为图的比例尺。

$$图的比例尺 = \frac{d}{D} = \frac{1}{M} \tag{2.1-31}$$

2. 形式

图的比例尺一般有数字比例尺、直线比例尺和复式比例尺三种形式。用数字表示的比例尺称为数字比例尺，如 1:500、1:2000、1:100000 等。一般在地形图下边缘中间印有数字比例尺，其特点是直观、准确。

用一定长度的线段表示对应的实地水平距离，在图上直接标注的比例尺称为直线比例尺，如图 2.1-17 所示。其优点在于能很快读出实地水平距离，也可消除或减少图纸伸缩变化带来的误差，缺点是估读精度较低。

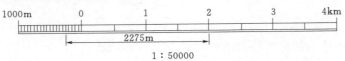

图 2.1-17　直线比例尺示例

还有一种按主比例尺和地图投影长度变形分布规律设计的图解比例尺，称复式比例尺或斜线比例尺，如图 2.1-18 所示。用这种比例尺在图上量取和缩绘距离，较直线比例尺精度更高，在平板仪测图中必不可少。

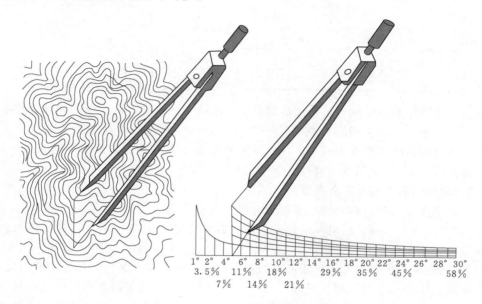

图 2.1-18　复式比例尺示例

3. 精度

人眼能分辨图上最小距离 0.1mm。将图上 0.1mm 所表示的实地水平距离称为比例尺精度。例如，测绘 1:1000 比例尺的地形图，其比例尺精度为 0.1m，故量距的精度只需到 0.1m，因为小于实地 0.1m 的距离在图上不能表示。又如，设计规定在图上能量出实地最短长度 0.05m 时，则采用的比例尺不得小于 0.1mm/0.05m=1:500。因此，比例尺越大，表示地物和地貌越详细，精度越高，但测绘工作量会越大。内陆水体边界测量采用的主要比例尺及用途见表 2.1-5。

表 2.1-5　　　　　　　　　　内陆水体边界测量采用的比例尺及用途

比例尺	比例尺精度/m	用　　途
1:500	0.05	初步设计、水利施工图设计、竣工验收图、运营管理
1:1000	0.1	
1:2000	0.2	可行性研究、初步设计、观测详细规划
1:5000	0.5	可行性研究、总体规划、坝址选择、方案比较
1:10000	1.0	

4. 基本等高距的选择

在地形图中地貌用等高线表示，相邻等高线间的高差称为等高距。等高距的选择主要考虑测图比例尺大小和地势起伏程度。比例尺越大，地势越平缓，所选等高距越小。不同比例尺地形图采用的基本等高距见表 2.1-6。

表 2.1-6   **不同比例尺地形图采用的基本等高距**

地形类型	地形倾角 $\alpha/(°)$	比 例 尺			
		1：500	1：1000	1：2000	1：5000
平坦地	$\alpha<3$	0.5m	0.5m	1m	2m
丘陵地	$3\leqslant\alpha<10$	0.5m	1m	2m	5m
山地	$10\leqslant\alpha<25$	1m	1m	2m	5m
高山地	$\alpha\geqslant25$	1m	2m	2m	5m

水体边界测量测图比例尺，根据水面宽窄、水深大小确定，以能较准确计算冲淤变化为原则。其指标为水面在图纸上宽度 30～200mm；80％以上的等高线能清晰勾绘，陡峻部位等高线计曲线可紧密排列通过。计曲线是指每隔 4 条等高线加粗描绘的一条等高线，一般为逢 5m、10m 整数倍的等高线。

2.1.7.3 地形图的内容及主要要素

（1）地形图表达的内容归纳起来可分为以下 4 类：

1）数字。主要有坐标网格（地理坐标网、方里格网）、投影关系、图的比例尺、定向和控制点等，是地形图制图的基础。

2）地物地貌。主要表示地球表面自然形态所包含的要素及属性，如居民地、交通网、地貌、水系、土质和植被、境界线等。其中，地貌符号主要以等高线和必要的高程注记表示，反映地面实际高度和起伏特征。地物符号采用三种方式表达：比例符号，依比例尺缩小地物轮廓，如房屋、桥梁等；非比例符号，小而重要的地物轮廓，如测量控制点、里程碑等；半比例符号，长度依比例尺、宽度不依比例尺的地物轮廓，如围墙、电线、通信线等。

3）注记。图上的各种注记和说明，如单位、居民地、水域、山、道路等名称注记以及坎高、池塘等比高注记。

4）整饰。在地形图图框之外为方便使用地形图所注说明。如图名、图号、测图日期、测图单位、坐标和高程系统、编图资料说明、资料略图和地形图图式专用符号等。

（2）地形图所要表达的主要要素包括以下 4 种：

1）点状要素。形状与相对关系不变的各种符号，例如，控制点、独立地物符号、植被符号等。点状要素的特点是只有一个定位点，一个坐标值。点状要素又可细分为有方向点要素、无方向点要素、依比例点要素和不依比例点要素等。

2）线类要素。以线的形式组成的要素，如围墙、道路、水系、地类界等。线状要素的特点是组成要素的基本元素为折线，每个折点均有一组坐标（X、Y、Z），最少时也有两组坐标。线状要素又细分为简单线型、复杂线型和组合线型三种形态。

3）文字注记。文字注记类似于点状要素，可分有方向、无方向及变形等形式，主要用文字和数字对地形符号进行说明。

4）组合要素。又称面状地物，是由以上各个要素之间相互组合形成的符号，如破坏房屋（线与文字组合）、花池（线与符号块组合）等。

2.1.7.4 地形图精度

地形图精度又分为平面精度和高程精度。

1. 平面精度

在水体边界地形图上，陆上区域地物点相对于邻近图根点的点位中误差一般不超过图上±0.5mm；水域地形点不应超过图上±1.0mm；隐蔽或施测困难地区可放宽50％。

2. 高程精度

高程注记点对于邻近加密高程控制点的高程中误差要求不超过$\pm\frac{1}{4}h$（h为基本等高距），图幅等高线高程中误差不超过$\pm\frac{1}{3}h$。

2.1.7.5 地形图分幅

地形图分幅有梯形分幅和矩形分幅两类。

1. 梯形分幅

按经纬线进行分幅，主要用于国家基本比例尺地形图1：5000、1：10000、1：25000、1：50000等4种比例尺地形图。

2. 矩形分幅

按坐标格网进行分幅，主要用于国家基本比例尺1：500、1：1000、1：2000大比例尺地形图分幅。

水体边界地形图一般采用50cm×50cm、50cm×40cm、40cm×40cm的矩形分幅。

2.2 控制测量

2.2.1 基本原则

由于国家高等级控制点，数量较少，又可能远离水体测区，往往无法满足测量精度需要。为此，必须在国家等级控制点的基础上加密水体岸边基本控制网（点），方可为水体边界测量提供基准和起算数据。与国家基本控制网布设原则相似，内陆水体岸边基本控制网布设需要满足以下原则：

（1）分级布网、逐级控制。对于水体岸边控制网，通常先布设精度要求最高的首级控制网，随后结合测区面积的大小再加密若干级较低精度的控制网。

（2）确保足够精度。水体岸边控制网，一般要求最低一级控制网（四等网）的点位中误差能满足大比例尺1：500的测图要求。以图上0.1mm的绘制精度计算，相当于地面上的点位精度为5cm。

（3）保持足够密度。水体岸边控制网要求在水体测区内有足够多的控制点，除设站控制点外，还需要有足够的已知检校点。

（4）制定统一规格。为满足不同测量部门或使用单位要求、互相协调，需要严格采用国家或行业制定的规范、规格。

水体岸边控制测量一般选定地势较高、位置稳固、分布均匀具有控制意义的水体周边点，构成一定的几何图形，形成整个水体测区的骨架。再用相对精确的测量手段和方法，确定这些点的平面位置（x，y）和高程 H，作为水体边界测量的基础。这些具有控制意义的点称为控制点，由控制点组成的几何图形称为控制网，如图 2.2-1 所示。

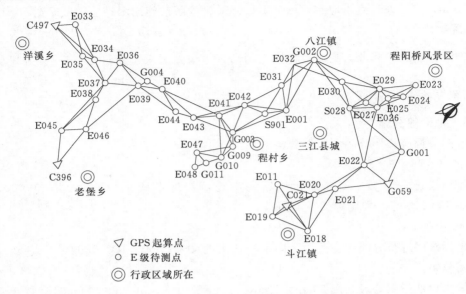

图 2.2-1 水体岸边控制点及控制网示意图

对水体岸边控制网进行设计、布置、观测、计算的工作统称为控制测量。其中，测定平面位置的工作称为平面控制测量，测定高程的工作称为高程控制测量，同时测定平面和高程的工作称平高控制测量。

内陆水体边界测量控制网一般控制范围较大，控制点较多，测量精度要求主要取决于测图比例尺大小。由于测量会产生误差，为了不累积测量误差并满足大区域多人多组同步测量需求，内陆水体边界测量遵循"从整体到局部，先控制后碎部"的原则。控制测量为内陆水体边界测量提供起算数据，是测量工作的首道工序，是细部测量的基准。

2.2.2 平面控制

平面控制可采用边角网测量（三角测量、三边测量和边角测量）、导线测量、GNSS测量。其中，内陆水体平面控制主要采用 GNSS 测量，在顶空通视条件不佳的区域多采用导线测量。

三角测量一般要求三角网的每点与较多的邻点相互通视，在隐蔽地区常需建造较高的觇标。

三边测量要求丈量网中所有的边长，应用电磁波测距仪测定边长后即可进行解算。此法检核条件少，推算方位角的精度较低。

边角测量既观测控制网的角度，又测量边长。测角有利于控制方向误差，测边有利于控制长度误差。边角共测可充分发挥两者的优点，提高点位精度。在工程测量中，不一定观测网中所有的角度和边长，可以在测角网的基础上加测部分边长，或在测边网的基础上加测部分角度，以达到所需要的精度。

近年来，内陆水体平面控制网，大多采用 GNSS 控制网及导线进行观测。由于 GNSS

网观测相比于导线具备获取数据速度快、精度高、全天候观测、不要求站点通视等优点，使 GNSS 控制网已经成为内陆水体平面控制测量主要方法。GNSS 不要求站点通视的特点，让 GNSS 控制网有着较好的跨水域观测能力。

内陆水体平面控制测量按作业流程及等级可分为首级控制测量和加密控制测量。首级控制测量一般采用精度较高、便于大范围布设的 GNSS 平面控制测量或导线测量方法，其目的是在整个测区内测定一些精度较高、分布均匀的控制点，构成内陆水体观测的框架。加密控制测量是在首级控制下，用 GNSS 平面控制测量等方法进行加密，以满足实际内陆水体边界观测的需要。

2.2.2.1　GNSS 控制网

GNSS（Global Navigation Satellite System）即全球导航卫星系统，它泛指所有全球的、区域的和增强的卫星导航系统，如美国的 GPS、俄罗斯的 GLONASS、欧洲的 Galileo、中国的北斗卫星导航系统以及美国的 WAAS（广域增强系统）、欧洲的 EGNOS（欧洲静地导航重叠系统）和日本的 MSAS（多功能运输卫星增强系统）等相关增强系统。国际 GNSS 系统是个多系统、多层面、多模式的复杂组合系统。GNSS 测量可以分为静态、动态两种测量模式，各有不同的作业方式及特点。

1. 静态控制网

对于长河段、大区域内陆水体基础控制网一般采用 GNSS 静态控制网，同时 GNSS 网点间不要求通视的特点，使得 GNSS 网点平均距离得到较大的拓展。其中 E 级网相邻点间的平均距离可大于 2km，足以跨越大部分的河流；而 AA 级 GNSS 网相邻点平均间距可以达到 1000km，足以实现跨海控制网的观测。

2. 动态控制方式

动态测量主要指 GNSS 的"动态差分技术"应用模式。GNSS 实时定位要求观测和数据处理在定位的瞬间完成，主要用于内陆区域的加密控制。GNSS 实时定位方式主要包括单点动态定位、实时差分动态定位、后处理差分动态定位。

（1）单点动态定位。单点动态定位方式是用安设在一个运动载体上的 GNSS 信号接收机，自动地测得该运动载体的实时位置，从而描绘出该运动载体的运行轨迹，故单点动态定位又称为绝对动态定位。然而要实现内陆水体控制测量的精度，需要采用精密单点定位（precise point positioning，PPP），即利用 GNSS 卫星的精密星历或事后的精密星历作为已知坐标起算数据并用某种方式得到的精密卫星钟差来替代用户 GNSS 定位观测值方程中的卫星钟差参数，可实现单台 GNSS 双频双码接收机的观测数据在数千万平方千米乃至全球范围内最高可达到 2~4dm 级的精度。精密单点定位技术，是实现全球精密实时动态定位与导航的关键技术，也是 GNSS 定位方面的前沿研究方向。

（2）实时差分动态定位。实时动态差分定位（real-time kinematic，RTK）是一种常用的 GNSS 测量方法，它采用载波相位动态实时差分技术，实现了在野外实时得到厘米级定位精度，改变了 GNSS 静态、快速静态、动态测量等作业方式都需要事后解算的缺点，极大地提高了外业作业效率。

RTK 实时动态差分定位系统由 3 部分组成：①基准站；②数据链；③流动站。要求在已知高等级点上（基准站）安置 1 台 GNSS 接收机作为基准站，对所有可见卫星进行连续观测，并将观测数据和测站信息通过无线电传输设备实时地发送给流动站。流动站GNSS接收机在接收卫星信号的同时接收基准站传输的数据。最后根据相对定位的原理，实时解算出流动站的三维坐标及其精度，同时实现平面及高程坐标的传递（图2.2-2）。

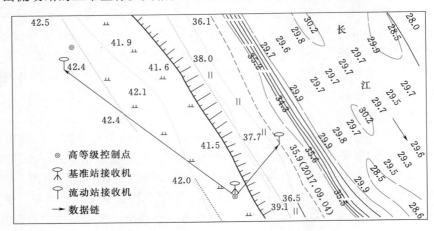

图2.2-2　RTK作业示意图

GNSS误差的空间相关性随参考站和移动站距离的增加而逐渐失去线性，因此在较长距离下（单频大于10km，双频大于30km），经过差分处理后的用户数据仍然含有较大的观测误差，从而导致定位精度的降低和无法解算载波相位的整周模糊度。所以，为了保证得到满意的定位精度，传统单机RTK的作业距离有非常严格的限制。

为了克服传统RTK技术的缺陷，20世纪90年代中期，提出了网络RTK技术。在网络RTK技术中，线性衰减的单点GNSS误差模型被区域型的GNSS网络误差模型所取代，即用多个参考站组成的GNSS网络来估计一个地区的GNSS误差，并为网络覆盖地区的用户提供校正数据。用户收到的不是某个实际参考站的观测数据，而是距离自己位置较近的某个参考网格的校正数据，又称虚拟参考站数据，因此网络RTK技术又被称为虚拟参考站技术（virtual reference）。

最初的网络RTK是利用分布较为均匀的连续运行参考站（CORS）进行单站控制，用户站从一个参考站的有效精度范围进入另一个参考站的精度范围，如果要使基线精度优于±30mm，站间距离就应控制在30km以内，精度随着基线的增长而衰减，且分布不均匀，故严格意义上讲最初的网络RTK，是多参考站常规RTK。如果架设较多的参考站，形成区域内的多台连续观测站网，利用参考站网络的实时观测数据对覆盖区域进行系统误差建模，然后对区域内流动用户站观测数据的系统误差进行估计，并尽可能消除系统误差影响，可获得厘米级实时定位结果。网络RTK技术的精度覆盖范围大大增加，精度分布较为均匀。网络RTK作业原理图如图2.2-3所示。

CORS站网不需要架设基准站接收机，解决了由于崩岸或其他人为因素造成的标石损毁而无法架设基准站的问题，大大提高了观测的灵活性与效率，节省了测量标志保护费用，降低岸上地形观测劳动强度和成本，为地形测量提供精度达厘米级的动态实时GNSS定位服务。

（3）后处理差分动态定位。PPK 技术动态后处理技术，是根据载波相位进行事后差分的 GNSS 定位技术。利用一台基准站接收机和至少一台流动接收机对卫星载波相位的同步观测量，事后进行线性组合，形成虚拟的载波相位观测量值，确定接收机之间的相对位置，经坐标转换得到流动站在地方坐标系中的坐标。PPK 技术不需要数据通信，作业半径可以达到 300km 以上，适合 RTK 受到限制的区域，尤其是内

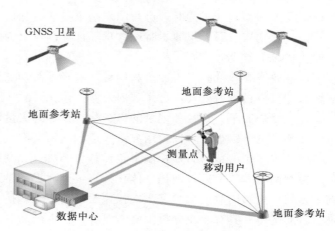

图 2.2 - 3　网络 RTK 作业原理图

陆湖泊、近海等作业距离远且接收不到差分信号的作业区域。

2.2.2.2　导线测量

自 20 世纪 50 年代电磁波测距仪出现后，导线测量就成为建立大地控制网的主要方法之一。60 年代初，我国利用电磁波测距仪在自然条件极其困难的青藏高原实施了精密导线测量，构成了包括 10 个闭合环的导线网。90 年代后，随着全站仪的普及，导线测量（traverse survey）逐渐成为内陆水体平面控制测量方法之一。

导线测量要求在观测区域选定一系列折线点，在点上设置测站，然后采用测边、测角方式测定这些点的空间位置。导线测量方法具有布设灵活，受地形限制较小，作业迅速，精度高等特点。尤其是 20 世纪 80 年代，随着双波长电子测距仪的出现，测距精度接近千万分之一，远高于实时动态 GNSS 技术的定位精度。

2.2.3　高程控制

20 世纪 90 年代以来，高程控制测量技术得到了快速的发展，传统的几何水准测量、三角高程测量以及 GNSS 高程测量等一些快速确定高程的手段已大量应用，并逐渐向多种测高技术相互支撑、齐头并进的方向发展。如新型的数字水准仪，实现了水准测量记录的无纸化操作和内、外业处理的一体化；高精度的电子全站仪，集成了测距及测角的功能，配合智能数字识别技术，为三角高程测量提供了强力支持；GNSS 测高技术大量应用于图根控制和地形点高程测量。

2.2.3.1　几何水准测量

几何水准测量以其短视线和前后视线等距及时空对称的测量方式，有效排除了以折光差为主的多项干扰因素，使得测高精度明显优于其他测量方法，一直被作为内陆水体近岸高程控制的主要测量手段。数字水准仪实现了几何水准测量全数字化及测算一体化。具有自动观测、自动记录存储等优点。采用普通标尺时，还可人工读数使用。从测量过程来看，采用数字水准仪测量具有下列特点：

（1）读数客观。不存在误读、误记、人为读数误差。

（2）精度高。视线高和视距读数采用大量条码分划图像处理后取平均求得，削弱了标

尺分划误差的影响（实测时，可自动识别照错前后标尺等错误）。

（3）速度快。因无报数、听记、现场计算以及人为出错的重测数量，测量时间与传统仪器相比可节省 1/3 左右。

（4）效率高。观测只需调焦和按键，减轻了劳动强度。视距自动记录、检核、处理并能输入计算机进行后处理，可实现内外业一体化。

（5）操作简单。读数和记录的自动化、预存的大量测量和检核程序、操作时的实时提示，使测量员可以很快掌握使用方法，进行高精度测量。

内陆水体中的精密高程控制平差计算自 20 世纪 90 年代已从手工计算发展到使用精密高程控制网平差软件进行测记一体化计算，大大提高了计算的速度及质量。精密高程控制网平差软件能够同时读取数字水准仪原始观测值，转换为所需要的输入数据格式，由软件进行自动平差并具有粗差分析、高差概算、往返测高差之差分析、环闭合差计算、高程网平差等多项功能。精密高程控制网平差软件实现了高程控制计算的智能化以及基于数字水准仪的内、外业的一体化。

2.2.3.2 电磁波测距三角高程测量

电磁波测距三角高程测量克服了传统几何水准测量速度慢、不适应起伏变化大、陡岸地形以及跨越宽阔的库区、湖泊、河流等地区测量困难的局限性。自全站仪出现以来，内陆水体的三角高程测量方法得到了推广，大大地加快了测量速度，提高了成果的时效性。

三角高程测量能够达到四等几何水准精度，常用于代替四等、五等及图根水准测量。测量时使用一台全站仪器及两只棱镜，在每一照准点安置仪器进行对向观测，可单独布设成附合或闭合高程导线或高程导线网，也可与平面控制测量结合同步施测。当采用电磁波测距三角高程路线组成高程网时，要按条件观测平差等方法计算高程的最或是值、每千米高差中误差和最弱点高程中误差进行精度检查。三角高程测量方法执行《国家三、四等水准测量规范》（GB 12898—2009）和《水利水电工程测量规范》（SL 197—2013）。

2.2.3.3 GNSS 高程控制测量

随着 GNSS 测量技术的广泛应用，GNSS 拟合高程测量和 RTK 测高技术在内陆水体高程控制中逐步得到推广应用。

目前，GNSS 拟合高程测量一般与 GNSS 平面控制测量同步进行，仅适用于内陆水体五等及以下等级高程测量。GNSS 拟合高程测量的主要技术要求执行《全球定位系统实时动态测量（RTK）技术规范》（CH/T 2009—2010）。对 GNSS 点的拟合高程成果应进行检验，检验点数不少于全部高程点的 10% 且不少于 3 个点；采用相应等级的水准测量方法或电磁波测距三角高程测量方法进行高差检验，其高差较差不大于 $30\sqrt{D}$ mm（D 为检查路线的长度，单位为 km）。

目前，GNSS 测高主要包括三个方面的内容：①使用 GNSS 测量椭球高；②运用一个大地水准面模型；③将最终得到的正常高（或正高）拟合到高程基准面上。

2.2.4 控制测量工作流程

内陆水体边界控制测量工作流程如图 2.2-4 所示。

（1）测区基本资料收集。包括中小比例尺地形图和已有控制点成果，测区行政隶属、气候、地物、地貌状况、交通现状、当地风俗等。

（2）控制网技术设计。控制网设计一般在收集资料和现场踏勘的基础上进行，既要考虑控制网的精度，又要考虑节约作业费用，并从多个方案中选择技术和经济指标最佳的方案。

（3）编制专业技术设计书或实施方案。

（4）控制测量准备。控制测量是一项精细和精密的测量工作，测前必须做好仪器设备准备、主要测绘仪器检校，技术业务培训，车辆、船只等交通运输设备的检查与检修等；待各种准备工作（包括技术人员、仪器设备、技术方案审批、已有资料收集和分析）完成后，方可开始测量工作。

（5）造标。为长期保存点位和便于

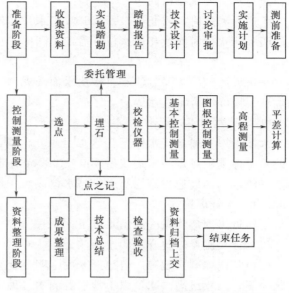

图 2.2-4　内陆水体边界控制测量工作流程图

后续观测工作的开展，在所选的点上进行造标埋石；对于高等级控制点，还需签订相关委托保管协议书。

（6）外业观测。标石经过沉降稳定后，进行外业数据观测。

（7）平差计算。采用严密平差方法计算，各项限差指标确保在规定允许范围内。

（8）成果外业检验。开展最终平差后应到外业检验，以验证控制成果质量与精度的可靠性。

（9）编写技术报告（包括专业技术总结、专业检查验收报告）。

（10）资料归档与上交。

2.3　近岸地形测量

近岸地形测量包括水边线测量和水体周边地形测量两项内容。无论是水边线测量还是水体周边地形测量，其测点布置均应满足相应测图比例尺的要求。

2.3.1　水边线测量

水边线是陆地与水域的分界线，又称岸边界、水边界或水崖线，它是水体边界测量的重要地形要素之一，是陆上与水下地形图合并的重要依据。

水边线以能准确确定水体边界为原则，由若干个具有控制性的转折水边测点经过线性拟合而成。水边界测点间距及测量精度与相应地形测图比例尺要求一致。

水边线测量一般与水深测量同步进行，也可单独测量。单独测量时，要求水体边界或岸坡相对稳定，水位保持平稳，且没有明显的水位涨落变化。若有水位涨落变化，则要求水边线与水深测量严格同步。

水边界测量时，需要记录每天开收工水位控制测量断面位置、水位陡涨陡落的断面，并注明施测水位时间及相应水位。后期成图中，在图幅结合处须注明施测水位时间及相应水位。

水边线测量的主要方法有直接法水面线观测、点云数据提取法、水面线推算法、影像提取法、罗经结合雷达法等。

2.3.2 近岸地形测量

水体近岸一般是指水体至挡水堤（坝）内脚之间的陆地；当水边线 1km 范围内无堤防时，水体周边界定为水边线后 600～1000m 的陆地；若与水边界相连的为山丘、高地等自然屏障，水体周边界定为历史最高水位或水库最大库容水位以上 1m 之间的陆地。

2.3.2.1 测量原则

水体近岸地形测量一般满足以下原则：

（1）首次测量需要详尽测绘与注记。

（2）年内多测次观测，若地形未发生明显变化的，可不重复测量；若发生变化，则需进行修测；当年最高洪水位以下地形各测次均须进行实测。

（3）若地形在年季间没有变化，可检测不少于 10% 的地形数据，若发生变化需修测。

2.3.2.2 测量内容

水体近岸地形测量主要包括水边线以上周边陆地的各种地物地貌及其属性测量，重点为涉水建筑物及构筑物、堤防工程、护岸加固工程、滩地等的测绘和说明。具体测量内容如下：

（1）堤线、坎线、堤线里程碑、护岸界碑等。

（2）护岸工程起止范围、护岸类别，如散抛、干砌、浆砌、条砌、崩岸等。

（3）水文（位）站、气象站、渡口、码头、分洪码头、航标灯、过河灯塔、过江电缆、过江高压线等。

（4）涵闸、排水沟、取水口、抽水管、水沟渠等。

（5）居民地、特殊建筑物、桥梁、道路、砂场、防汛石等。

（6）所在行政地、地名、村名、矶头名、闸名等。

（7）植被和土质等测绘与注记。

（8）实地照片、录像等辅助资料。

2.3.2.3 测量方法

水体近岸地形测量与陆地测绘方法相同，常规方法有方向交会法、距离交会法、经纬仪测绘法、平板仪测图法、经纬仪配合小平板仪测图等。近年来主要采用全站仪极坐标法、RTK 法、机载激光扫描测量、三维激光扫描测量、无人机低空数字摄影测量等方法。

通过全站仪、RTK 等进行地形测量，可采用编码法、草图法或内外业一体化成图法等进行数据处理与地形图绘制。

简单地形测量可采用编码格式，即测点号（观测顺序号）＋地形编码（地形属性）＋逻辑关系（测点间连接关系），进行编码作业。

复杂地形测量必须绘制草图，确定草图上点号与测点号一一对应。草图绘制应简单明了、注记清楚，能反映出各地物要素的位置、属性和相互间关系，勾勒出地貌的总体特征。

采用内外业一体化成图法作业时，根据专业绘图软件的要求，实时录入和绘制重要测点的属性、连接关系和逻辑关系，对次要测点可在内业中通过专业绘图软件进行处理。

2.3.2.4 成图方法

水体近岸地形测量成图方法主要有白纸测图、数字测图和航测法成图等三种。内陆水体边界测量在全站仪、GNSS、单波束测深仪、多波束测深仪、导航软件及专业绘图软件等软硬件支撑下，基本实现了自动或半自动化采集特征点信息，再由计算机绘图软件进行自动处理的制图过程。但尚有部分水体近岸地形或需涉水测量的中小河流水下地形仍采用白纸测图。

1. 白纸测图

白纸测图一般采用大平板仪或经纬仪和水准仪配合小平板测绘等方法，它主要采用解析法和极坐标法，其成果为模拟的图解图。按所用仪器的不同，碎部测量主要有平板仪测图法、经纬仪测绘法、小平板仪和经纬仪联合测图法等。

（1）平板仪测图法。平板仪由平板和照准仪组成。平板则由测图板、基座和三脚架组成；照准仪由望远镜、竖直度盘、支柱和直尺构成。其作用同经纬仪的照准部相似，所不同的是沿直尺边在测图板上画方向线，以代替经纬仪的水平度盘读数。平板仪还有对中用的对点器，用以整平的水准器和定向用的长盒罗盘等附件。

测图时，利用测图板绘出的相应于地面控制点 A、B 的 a、b（图 2.3-1），在 B 点安置平板仪，以 b 为极点，按 BA 方向将平板仪定向，然后用望远镜照准碎部点 C，通过 b 点的直尺边即为指向 C 点的方向线。再用视距测量的方法测定 B 点到 C 点的水平距离和 C 点的高程，按测图比例尺沿直尺边自 b 点截取相应长度，即得 C 点在图上的平面位置 c，并在该点旁边记录其高程，随后逐点逐站边测边绘，即可测绘出地形图。

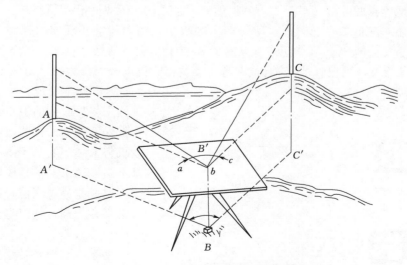

图 2.3-1 平板仪作业原理图

（2）经纬仪测绘法。将经纬仪安置在控制点上，选一已知方向作为零方向，测定零方向至碎部点方向之间的水平角，同时用视距测量的方法测定水平距离和高程。在经纬仪旁安置测图板，用量角器和比例尺按极坐标法在测图板上定出碎部点的位置并注记高程。在碎部测量过程中，控制点的密度一般不能完全满足施测碎部的需要，因此还要增设一定数量的测站点以施测碎部。

（3）小平板仪和经纬仪联合测图法。小平板仪与平板仪不同之处主要在于照准设备，小平板仪的照准器由直尺和前、后觇板构成，直尺上附有水准器。将小平板仪安置在控制点，并在旁边安置经纬仪，用视距测量方法测定碎部点的水平距离和高程，定出碎部点在图上的位置、并注记高程。若在平坦地区，可用水准仪代替经纬仪，碎部点高程用水准测量的方法测定。

随着测绘技术的进步，相继出现了经纬仪配合激光测距等方法，其原理与上述方法大致类似。

2. 数字化测图

传统的白纸测图主要采用解析法和极坐标法，其成果为模拟式的图解图。由于其成图周期长精度低、劳动强度大等局限，逐渐被淘汰。数字化测图利用先进的电子全站仪等和自动化成图软件，采用各种灵活的定位方法，将图解过程数字化，成图时完全保持了野外测量精度，野外数据采集不再受图幅范围的限制，部分成图内容可带到室内完成，大大减轻了野外劳动强度。

（1）全站仪数字化测图。全站仪数字化测图又分为以下两种模式：

1）全站仪加电子手簿测图模式。该模式采用全站仪配套电子手簿，野外观测时自动将数据计入电子手簿，通过人工绘画的草图及地物编码，利用绘图软件参照野外草图编辑成图。

2）电子平板测图模式。该模式为野外电子平板测图，即在全站仪内装有配套的成图软件，观测地物点时，现场显示点位和图形并现场绘制，后期进行编辑整理。

（2）动态 GNSS 数字化测图。动态 GNSS 数字化测图能够实现图根控制与细部地形测量同步实施，同时不要求点间通视，有效提高了作业灵活性。动态 GNSS 数字化测图系统一般由1台基准站接收机、1台或多台流动站接收机以及差分数据链组成（见图2.3-2）。基准站不断地对可见卫星进行观测，将接收到的卫星信号通过电台发送给流动站接收机，流动站接收机将采集到的 GNSS 观测数据和基准站发送来的信号传输到控制手簿，组成差分观测值，进行实时差分及平差处理，从而得到观测点的三维坐标。

动态 GNSS 作业模式下将架站点的坐标、高程、坐标系转换参数、水准面拟合参数等必要的数据

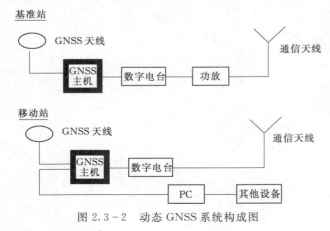

图 2.3-2 动态 GNSS 系统构成图

输入基准站，流动站接受到基准站发送的差分信号并通过已知点检核无误后，即可进行测图作业。动态 GNSS 数字化测图特点如下：

1）作业效率高、质量高。在一般地形的测量中，动态 GNSS 只需设站一次即可完成半径约为 10km 区域测量，大大减少了传统测量所需的控制点数量以及挪移测量仪器的次数；同时动态 GNSS 测图的采点速度相当快，初始化速度一般小于 30s，并且在线运动过程中能够保持不失锁，每个碎部点采集时间不超过 2s（含点位代码输入）。因此，采点速度几乎等于流动站平台的移动速度，效率较高。

2）定位精度高。在作业半径范围内，若满足动态 GNSS 测量条件，其平面精度、高程精度都能达到厘米级标准，且动态 GNSS 测量的数据具有较高的稳定性及准确性。

3）作业条件限制小。动态 GNSS 测量只需满足"电磁波通视"，而不要求两点之间达到光学通视，因此通视条件、能见度、气候以及季节等因素对动态 GNSS 的限制较小。

4）测绘功能大。动态 GNSS 测量具有自动化、集成化程度高的特点。流动站采用内装式软件控制系统，操作简便，大大减少了工作量和人为误差，确保了精度。

5）操作简便。动态 GNSS 测图系统设置简单，操作简便，可边走边获取测量三维坐标，甚至进行坐标放样。系统具备多项功能，包括数据的输入、储存、处理、转换以及输出等，能简便快速与计算机及其他测量仪器连接通信。

（3）地形图修测。

1）修测前须进行现场实地勘察，全面了解水体周边地形变化情况，确定修测范围和修测方法。

2）修测须从地形未变化处开始，且两者间要有重合点，新测的地物与原有地物间平面位置差的允许中误差不得大于图上 0.6mm，高程较差不得超过 $\pm h/4$（h 为图上基本等高距）。

3）除对变化的地形修测外，原有地形图地形、注记有明显错误的需一并修正。

2.3.3　水体近岸地形测量工作流程

水体近岸地形测量一般与水下地形测量同步进行，其工作流程如下：

（1）测量前收集测区的图纸及相关资料，抄录测区内的控制测量点坐标。

（2）现场踏勘测区，了解当地人文风俗、自然地理、交通运输、气象情况等，根据现场踏勘情况编制测量技术设计书。

（3）作业单位（项目组）编制实施细则。

（4）准备测绘仪器及器材，制作测量标志等。

（5）开展控制（图根控制）测量。

（6）野外地形数据采集，包括各地物点、地貌点的平面位置和高程数据及其相关属性数据。

（7）数据传输与备份。

（8）数据处理，图形编辑及各种资料整理。

（9）图形输出及野外数据质量检查。

（10）资料整改、汇编与检查验收。

水体近岸地形测量工作流程如图 2.3-3 所示。

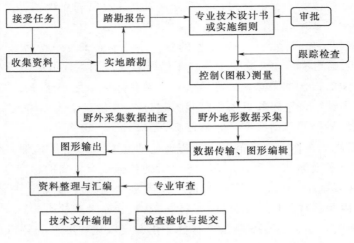

图 2.3-3　水体近岸地形测量工作流程图

2.4　水下地形测量

水下地形测量主要利用测量仪器确定水底点三维坐标，其基本原理是测量载体在导航仪的辅助下，通过定位仪获取测点平面坐标的瞬时，利用测深仪获取测点处的水深值。水下地形测量的内容主要包括定位测量、水深测量、水位控制测量三部分。因此，影响水下地形测量的主要误差影响因子包括测深误差、定位误差、水位测量误差以及测量环境效应误差，见表 2.4-1。

表 2.4-1　　　　　　　　　　　水下地形测量主要误差影响因子

误差种类	主　要　误　差　因　子
测深误差	测深仪测深（仪器标称值）；测深仪换能器动态吃水；声速
定位误差	GNSS 接收天线多路径效应；差分方法（伪距/相位差分）；电离层改正模型；单频/双频机；卫星几何强度；定位点到 GNSS 差分基准站的距离；差分信号发送间隔；不同坐标系间坐标转换
水位测量误差	水位观测值；水位改正模型；高程基准面
测量环境效应误差	波浪效应；定位中心偏心效应；测深延迟效应；船速效应；波束角效应

2.4.1　定位测量

定位测量的目的是获取测点所在位置的实时平面坐标（X，Y），由于水下测点无法到达，一般得到的是测量载体的平面坐标。

水上定位的方法主要有光学定位和 GNSS 定位。光学定位以交会法为主，与平面导线测量的前方交会法、后方交会法的原理相同，主要应用于近岸大比例尺水下地形测量。近年来随着 GNSS 技术的突飞猛进，差分 GNSS 定位（RTK）、单点精度定位等现代定位技术已成为水上定位方法的主流。

水下地形测量时,多采用 GNSS 相对定位技术,又由于既需要导航(控制偏航距)又需要实时精确定位(减小数据后处理的工作量和难度),故水下地形测量一般采用 GNSS 实时差分技术进行。

根据差分定位范围大小的不同,差分定位分为局域差分(包括单基站差分定位、多基站差分定位)和广域差分定位(如 WAAS、信标差分等),局域差分作用距离一般在数十千米范围,广域差分作用距离可达数千千米范围;根据差分信号和解算方式的不同,差分定位分为位置差分、伪距差分和载波相位差分。其定位技术、定位作用范围及精度如图 2.4-1 和图 2.4-2 所示。

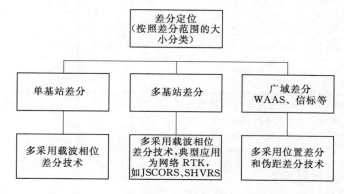

图 2.4-1　GNSS 差分定位技术

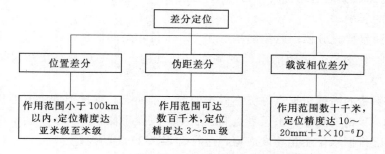

图 2.4-2　GNSS 差分定位作用范围及精度图

测量作业时,需根据测量定位的精度要求,选择合适的定位方法。不同比例尺测图的定位要求为:测点的定位中误差:1:1000 和 1:2000 比例尺测图时小于图上 1.5mm,1:5000 比例尺测图时小于图上 1.0mm。故定位方法一般按照表 2.4-2 进行。

表 2.4-2　　　　　　　　水下地形测量定位方法及适应对象

定位方式	定位精度	适合对象	说　明
单点定位	10~30m	海上航行导航	GPS 导航仪
伪距或者位置差分	1~3m	比例尺不大于 1/2000 的测量	信标定位、WADGPS 系统等
载波相位差分	厘米级	比例尺大于 1/2000 的测量	RTK 或者 PPK 方式,自主差分、CORS、VRS 系统等

41

内陆水体的水下地形测量水下测点一般按横断面布设，即断面方向与岸线（或主流方向）垂直；水面宽度较小、水面积较小或极为复杂的水体亦可采用散点法或按"之"字形布设。断面间距和测点间距随着测图比例尺的不同而有所不同，一般满足表2.4-3要求。

表 2.4-3　　　　　　　　　　　　水下地形测量断面间距及测点距　　　　　　　　　　　单位：m

测图比例尺	测深线间距	测点间距
1：200	5～8	3～5
1：500	8～13	5～10
1：1000	15～25	12～15
1：2000	20～50	15～25
1：5000	80～150	40～80
1：10000	200～250	60～100
1：25000	300～500	150～250

注　1. 当河宽小于测深线间距时，测深线间距和测点间距均应当加密。当河宽超过3km，且地形平坦时，1：10000～1：25000比例尺测图测线间距可放宽20%。

　　2. 边滩及平滩地区测点间距可放宽50%，测线间距可放宽20%。

　　3. 山区性河道、河道弯度较大时宜加密布设。在崩岸、护岸、陡坎、峭壁附近及深泓区，测点应适当加密。

2.4.2　水位控制测量

水位控制测量的目的是将陆地的高程基准引到水上，得到水面高程基准（瞬时水面基准），然后将水深数据通过水位转换为水下测点高程。因此，水位控制测量对成果质量有直接的、重要的影响。

水位控制测量要充分依据已建的基本水文（水位）站的信息，在测区内还需建立能控制水位变化的临时水尺。常用的水位观测有自动观测、人工观测、全站仪接测和GNSS测高等方法。

水位控制测量的高程引据点等级不低于四等；水面点高程按不低于五等几何水准或相应于五等三角高程精度测量；水尺零点高程联测，一般不低于四等水准测量精度。同一地点水位观测频次根据水位变化速度而定，应符合表2.4-4的规定。

表 2.4-4　　　　　　　　　　　　水位控制测量频次（非潮汐河段）

区域	水位变化特征	观测次数	备　　注
内陆水体	$\Delta H < 0.1m$	测深开始及结束时各一次	遇分汇流河段、跌坎、弯道主泓等位置必须加密水位测点
	$0.1m \leqslant \Delta H \leqslant 0.3m$	测深开始、中间、结束各一次	
	$\Delta H > 0.3m$	每1h一次	
	充泄水影响	10～30min	水利枢纽影响河段

注　ΔH为日水位变化值，使用自记水位计自记水位，采集时间间隔宜为10min。

2.4.3　水深测量

水下地形测量技术的发展依赖于水深测量技术的发展，传统水深测量靠测深杆和测深锤完成。20世纪初出现了早期的回声测深仪，其原理是利用换能器向水底发射声波并接受回波，通过声波在水中传播时间和声波在水中的传播速度来确定测点的水深。

2.4.3.1 水深测量原理

1. 基本原理

目前使用的测深方法大多为回声测深法，基本原理如图2.4-3和图2.4-4所示。回声测深仪换能器向水下发射超声波，声波在水中传播至河底并发生反射，反射声波又经水传播至接收换能器，被接收换能器接收。若超声波在水中（换能器至水底）的传播速度 C 为已知恒速，并测得超声波往返间隔时间 Δt，则可计算换能器至水底测点的水深 h。

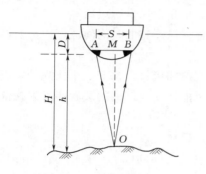

图2.4-3 换能器安装

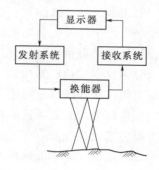

图2.4-4 回声测深仪基本原理图

水深值：

$$H = D + h \tag{2.4-1}$$

式中 h——换能器到水底的垂直距离；

  D——换能器到水面的垂直距离。

$$h = MO = \sqrt{(AO)^2 - (AM)^2}$$

$$= \sqrt{\left(\frac{1}{2}C\Delta t\right)^2 - \left(\frac{1}{2}S\right)^2} \tag{2.4-2}$$

若使 $S \to 0$，则

$$h = \sqrt{\left(\frac{1}{2}C\Delta t\right)^2} = \frac{1}{2}C\Delta t \tag{2.4-3}$$

受超声波在水中传播速度 C 变化和换能器基线 S 不为零的影响，水深测量精度存在误差。

2. 声波及声速

超声波因频率高、抗扰性好，所以被水声仪器广泛利用。我国采用的超声波在水中传播速度计算公式：

$$C = 1450 + 4.06T - 0.0366T^2 + 1.137(\sigma - 35) + \cdots \tag{2.4-4}$$

国际威尔逊计算公式：

$$C = 1449.2 + 4.623T - 0.0546T^2 + 1.191(\sigma - 35) + \cdots \tag{2.4-5}$$

《水道观测规范》（SL 257—2017）给定的计算公式：

$$C = 1449.2 + 4.6T - 0.055T^2 + 0.00029T^3$$
$$+ (1.34 - 0.01T)(\sigma - 35) + 0.017D \tag{2.4-6}$$

式中　　T——水的温度；

　　　　σ——含盐度；

　　　　D——水深。

在式（2.4-4）～式（2.4-6）的省略项中还含有水静压力的因素。水深的变化将引起静压力和温度的变化，从而引起声速变化，但两者的影响几乎可以相互抵消，所以在这三个因素中，水温的变化对声速的影响最大，需要进行"补偿"。

3. 测深仪组成

测深仪一般由激发器、换能器、放大器、显示和记录仪所组成。

激发器是一个产生脉冲振荡电流的电路装置，以一定的时间间隔产生触发脉冲，输出脉冲振荡电流信号给发射换能器。

换能器又分为收、发换能器两类，声波的发射和接收由换能器来实现的。将激发器输出的脉冲震荡电流信号转换成电磁能，并将电磁能转换成声能的装置叫发射换能器；将接收的声能转换成电信号的装置叫接收换能器。

放大器主要将接收换能器收到的微弱信号加以放大。

显示和记录仪用于记录声波脉冲发射和接收的时间间隔 t，并通过端口将数据存储在计算机上。

测深仪测深精度除受水温、含盐度等影响外，还受水流速度、反射界面、反射位置和仪器性能的影响。反射界面因素主要是不同河床质结构层面反射声波的能力不同。反射位置因素包括测船稳定度、回声仪换能器安装的铅垂度、回声仪发散角、床面地形坡度、测船移动速度、测深信号与定位系统的同步度等。仪器性能因素包括仪器发射超声波的功率、频率、发散角、仪器感应回波的灵敏度、仪器内部本身的设计与制造工艺及其稳定性等。

2.4.3.2　测深改正

由于水深测量受许多因子的影响，测深仪直接测定的水深值，需要进行多项改正才能获得准确的水深值。改正项主要包括声速改正、换能器吃水深度改正和波束角效应改正等三项。对于精密水深测量，还需进行定位与测深的延时改正、定位中心与测深中心的偏移量改正、波浪改正等。

1. 直接法测深改正计算

采用基于声线跟踪的水深改正计算。根据声速剖面数据分层厚度加权计算垂线平均声速，采用基于层内常声速（$g=0$）的声线跟踪计算或基于层内常梯度（$g \neq 0$）的声线跟踪计算直接改正水深。

（1）按分层厚度加权计算垂线平均声速公式如下：

$$C_m = \frac{\sum\limits_{j}^{j-1}\left(\dfrac{C_j + C_{j+1}}{2}\right)d_{j,j+1}}{\sum\limits_{j=1}^{N-1}d_{j,j+1}} \qquad (2.4-7)$$

式中　　C_j——按厚度 d 选取的相应深度的声速；

　　　　$d_{j,j+1}$——各水层的厚度；

N——声速剖面选取的声速总数。

（2）按分层厚度加权计算垂线平均声速深度改正值按下式计算：

$$\Delta H_c = \left(\frac{C_m}{C_0} - 1 \right) H \tag{2.4-8}$$

式中　ΔH_c——深度改正值，m；

H——改正前水深，m；

C_m——平均声速，m/s；

C_0——设计声速，m/s，即水深采集时的声速。

（3）采用基于层内常声速（$g=0$）下的声线跟踪计算，波束经历整个水体的传播时间和水平距离按下式计算：

$$y = \sum_{i=1}^{n} \frac{pC_i \Delta d_i}{[1 - (pC_i)^2]^{1/2}} \tag{2.4-9}$$

$$t = \sum_{i=1}^{n} \frac{\Delta d_i}{C_i [1 - (pC_i)^2]^{1/2}} \tag{2.4-10}$$

其中

$$\Delta d_i = d_{i+1} - d_i$$

式中　C_i——声速在层内传播速度（常速），m/s；

Δd_i——水体分层厚度，m；

p——常数，$\frac{\sin\theta_i}{C_i} = \frac{\sin\theta_{i+1}}{C_{i+1}} = p$，$\theta_i$ 和 θ_{i+1} 是声速为 C_i 和 C_{i+1} 相邻介质层界面处波束的入射角和折射角；

y——波束在 i 层内的水平位移，m；

t——波束在 i 层内的传播时间，s。

（4）采用基于层内常梯度（$g \neq 0$）下的声线跟踪时，波束经历整个水体的传播时间和水平距离按下式计算：

$$y = \sum_{i=1}^{n} \frac{[1 - (pC_i)^2]^{1/2} - [1 - p^2 (C_i + g_i \Delta d_i)^2]^{1/2}}{pg_i} \tag{2.4-11}$$

$$t = \sum_{i=1}^{n} \frac{\arcsin[p(C_i + g_i \Delta d_i)] - \arcsin(pC_i)}{pg_i^2 \Delta d_i} \ln(1 + \frac{g_i \Delta d_i}{C_i}) \tag{2.4-12}$$

当测量波束入射角度不为 0 时，应采用声线跟踪方式进行水深改正计算，并同步计算波束传播水平位移。

2. 间接法水深改正计算

即通过采集分层水体温度、盐度及深度，计算各层声速获取声速剖面或者计算水体垂线平均声速，再根据计算出的声速剖面或水体垂线平均声速进行水深改正计算。

（1）计算各层声速获取声速剖面改正法如下：

1）计算分层水体声速时声速公式可根据测区情况采用式（2.4-5）或式（2.4-6）。

2）采用式（2.4-7）计算从水面至某一深度（海底）按分层厚度加权的垂线平均声速 C_m。

3）采用式（2.4-8）计算垂线平均声速深度改正值。

（2）计算水体垂线平均声速改正法如下：

1）根据实测水体各分层温度、盐度及分层水深（T、S、D）按式（2.4-13）计算水面至某一深度（海底）按分层厚度加权的平均值 T_n、S_n、D_n：

$$T_n = \sum_{i=1}^{n} d_i T_i / \sum_{i=1}^{n} d_i$$

$$S_n = \sum_{i=1}^{n} d_i S_i / \sum_{i=1}^{n} d_i \qquad (2.4-13)$$

$$D_n = D/2$$

式中　　d_i——各水层厚度，m；

　　　　T_i——各水层的温度，℃；

　　　　S_i——各水层的盐度，‰；

　　　　D——水深值。

2）再根据 T_n、S_n、D_n 及测区情况采用式（2.4-5）或式（2.4-6）计算平均声速 C_m。

3）采用式（2.4-8）计算垂线平均声速深度改正值。

3. 换能器吃水深度改正

真正的水深应为瞬时水面至水底的深度，而测量的水深是换能器发射位置至水底的水深值。测深仪换能器一般位于水面下一定位置，因而应进行吃水改正。换能器吃水深度分为静吃水深度（载体处于静止状态时换能器的入水深度）和动吃水深度（载体处于运动状态时换能器的入水深度）变化值两种情况。表2.4-5为长江委水文局不同型号测船分别以快速、中速、慢速航行时动吃水深度试验统计。

表 2.4-5　　　　　不同型号测船以不同速度航行时动吃水深度试验统计表

测船	统计项目	快速航行		中速航行		慢速航行	
		速度 /(m/s)	吃水深度 /m	速度 /(m/s)	吃水深度 /m	速度 /(m/s)	吃水深度 /m
风云2号	平均	5.65	0.042	4.31	0.029	1.63	0.013
	最大	5.81	0.100	4.45	0.100	1.76	0.070
	最小	5.08	−0.010	3.92	−0.020	1.52	−0.060
水文026轮	平均	4.63	0.024	4.01	0.024	1.73	0.032
	最大	4.79	0.060	4.08	0.047	1.89	0.045
	最小	4.06	0.010	3.87	0.007	1.66	0.002

一般船舶静止时，其静吃水深是固定值。不同船只以不同航速运动，其吃水深度是不同的。用于水深测量的测船一般先期进行动吃水深度试验，以便在实际测量时能较准确地给出动吃水深度改正数。

4. 波束角效应改正

换能器一般存在一定的波束角，如图2.4-5所示。波束角小的换能器用较小的发射

功率，可以获取较大的测深能力，并具有较高
的测深精度与分辨能力等优点。但波束角小的
换能器在测量过程中随着船体的摇摆以及河床
倾斜增大，容易出现漏测和水深测量失真现象。
测量误差与波束角的关系按式（2.4-14）计算：

$$\Delta h = h(\sec\beta - 1) \qquad (2.4-14)$$

式中　　h——水深，m；

　　　　β——半波束角，（°）；

　　　　Δh——测量深度的误差，m。

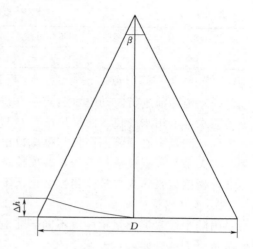

图 2.4-5　波束角与测量精度的关系图

理论上换能器发射出的声波脉冲在平坦床
面上形成近似圆形的覆盖区，声波遭遇一定密
度介质的物体（可能是床面、鱼群等）即反射
回换能器，测量的水深为最短距离。不同的波
束角换能器水深测量精度不相同，测量精度与
波束角的关系见表 2.4-6。

表 2.4-6　　　　　　　　　　　　不同波束角产生的测深误差值

（波束角）$2\beta/（°）$	4	6	8	10	12	14	20
误差/%	0.06	0.14	0.24	0.38	0.55	0.72	1.54

2.4.3.3　水深测量过程和精度要求

1. 水深测量过程

（1）船台天线与测深仪换能器架设尽量在同一铅垂线上，点位差小于 0.05mm×M
（M 为断面比例尺的分母），数据链保证畅通，同时不允许超过最大作用距离。卫星失锁 2s
以上时，须立即重测；测量当天开始、中间、结束记录测区基本情况、卫星情况和测量备
考（岸台、船台）。

（2）采用回声仪测深时，测前进行回声仪数字记录与回声图或数据检校，两两须一
致，否则应进行调校。每天开工前后检测一次声速改正、零线校正、换能器垂直度，在一
天过程中还须监测 1~3 次。项目观测前、结束和每隔 7 日进行一次深水精度校对（大于
8m 以上），每次 3 点以上，并选择在水流平稳、河床平坦的区域进行。校对采用回声仪与
测深杆（锤）校验比测，限差为±0.2m。

（3）每天开工前，使用回声仪直接观测声速，进行水温、盐度改正后，选择 5m 以上
水流平稳区域水深处进行回声仪校验比测。比测采用比对板，从 1.5m、2m、3m、4m、
5m 分别进行比测，通过反复比对，调整声速，直至误差在 5cm 以内。

（4）每天选择早、中、晚重复观测三个断面（部分）作为检查线，长度控制在全天工
作量的 5%，安排在断面形态基本平坦范围施测。检查线观测在原观测数据的基础上采用
手动定标，且保证两次定标点平面位置较差小于 3m。水深点深度比对统一采用数字测深
数据，其互差符合表 2.4-7 的规定。

表 2.4-7	深 度 比 对 互 差		单位：m
水深 H	深度比对互差	水深 H	深度比对互差
≤20	≤0.3	>20	≤0.015H

注 特殊环境下可以适当放宽。

（5）施测前进行定动吃水测定，并进行动吃水改正，小于 5cm 时可不进行改正。测定动吃水可采用水准仪观测标尺法及 GNSS RTK 的方式。

（6）测量中必须将回声仪与模拟数据或回放声图进行校对，发现问题应及时补测或重测。当天采集数据要进行备份，各项检查和比测工序须到位，并有记录。以测深数字记录为准，模拟记录作为校核。当数字记录不合理或两者超过 0.3m 时，以模拟记录为准。

2. 水深测量精度要求

内陆水体水深测量精度既不同于陆地高程测量精度，也不同于海洋水深测量精度，一般满足以下精度要求：

（1）测深点的水深中误差，在 0～20m 范围内，一般不超过±0.10m；当水深大于 20m 时，按水深值的±0.005H 限制。如水底树林和杂草丛生等不适合使用回声测深仪，可采用测深锤、杆测深，其测点深度中误差可放宽 1 倍。

（2）测深精度须检查，测深检查线与测深线相交处，图上 1mm 范围内水深点的深度比对，当小于 20m 时，应不超过±0.3m；当水深大于 20m 时，按水深值的±0.015H 限制。

2.4.3.4 主要测深仪简介

1. 单波束测深仪

单波束测深仪换能器每次仅发射一个声波脉冲，记录器以接收最先到达的回波来计时间，按设计声速计算水深。单多波束测深仪一般垂直安装在测量船的两侧或底部。

单波束测深仪又分单频测深仪和双频测深仪。单频测深仪只有一个声信号，其回声界面如图 2.4-6 所示。

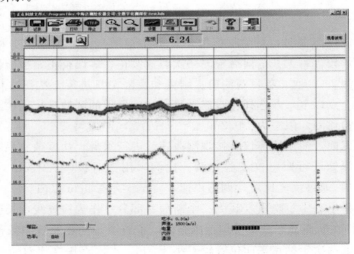

图 2.4-6 单频回声界面

双频测深仪能发射两种不同频率的声信号，其回声界面如图 2.4 - 7 所示。由于低频声信号比高频声信号更容易穿透柔软沉积物，高频声信号在较为柔软的界面产生反射，而低频声信号在较为坚硬的界面产生反射，低频回声测得的水深比高频回声测得的水深要深。因此，可利用低频回声测深值和高频回声测深值的差值测量某类水底沉积物的厚度。

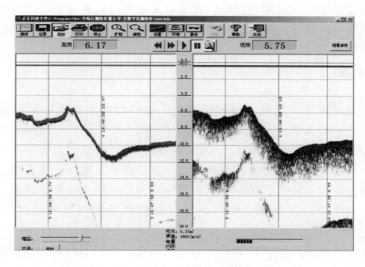

图 2.4 - 7　双频回声界面

2. 多波束测深仪

多波束测深仪换能器发射一个扇形波束，记录器接收水底回波信号，经延时和相加，形成几十个相邻的波束（图 2.4 - 8）。换能器一般直接装在船底或在双体船上拖曳。

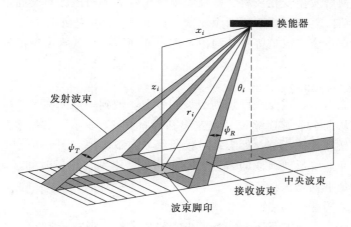

图 2.4 - 8　多波束测深原理图

多波束测深仪同单波束测深仪相比，具有横向覆盖范围大（为水体深度的几倍）、波束窄（$3° \sim 5°$）、效率高等优点，适用于大面积深水水体边界的精确测量，也可以用于精确测定航行障碍物的位置和深度。

2.5 固定断面测量

固定断面测量是在河道内相对固定位置布设断面并对其剖面形状进行的测量,按布设形式可分为横断面与纵断面,是对地形测量的补充,尤其是在地形测量测次布置较稀、河道基本资料收集较少的河段。

2.5.1 断面布设

1. 布设方法

(1)固定断面布设要求控制水道形态变化。如布设于干支流,汊道分汇处,河道急弯、卡口、宽阔段、游荡剧烈段、浅滩、主流顶冲段,险工险段、滑坡、崩岸、比降明显变化处。遇江心洲、岛屿等分汊水流不平行的河段,左、右汊道可分开布设。

(2)固定断面要充分利用水文站测验断面、水位站水尺断面;重要城镇、工矿企业等部位需要布设固定断面;坝址、桥址、矶头等特殊部位一般也要布设断面。

(3)护岸、崩岸等险工险段,根据需要可设局部范围(通常测过半江或半河)横断面。

(4)断面要避开险滩、急流和漩涡等部位,遇较长距离的危险河段,断面间距可以适当放宽或不布设断面。

(5)横断面布设一般垂直主流流向,水库横断面可按垂直于正常蓄水位线所形成的水库中心线设计。

(6)固定断面布设须考虑河床床沙取样的代表性。

(7)为满足河势发生变化或科学研究需要,可对局部河段已布设固定断面进行调整或加密。断面调整后,至少同步观测两个测次,以保持资料的连续性。

(8)对于局部弯道、汊道等特殊河段,固定断面不能反映水道特征及变化,一般布设同比例尺地形观测。

2. 断面编名

固定断面标志编号,需要全面规划、长期考虑,做到一标无两名、两标不同名。总体原则以河段为界从上至下游连续编号,左岸初始标用 L_1 表示、右岸表用 R_1 表示。当断面标损毁时,重新埋设的标志,标志编号接原编号向下顺编(图 2.5 - 1)。

固定断面标面需要反映河段的名称、断面编号、岸别,埋设时间及埋设单位等信息。断面编名一般满足下列要求:

(1)断面宜采用统一编名。

(2)编名原则。先上游后下游,汊道先左泓后右泓,遇支流河段(指局部口门,大范围按支流单独编名)先上干、次支流,然后下干支流。

断面编名示意图如图 2.5 - 1 所示。

3. 标石埋设

固定断面要求埋设固定标志。对于山区性河流或水库,两岸至少埋设 1 个起点标和方

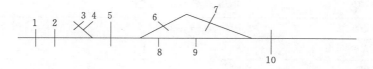

图 2.5-1　断面编名示意图

向标；对于平原河流，左、右岸至少分别埋设两个固定标志。标石规格一般为上端为 20cm×20cm、下端为 25cm×25cm、高为 60cm 的长柱体。

石标材料为水泥、砂、碎石比例为 1∶2∶4 的混凝土，用 $\phi10$ 的钢筋做标心，其长度为 30cm，预埋标石中。标面用水泥、砂比例为 1∶2 的水泥浆结面印字，标石顶面刻断面编号、岸别及设测日期。预制标石埋标时，露出地面 5～10cm，字向为坐岸朝江。

断面标石编号形式：第一行为断面名称及编号，第二行为岸别及标石点号，第三行为设测单位的施测时间，如图 2.5-2 所示。

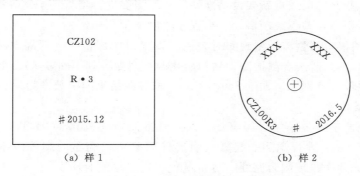

(a) 样 1　　　　　　　(b) 样 2

图 2.5-2　固定断面标志样图
X—断面编号，♯—断面标埋设时间

对于特殊地段，且稳定性好的混凝土护堤面，标石埋设可采用在混凝土护堤面"镶嵌"不锈钢标芯并刻字的方法。标志埋设后，绘制埋石点之记，并以断面为单元，建立断面考证表。

2.5.2　测次安排

测次布置一般在水位比较平稳、河床相对稳定的季节进行。具体满足以下要求：

（1）需要掌握水道年际变化规律的，1～2 年观测一次。

（2）需要掌握水道年内变化规律的，测次布置在枯、中、高水位和冲淤变化较大时期，年内观测 2～5 次。

2.5.3　断面标控制测量

1. 平面控制测量

固定断面标石可采用一级图根点以上精度测定其平面位置。以 E 级及以上等级 GNSS 控制点为引据点，采用 GNSS 接收机以 RTK 方法进行平面定位。GNSS 控制测量有关规定依据《全球定位系统（GPS）测量规范》（GB/T 18314—2009）和《全球定位系统实时动态（RTK）测量技术规范》（GH/T 2009—2010）进行。

（1）GNSS 卫星的状态应符合表 2.5-1 的规定。

表 2.5-1 　　　　　　　　　　　GNSS 卫星的状态规定

观测窗口状态	截止高度角 15°以上的卫星个数	PDOP 值
良好	≥6	<4
可用	5	≥4 且≤6
不可用	<5	>6

（2）RTK 图根点测量主要技术要求应符合表 2.5-2 规定。

表 2.5-2 　　　　　　　　　RTK 图根点测量主要技术要求

等级	点位中误差（图上 mm）	高程中误差	与基准站的距离 /km	观测次数	起算点等级
图根点	≤±0.1	1/10 基本等高距	≤7	≥2	平面三级、高程等外以上

（3）每次作业开始前或重新架设基准站后，均需要进行至少一个同等级或高等级已知点的检核，平面坐标较差不大于 7cm。高程较差应小于 7cm。

（4）RTK 图根点测量流动站观测时采用三脚架对中、整平，每次观测历元数应大于 20 个，采样间隔 2s。两次观测指流动站初始化两次观测，其中间隔 1min 以上，各次测量点位平面和高程较差分别不应大于 7cm、4cm，取各次结果的中数作为最后成果。

2. 高程控制测量

断面标高程控制测量采用《国家三、四等水准测量规范》（GB/T 12898—2009）中"四等几何水准"方法进行观测，起算点须选择国家正式刊布的高等级水准点（Ⅲ等以上）。水准路线必须布设成附合路线，尽量避免布置成单独的环线。

江心洲上增设标石可使用四等三角高程实施。特殊条件下可采用 RTK 测高技术，其要求必须严格按《全球定位系统实时动态（RTK）测量技术规范》（CH/T 2009—2010）执行。

2.5.4　碎部点测量

固定断面碎部点测量一般分陆上测量及水下测量两部分。

2.5.4.1　陆上测量

固定断面陆上测量采用全站仪或 GNSS 测记，在工作前各种仪器必须按规范规定检校并作记录。

1. 全站仪施测

根据我国内陆水体边界测量的标准规范体系，采用全站仪测距法测计时仪器的设置及测站上的检查需要符合下列要求：

（1）仪器对中偏差不大于 5mm。

（2）以较远的平面控制点标定方向，其他点进行校核，以检验测站的正确性，检核点的平面位置允许误差为图上 0.2mm，高程允许较差不大于 1/5 倍基本等高距。

（3）测量过程中随时检核后视方向，后视方向归零差不大于 2′。

（4）采用全站仪观测最大测距，不同比例尺有不同的要求，其中 1∶10000 固定断面测量，其最大测距为 1500m。

（5）当施测宽度超出最大测距规定时，允许在不低于二级图根点上转放支点（转站点），至多可转放一次。全站仪转放支点的高程测定垂直角可按中丝法单向观测棱镜（觇牌）两个不同高度，或变动仪器高不小于 0.1m 各测一个测回，分别计算平面和高程坐标。平面较差不超过 ± 1m；高差较差平原不超过 $\pm 70\sqrt{D}$（mm），山区不超过 $\pm 90\sqrt{D}$（mm）。两个测回距离较差不超过 ± 30mm（D 为水平距，以 km 为单位，取至 0.1km）。

2. GNSS 测记

GNSS 测记一般采用 RTK 技术，并应符合下列规定：

（1）GNSS 卫星的状态要求应符合表 2.5 - 1 中的规定。

（2）RTK 地形测量主要技术要求应符合表 2.5 - 3 规定。

表 2.5 - 3　　　　　　　　　　RTK 测量碎部点主要技术要求

等级	点位中误差（图上 mm）	高程中误差	与基准站的距离 /km	观测次数	起算点等级
碎部点	$\leqslant \pm 0.5$	符合相应比例尺成图要求	$\leqslant 10$	$\geqslant 1$	平面图根、高程等外以上

（3）每次作业开始前或重新架设基准站后，至少进行一个同等级或高等级已知点的检核。比测同级标点时，平面较差不大于 7cm，高程较差不大于 7cm；比测高等级的控制点，平面较差不大于 7cm，高程较差不大于 4cm。

（4）RTK 碎部点测量流动站观测时可采用固定高度对中杆对中、整平，观测历元数须大于 5 个，采样间隔 2s。连续采集一组地形碎部点数据超过 50 点，要重新进行初始化，并校核一个重合点。当校核点位平面坐标和高程较差均不大于 7cm 时，方可继续测量。

（5）固定断面测量点位精度应满足测图比例要求，最大点距不得超距，不得遗漏转折点和特征点。岸上断面必须详细测记出地形转折点及特殊地形点，如陡坎、悬崖、坎边、水边、地质钻孔、取样坑点等，并详细填记测点说明，如堤顶、堤脚、山坡、岩石、卵砾、泥沙、树林、草地、耕地、建筑物等。岸上断面遇有障碍物无法通视时，可在断面线两侧转放旁支点，用旁交法施测断面。

2.5.4.2　水下断面测量

1. 测量方法

水下断面测量可采用 DGNSS 方式测定平面位置，以测深仪施测测点水深，采用专业导航软件进行平面及水深的同步采集。DGNSS 是指差分全球定位系统的简称，方法是在一个精确的已知位置（基准站）安装 GNSS 接收机，计算得到基准站与 GNSS 卫星的距离改正数。

采用 DGNSS 方式测量时，定位误差要求小于 1m，参考台设站点最低不应低于一级图根点精度。DGNSS 接收机施测前，必须在外业选择控制点进行定位精度（相对与绝对）检验，控制点检测困难时也可与全站仪比测，测量限差满足地形测点精度要求。

2. 测点密度

水下断面测量根据断面基点坐标预置断面线施测，测点位置要尽可能地控制在断面线上，但最大偏航距应小于 2m，测点间距根据测图比例确定，深泓及转折部位必须加密特征测点。

3. 水位控制

(1) 断面水位可通过水位自记仪、固定水尺或临时水尺，或采用水位遥测系统、几何水准、光电测距三角高程、RTK 及 GNSS 三维水下测量等方法获取。

(2) 用以计算水下固定断面测点高程的水位或水尺零点，应用几何水准、光电测距三角高程、GNSS 按不低于五等水准高程精度要求接测；对特别困难测区，如偏远山区控制点稀少等情形，可适当放宽。

(3) 断面水位观测宜布设在断面线上。断面的水位观测，当上、下游断面间水面落差小于 0.2m 时，可数个断面观测一处；水面落差大于 0.2m 时，应逐个断面观测。横比降超过 0.1m 时，应进行横比降改正。

(4) 感潮河段断面水位宜采用 GNSS 三维水下测量方法获取，也可采用测区潮位站数据进行推算改正。当测区河段已有水尺或自记水位站、水位遥测系统时，可以直接利用水位资料，但所用基面应考证清楚，并求出不同高程基面间的转换关系。

(5) 对于无法立尺的陡峭峡谷、崩岸河段，可采用免棱镜全站仪测量，但测量精度不得低于图根高程。

(6) 断面水位可依据每天设置的临时水尺、测区内已有水位站及已有资料进行合理性检查。

4. 水深测量

水下断面水深测量的过程和精度要求，与水下地形测量的过程和精度要求一致，可参见 2.4.3.3 节。

2.5.4.3 断面绘制

项目完成后须绘制断面位置平面布置图，并将重要的地名，城镇居民点及其重要的地理特征标注在图中。

编制固定断面成果表一般按断面编号顺序排列，断面方向必须是面向下游，左岸在左，右岸在右。各测点一律自项目第一测次左岸标为零计算起点距，其左为负、右为正。

横断面绘图比例尺一般可采用横比 1:5000，纵比 1:200，床沙取样垂线的位置同时点绘在横断面图上。每一断面均要注记编号及名称，横、纵比例尺和高程系统，水位线（注明施测日期），横断面通过的建筑物和重要地物，两个断面标点的坐标。

资料说明及图题则在每张图右下角注记。资料说明及图例包括：施测单位、平面、高程系统、施测时间和测量、绘图、检查人员及负责人签名，图例包括图上符号代表的意义。

2.6 边界组成测量

内陆水体边界组成成果是涉水工程规划设计和建设运行阶段必备的基础性资料。在国内，虽然在绝大多数河流上建设了大量水文观测设施开展水文泥沙观测，并取得了丰富的资料，但由于受水文站观测项目限制或站网密度不够等因素限制，水文站区间来沙、河岸及河床深层物质组成资料往往很欠缺，需要通过河床组成勘测调查来取得。

为掌握水体边界泥沙组成特征与变化规律，需对水体边界一定深度的河床组成及粒径级配组成进行勘测与分析，其中包括河岸、河底组成，洲滩的沿程分布、堆积规律、颗粒组成、堆积体大小，特别是砂卵石层的厚度和卵石岩性结构、河床基底岩石岩性等。了解河岸堆积及崩退的变化规律，床面泥沙运动特点，洲滩活动层的组成以及与浅层和深层颗粒组成的变动规律，还需从立体空间和平面分布查明水体边界床沙分布情况及级配组成情况。

内陆水体边界组成测量根据边界不同组成特性，为满足水流泥沙运动规律的研究、防洪安全及涉水工程规划设计等需要可选择不同的测量方法，河床边界组成测量技术方法主要包括水下床沙取样、洲滩坑测、河床组成调查、浅层剖面仪探测、地质钻探等，临底悬移质泥沙作为水体临界边界采用临底悬沙观测仪器进行观测。

（1）水下床沙取样法。为了获取水下表层组成特性和级配变化规律，一般采用挖斗式采样器进行床沙取样，纯沙质河床可用锥式采样器取样。在水库为进一步了解床沙（淤积物）特性，还有干容重观测要求，初期干容重观测主要采用器测法、坑测法和现场直接测定法。在床沙采集之后需要对床沙颗粒级配进行分析计算。

（2）洲滩坑测法。为掌握河床洲滩的组成特点及变化规律，在洲滩出露水面时采用洲滩坑测法来测量洲滩表层及次表层的组成，沙质洲滩取样可用钻管式采样器或人工挖掘，采集不同深度的样品，在卵石洲滩上取样可用坑测法。

（3）河床组成调查法。河床组成受到各方面因素的影响，不同河段受到外界的影响程度存在差异，为了全面准确地掌握勘测区域的河床组成受各因素的影响程度，需进行河床组成勘测调查。河床组成勘测调查主要包括河段上游及区间来沙变化调查、地质地貌调查、洲滩调查、采砂调查、人类活动对区间来沙的影响调查等方面的内容。

（4）浅层剖面仪探测法。浅层剖面仪探测主要为获得水下河床浅表层的组成厚度及分层特性，在只需要定性了解水下河床浅层组成情况时，可通过浅地层剖面探测河床一定深度的分层厚度及特性，尤其对于探测基岩及抛石等边界具有快速及直观等优势，但不能探测河床表层颗粒组成、级配的变化以及厚度等。

（5）地质钻探法。坑测、水下河床表层床沙采样器及浅层剖面仪器等方法只能获取河道边界浅层（一般2m以内）的组成，在需要取得河床、堤防等表层以下10m或数十米的组成情况时，可以采用地质钻探。地质钻探法主要缺点是成本高、设备体积大，钻探时由于产生较大震动及对土体的扰动，往往在堤防及防洪工程较多的位置受到一定限制，防汛重要河段一般在汛期不允许钻探。

（6）临底悬沙观测法。临底悬移质泥沙作为河床临界边界组成，对床沙的组成产生较大影响。常规悬移质泥沙观测方法对于距离河底大约0.5m范围的悬移质泥沙没有测量，直接影响底边界测量的精度。临底悬沙观测方法一般采用临底悬沙采样仪器法。

第3章

近 岸 地 形 测 量

3.1　近岸地形分类

内陆水体近岸地形指的是水体淹没线（水边线）以上至一定范围内的地物和地貌的总称。其中，地物主要是指临水陆地上各种有形物（如堤防、建筑物等）和无形物（如省、县界等）的总称，地貌主要指地表起伏特征。

由于内陆水体近岸部分地形与水体间长时间的相互作用以及越来越频繁的人类活动的因素，塑造了独特的内陆水体近岸地物、地貌。内陆水体近岸常见的地物主要有江心洲（滩）、边滩、陡岸（崖）等。

3.1.1　江心洲

江心洲（滩）（图3.1-1）指出露于中水位以上、常年被水域隔绝形成的陆域。因江心洲高出年平均水位，在枯水期与中水期不被水流淹没，故植物能在洲面上生长，经过人工围护后还可以开展种植等经济活动，是内陆水体常见的一类地形。江心洲又分为石质江心洲及冲积江心洲。

图3.1-1　江心洲

1. 石质江心洲

石质江心洲形成条件基本上与石质浅滩中的礁石滩与坠石滩相同，主要分布于山区侵蚀河流河床，不同的是其高程比浅滩高，面积比石质浅滩大，所以更为稳定。例如，长江宜昌河段的西坝是由白垩系粉砂岩组成的石质江心洲，洲与汊道都十分稳定。

2. 冲积江心洲

冲积江心洲一般由心滩发育而成。洪水流过心滩表面时流速明显减小，导致大量较细的泥沙在心滩表面沉积，心滩的高度随之淤高，便形成冲积江心洲。由于洲头不断冲刷，洲尾不断淤积，江心洲一般有很缓慢地向下移动的趋势，故冲积江心洲的稳定性较石质江心洲弱。

3.1.2　边滩

边滩又称点坝，是指一边与陆地相连，中水以下出露的浅滩。边滩是弯曲水系"二元结构"的主体，由若干侧积体发育堆积而成。一般分为凸岸边滩、凹岸边滩、顺直边滩。

1. 凸岸边滩

凸岸边滩位于弯曲河段的凸岸，受弯道横向环流作用而形成。

2. 凹岸边滩

凹岸边滩位于弯曲河段及弯曲分汊河段的凹岸，水流动力轴线迁离凹岸为其主要形成机制。

3. 顺直边滩

顺直边滩位于顺直河段，由旋转方向交替改变的次生环流作用形成。

堤防外的边滩如图3.1-2所示。

图3.1-2　堤防外的边滩

3.1.3　陡岸

陡岸是具有较大坡度的近岸地形。按构成可分为石质陡岸［图3.1-3（a）］、土质陡岸［图3.1-3（b）］及土石陡岸［图3.1-3（c）］。石质陡岸中，有一种特殊的类型，它是三面环江、一面连接江岸的石质陡岸，称为矶头［图3.1-3（d）］。矶头汛期引导水流向江河中心，以减轻水流对堤岸的冲刷；枯水期阻挡浅水区水流，减小通流面积以增加流速，减少泥沙沉积。长江岳阳的城陵矶、马鞍山的采石矶、南京的燕子矶就被称为长江三大名矶。

3.1.4　人工建（构）筑物

人工建（构）筑物是由人类在临水建造的建筑物及构筑物的总称，其中包括水利建（构）筑物，如堤防［图3.1-4（a）］、涵闸［图3.1-4（b）］、水坝［图3.1-4（c）］及护岸工程［图3.1-4（d）］等河工建（构）筑物等；一般建（构）筑物，如码头、房屋、桥梁等。

（a）石质陡岸　　　　　　　　　　（b）土质陡岸

（c）土石陡岸　　　　　　　　　　（d）矶头

图 3.1-3　陡岸分类

（a）堤防　　　　　　　　　　　　（b）涵闸

（c）水坝　　　　　　　　　　　　（d）护岸工程

图 3.1-4　水利建（构）筑物

3.2 控制测量

传统内陆水体边界控制测量是沿内陆水体周边测定一定数量的平面和高程控制点，以提供内陆水体边界测量的基准和依据。其目的是限制测量误差累积，保证地形图能互相拼接。

内陆水体平面控制测量一般采用三角测量、小三角测量、导线测量、边角网测量、GNSS 控制网测量，其中三角测量、小三角测量主要是在测距仪应用前、测边工作极其困难的条件下采用的主要方式；高程控制测量主要采用水准测量、三角高程测量及 GNSS 测高（图 3.2-1）。

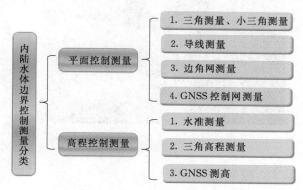

3.2.1 控制网布设

由于内陆水体形态多变，有着河流、湖泊、复杂水网等多种形态，且受水域的阻隔，致使内陆水体控制网布设有着鲜明的特点。

图 3.2-1 内陆水体边界控制测量分类

1. 控制网形态与水体边界高度契合

由于内陆水体多以河流、湖泊等多种形态呈现，而控制网多沿水体周边布设，故控制网形态与水体边界高度契合。如：湖泊控制网多以环湖的形态呈现［图 3.2-2（a）］，河流多呈现带状形态，复杂河网区多呈现扇形或网状形态［图 3.2-2（b）］。

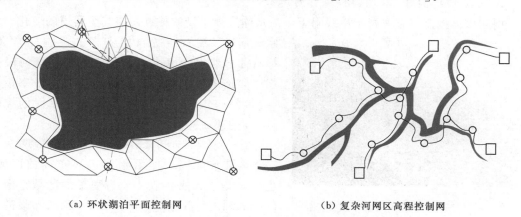

（a）环状湖泊平面控制网　　　　　（b）复杂河网区高程控制网

图 3.2-2 控制网形态

2. 控制临水布设

在条件允许的情况下（临水布设条件较好，标石稳固不易损毁），控制点一般选择临水布设（图3.2-3），以便同时满足水下地形与近岸地形观测工作。对不便于临水布设的区域，也要求向近水区域布设（加密）工作基点。

3. 控制路线常跨越水体布设

由于水域的阻隔，控制路线需要经常跨越水域，尤其是四面环水的江心洲，需要进行跨河控制测量。跨河控制测量分为两部分：其一是平面控制的传递及引测，其二是高程控制的传递及引测（图3.2-4）。两者也可以结合进行。

图3.2-3　控制点临水布设

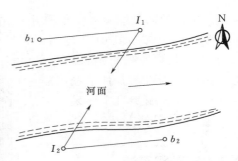

图3.2-4　高程控制的传递及引测示意图

3.2.2　控制点埋设

内陆水体控制点是内陆水体边界观测的空间基准。控制点的埋设是一项重要的前期基础性工作。

3.2.2.1　内陆水体控制点埋设特点

为了便于水体边界的观测，内陆水体控制点一般沿岸线或洲滩边缘埋设。由于特殊的标石埋设条件，使其具有以下几个特点。

1. 自然损毁率高，需要持续进行复建工作

内陆水体控制点基本建于岸线附近，沿水体边界布设的特点，使其受河道的变化、洪

图3.2-5　荆江河段标石损毁

水、崩岸、泥石流等自然灾害的影响非常大，标石的自然损毁率高。如长江中游荆江河段是崩岸险情多发的河段，近岸的标石损毁率极高（图3.2-5），需要经常开展崩岸、水毁的控制点复建工作。

2. 受人类活动因素影响大，需要较好的抗毁性

内陆水体控制网沿水体边界布设的区域，也是人类经济社会活动较为密集的区域。由于岸线的利用与改造（图3.2-6），沿线布设的高等级 GNSS 点、三角点、水准点等首级控制设施损毁严重，尤其是历时久远的高等级三角点和水准点。因此控制标石埋设，需要设法提高抗毁性。

图 3.2-6　密集的岸线利用

3. 标石埋设的稳定性要求高

标石的稳定性也是内陆水体控制点标石选点埋设必须要考虑的一个因素。由于洪水侵蚀、地下水超采等影响，极易造成埋设标石发生不均匀沉降，从而影响测量成果的延续性。因此，要求在稳定性好的地点埋设标石，采用抗沉降性好的标型，如岩石普通水准标石（图 3.2-7），并需要定期对标石进行稳定性检测。

4. 标石埋设的高程有严格标准

内陆水体控制标石一般都埋设在近水的堤防、临水的坡顶、坎顶及沿江建筑物或构筑上，直接面向水域。而内陆水体水位涨落现象频繁，为了能在高水期正常开展工作，要求控制标石埋设高度高于当地的最高洪水位。因此标石埋设前，需要收集当地水文资料，尤其是当地的最高洪水位，避免标石被淹

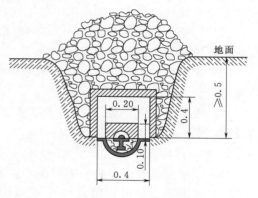

图 3.2-7　岩石普通水准标石（单位：m）

没的情况发生。

3.2.2.2　控制点选择

在内陆水体控制网设测中，选点是非常重要的一个环节，直接关系到点的稳定性、抗毁性、控制网精度及可靠性。选点前，首先调查收集测区已有的地形图和控制点的成果资料，并在中比例尺（1∶10000～1∶100000）地形图上进行控制网设计。根据测区内现有的高等级控制点，确定与其联测的方案及控制网点位置。在布网方案初步确定后，进行控制网精度估算，对初定控制点位优化调整，同时通过现场踏勘核对、优化和落实点位。如果测区没有历史地形图，则需详细勘察现场，根据已知控制点分布、地形条件、水文条件、水陆边界特点及观测需要等具体情况，合理选定点位并建立标志。不同类型的控制网，选点的要求也有所不同。

1. 导线网选点要求

（1）导线点选在土质坚硬、稳定的地方，以便于保存点的标志和安置仪器。

（2）相邻导线点间要通视，视线距障碍物保持一定距离（一般不宜小于 1.3m），避免导线受旁折光的影响。

（3）相邻导线点的高差要进行控制，以保障相邻两点间的视线倾角在可控的范围。

（4）导线点一般选在地势较高、视野开阔、交通便利的地方，便于后期使用、维护、加密、扩展。

2. GNSS 控制点选点要求

（1）GNSS 控制点点位处要求视野开阔，障碍物的高度角不大于 15°，以保证顶空"通视"。

（2）GNSS 控制点附近不能有大功率无线电发射源，与高压线要保持一定的距离（一般为 50m），以降低 GNSS 卫星信号受到干扰的风险。

（3）GNSS 控制点应选在土质坚硬、稳定的地方埋设，便于保存及安置仪器，提高 GNSS 作业效率。

（4）GNSS 网一般采用由独立观测边构成的闭合图形，例如，三角形、多边形或附合路线，以构成检核条件，提高网的可靠性。

（5）GNSS 网点尽量与原有控制网点相重合，重合点数应多于 3 个，以便可靠地确定 GNSS 网与控制网之间的转换参数。

（6）GNSS 网点应考虑与水准点相重合，而非重合点根据要求以水准测量方法进行联测。

（7）为了便于用常规方法联测或扩展，C、D、E 级控制网点间应有 1～2 个方向通视。

3. 水准网选点要求

（1）水准点需要选在能长期保存，便于施测，坚实、稳固的地方。

（2）水准路线尽可能沿坡度小的道路布设，尽量避免跨越河流、湖泊、沼泽等障碍物。

（3）水准点选点应方便与国家水准点进行联测并考虑高程控制网的进一步加密。

（4）水准网一般布设成附合路线、结点网或环形网。

3.2.2.3 控制点埋石方法

内陆水体控制网几类常用标石的埋石方法如下。

1. 建筑物顶上埋石方法

在闸、堤防、护坡顶、房顶等各类建筑物上设置标石，是内陆水体控制测量较常见的埋石方法。该方法视线开阔，埋设稳固，便于保存，具有较强的抗毁性。

建筑物顶上设置标石，标石应和建筑物顶面牢固连接，各等级控制点标石设置规格依据标石的等级略有不同。详情如图 3.2-8 所示。

2. 首级网标石埋设方法

在不具备建筑物顶上埋石条件的地区，内陆水体首级网控制标石埋设一般采用标石坑埋方案，同时修建护井、护盖，以保障标石的稳定性及抗毁性。依据标石等级的不同，首级网标石埋设深度、标石规格略有差异。图 3.2-9 为三等导线点标石埋设样式。

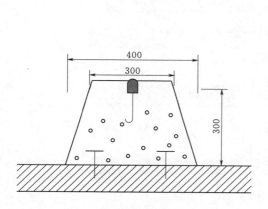

图 3.2-8　建筑物顶上设置标石样式
（单位：mm）

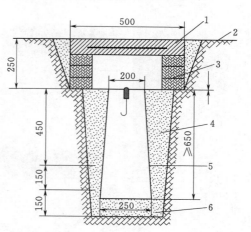

图 3.2-9　三等导线点标石埋设样式
（单位：mm）

1—盖；2—土面；3—砖；4—素土；

5—冻土；6—混凝土

3. 加密网标石埋设方法

在不具备建筑物顶上埋石条件的地区，加密网标石埋设一般采用坑埋，但是不修建护井，标面直接出露，以减少埋设难度。依据标石等级的不同，加密网标石埋设深度、标石规格也略有差异。图 3.2-10 为四等导线点标石埋设样式。

3.2.3　平面控制测量

水体近岸平面控制测量多采用 GNSS 平面控制测量及导线测量方法。

3.2.3.1　GNSS 平面控制测量

GNSS 平面控制测量分为静态、动态两种测量模式（图 3.2-11）。静态测量模式主要用于 GNSS 静态控制网，动态测量模式主要用于图根控制，以下重点介绍 GNSS 静态控制网测量。

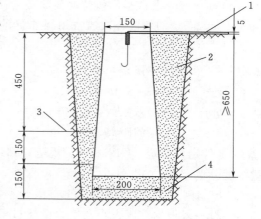

图 3.2-10　四等导线点标石埋设样式
（单位：mm）

1—土面；2—素土；3—冻土线；4—混凝土

1. GNSS 静态控制网测量

GNSS 静态控制网一般采用分级布设的方式，并根据测区的近期需要和远期发展分阶段开展，全网的结构宜采用长短边相结合的形式。与短边构成的网型相比，长短边相结合形式可以减少边缘处误差的积累，并分阶段进行网的数据处理和成果检核，同时短边通视条件较好，便于采用导线等方法进行加密。GNSS 测量的优越性在于布设灵活，可不按常规控制网严格地分级布设。例如，内陆水体

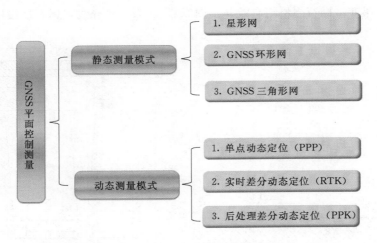

图 3.2-11 GNSS 平面控制测量

大范围布设的 GNSS 静态控制网可以分为三级：首级网中相邻点的平均距离大于 5km；次级网中相邻点平均距离为 1～5km；三级网相邻点平均距离可小于 1km，且可采用 GNSS 与全站仪相结合的方法布设。对于小区域、短河段，分两级布设 GNSS 网即可。

为提高 GNSS 静态控制网的可靠性，各级 GNSS 静态控制网必须布设成由独立的 GNSS 基线向量边（或简称为 GNSS 边）构成的闭合图形网。闭合图形可以是三边形、四边形或多边形，也可以包含一些附合路线，GNSS 静态控制网中不允许存在支线。

2. GNSS 静态控制网的精度标准

GNSS 测量的精度标准通常用网中相邻点之间距离的中误差表示，其形式为

$$\sigma=\pm\sqrt{a^2+(b\times d)^2} \tag{3.2-1}$$

式中　　σ——距离中误差，mm；

　　　　a——固定误差，mm；

　　　　b——比例误差系数，10^{-6}；

　　　　d——相邻点的距离，km。

《全球定位系统（GPS）测量规范》（GB/T 18314—2009）将 GNSS 静态控制网的测量精度分为 AA、A、B、C、D、E 六级（表 3.2-1）。其中 AA、A、B 三级是国家 GNSS 控制网，C、D 级主要用于首级基本控制网，E 级主要用于加密控制网。内陆水体控制测量一般根据测区大小及用途设计 GNSS 网的等级和精度。

表 3.2-1　　　　　　　　　　　各级 GNSS 网技术指标表

项　　目	AA	A	B	C	D	E
固定误差 a/mm	≤3	≤5	≤8	≤10	≤10	≤10
比例误差系数 b/10^{-6}	≤0.01	≤0.1	≤1	≤5	≤10	≤20
相邻点最小距离/km	300	100	23	4	2	1
相邻点最大距离/km	3000	900	210	36	20	8
相邻点平均距离/km	1000	300	70	15～10	10～5	5～0.2

3. 坐标系统与起算数据要求

GNSS 测量得到的是 GNSS 基线向量，是属于 WGS-84 坐标系的三维坐标差，而非需要的国家坐标系或地方独立坐标系的坐标。为此，GNSS 静态控制网的设计必须说明所采用的坐标系统和起算数据，即 GNSS 静态控制网所采用的基准。GNSS 静态控制网的基准与常规控制网的基准类似，包括位置基准、方位基准和尺度基准。当测区有旧的地面控制点成果时，既要考虑充分利用旧资料，又要使新建的高精度 GNSS 静态控制网不受旧资料精度较低的影响。为此，可将新的 GNSS 静态控制网与旧控制点进行联测，并保证联测点不少于 2 个。GNSS 静态控制网的坐标系统尽量与历史采用的坐标系统一致，对于采用地方独立坐标系的，还要了解以下几个参数：

（1）所采用的参考椭球体，一般是以国家坐标系的参考椭球为基础。

（2）坐标系的中央子午线的经度值。

（3）纵、横坐标的加常数。

（4）坐标系的投影面高程及测区平均高程异常值。

（5）起算点的坐标。

GNSS 静态控制网的位置基准，通常都是由给定的起算点坐标确定；方位基准可以通过给定起算方位角值确定，也可以由 GNSS 基线向量的方位作为方位基准；尺度基准可以由地面的电磁波测距边确定，或由两个以上的起算点之间的距离确定，还可以由 GNSS 基线向量的距离确定。

4. GNSS 静态控制网的图形设计

网的图形设计主要根据网的用途和用户要求，侧重考虑如何保证和检核 GNSS 数据质量要求；同时还要考虑接收机数量和经费、时间、人力及后勤保障条件等因素，以期在满足要求的前提下，取得最佳的效益。目前根据测量的不同用途，GNSS 静态控制网的几何图形结构有以下三种形式：

（1）GNSS 三角网。GNSS 三角网的边是由非同步观测的独立边所组成（图 3.2 - 12）。这种网的几何图形结构强，具有良好的自检能力，能有效地发现观测成果的粗差，确保网的可靠性，且经平差后网中相邻点间基线向量的精度分布均匀。

三角网的主要缺点是观测工作量较大，尤其是当接收机的数量较少时，会使观测工作的时间大为延长。因此，只有网的可靠性和精度要求较高的区域才单独采用这种图形结构的网。

（2）环形网。环形网由若干个含有多条独立观测边的闭合环所组成的网组成，如图 3.2 - 13 所示。环形网的图形结构强度较三角网差，其优点是观测工作量较小，具有较好的自检性和可靠性；其缺点主要是非直接观测的基线边（或称间接边）精度较直接观测边低，相邻点间的基线向量精度分布不均匀。由于环形网的自检能力和可靠性与闭合环中所含基线边的数量有关，所以需要规定闭合环中包含的基线边的数量。

三角网和环形网是内陆水体首级控制网普遍采用的基本图形。通常，根据实际情况往往采用上述两种图形的混合网形。

（3）附合路线和星形网。GNSS 静态控制网中需进一步加密控制点时，可采用附合路线，如图 3.2 - 14 所示。为保证可靠性和精度，附合路线所包含的边数不能超过一定限制。

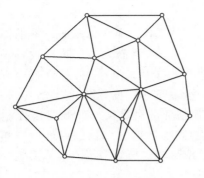

图 3.2 - 12 GNSS 三角网

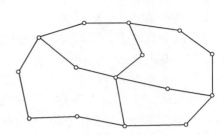

图 3.2 - 13 GNSS 环形网

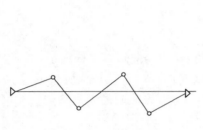

图 3.2 - 14 附合路线

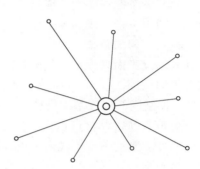

图 3.2 - 15 星形网

星形网的几何图形如图 3.2 - 15 所示。星形网图形简单，直接观测边之间不构成任何闭合图形，所以检验和发现粗差的能力差；其优点是观测中只需要两台 GNSS 接收机，作业简单。星形网广泛地应用于小区域内陆水体或局部河段的观测，一般采用快速定位的作业模式。

5. GNSS 网主要误差来源

采用 GNSS 定位的主要误差有星钟误差、相对论误差、地球自转误差、电离层和对流层误差。

（1）星钟误差。GNSS 以精密测时为依据，星钟差时间为 1ms，造成的距离偏差能达到 300km。一般用二项式表示星钟误差。

$$\delta(t) = a_0 + a_1(t - t_\alpha) + a_2(t - t_\alpha)^2 \qquad (3.2 - 2)$$

式中　a_0——钟差；

　　　a_1——钟速；

　　　a_2——钟速变化率；

　　　t_α——参考时元；

　　　t——观测时元。

GNSS 通过发送二项式的系数来达到修正星钟误差的目的。修正后，星钟和 GNSS 标准时的误差可控制在 20ns 内。

（2）相对论误差。根据相对论理论，时钟安装在高速运行的卫星上，其频率将发生变化，即卫星时钟比地面时钟慢。一般采用系数改进的方法消除相对论误差。GNSS 星历中广播了此系数，其误差可控制在 70ns 以内。

$$\Delta f_1 = -\frac{v_\delta^2}{2C^2}f_0 \qquad (3.2-3)$$

式中　Δf_1——星钟频率改变量。

（3）地球自转误差。随着地球的自转，接收机接收到卫星信号时，卫星位置已经发生改变。为求解接收卫星信号时卫星的准确位置，必须把发射时刻的卫星位置转化成接收时刻的参考坐标系位置。设地球自转角速度为 ω_e，发射信号瞬时到接收信号瞬时的信号传播延时为 Δt，则此过程中三维坐标调整为

$$\begin{bmatrix} x_y \\ y_y \\ z_y \end{bmatrix} = \begin{bmatrix} x_t\cos\Delta\Omega + y_t\sin\Delta\Omega \\ y_t\cos\Delta\Omega - x_t\sin\Delta\Omega \\ z_t \end{bmatrix} \qquad (3.2-4)$$

地球自转引起的定位误差为米级，精密定位时必须考虑加以消除。

（4）电离层和对流层误差。电离层是指地球上空距地面 $50\sim1000$km 的大气层，电离层误差主要由折射误差和延迟误差组成。一般电离层误差垂直方向可达 50m 左右，水平方向可达 150m 左右。目前，消除电离层误差主要采用电离改正模型或双频观测修正方法。

对流层是指地面以上约 40km 的大气底层，大气密度比电离层更大，状态更复杂。对流层误差包括两部分：一是由于电磁波或光在大气中传播速度变慢造成的路径延迟，是误差的主要部分；二是由于 GNSS 卫星信号通过对流层传播时路径发生弯曲，导致测量距离偏差。对流层误差在垂直方向可达 2.5m，在水平方向可达 20m。可通过改正模型进行修正。

试验表明，利用模型对电离层误差改进有效性达到 75%，对流层误差改进有效性为 95%。

6. 野外观测步骤

野外观测主要包括天线安置、观测作业和观测记录等步骤。

（1）天线安置。天线安置中应严格对中，天线集成体上的圆水准气泡必须居中，没有圆水准气泡的天线，调整天线基座脚螺旋，使天线严格处于水平状态。安置完毕，在天线互为 120°方向上量取天线高。

（2）观测作业。

1）连接电缆，检查接收机电源电缆和天线等各项连接，确认无误后开机，接收机进入正常跟踪任务状态后，输入测站、观测单元和时段等控制信息。

2）开始与结束前各记录一次观测卫星号、天气状况、经纬度和大地高、PDOP 值等。

3）观测中不进行接收机重新启动、自测试、改变卫星截止高度角及数据采样间隔、天线位置、关闭文件和删除文件等功能键操作。

4）根据观测等级，确定卫星截止高度角、有效卫星数及卫星总数、时段数、时段长、采样间隔等。

（3）观测记录。GNSS 观测记录主要有两种形式：一是 GNSS 接收机存储介质上的初始记录，包括载波相位观测值、伪距观测值、GNSS 观测时间、卫星星历钟差参数以及测

站名、时段号、近似坐标、天线高等，通常由观测人员输入接收机；二是观测人员在观测过程中同步填写的观测手簿。

7. GNSS 数据处理及检查

GNSS 各种起算数据应进行数据完整性、正确性和可靠性检验，主要检验内容如下：

（1）同一时间内观测数据剔除率不宜大于 10%。

（2）采用点观测模式，不同点间不进行重复基线、同步环和异步环的数据检验，但同一点不同时段的基线数据应进行数据检验。

（3）复测基线的长度较差 d_s 满足：

$$d_s \leqslant 2\sqrt{2}\sigma \tag{3.2-5}$$

式中　σ——基线测量中误差，mm。

（4）三边同步环中，第三边处理结果与前两边的代数和常不为零，其差值应符合：

$$W_x \leqslant \frac{\sqrt{3}}{5}\sigma, W_y \leqslant \frac{\sqrt{3}}{5}\sigma, W_z \leqslant \frac{\sqrt{3}}{5}\sigma \tag{3.2-6}$$

（5）独立闭合环附合路线坐标闭合差 W_s 和各坐标分量（W_x、W_y、W_z）应满足公式：

$$W_x \leqslant 3\sqrt{n}\sigma, W_y \leqslant 3\sqrt{n}\sigma, W_z \leqslant 3\sqrt{n}\sigma, W_s \leqslant 3\sqrt{n}\sigma \tag{3.2-7}$$

$$W_s = \sqrt{W_x^2 + W_y^2 + W_z^2} \tag{3.2-8}$$

式中　n——闭合环边数。

8. GNSS 平差流程

GNSS 平差包括基线向量处理、无约束平差、约束平差和联合平差等步骤。

（1）基线向量处理。

1）C 级以下的基线处理采用广播星历。

2）GNSS 观测值对流层延迟修正模型采用标准气象元素。

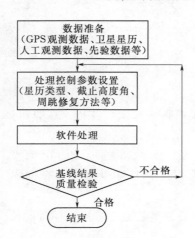

图 3.2-16　GNSS 基线向量
处理流程图

3）基线解算应以同步观测时段为单位。单基线解时，须提供每条基线分量及其方差-协方差阵。

4）D、E 级 GNSS 网基线长度允许采用不同的数据处理模型。长度小于 15km 的基线，应采用双差固定解；长度大于 15km 的基线可在双差固定解和双差浮点解中选择最优结果。GNSS 基线向量处理流程如图 3.2-16 所示。

（2）无约束平差。基线向量处理符合要求后，以三维基线向量及其相应方差-协方差阵作为观测信息，以一个点在 2000 国家大地坐标系中的三维坐标作为起算依据，进行无约束平差。无约束平差输出 2000 国家大地坐标系中各点的三维坐标、各基线向量及其改正数和精度。

基线向量的各分量改正数绝对值（$V_{\Delta x}$、$V_{\Delta y}$、$V_{\Delta z}$）满足式（3.2-9）要求。

$$V_{\Delta x} \leqslant 3\sigma, V_{\Delta y} \leqslant 3\sigma, V_{\Delta z} \leqslant 3\sigma \tag{3.2-9}$$

（3）约束平差。利用无约束平差后的观测量，选择在 2000 国家大地坐标系或地方独立坐标系中进行三维约束平差或二维约束平差。平差中，对已知点坐标、距离和方位进行强制约束或加权约束。

平差结果包括相应坐标系中的三维或二维坐标、基线向量改正数、基线边长、方位、转换参数及相应的精度。

约束平差中，基线向量的各分量改正数与经过粗差剔除后的无约束平差结果的同一基线，相应改正数较差的绝对值（$dV_{\Delta x}$、$dV_{\Delta y}$、$dV_{\Delta z}$）满足式（3.2-10）的要求。

$$dV_{\Delta x} \leqslant 2\sigma, dV_{\Delta y} \leqslant 2\sigma, dV_{\Delta z} \leqslant 2\sigma \tag{3.2-10}$$

（4）联合平差。GNSS 静态控制网中，设立两个以上的基准点进行连续观测，取逐日观测结果的平均值，以提高基线的精度。用两个基准点作为固定边，加入地面常规观测值进行联合平差，可提高 GNSS 静态控制网质量。GNSS 静态控制网平差处理流程如图 3.2-17 所示。

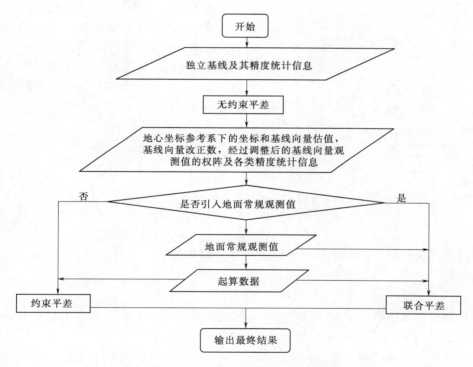

图 3.2-17   GNSS 静态控制网平差处理流程图

（5）质量控制。根据基线向量改正数的大小，判断基线向量中是否含有粗差。如果发现构成 GNSS 静态控制网的基线含有粗差，则采用剔除含有粗差的基线重新进行解算或重测含有粗差的基线等方法解决。如果发现个别起算点数据有质量问题，则应放弃有问题的起算数据。

3.2.3.2   平面控制导线测量法

平面控制导线测量法就是通过已知点坐标，利用观测角和边长推算未知点坐标的过程。要求在地形观测区域选定一系列点连成折线，并采用测边、测角方式来测定这些点的空间位置（图 3.2 – 18）。

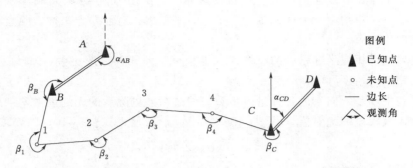

图 3.2 – 18 导线平面控制示意

导线用于平面控制测量具有布设灵活、受地形限制较小、作业迅速、精度高等特点。20 世纪 90 年代后，随着全站仪的普及，导线测量逐渐成为内陆水体平面控制测量的重要作业方式。导线测量的基本原理如图 3.2 – 19 所示。

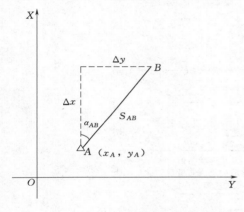

图 3.2 – 19 导线测量基本原理图

若已知点 A 的平面坐标为（x_A，y_A），测得 A，B 两点的水平距离为 S_{AB}，AB 边与 X 轴的夹角（坐标方位角）为 α_{AB}（称为 AB 边的坐标方位角），则可按式（3.2 – 11）、式（3.2 – 12）计算点 B 的平面直角坐标：

$$\begin{cases} \Delta x_{AB} = S_{AB}\cos\alpha_{AB} \\ \Delta y_{AB} = S_{AB}\sin\alpha_{AB} \end{cases} \quad (3.2 – 11)$$

则

$$\begin{cases} x_B = x_A + \Delta x_{AB} \\ y_B = y_A + \Delta y_{AB} \end{cases} \quad (3.2 – 12)$$

导线测量主要用于高山峡谷、障碍物较多或隐蔽地区，特别适用于 GNSS 接收信号较弱的测区。

1. 导线布设形式

导线布设常采用单一导线（附合导线、闭合导线）和具有一个或多个结点的导线网、支导线等。

附合导线至少需要两个已知点坐标和已知点上的方位角；闭合导线至少需要一个已知点和已知点上的一个已知方向的方位角。常用导线布设形式如图 3.2 – 20 所示。

2. 水平角观测

水平角就是从一点出发的两空间直线在水平面上投影的夹角。如图 3.2 – 21 所示：A、O、B 为地面上任意三点，将三点投影到水平面 P 上，得到相应的 A_1、O_1、B_1 点，则水平面上的夹角 β 即为地面 OA、OB 间的水平角。因此，水平角测量应满足以下条件：

（1）水平放置有顺时针方向注记的 0°～360° 的圆盘。

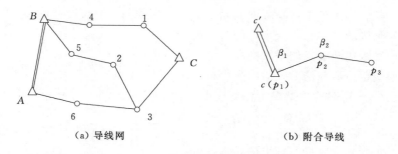

（a）导线网　　　　　　　　　（b）附合导线

图 3.2-20　常用导线布设形式图

（2）圆盘中心位于角顶点 O 的铅垂线上。

（3）观测仪器的望远镜，既能在水平面内转动，还能在竖直面内转动。

通过望远镜分别瞄准高低和远近不同的目标 A 和 B，在圆盘得到相应的读数 a 和 b，水平角 β 即为两个读数之差 $b-a$。水平角观测主要有测回法和方向观测法等两种方法：①测回法通常只测一个角，即测量通过一个点的两条直线之间的夹角，利用两个半测回消除仪器误差，适用于在一个测站有两个观测方向的水平角观测；②方向观测法是以两个以上的方向为一组，从初始方向开始，依次进行水平方向观测，正镜半测回和倒镜半测回，照准各方向目标并读数的方法。

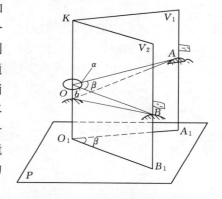

图 3.2-21　水平角观测原理

3. 导线边长测量

导线边长一般采用电磁波测距仪测量，亦可采用全站仪在测定转折角的同时测定。电磁波测距由位于测线一端的仪器发射光脉冲，一部分由仪器内部进入接收光电器件，另一部分经过测线另一端反射镜反射后也进入接收光电器件。测量两次光脉冲相隔的时间 t，可求出两点间的距离 D。

$$D=\frac{1}{2}Ct \tag{3.2-13}$$

式中　C——光速。

导线边长一般对向观测，并根据测距精度和测程，选择测距仪及配套的配件。仪器配件与检定时一致，如确需换用，应在测距前重新检定仪器常数。四等及以上等级的导线边长测量，须量取测站仪器和镜站高度各两次，且各取平均值。

4. 导线平差计算

导线平差计算主要包括距离归算、测距精度评定、方位角闭合差计算与分配、坐标闭合差计算与分配等内容。

（1）距离归算。

1）测距边水平距离归算到测区平均高程面或规定的某一高程面上的长度：

$$D_0=D\left(1+\frac{H_p-H_m}{R_A}\right) \tag{3.2-14}$$

式中 D_0——归算到测区平均高程面或规定的某一高程面上的长度，m；

H_p——测区的平均高程或规定的某一高程，m；

H_m——测距边两端点的平均高程，m；

R_A——测距边所在法截线的曲率半径，m。

2）测距边水平距离投影到参考椭球面上的长度：

$$D_1 = D\left(1 - \frac{H_m + h_m}{R_A + H_m + h_m}\right) \tag{3.2-15}$$

式中 D_1——投影到参考椭球面上的长度，m；

h_m——测区大地水准面高出参考椭球面的高差，m。

3）参考椭球面上的长度归算到高斯平面上的长度：

$$D_2 = D_1\left[1 + \frac{y_m^2}{2R_m^2} + \frac{(\Delta y)^2}{24R_m^2}\right] \tag{3.2-16}$$

式中 D_2——参考椭球面上的边长，m；

y_m——测距边两端点横坐标平均值，m；

Δy——测距边两端点横坐标之差，m；

R_m——参考椭球面上测距边中点的平均曲率半径，m。

（2）测距精度评定。

1）一次测距的中误差：

$$m_0 = \pm\sqrt{\frac{[dd]}{2n}} \tag{3.2-17}$$

式中 d——归算至同一高程面的各边往、返水平距离之差，mm；

n——对向观测值的个数。

2）对向观测的平均值中误差：

$$m_d = \pm\frac{m_0}{\sqrt{2}} \tag{3.2-18}$$

式中 m_0——一次测量的中误差，mm。

3）边长相对中误差：

$$\frac{m_d}{\overline{D}} = \frac{1}{\overline{D}/m_d} \tag{3.2-19}$$

式中 m_d——对向观测的平均值中误差；

$\overline{D}$——各测距边水平距离平均值。

4）三、四等导线的各项限差。方位角条件自由项限值为

$$W_f = \pm 2\sqrt{nm_\beta^2 + m_{a_1}^2 + m_{a_2}^2} \tag{3.2-20}$$

式中 m_β——相应等级导线规定的测角中误差，m；

n——导线测站数；

m_{a_1}、m_{a_2}——附合导线两端已知方位角的中误差，m。

闭合图形的自由项限值为

$$W_s = \pm 2m_\beta\sqrt{n} \tag{3.2-21}$$

（3）方位角闭合差计算与分配。因方位角观测的误差，在推算各导线边方位角时，应进行闭合差计算及改正。方位角闭合差计算公式为

$$f_\beta = \sum\beta - n \times 180 - (\alpha_{终边} - \alpha_{始边}) \tag{3.2-22}$$

$$\sum\beta = \beta_1 + \beta_2 + \cdots + \beta_n$$

式中　n——转折角数或测站数。

只有在方位角闭合差满足规范规定的要求时，方可进行方位角闭合差分配。因导线各转折角是用相同仪器和方法在相同条件下观测，闭合差可按相反符号平均分配到各观测角。设 V_{β_i} 为各观测角 β_i 的改正数，则有

$$V_{\beta_i} = -\frac{f_\beta}{n} \tag{3.2-23}$$

由于仪器对中和照准误差对短边影响显著，当上式不能除尽时，可将余数凑整到短边所在的夹角中。

用改正后的导线转折角和起始边方位角可依次推求各导线边的坐标方位角，当推算至终边时，计算值应与已知值 $\alpha_{终边}$ 相同。

（4）坐标闭合差计算与分配。由式（3.2-11）和式（3.2-12）计算出的坐标增量和坐标，其坐标闭合差按式（3.2-24）计算：

$$\left.\begin{aligned}f_x &= \sum\Delta x' - \Delta x = \sum\Delta x' - (x_{终} - x_{始})\\f_y &= \sum\Delta y' - \Delta x = \sum\Delta y' - (y_{终} - y_{始})\end{aligned}\right\} \tag{3.2-24}$$

因纵、横坐标闭合差的影响，产生的导线全长闭合差 f_s 为

$$f_s = \sqrt{f_x^2 + f_y^2} \tag{3.2-25}$$

设导线全长（各导线边长度的总和）为 $\sum S$，则导线全长相对闭合差为

$$k = \frac{f_s}{\sum S} = \frac{1}{\dfrac{\sum S}{f_s}} \tag{3.2-26}$$

将 f_x、f_y 反符号按边长成比例分配到各坐标增量中，以 V_x、V_y 分别表示纵横坐标增量的改正数，则有

$$\left.\begin{aligned}V_{x_{ij}} &= \frac{-f_x}{\sum S}S_{ij}\\V_{y_{ij}} &= \frac{-f_y}{\sum S}S_{ij}\end{aligned}\right\} \tag{3.2-27}$$

坐标增量改正后，便可从已知点开始逐点推算出各导线点的坐标。

（5）导线测角中误差的计算。导线测角中误差计算可按左、右角闭合差计算或方位角闭合差计算。按左、右角闭合差计算公式为

$$m_\beta = \pm\sqrt{\frac{[\Delta\Delta]}{2n}} \tag{3.2-28}$$

式中　m_β——测角中误差，m；

　　　Δ——测站圆周角闭合差，（°）；

　　　n——测站圆周角的个数。

按导线方位角闭合差计算公式为

73

$$m_\beta = \pm \sqrt{\frac{1}{N}\left[\frac{f_\beta f_\beta}{n}\right]} \tag{3.2-29}$$

式中　f_β——附合导线（或闭合导线）的方位角闭合差，m；

n——计算 f_β 时的测站数；

N——附合导线或闭合导线的个数。

（6）质量控制。在导线计算中，如果发现闭合差超限，应首先复查导线测量观测记录和计算数据。若未发现问题，说明导线测量边长或角度有错误，需到现场重测。如能分析判断出错误可能发生位置，可先到该位置重测，以避免边长和角度的全部返工或重测。

平差后的精度评定，包含单位权中误差、相对点位误差椭圆参数、最弱点点位中误差、最弱边的边长相对中误差等。若某项精度评定指标超限，需要对整个导线观测数据进行核查。如果内业不能发现问题，则需进行必要的外业检测。

3.2.4　高程控制测量

根据高程控制等级划分，高程控制测量包括基本高程控制、图根高程控制及测站点高程等类型。根据测量方法，高程控制测量又可分为水准测量（一等、二等、三等、四等、五等及图根）、三角高程测量（三等、四等、五等及图根）及 GNSS 拟合高程。

3.2.4.1　几何水准测量

1. 基本原理

几何水准测量是利用水准仪提供的水平视线，通过读取竖立于两个点上的水准尺读数，测定两点间的高差，再根据已知点高程计算待定点高程。

如图 3.2-22 所示，若要测定 A、B 两点间的高差，则在 A、B 两点上分别垂直竖立水准尺，在 A、B 两点中间安置水准仪，用仪器的水平视线分别读取 A、B 两点在标尺上的读数 a 和 b，则 A、B 两点间的高差为

$$h_{AB} = a - b \tag{3.2-30}$$

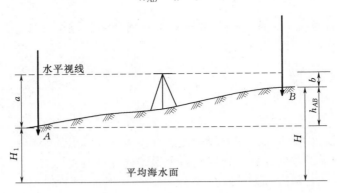

图 3.2-22　几何水准测量原理

如果 A、B 两点相距不远，且高差不大，则安置一次水准仪，就可以测得 h_{AB}，若 A 已知高程，则 B 点高程为

$$H_B = H_A + h_{AB} \tag{3.2-31}$$

如果 A、B 两点相距较远或高差较大，安置一次仪器无法测得高差时，就需在两点间

增设若干传递高程的临时立尺点（称为转点，缩写为 TP），如图 3.2-23 所示，若测出的各站高差为 h_1，h_2…，则 A、B 两点间的高差为

$$h_{AB}=\sum h=h_1+h_2+\cdots=(a_1-b_1)+(a_2-b_2)+\cdots=\sum a-\sum b \qquad (3.2-32)$$

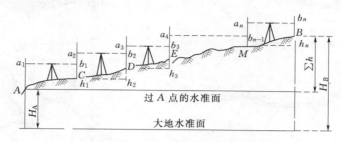

图 3.2-23　连续水准测量原理

2. 布设形式

根据水准等级、测区大小、水准路线长短等，水准路线可布设成闭合环线、附合路线和结点网等形式。水准路线主要作用是建立内陆水体高程基准，在国家高等级的高程控制基础上加密高程控制点，满足水体边界观测的需要，水准路线常见布设形式如图 3.2-24 所示。

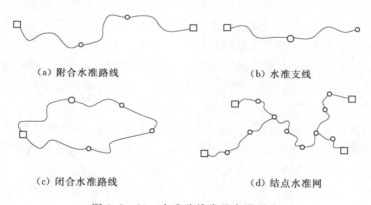

（a）附合水准路线　　　　　　　　　（b）水准支线

（c）闭合水准路线　　　　　　　　　（d）结点水准网

图 3.2-24　水准路线常见布设形式

内陆水体高程控制测量中，以上四种水准路线布设形式都得到广泛的应用。附合水准路线常用于沿河流布设，完成上下游两个已知高程点间的控制点加密〔图 3.2-25（a）〕。闭合水准路线则常应用于湖泊、水库等内陆封闭水体的高程控制网布设〔图 3.2-25（b）〕。水准支线常用于干流向支流加密高程控制〔图 3.2-25（c）〕。结点水准网一般应用于内陆水体复杂水网区域的高程控制加密〔图 3.2-25（d）〕。

3. 测量方法

（1）为了尽可能地减小水准测量产生的误差，开展水准测量必须遵守以下规则：

1）选择有利的观测时间，保证望远镜中成像清晰、稳定，遇不利天气要停止测量工作。

2）前、后标尺至仪器的距离要大致相等，尽可能地削弱与距离有关的误差影响，如 i 角误差、垂直折光等。

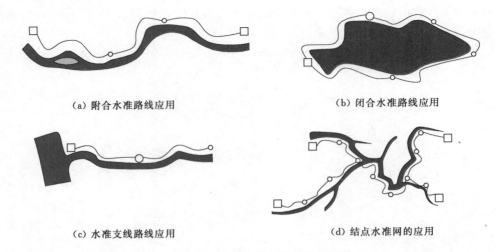

　　（a）附合水准路线应用　　　　　　　　　　　　（b）闭合水准路线应用

　　（c）水准支线路线应用　　　　　　　　　　　　（d）结点水准网的应用

图 3.2 - 25　四种水准路线的应用

　　3）相邻观测站要严格遵守观测顺序，尽可能削弱 i 角变化、仪器垂直升降等与时间有关的误差影响。

　　二等水准测量采用光学水准仪往返观测顺序为：往测，奇数站为后—前—前—后，偶数站为前—后—后—前；返测，奇数站为前—后—后—前，偶数站为后—前—前—后。采用数字水准仪往返观测顺序为：奇数站为后—前—前—后；偶数站为前—后—后—前。

　　三等水准测量采用光学水准仪的中丝读数法往返观测，当使用 DS1 级仪器和铟瓦标尺进行观测时，可进行单程双转点观测。采用数字水准仪亦要往返观测。三等水准每站观测顺序均为后—前—前—后。

　　四等、五等水准测量采用光学水准仪的中丝读数法时，观测顺序为后—后—前—前。水准路线为附合路线或闭合环时采用单程测量；水准支线应进行往返观测或单程双转点法观测。数字水准仪往返观测顺序为后—后—前—前。

　　4）一个测段测站数应为偶数，以尽可能地消除标尺零点差的影响。由往测转为返测时，两标尺要互换位置。

　　5）水准测量间歇时最好落在固定点，否则应选择两个固定点，间歇后对两个间歇点的高差进行校核。

　　6）安置水准仪三脚架时，要使其中两脚与水准路线的方向平行，第三脚轮换置于路线方向的左侧或右侧。

　　（2）水准测量中，对每一测站、每一测段、每一路线的往返高差不符值、路线闭合差、环线闭合差均要进行检校，使之符合规范限差要求。所测成果超限时，按下列规则进行取舍和重测：

　　1）若测站所测高差超限，则须重测。若重测高差与相应单程高差之差不超过往返高差不符值限差，取原测成果与重测成果的中数作为该单程高差结果。若重测高差与相应单程高差之差超过往返高差不符值限差，则取重测成果作为单程高差结果。若该单程重测仍超限，则重测另一单程。

2）若测段往返高差不符值超限，应分析确定是往测还是返测造成的超限，并对存在问题的测段进行重测。

3）若路线或环闭合差超限时，先重测某些可靠性差的测段。若重测仍不符合要求，则重测其他测段。

4）若单程双转点观测左右路线高差不符值超限，可重测一个单程，采用与原测成果中符合限差的单程的中数。若重测结果与原测两个单程结果均符合限差要求，取三个单程观测值的中数。若重测结果与原测两个单程结果均超限，则重测另一单程。

4. 平差计算

水准测量一般均为往、返测量，有了多余观测，势必在观测结果之间产生矛盾，水准平差目的就在于消除这些矛盾而求得观测量的最可靠的结果，并评定测量成果的精度。

（1）高差改正。影响高差计算的主要因素为水准标尺尺长的误差以及水准面不平行的误差。其中，水准标尺尺长误差改正公式：

$$\delta = h \times f \tag{3.2-33}$$

式中　δ——尺长误差改正数，mm；

　　　h——测段往测或返测高差，m；

　　　f——标尺改正系数，mm/m。

正常水准面不平行改正一般按测段计算。三、四等水准不平行改正计算公式为

$$\varepsilon_i = -A \times H_i \times (\Delta\phi_i)' \tag{3.2-34}$$

其中　　　　　　　　　　　　$\Delta\phi_i' = \phi_2 - \phi_1$

式中　ε_i——水准测量路线中第 i 测段的正常水准面不平行改正数，mm；

　　　A——为常系数，$A = 1537.1 \times 10^{-9} \times \sin2\phi$；

　　　H_i——第 i 测段始末点的近似平均高程，m；

　　　ϕ_1、ϕ_2——第 i 测段始末点的纬度，（'）。

（2）水准路线闭合差计算与分配。对于构成环线或附合路线的单一水准路线，按下式计算闭合差：

$$\omega = H_0 + \sum_i^n h_i + \sum_i^n \varepsilon_i - H_n \tag{3.2-35}$$

式中　ω——环闭合差；

H_0、H_n——起止点的已知高程（当构成闭合环时，$H_0 = H_n$）；

　　　h_i——加入尺长改正后的各测段往返高差中数；

　　　ε_i——各测段的正常水准面不平行改正数。

水准路线闭合差 ω 符合规范限差时，将其闭合差值 ω 反号、按比例分配到各测段高差中。各测段高差的闭合差分配 v_i 的计算公式：

$$v_i = -\frac{\omega}{\sum_i^n R_i} R_i \tag{3.2-36}$$

式中　v_i——某测段高差的闭合差分配值；

　　　R_i——各测段高差。

（3）水准测量精度评定。水准测量中误差可用式（3.2-37）表示。

$$m = \pm \mu \sqrt{l} \tag{3.2-37}$$

式中 μ——水准测量每千米中误差；

       l——以千米为单位的高差观测值的路线长度。

定义高差观测值的权为

$$p = \frac{C}{l} \tag{3.2-38}$$

式中 C——根据水准网中各路线长度具体情况而定的常数，C 的选择应使高差观测值的权 p 便于平差计算。

对于山区水准测量，通常是统计水准路线的测站数 n，而不是路线长度。

根据测段往返高差不符合值，计算每千米水准测量偶然中误差 M_{Δ}：

$$M_{\Delta} = \mu = \pm \sqrt{\frac{1}{4n}\left[\frac{\Delta\Delta}{R}\right]} \tag{3.2-39}$$

式中 Δ——测段往返高差不符值，mm；

       R——测段长度，km；

       n——测段数。

当水准环线超过 20 个时，根据各闭合环线高差闭合差按式（3.2-40）计算每千米全中误差 M_w：

$$M_w = \pm \sqrt{\frac{1}{N}\left[\frac{WW}{F}\right]} \tag{3.2-40}$$

式中 W——各水准环的环线闭合差；

       F——闭合环周长，km；

       N——闭合环数。

5. 质量控制

水准测量产生误差的来源较多，主要有仪器误差（照准轴与管水准轴不平行的误差、水尺零点差）、观测误差（管水准器气泡居中的误差、水准尺上的估读误差、标尺倾斜的误差）和外界因素的影响（仪器和标尺升降的误差、地球曲率误差、大气折光误差）等。

从误差的综合影响来看，误差将会相互抵消一部分。例如，每测段只要是偶数站，就会消除标尺零点差的影响；同一条路线采取往返测取平均值可大大减弱仪器和标尺升降误差的影响；保持前后视距相等，可消除地球曲率的影响；采用高放大率的望远镜和限制视线的最大长度，可减少水准尺的估读误差。因此，水准测量中只要注意规范施测，各项外界影响的误差都将大为减小。

3.2.4.2 三角高程测量

水准测量是一种直接测高法，测定的高差精度较高，但受地形起伏的限制，测量工作量大，施测速度慢。三角高程测量是一种间接测高法，受地形起伏的影响小，施测速度快，适用于山区及一些特殊困难地区。

1. 基本原理

通过观测两点间的水平距离和天顶距（或高度角），利用三角关系求定两点间高差。

如图 3.2 - 26 所示，A、B 为地面上两点，自 A 点观测 B 点的垂直角为 α，D 为两点间水平距离，i 为 A 点仪器高，s 为 B 点觇标高，则 A、B 两点间高差为

$$h_{AB} = D\tan\alpha + i - s \qquad (3.2 - 41)$$

而 B 点的高程为

$$H_B = H_A + D\tan\alpha + i - s \qquad (3.2 - 42)$$

上式假设条件是地球表面为水平面，观测视线为直线。现实测量中，当两点距离大于 300m 时，地球曲率和大气折光就会对高

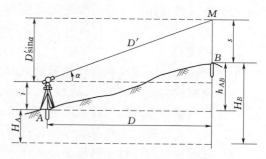

图 3.2 - 26 三角高程测量原理

差产生影响，但可通过往返观测（即双向观测），消除地球曲率和大气折光的影响。

三角高程测量一般与导线测量结合布设和同时施测，也可单独布设成附（闭）合高程导线或高程导线网，并起讫于高一级的高程控制点。

如图 3.2 - 27 所示，A 是已知高程点，E 是待测点，B、C、D 是高程路线的转点，1、2、3、4 为全站仪设站位置。假定 Δh 为全站仪直接测得的全站仪中心到棱镜中心的高差，h 为两点之间的高差，则

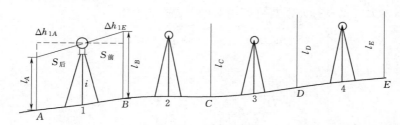

图 3.2 - 27 高程导线测量

$$h_{AB} = h_{1A} + h_{1B} = -(\Delta h_{1A} + i_1 - l_A) + (\Delta h_{1B} + i_1 - l_B)$$
$$= -\Delta h_{1A} + l_A + \Delta h_{1B} - l_B = \Delta h_1 + l_A - l_B \qquad (3.2 - 43)$$

同理可得

$$\left.\begin{aligned} h_{BC} &= \Delta h_2 + l_B - l_C \\ h_{CD} &= \Delta h_3 + l_C - l_D \\ h_{DE} &= \Delta h_4 + l_D - l_E \end{aligned}\right\} \qquad (3.2 - 44)$$

式中 h——两点之间的高差；

Δh——全站仪中心和棱镜照准标志之间的高差；

i——仪器高；

l——觇标高。

显然

$$h_{AE} = h_{AB} + h_{BC} + h_{CD} + h_{DE} = \Delta h_1 + \Delta h_2 + \Delta h_3 + \Delta h_4 + l_A - l_E$$
$$= \sum \Delta h + l_A - l_E \qquad (3.2 - 45)$$

公式中除了观测高差外，只有起点 A 的觇标高和终点 E 的觇标高。如果观测过程中，

使起点和终点的觇标高保持一致，则可变为

$$h_{AE} = \sum \Delta h \tag{3.2-46}$$

2. 观测方法

用全站仪代替水准仪进行高程测量应满足以下条件：

(1) 全站仪的设站次数为偶数，否则不能把转点觇标高抵消掉。

(2) 起始点和终点的觇标高应保持相等。

(3) 转点上的觇标高在仪器迁站过程中保持不变。

(4) 仪器在观测过程中高度保持不变。

(5) 垂直角可采用全站仪（或电子经纬仪、经纬仪）以中丝法或三丝法进行观测，其角值范围为 $0° \sim \pm 90°$。视线在水平线的上方称为仰角，符号为正 $(+\alpha)$；视线在水平线的下方称为俯角，符号为负 $(-\alpha)$。

3. 三角高程测量计算

(1) 单向观测高差计算。地球大气密度呈上疏下密分布，不同地区及地质条件，不同季节、天气，不同时刻甚至不同地面覆盖物的大气密度梯度都不相同。大气密度会影响到光线的折射，我国折光系数 K 值范围一般为 $0.09 \sim 0.16$。实际测量过程中，都可准确测定某一地区测量时间内的平均折光系数。

测区范围内大气垂直折光系数可利用对向观测高差计算：

$$K = 1 + \frac{R}{D_{AB}^2} [(S_{AB} \cos Z_{AB} + S_{BA} \cos Z_{BA}) + (i_A - l_B) + (i_B - l_A)] \tag{3.2-47}$$

或利用已知高差计算：

$$K = 1 + \frac{2R}{D_{AB}^2} [(S_{AB} \cos Z_{AB} + i_A - l_B) - h_0] \tag{3.2-48}$$

利用测定的垂直折光系数 K，就可计算单向观测高差：

$$h = D_{AB} \times \cot Z_{AB} + i_A - l_B + \frac{1-K}{2R} \times D_{AB}^2 \tag{3.2-49}$$

对向观测高差计算公式为

$$h = \frac{1}{2} \left[D_{AB} \times \cot Z_{AB} - D_{AB} \times \cot Z_{BA} + (i_A - l_B) - (i_B - l_A) - \frac{K_{AB} - K_{BA}}{2R} \times D_{AB}^2 \right]$$

$$\tag{3.2-50}$$

以上式中 S_{AB}——A 站至 B 站经修正后的斜距，m；

$\qquad\quad D_{AB}$——A 站至 B 站的平距，m；

$\qquad\quad Z_{AB}$——A 站至 B 站的天顶距，(°)；

$\qquad i_A$、i_B——A、B 站的仪器高，m；

$\qquad l_A$、l_B——A、B 站的觇标高，m；

$\qquad\quad h_0$——A、B 点间的已知高差，m；

$\qquad\qquad R$——地球平均曲率半径，m。

(2) 测站高差中数可按下式计算：

$$h_{中} = \frac{1}{2}(h_{往} - h_{返}) \tag{3.2-51}$$

（3）导线高程闭合差计算及分配。假定三角高程测量的起止点为 M、N，中间有 i 个未知点。若高程闭合差为 W_h，实际观测高差为 h_i'，根据闭合差定义有：

$$W_h = \sum h_i' - (H_N - H_M) \tag{3.2-52}$$

如果 W_h 不超限差，就可进行高差闭合差的分配。高程闭合差主要是垂直角观测误差和边长误差引起的，其大小与边长成正比。因此，可按边长比例将高程闭合差负号分配到各观测高差。

$$v_i = -\frac{W_h}{\sum S} S_i \tag{3.2-53}$$

式中　v_i——各边的观测高差改正数。

4. 质量控制

三角高程测量方法简单，受地形条件限制小，在山区或丘陵地区可代替三、四等水准测量，是困难地区测定高程的基本方法。

为减少垂直折光的影响，提高三角高程测量的精度，必须对向观测垂直角、选择有利的观测时间、提高视线高度、尽可能利用短边传递高程。

5. 误差分析

（1）垂直角和水平距离的观测误差。测角观测误差主要有照准误差和竖盘指标差及水准管气泡居中误差。若采用前视和后视水平距离相等，测站通过变换仪器高进行两次观测，则高差中误差可按下式计算：

$$m_{\Delta h 中}^2 = 2\tan^2\alpha \times m_s^2 + \frac{2s^2}{\cos^4\alpha}\left(\frac{m_\alpha}{\rho}\right)^2 \tag{3.2-54}$$

式中　$m_{\Delta h 中}$——高差中误差；

　　　m_s——水平观测距离中误差；

　　　m_α——垂直角观测中误差；

　　　s——前后视水平距离；

　　　α——前视和后视垂直角的最大值。

一般全站仪的 $m_\alpha = 2.0''$，$m_s = (3 + 2 \times 10^{-6} s)\text{mm}$。水准测量规范规定：一等、二等、三等、四等水准测量往返测高差偶然中误差分别为 $\pm 0.5\text{mm}$、$\pm 1.0\text{mm}$、$\pm 3.0\text{mm}$ 和 $\pm 5.0\text{mm}$，那么单程观测高差的偶然中误差分别为 $\pm 0.7\text{mm}$、$\pm 1.4\text{mm}$、$\pm 4.2\text{mm}$ 和 $\pm 7.1\text{mm}$。因此，全站仪测量方法不可能达到一等、二等水准测量精度，但当视距小于 300m 时可达到三等水准精度，当视距小于 500m 时能够达到四等水准精度。

在高差误差中距离观测误差所占比例随垂直角的增大而增大，而垂直角观测误差所占比重随垂直角的增大而减少。在坡度小于 20°时，垂直角观测误差是主要的，因此要想提高观测精度，必须设法提高垂直角的观测精度。

（2）地球曲率和大气折光的影响。水准测量要求前后视距相等主要是为抵消视准轴与水准管轴不平行误差，同时也是为抵消地球曲率和大气折光的影响。用全站仪代替水准仪测量，同样存在上述问题。

在观测的过程中，若假定大气折光系数 k 保持不变，并使前后视水平距离相等，则球气差为 0。若不能保证前后视距严格相等，如 $S_前 \approx S_后 = 200\text{m}$ 且 $S_前 - S_后 = 10\text{m}$，取 $k =$

0.107 不变，可计算出球气差为 0.28mm。可见，前后视距不严格相等，对球气差的影响是比较小的。

如果 k 发生变化，其变化量为 0.1，在上述同样情况下，球气差为 0.03mm，因此，如果把视距控制在 200m 左右，前后视距差控制在 3m 之内，球气差的影响完全可以忽略不计。

（3）觇标沉降、仪器沉降、觇标倾斜影响。全站仪测量通常用下端呈尖形的对中杆作为觇标，可通过转点时垫比较坚硬的尺垫、提高迁站速度、采用往返观测的方法抵消部分觇标沉降影响。仪器沉降主要发生在观测过程中，若一个测站变换仪器高观测的两个测回采用相反的观测次序，即"后—前—前—后"或"前—后—后—前"，可有效地减弱仪器沉降的影响。觇标倾斜的影响只要仔细检验对中杆上面的圆水准气泡，在立杆时保证气泡居中或采用三脚支架对中杆，就可减少倾斜带来的误差影响。

（4）竖直度盘指标差影响。全站仪竖直度盘存在指标差，只用正镜或倒镜观测，对观测高差影响较大；若采用正倒镜观测，可以抵消指标差的影响。

（5）竖直倾斜误差影响。全站仪能够进行竖轴倾斜的自动补偿，补偿后的精度能达到 0.1″。即使有一点倾斜，也可用盘左、盘右取中值的方法抵消。

（6）垂线偏差影响。在平原地区，前视和后视的平均垂线偏差基本相等，故垂线偏差的影响等于零。在山区和丘陵地区用全站仪代替水准仪进行高程测量时，由于垂线偏差的变化较大，使得测点之间所观测得到的高差不等于这两点之间的正常高高差，即

$$H_{B\text{正}} - H_{A\text{正}} = h_{\text{仪},B} = h_{\text{仪},A} + (u_{mA} - u_{mB})s \qquad (3.2-55)$$

式中　$h_{\text{仪},B}$、$h_{\text{仪},A}$——不考虑垂线偏差对观测垂直角影响时直接计算所得的测站到前视 B 和后视 A 的高差；

　　　u_{mA}、u_{mB}——沿着后视方向各点平均垂线偏差和沿着前视方向各点平均垂线偏差。

在丘陵地区，垂线偏差的最大值为 2″，取最大值的 1/10，设 $u_{mA} - u_{mB} = 0.2″$，$s = 300m$，则对高差的影响为 0.29mm；在山区，垂线偏差的最大值为 10″，同样设 $u_{mA} - u_{mB} = 1.0″$，$s = 300m$，则影响为 1.45mm；在高山区，垂线偏差的最大值为 20″，设 $u_{mA} - u_{mB} = 2″$，$s = 300m$，则影响为 2.91mm。因此，垂线偏差影响在山区和高山区是很大的，测量时应该适当的减小视线长度。

6. 精密同步对向（EDM）三角高程测量

使用常规三角高程测量，能够达到四等几何水准测量的精度，开展三等以上精度的高程测量时，常规三角高程测量则受到较大的限制。由于 EDM（电磁波测距）测高几乎都是在近地面大气层中进行的，而近地层大气折光系数随时随地都在变化，对测高精度的影响较大。对向 EDM 测高，理论上可以抵消折光的影响，但由于对向 EDM 观测很难同步，搬站的过程中测边范围内的折光条件往往已经发生改变，从而影响了常规三角高程测量的应用。近几年同步对向 EDM 三角高程测量研究发现，通过对同时使用的两台全站仪进行适当改装，实现严格意义上的同步对向观测，并优化和计算边长和天顶距等观测要素，能使三角高程测量比较稳定地接近或达到二等水准测量的精度，满足了内陆水体高等级控制测量的需要。同步对向测高系统的改装和系统的硬件构成如图 3.2-28 所示。

选用测角精度达 2″以上并具备自动目标识别（ATR）功能的全站仪，通过同步使用两台仪器对向观测来大幅削弱大气折光的影响至忽略不计的范围。对向观测时照准棱镜固定在另一全站仪的把手（图 3.2-28），确保测段对向观测的边为偶数，并在测段起、末水准点立高度恒定的棱镜杆，以避免量取仪器高和觇标高。观测过程中须限制观测边的长度和高度角，以减少相对垂线偏差。正向棱镜 1、反向棱镜 2（图 3.2-28）分别是两台全站仪在正镜对向观测、倒镜对向观测时使用，两台全站仪在观测时严格保持同步。同步对向（EDM）观测及转站步骤如图 3.2-29 所示。

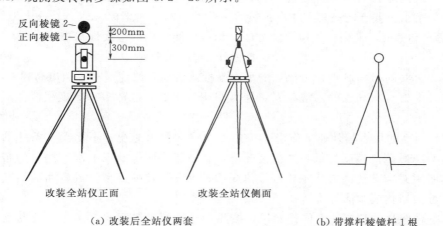

(a) 改装后全站仪两套　　　　　　　(b) 带撑杆棱镜杆 1 根

图 3.2-28　同步对向测高系统的改装和系统的硬件构成

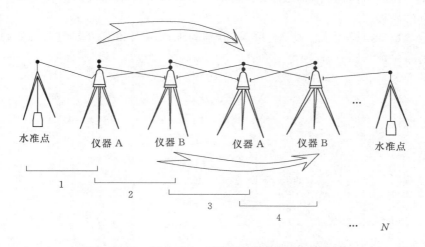

图 3.2-29　同步对向（EDM）观测及转站布骤图

精密同步对向（EDM）三角高程测量具有如下特点：

(1) 同步对向 EDM（电磁波测距）测高能大幅削弱大气折光的影响至忽略不计的范围，由此能大大提高 EDM（电磁波测距）测高的精度及可靠性。

(2) 能轻松实现 500m 以内的跨江水准，并达到二等跨江水准精度，实施效率高。

(3) 在水网、沼泽和山区等观测条件极度恶劣的地区和日出、日落和近午等成像恶劣的时段下都可以保持稳定的工作，有很强的适应性。

3.2.4.3 GNSS 测高

1. 测量原理

GNSS 所测高程是相对于椭球面的大地高，水准测量所测高程是相对于似大地水准面的高程，两者之间存在差异。利用两者之间的共同测点进行拟合，进而推求区域内所有 GNSS 测点的高程，是高程控制 GNSS 拟合法的基本原理。

首先，利用既有 GNSS 大地高 H 又有正常高 h 的多个已知点（简称公共点），按式（3.2-56）求出公共点的高程差 ξ 值；然后由公共点的平面坐标 (x, y) 或大地经纬度坐标 (B, L) 和 ξ 值，采用数学拟合的方法，拟合出测区内的似大地水准面。

$$\xi = H - h \qquad (3.2-56)$$

对于非公共的 GNSS 点，由该点的平面坐标或大地经纬度坐标内插出高程差 ξ_i，按式（3.2-57）求出 GNSS 点的正常高 h_i，即为 GNSS 水准，也称 GNSS 高程拟合。

$$h_i = H_i - \xi_i \qquad (3.2-57)$$

GNSS 测高的优点是外业工作量小、速度快、不要求通视、不受天气条件的限制等；其缺点是 GNSS 测高精度较低，一般情况下，不易达到四等及以上水准测量的精度要求。内陆水体所用 GNSS 测高方法主要有等值线法、七参数转换模型法或者曲面转换模型法、似大地水准面精化模型法等。

（1）等值线法。选定适合的比例尺，按几个已知点的平面坐标（平面坐标经 GPS 网平差后获得），展绘在图纸上，并标注上相应的高程异常，再按一定的等高距绘出测区的高程异常图。在图上内插出未联测几何水准的 GPS 点（待求点）的高程异常，从而求出这些待求点的高程。

（2）七参数转换模型法。设 X_2 和 X_1 分别为地面网点和 GNSS 网点的参心和地心坐标向量。由布尔萨（Bursa）模型可知：

$$X_2 = \Delta X + (1 + k) R_0 X_1 \qquad (3.2-58)$$

其中
$$X_2 = (X_2, Y_2, Z_2)$$
$$X_1 = (X_1, Y_1, Z_1)$$
$$\Delta X = (\Delta_X, \Delta_Y, \Delta_Z)$$

$$R_0 = \begin{bmatrix} 1 & \varepsilon_Z & -\varepsilon_Y \\ -\varepsilon_Z & 1 & \varepsilon_X \\ \varepsilon_Y & -\varepsilon_X & 1 \end{bmatrix}$$

式中　k——尺度变化参数；

ΔX——平移参数；

R_0——旋转矩阵。

由于公共点的坐标存在误差，求得的转换参数将受其影响，公共点坐标差对转换参数的影响与点位的几何分布及点数的多少有关。因而，为了求得较好的转换参数，应选择一定数量精度较高且分布均匀并有较大覆盖面的公共点。

（3）曲面转换模型法。几何法似大地水准面的建立可采用曲面转换模型法，即建立与位置相关的多项式模型，用曲面去逼近连续高程异常的变化。

多项式模型多采用一次函数模型、二次曲面函数、三次曲面函数构建，应用得较多的为二次曲面模型，如式（3.2-59）所示：

$$\xi(\Delta B, \Delta L) = a_0 + a_1 \Delta L + a_2 \Delta B + a_3 \Delta B \Delta L + a_4 \Delta B^2 + a_5 \Delta L^2 \qquad (3.2-59)$$

其中

$$\Delta B = B - B_0$$

$$\Delta L = L - L_0$$

(B, L) 和 (B_0, L_0) 分别代表 GNSS/水准点的大地坐标和测区中心的大地坐标。

（4）似大地水准面精化模型法。似大地水准面精化和建立新一代高程控制网一样，是建立现代高程基准的主要任务。精化似大地水准面模型结合 GNSS 技术，可以取代传统的水准测量方法测定正高或正常高，真正实现 GNSS 技术在几何和物理意义上的三维定位功能，使得平面控制网和高程控制网分离的传统大地测量模式成为历史。

近年来，许多国家和地区先后研制和推出了各自的新一代（似）大地水准面模型，但各个国家和地区的局部大地水准面模型在分辨率和精度方面差异较大。如美国自 20 世纪 90 年代初至今，先后推出了 GEOID 90、GEOID 93、G9501 C、GEOID 96 和 GEOID 99 序列大地水准面模型，其中最新推出的 GEOID 99 大地水准面模型的分辨率为 $1' \times 1'$，精度为 $\pm 2.0 \sim \pm 2.5$cm。整个欧洲地区大地水准面的计算始于 20 世纪 80 年代，研制推出了 EGG 1、EGG 94、EGG 95、EGG 96 和 EGG 97 序列重力似大地水准面模型，其中 EGG 97 的分辨率达到了 $1.0' \times 1.5'$。我国似大地水准面的确定经历了近半个世纪的发展过程，自 20 世纪 50 年代至今，国家测绘地理信息局和原武汉测绘科技大学先后建立了 CLQG 60、WZD 94 和 CQG 2000 大地水准面模型，其中最新研制的似大地水准面 CQG 2000 计算的模型分辨率为 $5' \times 5'$（实际分辨率略低），高程异常的总体精度为 ± 0.36m，东经 $102°$ 以东地区约为 ± 0.3m，在东经 $102°$ 以西、北纬 $36°$ 以北和以南地区分别为 ± 0.4m 和 ± 0.6m。CQG 2000 的成功研制是我国精化似大地水准面的一个阶段性进展，其分辨率和精度达到了一个新的水平，CQG 2000 基本上可以满足西部地区中、小比例尺（小于 1:10000）航测测图采用 GPS 测高作地面高程控制的需求。

2. 观测要求

代替四等、五等水准高程的 GNSS 测量需要符合 GNSS C 级、D 级网观测规定，其中，GNSS 点/水准点的布置与测量满足以下要求：

（1）GNSS/水准点布设要求。GNSS/水准点一般分布在测区的四周和中央。若测区为带状地形，GNSS/水准点则分布于测区两端及中部。相邻 GNSS/水准点最大间距按公式（3.2-60）计算。

$$d = 7.19 m_\xi c^{-1} \lambda^{-1/2} \qquad (3.2-60)$$

式中　d——相邻 GNSS/水准点（高程异常控制点）最大间距，km；

m_ξ——似大地水准面的精度，cm；

λ——平均重力异常格网分辨率，$(')$；

c——平均重力异常代表误差系数，平原、丘陵、山地、高山地分别取 0.54、0.81、1.08、1.50。

（2）GNSS 水准点个数的确定。GNSS 水准点一般大于选用计算模型未知参数个数的 1.5 倍；山地、高山地地区，适当增加 GNSS 水准点的点数。

（3）测量精度要求。用于代替四等水准的 GNSS 高程控制点，其坐标和高程精度不低于 C 级 GNSS 网点和国家三等水准网点的精度；用于代替五等水准的 GNSS 高程控制点，其坐标和高程精度不低于 D 级 GNSS 网点和国家四等水准网点的精度。

（4）拟合高程计算。拟合高程要充分利用当地的重力大地水准面模型或资料，对联测的已知高程点进行可靠性检验，并剔除不合格点。对于地形平坦的小测区，一般采用平面拟合模型；对于地形起伏较大的大面积测区，则多采用曲面拟合模型。GNSS 点的高程计算，以不超出拟合高程模型所覆盖的范围为宜。

（5）GNSS 拟合高程检验。GNSS 点的拟合高程检测点数一般不少于全部高程点的 10％且不少于 3 个点；高差检验，可采用相应等级的水准测量方法或电磁波测距三角高程测量方法，其高差较差不应大于 $30\sqrt{D}$ mm（D 为检查路线的长度，单位为 km）。

（6）GNSS 正常高差代替水准高差的条件。使用 GNSS 正常高差代替等级水准高差时，GNSS 测量模式应采用静态测量模式进行 GNSS 相对定位，求定相邻 GNSS 点间的大地高差，减去利用似大地水准面成果计算的 GNSS 点间的高程异常差，即可得到相邻 GNSS 点间 GNSS 正常高差。

（7）GNSS 正常高代替普通水准正常高的条件。GNSS 高程测量正常高精度和应用领域见表 3.2-2。

表 3.2-2 GNSS 高程测量正常高精度和应用领域

正常高精度/mm	应 用 领 域
≤50	大比例尺地形图相片控制测量、图根控制测量等
≤100	地形测量、路线测量等
≤150	碎部点高程测量、水域地形测量等
≥150	小比例尺地形图碎部点测量等

（8）利用似大地水准面成果计算正常高成果精度。利用似大地水准面成果计算正常高的精度取决于 GNSS 大地高测量精度和似大地水准面精度。在 GNSS 高程测量时，可根据正常高 σ_h 精度的需求和已有的似大地水准面成果 σ_ξ 的精度，确定 GNSS 大地高需要达到的精度 σ_H，即 $\sigma_H^2 = \sigma_h^2 - \sigma_\xi^2$。经计算分析和已知点成果检核后，符合精度要求的可供使用。

3.2.4.4 跨河水准测量

水准测量以其短视线和前后视线等距及时空对称的测量方式，有效排除了以折光差为主的多项干扰因素，使得测高精度及稳定性明显优于其他测量方法。内陆水体由于水域的阻隔，需要将控制引测到江心洲或河流对岸，视线长度将比一般的视距大很多，导致照准水准尺读数的精度降低以及视准轴与水准轴不平行和大气折光的影响急剧增大，加之水面空气温度梯度与陆地有所不同，使得折光影响更加复杂化。为使跨河高程传递精度与通常水准测量基本一致，需要采用特殊的方法和设备。这些特殊方法及设备的设计和使用，决定了跨河水准的高程传递精度能否与相应等级的几何水准相匹配。

1. 跨河水准观测方法

目前应用的跨河水准测量主要有四种方法：水准仪光学测微法、水准仪微倾螺旋法、经纬仪倾角法、测距三角高程法。采取的作业方式都是为了消除各种误差：多测回观测是为了消除测量误差；上半测回和下半测回安排在两个光段进行是为了消除不同气象条件的误差；近标尺观测方法是为了准确测量仪器视线高度；特制觇牌的制作是为了放大水准标尺的刻画；两台仪器同时对向观测是为了消除大气气象误差；不同测回觇牌重新摆位是为了消除觇牌的对准误差等。

两台仪器同时对向观测为半单测回，另外一个光段仪器调岸观测组成一测回，两个测回组成一个双测回。一般河面距离在 500m 内的附合水准路线中只须一条边过河，河面距离为 500～3500m 的用平行四边形跨河，河面距离在 3500m 以上用大地四边形过河。

跨河水准测量应满足以下要求：

（1）当水准路线视线长度在 50～100m 时，可采用一般的水准测量方法，但应变更仪器高度观测两次，两次高差之差不得超过 1.5mm，取用两次结果的中数。

（2）当水准路线视线长度在 100～500m 时，可采用水准仪光学测微法，采用精密光学水准仪水平视线照准觇板标志，并读记测微鼓分划值，求出两岸高差。

（3）当水准路线视线长度在 500～1500m 时，可采用水准仪微倾螺旋法，使用两台水准仪对向观测，用倾斜螺旋或气泡移动来测定水平视线上下两标志的倾角，计算水平视线位置，求出两岸高差。

（4）当水准路线视线长度在 1500～3500m 时，可采用经纬仪倾角法和测距三角高程法。

2. 跨河地点的选定及其布设

由于跨河水准测量的视线长度长，且前、后视距相差很大，致使水准标尺读数的精度相应降低，i 角、垂直折光差以及地球弯曲差的影响也相应增大。为保证精度要求，减弱各种误差的影响，跨河地点选定及其布设应遵循下列原则：

（1）跨河地点尽量选择在水域的最狭窄处。为减弱折光差的影响，要求两岸地形尽量相似，高差要小，视线离开水面有足够高度，一般不小于 2m；避免视线从草丛、干丘和沙滩上方通过。

（2）跨河两岸测站点和立尺点应构成对称的图形，可按图 3.2-30 所示之平行四边形、等腰梯形和 Z 形布设。

其中 I 为仪器站，b 为标尺点，要求 $S_1 = S_2$、$d_1 = d_2$，用两台仪器在两岸同时对向观测。如此布设和观测的目的在于使各种误差对两岸观测结果的影响大小接近，符号相反，以便在两岸观测结果的平均中得到较好的消除。

3. 过河水准觇牌设计

过河水准觇牌设计样式随观测方法及水面宽度的不同，存在着较大差异，核心思路是对水准标尺相应刻画标志进行放大，解决观测仪器放大倍率有限的问题，再通过数学方法解算立尺点之间的高差。过河水准标牌的设计及照准方式在 2009 年度三峡库区水准点连测跨河水准测量中得到应用，并取得了良好的效果。

（1）"白底黑标楔边"过河觇牌。过河水准觇牌的图案形状、大小、颜色、样式直接关系到观测照准的精度，"白底黑标楔边"过河觇牌通过和仪器望远镜内刻画丝的巧妙配合，达到提高照准精度的目的。觇牌设计样式如图 3.2-31 所示。

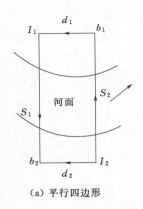 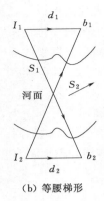 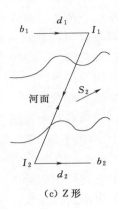

（a）平行四边形   （b）等腰梯形   （c）Z形

图 3.2-30 过河水准布置图

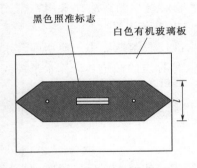

图 3.2-31 "白底黑标楔边"
过河觇牌样式

如图 3.2-31 所示，"白底黑标楔边"过河觇牌，由有机玻璃板或轻质铝板制造，中间开窗，黑色照准标志为拉长的六边形。其中，l 为黑色照准标志的高度，大小根据河宽 d 及经纬仪望远镜十字丝中双丝夹角 α 计算而得。

$$l = d \times (\alpha - 1) / \rho \qquad (3.2-61)$$

式中 d——跨河宽度，m；

         α——望远镜双丝夹角，（"）；

         l——觇牌照准标志宽度，m。

例如，使用瑞士徕卡 TC 402 全站仪进行过河水准测量，其望远镜十字丝双丝夹角约为 $13''$，若河宽为 1km，则黑色照准标志高度宜制成 58mm。

（2）觇牌安装及照准方案。过河觇牌安装与常规觇牌安装相同。安置时，要注意觇牌安置的稳定性及觇牌窗口马尾丝和标尺刻画边缘密切重合。过河水准觇牌安置方法如图 3.2-32 所示。

"白底黑标楔边"过河水准觇牌照准方案如图 3.2-33 所示。

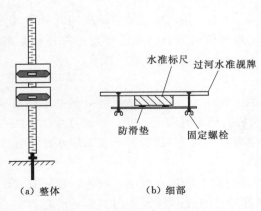

（a）整体   （b）细部

图 3.2-32 过河水准觇牌安置示意图

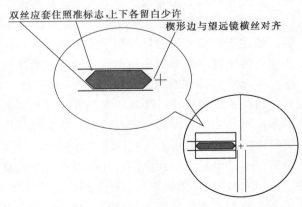

图 3.2-33 "白底黑标楔边"过河水准觇牌照准方案

　　觇牌设计充分考虑全站仪（经纬仪器）望远镜照准刻画的样式，利用双丝夹角提供"上、下、右侧楔边"三个方向的照准依据，提高了测角的照准精度，进而提高了过河水准的测量精度，为将来超长距离（大于 3.5km）的过河水准测量提供了一个切合实际的解决办法。

3.3　近岸地形表达

　　地形观测即对地面地物和地貌在水平面上的投影位置和高程进行测定，并按一定比例缩小，用符号和注记绘制成图（图 3.3-1）。

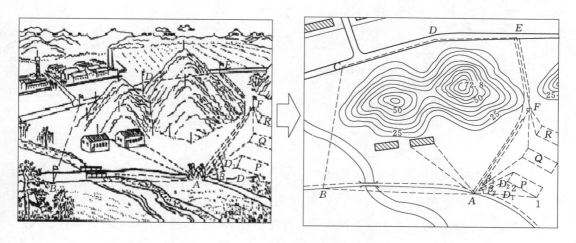

图 3.3-1　地形观测示意图

　　水体近岸地形观测指的是对水体淹没线（水边线）以上地物和地貌在水平面上的投影位置和高程进行测定。

3.3.1　地物绘制及表达

　　水体近岸地物主要分为自然地物和人工地物。其中，自然地物主要指森林、礁石、湖泊等自然力量形成的地物，人工地物主要指人类物质生产活动建设或改造了的地物，如房屋、水坝、道路、桥梁、隧道等。

　　水体近岸地物测绘就是测定内陆水体相关的地物形状特征点（地物轮廓转折点、交叉点、曲线上弯曲变换点、独立地物的中心点等）并绘制在图上。其中，近岸涉水的地物是水体周边地物观测的重点，需要加以详细的表述，见表 3.3-1。

　　地物一般采用符号语言表示，我国地形图图式中有细致的规定，将地物的符号分为比例符号、非比例符号、半依比例符号和注记符号。水体周边地物表达与常规陆地测绘地物表达方式相同。

表 3.3-1   内陆水体周边重要地物一览表

有 形 地 物	无 形 地 物
堤防、防洪墙、涵闸、水坝、护岸	国界、省界、县界等行政区划线
桥梁、港口、管道、电缆	蓄滞洪区界线、自然保护区界线
水文站、水位站、水质监测站	河段起讫点、固定断面线、深泓线等特征点线
重要矶头、江边重要楼、塔、沿江城镇、山	水资源保护区界线、采砂管理区界线等

（1）比例符号。将垂直投影在水平面上的地物形状轮廓线，按测图比例尺缩小绘制在地形图上，再配合注记符号来表示地物的符号，称为比例符号。在地形图上表示地物的原则是凡能按比例尺缩小表示的地物，都用比例符号表示。

（2）非比例符号。只表示地物的位置，而不表示地物的形状与大小的特定符号称为非比例符号。非比例符号表示地物中心位置的点称为定位点。非比例符号样式如图 3.3-2 所示。

图 3.3-2 非比例符号样式

（3）半依比例符号。长度按比例表示、宽度不按比例表示的地物符号称为半依比例符号，符号的中心线称为定位线，如小渠、乡村小道等。半依比例符号样式如图 3.3-3 所示。

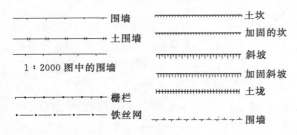

图 3.3-3 半依比例符号样式

（4）注记符号。对地物加以说明的文字、数字或特有符号，称为注记。注记是地物表达的重要内容之一，是判读和使用地形图的直接依据。因此，要求对各种名称、说明注记和数字注记，准确注出。

3.3.2 地貌绘制及表达

地貌是指陆地表面由于受内力（例如，地壳运动，火山作用、断裂）和外力（例如，风化、剥蚀、堆积和人工改造等）长期作用，形成的高山、丘陵、平地、盆地、山坡断崖、河谷、梯田等各种形态。地貌外形可分为正向地貌及负向地貌两大类。正向地貌是指突出周围地面的地貌（例如，高山、丘陵、土堆）；负向地貌是指是低于周围地面的地貌（例如，河谷、洼地、湖泊等）。地貌形态一般由山头、鞍部、山脊、山坡、山谷、河谷、凹地组成，如图3.3-4所示。

图上表示地貌的方法很多，内陆地形观测通常采用等高线，同时配合测点及地物符号如坎线、陡岸、护坡等综合表示。

3.3.2.1 地貌的等高线表达

等高线是地面上高程相同点连接而成的连续闭合曲线。假设有一座位于山顶被水恰好淹没的孤立山头，水面高程为100.00m，水位下降5m后，露出山头，此时水面与山坡就有一条相交的闭合曲线，曲线上各点的高程是相等的，这就是

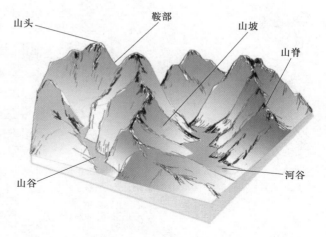

图3.3-4 地貌形态分类

高程为95.00m的等高线。若水位又下降5m，山坡与水面的交线，形成高程为90.00m的等高线。依次类推，水位每降落5m，水面就与地表面相交留下一条等高线，从而得到一组高差为5m的等高线。设想将这组等高线沿铅垂线方向投影到水平面，并按规定的比例尺缩绘到图纸，就得到该山头地貌的等高线图（图3.3-5）。

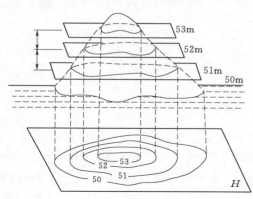

图3.3-5 等高线的绘制

等高线表示地貌，不仅能表示地面的起伏形态，并且还能表示地面的坡度和地面点的高程。

3.3.2.2 典型地貌的等高线特征

地貌的形态是多样的，经仔细分析，就会发现均是几种典型地貌的综合。

1. 山丘和洼地（盆地）

山丘和洼地的等高线都是一组闭合曲线，地形图的区分方法是：凡是内圈等高线的高程注记大于外圈者为山丘，小于外圈者为洼地。如果等高线上没有高程注记，可用示坡线来表示。

示坡线是垂直于等高线的短线，用以指示坡度下降的方向。示坡线从内圈指向外圈，说明中间高，四周低，为山丘；示坡线从外圈指向内圈，说明四周高，中间低，故为洼地。

山有各种类型，根据山头形状一般分圆山、椭圆形山、菱形山、三角形山、多角形山、平顶形山等（图3.3-6）。山头的形状与地质条件有关，描绘山头要用不同的地貌形态，准确突出的显示其特征。首先要找出山的最高点，同时要注意最高点不一定是山头的中央，通常是偏向等高线较密的一边。

2. 山脊和山谷

山脊是沿着一个方向延伸的高地，山脊的最高棱线称为山脊线，山脊等高线表现为一

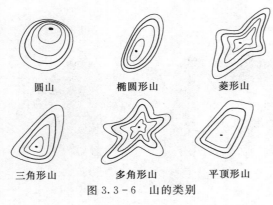

圆山　　　椭圆形山　　　菱形山

三角形山　　多角形山　　平顶形山

图 3.3-6　山的类别

组凸向低处的曲线。

山谷是沿着一个方向延伸的洼地，位于两山脊之间。贯穿山谷最低点的连线称为山谷线，山谷等高线表现为一组凸向高处的曲线。山脊附近的雨水必然以山脊线为分界线分别流向山脊的两侧，因此，山脊又称分水线［图 3.3-7（a）］。而在山谷中，雨水必然由两侧山坡流向谷底，向山谷线汇集，因此，山谷线又称集水线［图 3.3-7（b）］。

山脊按纵断面可分为以下 4 种类型：

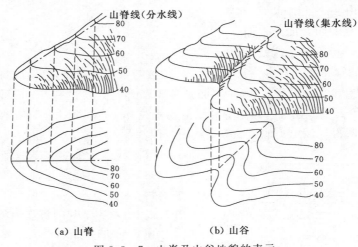

（a）山脊　　　　　　　　（b）山谷

图 3.3-7　山脊及山谷地貌的表示

（1）等倾斜的山脊。山脊曲线间距相等，首曲线描绘可等分。凸形山脊有一个倾斜变换点 A 向外突出，A 至山头的曲线较疏。A 至山脚的曲线较密（见图 3.3-8）。

（2）凹形山脊有一个倾斜变换点 A 向里凹进 A 至山脚曲线较疏，A 至山头的曲线较密（见图 3.3-9）。

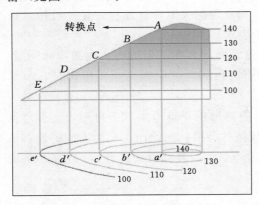

图 3.3-8　等倾斜的山脊地貌线特征

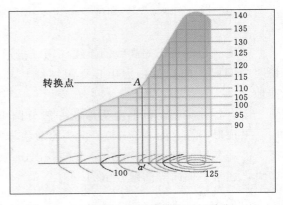

图 3.3-9　凹形山脊地貌线特征（单位：m）

（3）凸形山脊有一个倾斜变换点 A 向外突出，A 至山头的曲线较疏，A 至山脚的曲线较密（图 3.3－10）。

（4）阶梯形山脊其特点是变换点较多，呈阶地特征（图 3.3－11）。

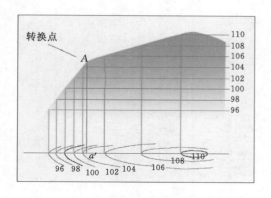

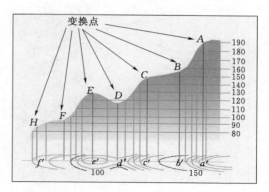

图 3.3－10　凸形山脊地貌线特征（单位：m）　　图 3.3－11　阶梯形山脊地貌线特征（单位：m）

描绘山头时要注意山头与山脊鞍部之间的关系，使山脊走向明显，山头的形状与周围的山脊线，地形线相适应。当山头尖时，一般山脊也比较尖，山头的鞍部也比较窄。

山脊按横断面可分为三种类型（图 3.3－12）：①尖山脊，其特点是山脊较窄，等高线依锐角绕过山脊两侧的曲线，基本均匀对称；②圆山脊，其特点是山脊较宽，脊型浑圆；③平山脊，其特点是山脊较平坦，山头较宽敞。

3. 鞍部

鞍部是相邻两山头之间呈马鞍形的低凹部位，鞍部往往是山区道路通过的地方，也是两个山脊与两个山谷会合的地方。鞍部等高线的特点是在一圈大的闭合曲线内，套有两组小的闭合曲线（图 3.3－13）。

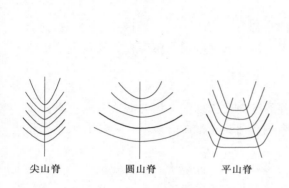

尖山脊　　　　圆山脊　　　　平山脊

图 3.3－12　山脊类型特征

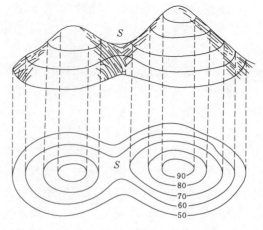

图 3.3－13　鞍部地貌的表示

鞍部的形状可分为 4 种形式：完全对称、长度对称、宽度对称、完全不对称（图 3.3-14）。

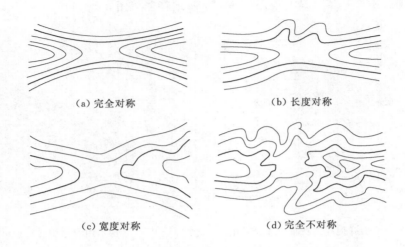

(a) 完全对称　　　　　　　　(b) 长度对称

(c) 宽度对称　　　　　　　　(d) 完全不对称

图 3.3-14　鞍部的分类示意图

鞍部表示时：鞍部中心位置（即鞍部的变换点）一定要准确，鞍部的形状、特征、大小不能随便勾绘，要与实地的形状相符。

4. 陡岸和悬崖

陡岸是指坡度在 70°以上的陡峭崖壁，有石质和土质之分。悬崖是上部突出，下部凹进的陡岸，这种地貌的等高线出现相交，俯视时隐蔽的等高线用虚线表示。

5. 凹地、谷地

凹地是与山头相反的地貌，图上用封闭曲线表示。要在凹地的最底以及最高等高线加注凹地的示坡线，以示与山头区别。

谷地一般分两种：一种是山谷（一般无水），另一种是河谷（一般有水）。

谷地从横断面可分为 V 形谷、U 形谷、槽形谷等三种。

V 形谷谷底较窄、谷坡较陡，常见于山地、丘陵地区以及河的上游。V 形谷等高线经过谷底较尖，谷口敞开。

U 形谷谷底较宽而平直，河床只是谷底的一部分，常见于丘陵地区。

槽形谷有明显和不明显的河漫滩，常见于丘陵地貌河谷的下游。在谷底转折处近似于直角，横过谷底，比较平直。

表示谷底时应注意以下几点：

（1）谷底等高线与谷底线相交，在交点外的等高线的切线一般与谷底方向垂直。

（2）河谷一般上游密下游疏，以谷地等高线和河流符号配合表示，两者必须套合和协调。河谷沟头的曲线要协调，不生硬。

（3）注意主沟和次沟的关系，一般主沟曲线延伸长、间隔大，次沟相反。

（4）山坡的山脊和山谷的中间地带，山坡并不是理想的等倾平直，而是有陡缓，割裂与大小的变化。

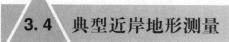

3.4　典型近岸地形测量

3.4.1　边滩地形测量

边滩是内陆水体近岸地形的常见形态，边滩一边临水，一边连接陆地，在洪水或大潮期间淹没，退水后露出水面，同时受自然与人类活动的影响，变化较为剧烈。

3.4.1.1　边滩地形分类及观测方法

边滩依构成可分为土质边滩、沙滩、淤泥滩、卵石滩、岩石滩等，不同种类的边滩，其观测方法及手段不尽相同。边滩观测方法主要可分为"接触式测量"与"非接触式测量"两种。"接触式测量"要求立尺员必须达到指定地点，以采集该点的空间信息，如全站仪数字化测图、RTK测图等；"非接触式测量"，即采用三维激光扫描系统、无人立尺技术以及数字摄影测量等进行观测。其中，沙滩、卵石滩、岩石滩多呈现裸露形态，少有植被生长，通视条件较为优越，接触性测量与非接触性测量方法均较为适用。

土质边滩多生长有芦苇、树木等植被，隐蔽性强，通视条件差，如采用"接触式测量"观测方法作业，工作量大，观测效率低，但结果较为稳定、可靠。摄影测量、无人立尺技术等常规"非接触式测量技术"采集的多为树木或植被的顶端高程，无法采集到地面点的空间信息，无法较好地应用于土质边滩的观测。近年来，一项新的非接触式测量技术"激光三维扫描"逐渐成熟，为解决植被茂密边滩的观测难题提供了方向。

对大面积、低植被遮挡地区可采用低空机载激光雷达结合航摄数字化测图，对于一般地区可采用无人机搭载航测相机获取测区航摄资料方式进行数字化测图，对激光雷达无法穿透或航摄无法进行的地区可采用RTK技术或全站仪进行测图。

地形点最大点距应根据成图比例决定，地貌转折处或起伏剧烈处，还应加密测点。地形点密度分布以能真实反映地物形状和地貌形态特征为原则，特殊困难区域（如密集芦苇、淤泥滩等）在保证地形地貌不失真的情况下地形点间距可适当放大。

对大面积水塘，应采用充气筏或无人船搭载GNSS和测深仪，进行水塘地形测量。

高程点注记取位根据测图比例决定，当等高距为0.5m时，应注记至厘米，当等高距大于0.5m时，应注记至分米。

当测区地物过于繁杂时，测绘过程中应根据成图比例进行适当取舍，保留主要地貌，保留与水利水电工程有关的地物和方位物。

对陆上地形因人类活动作用而发生变化的（吹填、围垦等）地段，应在图上标注，并进行实地拍照，同时在技术文件中说明。

3.4.1.2　常规边滩滩地地形观测方法

边滩滩地地形一般情况下较为平坦、地物较少，但也存在着植被覆盖度高、通视条件不佳、控制条件不好等特点。目前常规的方法一般采用全站仪数字化测量及RTK数字化测量等。

1. 全站仪边滩地形测量

（1）全站仪边滩测量的特点。

1）全站仪具有散点测量、后方交会、前方交会、导线测量等功能，可以实现边滩地形测量和控制测量同时进行，且使用仪器操作简单，可以有效地提升测量作业速度。

2）只需要在一个测站就可以完成全部的测量内容，并可以存储和传输测量数据。

3）全站仪可以通过传输设备实现与绘图仪、计算机的连接，从而建立一体式的测绘系统，可有效提升滩地地形图测绘的工作效率和测绘质量。

4）全站仪观测还可以避免 GNSS 观测时因顶空通视条件不好而导致测量精度不高的问题，是高植被覆盖等顶空通视条件不佳区域的首选作业方式。

（2）全站仪滩地测量的技术流程。全站仪测量技术进行滩地地形测量的主要流程是数据采集、数据处理、图形编辑。

1）建立滩地地形图根控制。由于滩地经常被水淹没，不适宜埋设永久性的控制点。故在测量前一般要进行控制引测、加密，布设图根点，设置好测量标记（一般为大木桩），使之可以观察到滩地内的绝大部分测点，即可进行数据的采集。

2）滩地地形数据采集。在滩地地形数据采集过程中应根据滩地环境特点及测量的实际情况，确定观测方案，合理地确定采集站点的位置和具体的采集数目，并把数据测量采集的误差降到最低。在数据采集过程中应注意棱镜的高度及变化；要做到及时与立尺员沟通，以免因沟通不良而出现测量差错；在测量设点时要进行编号，使所采集的数据与测点编号相统一，严禁混淆。

3）处理数据，绘制地形图。做好测量数据的采集工作后应及时进行采集数据的处理，根据已建立的地形图测量测点的坐标，参照实地测量时所绘制的草图进行滩地地形的绘制，由于滩地地物较为稀疏，因此要重视地物符号的绘制，尤其是对于地标性的地物符号，如单个房屋、灯塔、电杆等，要标注清楚，不得遗漏。在完成地物绘制后，结合测区实际的地形情况进行等高线的绘制。

2. RTK 边滩地形测量

（1）RTK 边滩测量的特点。RTK 边滩测量是目前边滩测量常用的一种方法，具有作业灵活、对旁向通视条件要求不高、单站作业距离远的特点。但对于植被高大、密集的滩地，由于顶空通视条件不佳，则不适用于该方法。

（2）RTK 滩地测量的技术流程。RTK 技术系统主要由基准站、流动站和数据链三个部分组成。其作业方式为：基准站接收机架设在控制点上，连续接收 GNSS 卫星信号，基准站将测站点坐标、伪距观测值、载波相位观测值、卫星跟踪状态和接收机工作状态等通过无线数据链发送给流动站，流动站先进行初始化，完成整周未知数的搜索求解后，进入动态作业。流动站在接收来自基准站的数据时，同步采集 GNSS 卫星载波相位数据，通过系统内差分处理求解载波相位整周模糊度，根据基准站和流动站的相关性，得出流动站的平面坐标 (x, y) 和高程 h。

在流动站接收到的卫星信号很差并且可以观测到的卫星数少于 5 颗的地段，常常需要配合全站仪采集地形点，RTK 与全站仪联合作业模式，可以达到优势互补、提高滩地地形测图效率的目的。

3.4.1.3 边滩地形的三维激光扫描

三维激光扫描技术也称"三维实景复制技术",被誉为"继 GPS 技术以来测绘领域的又一次技术革命"。该方法不需反射棱镜,以不接触被测物体的方式快速扫描内陆水体近岸地形,并可直接以每秒几十万个甚至上百万个扫描点的速度获得高精度的扫描点云数据,高效地对边滩地形进行三维建模和虚拟重现。该系统改变了传统地形图测绘的作业流程,使外业测绘流程更加简单、工作时间更少、劳动强度明显下降、内业数据处理自动化程度显著提高,较好地弥补了传统地形测量技术的不足。同时解决了边滩地形测量外业工作量大、效率低、作业人员难以到达等难题。

1. 三维激光扫描的测量原理

三维激光扫描系统主要是由快速准确的激光测距仪、导引激光以等速度扫描的反光棱镜和高清晰摄像机组成(见图 3.4-1)。

三维激光扫描系统采用脉冲式测量,通过主动发射激光同时接受来自物体的反射信号进行测距,针对每一扫描点可测得测站至扫描点的斜距,配合扫描的水平角和竖直角,求得每一扫描点与测站点之间的坐标差,若测站点和一个定向点的坐标为已知值,则可求得每一扫描点的三维坐标。测量原理及公式如图 3.4-2 所示。

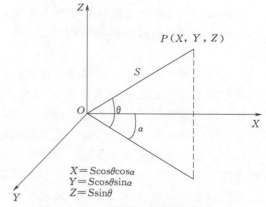

$$X = S\cos\theta\cos\alpha$$
$$Y = S\cos\theta\sin\alpha$$
$$Z = S\sin\theta$$

图 3.4-1 三维激光扫描系统示意图　　　　图 3.4-2 三维激光扫描仪测量原理

三维激光扫描仪作为一种非接触式主动测量系统,可进行大面积高密度空间三维数据的采集,瞬间产生大量观测数据,俗称点云数据。与传统光电观测设备相比,具有点位测量精度高,采集空间点的密度大、速度快等特点。同时三维激光扫描可以同时接受反射的激光和可见光,并将可见光的强度及色彩赋于三维坐标点上,形成三维影像(3D Image)。因此,点云数据点的表示形式为 $(X, Y, Z, R, G, B, \text{intensity})$,不仅具有点的空间位置关系,还包括点的光强度信息和颜色灰度信息;不仅包含了有限体表面离散点的空间坐标,还包含某些物理参量。三维激光扫描根据载体的不同又分为车载、船载、机载等方式,其中以运动载体进行扫描的数据采集称为动态数据采集,将激光扫描系统安置在已知点对周边数据采集的称为静态采集。

2. 数据采集

采用三维激光扫描进行动态数据采集,如采用机载三维激光扫描(与车载和船载激光扫描作业方式类似），测前应根据测量区域实际情况做好航线设计，同时可结合低空摄影测量同步观测，拍摄的航片应满足航向重叠度不少于 60％、旁向重叠度不少于 30％ 的要求。机载三维扫描可采用两种定位方式：一是在地面架设基准站通过 RTK 实时定位，短距离（3～5km）时可架设一个基准站，长距离（5km 以上）可架设多个基准站，由系统自动识别处理；二是在测区范围内布设像控点，通过像控点校正，像控点布设原则及数量满足规范及航片校正要求。

静态数据采集是将三维激光扫描系统架设在已知点进行数据采集，已知点或像控点的等级应不低于图根点精度要求，可采用 RTK 技术施测三维坐标。测量时，将已知点的三维坐标输入三维激光扫描仪，根据扫描范围设定好相应参数，先进行全景扫描，再圈选范围进行细部扫描，得到三维点云成果。

3. 资料处理

（1）点云的拼接。点云通常采用基于测站和基于目标的两种拼接。基于测站的点云拼接，需要三维激光扫描仪具备整平、定向和对中的功能。扫描类似于碎部测量，扫描数据的质量主要与扫描仪的精度以及输入扫描仪三维坐标成果的精度有关。

基于目标的拼接至少需要三个连接点将相邻测站的点云进行拼接，连接点可以是专用标靶或提取的特征点。特征点的提取方法：一是通过选取规则的几何图形（如三个平面）求交点选取；二是特征点所在位置较为明显，可通过鼠标直接点击方式选取。第一种方法获得的特征点精度较高。拼接后可通过参数转换模型将各测站的点云坐标转换为统一坐标系。

（2）坐标成果转换。三维激光扫描得到的每一幅点云图的扫描点位置相对独立，即每个测站扫描影像都是以测站为坐标原点的独立坐标系图像，因此需要将测站资料进行拼接。在对每个测站点的三维坐标进行精确测定后，使用专业点云处理软件计算各个测站的三轴平移量、旋转量，即可迅速拼接全部资料，并计算平均拟合误差。

（3）点云数据滤波。平原河道两岸滩地植被茂盛，存在乔木、芦苇、灌木、草地等植被覆盖以及人工建筑，因此三维激光扫描系统采集的三维点云数据存在大量的非地面点。数据处理的目标是从三维点云中滤除无效点，保留可靠的地面点，建立精确的数字高程模型（digital elevation model，DEM），在保证精度的前提下，全面提高复杂地区大比例尺地形测绘产品生产的效率。

数据处理的关键是点云滤波，滤波效果与滤波算法性能和数据本身的特性有密切关系。地面激光扫描获取的激光点云不仅具有完整的三维空间信息、丰富的激光反射强度信息、多回波信息，而且还包括激光雷达对水面、建筑物等不同的回波反射特点。植被一般采取渐进格网腐蚀滤波算法和移动曲面拟合法两种方案进行滤波。渐进格网腐蚀滤波算法运行效率高，对地形起伏变化不大的区域可以达到较好的滤波效果，且滤波后点云密度比较均匀。移动曲面拟合法具有适用于各种特征地形、运行稳健、分类精度高等特点，在地形复杂且连续变化的地方也能够获得很好的滤波效果。

（4）地形图生产。对采集的点云数据构建不规则三角网（TIN）以模拟不规则的地形表面即可生成数值地形模型。在数值地形模型中可以标注地物，还可以在数值地形模型中生成等高线，得到需要的地形图，如图 3.4 - 3 所示。

图 3.4-3　编辑后的地形图（与点云及影像叠加）

（5）影响精度因素分析。

1）点云数据的拼接因数据量大，数据具有离散非连续等特点，导致现有的相关算法难以满足要求。

2）扫描仪设置角度直接影响到测量的精度。当距离较长时，架设高度不够致使入射角较小，造成无法反射没有数据或因光斑较大导致位置偏差较大。

3）现场遮挡物直接影响施测范围。

4）动态三维激光扫描精度还跟惯性测量单元 IMU、机载/地面 GNSS 接收机定位精度及运行速度等因素有关。

4.三维激光扫描对高植被覆盖滩地形观测

三维激光扫描系统能够胜任植被覆盖滩地的扫描主要基于密集激光束对植被层的良好穿透性和先进的激光回波滤波技术，通过分析激光回波波形，可取得树林后的点云数据（图 3.4-4）。

图 3.4-4（b）中即为滩地断面点云数据，蓝色为地表回波，黄色为各层植被回波。可以看到由较为密集的蓝色点组成的地面测点。在无植被覆盖的区域，地面点云密集且连续；在植被茂密区，蓝色点受植被遮挡，较为离散，并出现部分中断。这是因为在植被特别密集的区域，部分激光束未穿透至地面造成的。因此在大面积植被浓密的区域，激光束扫描密度及对地表点的探测精度都极其重要。

2013 年 11 月，长江委水文局采用三维激光扫描技术在江西省九江市新港镇对新港 1∶2000 陆上地形进行了现场检测测试，图 3.4-5 为本次扫描取得的点云数据。测试位置位于张家洲右汊右岸，右汊江面宽 1300m 左右，测试采用 RIEGL（瑞格）VZ-1000 三维激光扫描成像系统，共架设三维激光扫描仪 6 站次，每次单站 360°扫描时间为 5min 左右，测架站点控制采用 GNSS RTK 方式联测。

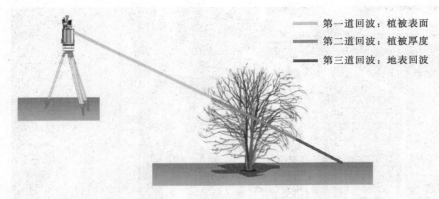

第一道回波：植被表面
第二道回波：植被厚度
第三道回波：地表回波

（a）滤波技术原理图

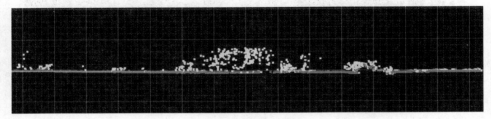

（b）滩地断面点云数据

图 3.4 - 4 激光扫描系统植被滤波效果图

图 3.4 - 5 扫描取得的点云数据

测区属于典型的近岸滩地，其中外堤脚有较为浓密的树林。在三维扫描仪地形测量的同时，同步开展了基于常规方法的地形观测。

测试使用 RTK 对三维激光扫描系统施测成果进行检测，检测了 218 点，特征点平面精度优于 ±10mm，重点对高程精度进行了统计（表 3.4 - 1）。通过检测数据可证实在植被较密地区使用三维激光扫描仪可获得更多的地面点数据，且精度满足要求，如图 3.4 - 6 和图 3.4 - 7 所示。

表 3.4 - 1　　　　　　　RTK 检测激光扫描仪测点高程差值统计表

RTK 高程与激光扫描仪高程差值 ΔH 区间/m	占测点总数的比例/%
$\leqslant -0.3$	17.8
$-0.3 < \Delta H \leqslant -0.2$	4.6
$-0.2 < \Delta H \leqslant -0.1$	12.8
$-0.1 < \Delta H \leqslant 0.1$	61.5
$0.1 < \Delta H \leqslant 0.2$	1.8
$0.2 < \Delta H \leqslant 0.3$	0.9
>0.3	0.6

图 3.4 - 6　植被滤除后的点云数据

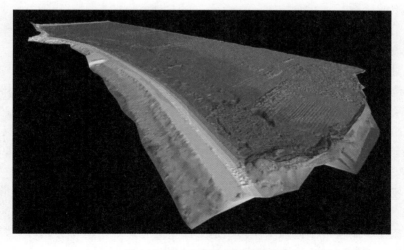

图 3.4 - 7　生产的 DEM 数据

101

5. 三维激光扫描技术用于边滩地形测量的优势

(1) 非接触测量。三维激光扫描采用非接触扫描目标的方式进行测量,可以用于解决危险目标、环境(或柔性目标)及人员难以企及的情况,具有传统测量方式难以比拟的技术优势。尤其适合内陆水体中的淤泥区、临水陡岸、库区消落带松散体及崩岸的观测。在应急测量中,也可对溃口地形进行不间断的扫描监测。

(2) 数据采样率高、精度高。目前,采用脉冲激光或时间激光的三维激光扫描仪采样点速率可达到每秒数十万点,而采用相位激光方法测量的三维激光扫描仪甚至可以达到每秒数百万点,采样速率是传统测量方式难以比拟的。由于数据的高采样率,对于植被覆盖的边滩地形,三维激光扫描仪发射的激光束能够通过"缝隙"穿透至地表,获取植被覆盖区的地形信息。

(3) 具有夜间作业能力。三维激光扫描技术采用主动发射扫描光源(激光),通过探测自身发射的激光回波信号来获取目标物体的数据信息。因此,在扫描过程中,可以不受扫描环境的时间和空间的约束,具有全天候的作业特点,尤其是能在夜间进行不间断作业。

(4) 数字化采集,兼容性好。三维激光扫描技术所采集的数据是直接获取的数字信号,具有全数字化特征,易于后期处理及输出。用户界面友好的后处理软件能够与内陆水体地形测量常用软件进行数据交换及共享。

3.4.2 陡岸地形观测

陡岸是高山峡谷河道、湖泊及水库周边常见的地形,一般指临水地形呈现坡度角较大、高差变化较为剧烈的形态。陡岸由于坡度陡、结构稳定性差,易发生滑坡、落石等灾害。

3.4.2.1 无人立尺陡岸观测技术

长久以来,陡岸地形观测一般都要求立尺员手持棱镜或 GNSS 在各处特征点立尺,以测得陡岸各处三维坐标,描述陡岸形态。作业风险大,作业效率低,成为制约内陆水体近岸地形观测的瓶颈。

随着长距离免棱镜全站仪的出现、普及,带动了基于无人立尺数字化测图技术的发展,为陡岸地形观测带来了一种新的不接触测量方法(图 3.4-8)。

(1) 相对普通型全站仪而言,免棱镜全站仪是指可免棱镜观测的全站仪,即全站仪不用照准反射棱镜、反射片等专用反射工具即可进行观测的全站仪。也称为无协作目标全站仪、无棱镜全站仪、免棱镜激光全站仪等。

(2) 全站仪的免棱镜视距由初期几十米发展到当前的 1km 以上。目前具有代表性的长距离免棱镜全站仪是 2004 年瑞士徕卡公司在市场上推出的徕卡 TPS 1202 全站仪和 2005 年日本拓普康公司推出的 3002 LN 全站仪。前者采用激光免棱镜测距,在视线良好的条件下免棱镜距可达 400~500m,后者采用脉冲激光测距,在视线良好的条件下免棱镜测距可达 1100m。

(3) 免棱镜全站仪对于内陆水体岸上地形测量具有重要作用,可以对人们无法攀登的悬崖陡壁或人员无法到达的浅滩或淤泥滩地等进行测量等。

在 1997 年三峡工程大江截流中,为解决截流期龙口水位和口门宽等要素的测量问题,采用当时较为先进且能够保障测量精度的激光地形仪测量截流龙口水位、口门宽和截流断面，取得了良好的效果。2002 年则采用了更为先进的免棱镜全站仪施测，还在监测系统中配置了清华山维 EPSW98 电子测绘系统实时监测龊堤口门水面宽，测量方便、快捷、可靠且精度高。两种设备测量精度均满足《水文测量规范》（SL 58—2014）要求，而且测站点与施工现场有一定的距离，受施工影响较小，解决了频繁设立、校测水尺及水位观测员人身安全问题。

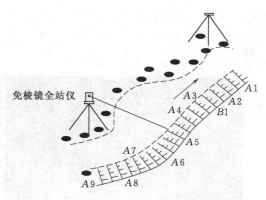

图 3.4-8　无人立尺陡崖测量原理

在 2013 年长江委水文局开展的金沙江梯级水电站水文泥沙观测工作中，使用基于免棱镜全站仪的无人立尺技术对库区陡岸地形进行观测，解决了在极端环境下的地形观测受照准误差、水边线潮湿、不规则反射介质面、波浪等影响下观测精度不高的问题，并按照角度、距离异步，提前、延迟观测，多点平均的方法，保证了观测精度，取得了较好的效果。

3.4.2.2　船载三维激光扫描系统陡岸地形观测

免棱镜全站仪解决了部分陡岸观测的难题。但是在某些情况下，免棱镜全站仪由于受到激光束入射角度、照射物反射率及远距离照准精度等三个方面的限制，往往出现不能进行正确测距或者测距误差大的现象，尤其是对倾斜或者深色地物的测距效果不太理想。为了全面解决陡岸地形观测难题，需要不断提高测点的密度，最好能够有密集的测点，形成能够形成连续的、渐变的陡岸形态。随着技术的发展，在 21 世纪初，多平台动态三维激光扫描仪以及对海量点云数据处理技术的日益成熟，催生出一项内陆水体岸上近岸地形快速测量技术——内陆水体近岸地形船载三维激光扫描地形观测技术，它将三维激光扫描仪和全景摄像机装载在船上，利用激光测距原理和航空摄影测量原理，快速获取水道两岸陆上地形坐标数据和影像数据。在此技术基础上形成船载三维激光扫描系统，该系统集成了激光扫描仪（IS）、全球定位系统（GNSS）、惯性导航系统（INS）、高分辨率数码相机、计算机以及数据采集器，是光机电一体化集成系统，能够快速获得水体近岸激光点云数据并生成精确的数字高程模型（DEM）、DSM（数字表面模型），同时获取物体影像数据信息，通过对激光点云数据的处理，可得到真实的三维场景图。船载三维激光扫描系统还能够与船载多波束系统交联，形成一套对岸上与水下同步观测的地形快速采集系统（图 3.4-9）。

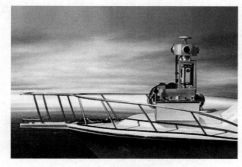

图 3.4-9　船载三维激光扫描系统

2014 年 8 月初，长江委水文局在三峡库区利用船载移动三维激光测量系统，对三峡库区秭归段陡岸岸上地形进行外业采集测量，成功地获取了两岸三维激光点云和全景影像（图 3.4-10）。通过点云数据生产与加工，获取了精确的岸边地形、地貌、陡岸断面图、特征点线等成果，验证了船载三维激光地形扫描系统在点云与全景数据采集处理效率、数据精度、数据效果等方面内容，为内陆水体陡岸测量提供了新的作业手段，取得了非常好的效果。

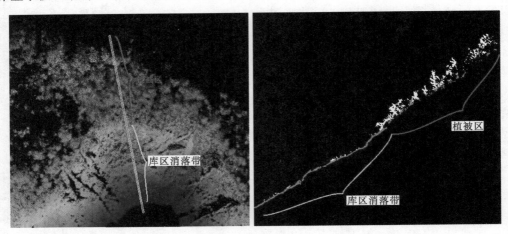

图3.4-10 三峡库区秭归段三维激光点云和全景影像

从图3.4-10可以看出，船载动态三维激光扫描系统较为完整地获取了三峡库区消落带（松散体）的地形，同时也较好地获取了消落带以上植被区的植被厚度（白色点）及植被以下的地形数据（通过植被缝隙观测）。

同时，对于三维激光扫描的地形，也采用了常规RTK方法对地形进行了精度检测，通过精度对比分析可以看出，东方向均方差为0.0792m，北方向均方差为0.0612m，高程方向均方差为0.0430m，满足1:500大比例尺地形图精度要求。

3.4.3 江心洲（滩）地形观测

江心洲（滩）是水中洲和滩的总称，洲是指水中的陆地，滩是指水体周边淤积成的平地或水中的沙洲。水体周边的洲滩是不断发育和变化的，其形态及面积也随着水位的变化而不断变化。

3.4.3.1 江心滩的观测

江心滩是河床底部不同规模的冲积物堆积体，有的分布于江心，称江心滩；有的分布在岸边，称边滩。江心滩不断淤高增宽，高出平水位，就成为江心洲。江心滩是洲滩发展的初级阶段，高程较低、容易上水、变化较大，因此江心滩观测要尽量缩短观测时间，避免长时间的观测间隔。

江心滩由河床质泥沙持续沉积而成，受水浸泡固结程度不够，观测主要依靠无人立尺技术。对固结良好的江心滩，也可采用有人立尺技术进行观测。

江心滩观测方法一般采用断面法或散点法（图3.4-11），断面法是按照一定的断面间距和断面点距进行观测；散点法是按照一定的点距进行观测。

3.4.3.2 江心洲的观测

1. 江心洲观测原则

（1）江心洲稳定性较浅滩好，但洲头、洲尾及两翼受水流冲刷影响，变化较大。因此，

（a）断面法

（b）散点法

图 3.4-11　江心滩观测方法

观测时应在最短的时间内完成江心洲临水部分的观测，以快速"定格"洲滩形态。

（2）江心洲虽高于水面，但近水部分的演变受水流作用较大，其边坡、岸坡变化剧烈。在观测时要保证靠近岸边地形的测点间距和测点精度，为边坡分析、岸坡演变分析提供基础数据。

（3）江心洲中间背水面一般较为平坦，可采用断面法或散点法进行观测，观测时可依照地形特点，适当放宽断面间距或点距。

2. 江心洲观测方法

传统的江心洲观测与陆地地形观测方法相似，部分洲滩还需进行平面及高程控制的引测工作。近年来，随着无人机平台及摄影测量、机载三维激光扫描仪的发展，江心洲观测技术有了巨大的进步。

（1）基于无人机平台的江心洲观测方法。无人机平台摄影测量技术能够快速完成洲滩"岸线"确定以及大部分区域（非植被密集区）的地形观测。同时，针对植被区，采用无人机搭载三维激光扫描仪或相机进行航测，分别直接获取物体表面的三维激光点云坐标数据和照片，经植被过滤、构网和建模后可获得严重遮挡区的高精度地形数据，提高江心洲地形外业测量的效率和测量精度。江心洲地形测量根据自身的特点，可选用机载激光雷达、航摄及机载激光雷达＋航摄三种方法进行观测（图 3.4-12）。

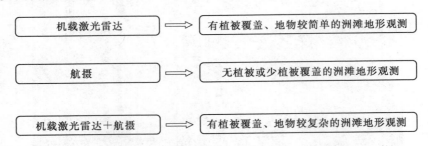

图 3.4-12　江心洲航空观测方法及适用性

基于无人机平台的测量系统主要由无人机飞行平台、高分辨率数码传感器、定位与自动驾驶系统及影像处理系统等四部分组成，此外还包括无人机的地面运输及测控设备。

（2）测量流程。作业流程主要包括航线设计，像控点测量，空中三角测量加密（以下简称空三加密），生产 DEM、DOM 及 DGL 图，外业调绘，以及数据编辑等工序。

1）航线设计。事先根据测图比例、航摄仪精度、测区地形特点以及天气因素等布设航线，其参数满足以下要求：①航线设计要考虑测区的范围及走向，航线间隔及旁向重叠度要求控制在 25%～45%之间，按照 40%设计，最小不得小于 20%；②航摄像片航向重叠度一般控制在 65%～75%之间，按照 70%设计，最小不得小于 55%；③保证全摄区无航测漏洞，航向超出摄区范围，旁向超出摄区不少于 30%像幅；④相片倾斜角小于 5°，最大不超过 12°，倾斜角超过 8°的相片不多于总数的 10%。

2）像控点测量。像控点一般选用航摄前地面布设的标志点，也可选用明显地物点（如道路交叉点等），用测角交会、测距导线、等外水准、高程导线等普通测量以及 GNSS RTK 或 CORS 系统方法测定其平面坐标和高程。

3）空三加密。空三加密可采用全数字摄影测量模块进行，在整个作业过程中，相机参数、测区信息和控制点大地坐标应准确无误，相对定向、绝对定向较差应符合规范和设计的规定；绝对定向后，平面位置与高程限差应符合不同比例尺规范的要求。

4）生产 DEM、DOM 及 DGL 图。为保证 DEM 的精度质量以及效率，一般先采用 DEM 匹配生成模块对 DTM 进行自动匹配，通过设置 DEM 生成参数，制作 DEM，然后基于 DEM 对影像微分纠正，生成 DOM，最后用测图模块进行 DLG 采集，进行初编以方便外业调绘。

5）外业调绘。外业调绘一般采用影像调绘和线划图调绘两种方法。影像调绘的数据采用自动匹配并经纠正制成的 DOM，按照相应比例尺打印；线划图调绘应将采集成果数据回放到图上，作为外业调绘的底图。图上不能同时按真实位置描绘两个以上符号时，应按照主次关系进行取舍，或对于次要的移位表示，其移位不大于图上 0.2mm 且保持原相关位置。对有树木遮挡的地物，可采用几何法、交会法和截距法等以明显地物点为起始点进行补量。

6）数据编辑。数据编辑在成图软件中进行，一般使用国标统一的要素面板、线型库、符号和字库。

数据编辑以基于无人机平台测量系统采集的数据为依据，依照外业调绘成果，对数据进行整理和编辑；开展采集数据粗差检查，对数据进行查询、增添、删除、修改等，将调绘使用的简化符号变成正规图式符号，确保各类要素无移位、遗漏，要素之间关系合理，文字、数字注记正确，表示方法符合图式规范和技术设计要求。

水边界采集应注意不同水边界的高程变化，在当日水边界的两端及高程变化明显点进行日期及高程注记。

（3）误差来源及控制。测量误差主要来源于航摄误差、相片控制测量误差、内业数据采集误差、外界因素（如气候等）影响产生的误差。

1）航摄误差。由于无人机载重及体积的原因，无法搭载常规的航摄仪进行航空测绘摄影，一般选用中幅面或单反 CCD 作为传感器的感光单元，由于感光单元的非正方形因子和非正交性以及畸变差的存在，使测量成果无法满足精度要求。

2）相片控制测量误差。像控点精度、刺点精度和观测精度，在观测精度符合要求的情况下，刺点精度成为影响相片控制测量精度的主要因素。由于无人机的像幅较小，可供选择像控点位的范围相对较小，经常出现在像控点布设范围内找不到明显地物刺点的情况，尤其在居民稀少地区，像控点地物棱角是否明显，影像反差是否理想，都制约着像控点精度。

3）内业数据采集误差。内业数据采集分为空三加密与立体量测，主要包括像控点识别与判读与外业实际位置产生的误差，空三加密时也会产生误差，以及在立体采集量测时产生的误差等。

4）外界因素。由于天气状况对飞行器姿态和成像质量的影响产生的误差。

（4）采用无人机平台进行江心洲观测试验。

1）试验情况。2015 年 11 月长江委水文局采用机载激光雷达结合摄影测量，对长江中游张家洲河段洲滩地形进行测量，图 3.4-13 为本次试验测量区域，图 3.4-14 为飞行及航拍规划。该河段属于典型分汊河段，洲滩植被覆盖度高，地物较为复杂。

图 3.4-13　试验测量区域

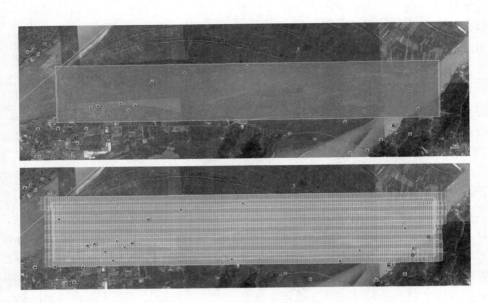

图 3.4 - 14　飞行及航拍规划图

　　航飞总飞行时间 75min，共飞行 4 条航线，影像数据共采集 623 张，实际采集点云覆盖面积 46km²，实际点云密度大于 1 点/m²。

　　2）航飞作业流程。利用机载 GNSS 进行空中定位，获取彩色航摄影像和相应的 GNSS 辅助解析空三加密成果，结合地面的像控测量和数字航片在数字摄影测量系统上采用光束法区域网空三加密对像控成果进行加密，建立测区各模型的立体像对；定义作业区域，生成核线影像，再对影像进行匹配以及必要的匹配编辑，在此基础上生成单模型的数字影像，然后经过色彩调整、镶嵌拼接、裁切、影像整饰等工作，生成标准分幅的数字正射影像图；结合后续激光雷达的点云数据，开展数字地形图的生产。

　　3）激光雷达作业流程。自动完成点云的自动配准和拼接，点云坐标系统与地面 GNSS 控制点坐标系统保持一致；剔除植被和建筑反射点，得到地面激光反射点；提供地形断面图，以证明点云滤波效果；生成公开矢量文件格式的数字等高线，等高线间距为 1m；结合实测地面控制点，评价点云平面坐标和高程的精度；对点云数据进行滤波处理，获取地面点的三维坐标（图 3.4 - 15 和图 3.4 - 16）。

　　4）数据融合及地形图绘制。摄影测量主要获取洲滩地物的平面坐标及无植被覆盖区域的高程数据，同时与激光雷达植被覆盖区域滤波后的地形平面及高程数据融合，从而形成完整的洲滩地形观测数据（图 3.4 - 17）。

　　通过该数据，可进行洲滩地形图的生产（图 3.4 - 18）。

3.4.4　水边线观测

　　水边线也称滨线、岸线，泛指陆地与水体的交界线，水边线观测是内陆地形的一项重要内容。

　　水边线观测主要采用三种方法：一是直接法，通过现场淹没线观测，测出其三维坐

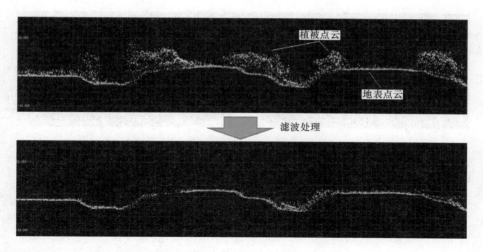

图 3.4 - 15　点云植被滤波处理

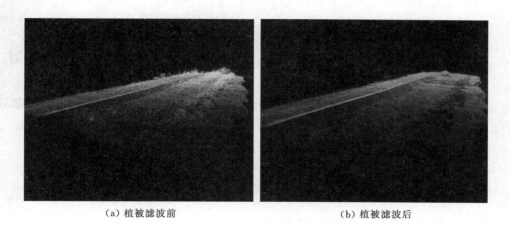

（a）植被滤波前　　　　　　　　　　　　（b）植被滤波后

图 3.4 - 16　植被滤波前后的地形

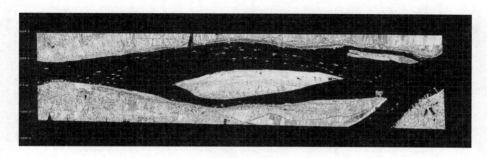

图 3.4 - 17　摄影测量与激光雷达融合后的数据

标，并连成水边线；二是推算法，通过地形淹没分析推求水面线；三是提取法，通过影像或水面线点云数据，对水面线进行提取。

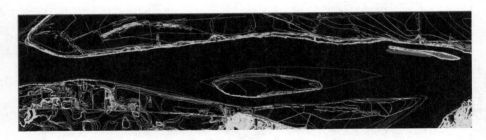

图 3.4-18　洲滩地形生产

3.4.4.1 直接法

直接法水面线观测一般由观测人员根据观测设备沿水边线收集水边测点高程，并连续成线。

内陆水体的水面线不易确定且多变。例如，在河床多汊的辫流形态下水面线极为复杂（图3.4-19），难以确定，一般对这类复杂水边线进行概化处理，并采用虚水边线表示。

在感潮河段、潮流河段或泻湖、潮汐湖等具有明显潮汐特性的内陆水体，由于水（潮）位变化频繁，在两岸高低潮间形成宽广的"潮间带"，形成复杂、多变的水面线形态，难以准确地在图上进行描述，故也采用虚水边线来表达（图3.4-20）。

图 3.4-19　河流在辫流形态下出现的
复杂水面线

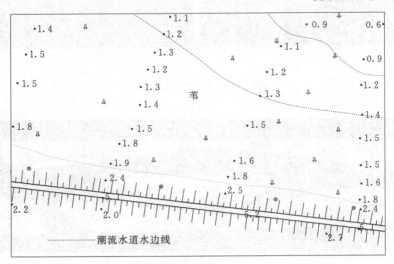

图 3.4-20　潮汐河流的复杂水面线表示方法

3.4.4.2 水面线点云数据提取法

采用激光（扫描仪）雷达点云数据提取水面线是水面线观测的一项重要方法。由于激光束照射水体易被吸收，而照射地表则被反射形成数据，从而在水体与陆地之间形成一条明确的分界线，即为水边线。激光（扫描仪）雷达点云数据具备较为精确的高程信息，因此可以通过离水边最近的点云数据高程来获取水（潮）位信息。

2015 年 11 月，在长江张家洲河段右汊开展了一次机载激光雷达点云数据观测，形成了较为精细的水边线数据及水位（图 3.4-21）。

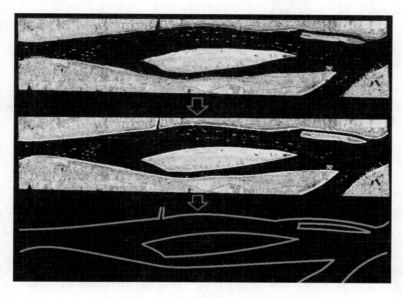

图 3.4-21　点云数据的水面线提取

3.4.4.3　推算法

水面线推算法是根据地表形态决定水流路径的原理，利用栅格高程数据作为数据源，通过模拟水的流向，将 GIS 空间分析技术与水文分析模型相结合，推求水面线（淹没线）数据见图 3.4-22～图 3.4-24。

图 3.4-22　原始高精度陆上地形数据

图 3.4-23　基于 DEM 的淹没分析

水面线（淹没线）的推求亦有两种途径：一是从矢量数据出发，通过模拟地表径流水流动力特征计算水面线；二是从栅格数据出发，通过模拟三维地形，分析地貌关系来进行

111

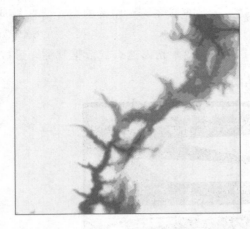

图 3.4 - 24　水域及水边线提取

淹没分析、计算。

3.4.4.4　影像提取法

1. 正射影像解译法线性体提取

数字正射影像图（digital orthophoto map, DOM）是以航摄像片（单色/彩色）为基础，经扫描处理和逐像元辐射改正、微分纠正和镶嵌，按地形图范围裁剪影像数据，并将地形要素以符号、线画、注记、千米格网、图廓（内/外）整饰等形式填加到该影像平面，形成以栅格数据形式存储的影像数据库。由于是数字存储，数字正射影像图可局部放大，具有良好的判读性能、量测性能和管理性能。同时因地图分幅、投影、精度、坐标系统与同比例尺地形图一致，又具有地形图的几何精度和影像特征。

正射影像解译法线性体提取是通过跟踪水边线在高精度正射影像图上形成的线状色调突变，应用图像处理和分析方法通过人工或半自动方法检测和提取其线性特征。提取的主要步骤为：①线性体增强；②线条信息提取；③线条的搜索和跟踪，将小的线段或点连接成线；④编辑和解释。

线性体提取代表性方法有：①梯度阈值法；②模板匹配法；③曲面拟合法；④曲线跟踪和区域生长；⑤霍夫变换方法等。由于水面线在正射影像图上是一类非常显著的线性影像，能够很好地采用半自动人工解译的方法进行提取，并且具有良好的数学精度（见图3.4 - 25）。

2. 遥感影像自动提取

遥感影像自动提取就是通过分析水体的光谱值，利用水体在遥感影像中特有的光谱特性以及空间特征信息（如纹理信息、形状特征、尺寸特征等），根据波段组合及模型计算技术，实现对水面及水体的自动解译和识别。

遥感影像提取应用地理信息系统（GIS）软件平台，对最佳波段组合的遥感影像、专题影像及输入的工程数据图像进行融合处理及空间

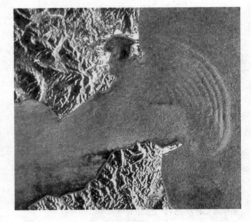

图 3.4 - 25　正射影像人工解译法水边线提取

分析，使之显示清晰的水面及水域边线，经过矢量化编辑输出水面及水体解译图像，实现对水面及水域边线的界定。将数字高程模型（DEM）数据、工程矢量化数据、遥感专题影像和水面及水体解译图像组合处理，进行空间数据统计分析，还可根据水位-水面积-容积关系函数实现水面面积、水位和水体容积的计算。

水体信息提取流程图如图3.4 - 26所示。

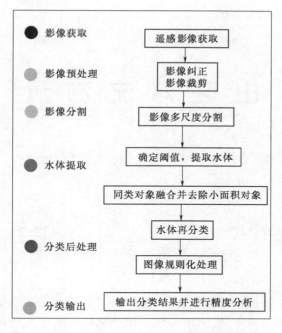

图 3.4 - 26　水体信息提取流程图

第4章

山区河流测量

▲ 4.1 山区河流特点

4.1.1 地形特征

　　山区河流一般位于流域的上游，集水面积较小，地形复杂，沿程峡谷与宽谷相间是其基本特征。峡谷段（图 4.1-1）河槽窄深，岸坡陡峻，两岸高山峭壁挟持，基岩裸露；宽谷段（图 4.1-2）谷深比较开阔，谷底被水流切削较浅，河床比较宽浅，两岸常有阶地，河中碛坝、江心洲交替出现。

图 4.1-1　峡谷河段

　　山区河流纵剖面比较陡峻，形态极不规则，急滩深潭上下交错，总体趋势呈上陡下缓、突高突低、起伏不平且逐渐向下游倾斜成台阶状。由于纵向河底起伏不平，致使山区河流浅水河段和深水河段相间，比降沿程分配极不均匀，大部分落差集中在局部河段形成陡坡、跌水或激流。

　　山区河流岸线极不规则，两岸常有石嘴、石梁和乱石堆伸入江中，致使岸线参差不齐，形成急湾、卡口等险滩。山区河流的横断面多呈 V 形或 U 形，河流宽深比一般小于

图 4.1-2　宽谷河段

100，某些峡谷河段宽深比仅为 10～20（图 4.1-3）。

图 4.1-3　山区河流形势图

4.1.2　地质特征

山区河流河床多由原生基岩、乱石和卵石组成。石质河床（图 4.1-4）没有明显的冲淤现象，引起石质河床形态改变主要是水流的下切和侧蚀，但因石质河床抗冲性能强，水流下切和侧蚀速度异常缓慢，河床基本稳定。由于特殊的边界与水流条件而形成的滑坡、山崩及溪沟山洪等，有可能发生暂时性的大幅度淤积或冲刷。例如，蓄水前长江瞿塘峡的臭岩碛，局部地区冲淤幅度可达二三十米；又如，山洪暴发倾泻之下的泥石流，携带大量巨石堆积溪口，形成冲积扇侵占河身，甚至全部堵塞河槽。此外地震、山崩和大滑坡等突然而强烈的外界因素，也可能在极短的时间内将河道堵塞，引起局部河段激烈、频繁的变化。

卵石河床（图 4.1-5）一般由卵石和砂砾组成，有较厚的覆盖层。卵石河床有明显

图 4.1-4 石质河床

的冲淤变化，经过水流长距离搬运摩擦，卵石表面光滑，没有棱角。由于卵石粒径相对较大、重量大，故卵石河床相对稳定。

图 4.1-5 卵石河床

4.1.3 水文特性

山区河流的径流，洪水期来源于降雨，而枯水期主要靠地下水的补给。有些山区河流洪枯水期难以截然划分，洪水期久晴不雨可能出现枯水；反之枯水期如遇大雨则可能出现洪水。由于山区河流汇流地面坡度较大，河床狭窄，暴雨很快汇入干流，引起水位暴涨，流量猛增；又因纵坡陡峻，水流湍急，能很快宣泄洪水，水位又急剧下降。因此，山区河流的洪水有明显的陡涨陡落现象，持续时间不长，水位和流量变幅均较大。

因山区河流比降较陡，且滩槽相间，故比降沿程分布很不均匀。枯水期深槽水面平稳，比降较小，而滩段水面陡峻，比降较大。由于山区河流有较多石梁、河湾、石盘、突嘴等，常存在横比降，且数值较大。

山区河流流速普遍较急，流速沿程变化较大，有明显的不连续性。枯水期滩上流速很大，水流湍急，而深槽水流平稳，流速较小；洪水期，滩上流速减缓，而深槽流速增大，沿程流速趋于均匀。山区河流的水流流态较恶劣，主要有回流、漩水、泡水、横流、滑梁水、剪刀水、跌水和激浪等。

4.1.4　测量条件

山区河流两岸大都未通公路，过河渡口较少，通航里程较短，水陆交通困难。同时，山区地形高低起伏，高差大，地形险峻，使得开展测量困难重重，主要体现在以下几个方面。

（1）复杂的地形，较大的高差，测量控制点不好测设。较为稀少的引用控制点，控制点之间达不到相互通视要求，需要增加较多转点或跨河以便通视，给常规控制测量造成很大的麻烦。

（2）山区河流虽然较小，但水陆交通极为不便。大部分支流不通航，基本没有道路，水陆交通困难；部分支流 GNSS 信号极差，也没有通信信号；两岸地势陡峭，灌木茂密；近水边杂草丛生，许多地方淤泥较深，水下礁石较多；水面水产养殖区多，水中渔网多；部分河段多漫滩，河床极浅。

（3）国家基本控制点稀少，尤其是高程基准点的欠缺导致在测区极端困难条件下的基准建设任务艰巨。

（4）洪枯水变化多样，流速大。水位变幅大、河床边界复杂。复杂多样的变化给山区河流的水下地形和水位观测增加了很大的困难和不确定性。

4.2　山区河流控制测量

4.2.1　平面控制测量

根据山区河流的特点和测量条件，平面控制一般采用导线测量、GNSS 测量或两者相结合的方法。同时因山区河流控制点较少，也可采用单基站网络 RTK（简称单基站 CORS 系统）进行图根平面控制测量。

1. 单基站 CORS 系统

基于单个连续运行基准站的定位技术，其定位原理与常规 GNSS RTK 系统基本一致，但基准站系统配置及实时数据的通信方式却不相同。基站 GNSS 主机通过接收机天线接收卫星数据后，利用基站数据软件分析和处理，以固定格式记录广播星历和观测数据文件，按照用户设定的时间间隔自动储存到本地计算机，供事后下载使用。

当流动站用户需要高精度定位时，通过 GPRS 或者 CDMA 等通信网络直接拨号到控制中心实现数据通信连接并获取差分数据。控制中心能提供多用户、无间断连接，可根据管理需要，设置自动开机、关机时间，实现无人看守，降低维护费用。单基站 CORS 系统在结构和功能上是简化的 CORS 系统，具备基准站数据处理、接收机管理和多用户管理等多种功能。单基站网络 RTK 具有如下特点。

（1）投入较少。只需较少的投资即可建立一个 CORS 基站，满足当地测量用户不同层次空间信息技术服务的需要。

（2）可随时升级和扩展。单基站网络 RTK 系统可以随时增加新的基站，加大实时 RTK 作业的覆盖区域，一旦条件成熟，只需进行系统软件的升级，花费不大的投资，即可轻松地升级成虚拟参考站网络系统。

（3）数据可靠、稳定、安全。基站连续观测，静态数据全天候采集，点位精度高，数据稳定；用户登录采取授权方式，数据中心可以管理登录用户，数据安全性高。

（4）作业范围广。目前单基站的 RTK 作业半径已到 30km，能够快速实现厘米级实时定位及事后差分。

（5）施工周期短。由于技术成熟实用，采购设备、安装调试到验收运行整个周期可控制在一个月以内。

由于单基站 CORS 系统计算差分改正信息仅仅依靠单一的基准站，与多基站网络 RTK 相比，随着流动站与基准站之间的距离增加，电离层、对流层延迟等各种误差改正的相关性逐步减弱，流动站测量误差也逐步增大，超过一定范围（一般为 30km 左右）精度降低较大。

2. 系统构建

单基站 CORS 系统由双星 GNSS 单参考站子系统、数据通信子系统、数据中心子系统、用户应用子系统等组成。

（1）基准站结构。基准站由观测墩和仪器控制室两部分组成，观测墩用于支撑 GNSS 观测天线，一般建立于基岩或屋顶。观测墩柱体内预埋 PVC 管道，用于敷设天线电缆。仪器墩外部进行保温和防风处理，顶部安装强制对中装置，并用透波材料的玻璃钢天线罩覆盖，以避免自然环境如强风、雨雪、日照、盐蚀等对 GNSS 天线的损坏。安装还须考虑避雷设施（见图 4.2-1）。

图 4.2-1　单基站双星 CORS 实景

仪器控制室用于安置基准站设备，要求能提供可靠的电力供应和网络接入。基准站设备以模块化方式集成在仪器室的机柜内，由 GNSS 接收机、工业计算机、网络设备、UPS 电源系统、防护系统、机柜等组成。计算机需安装杀毒软件和防火墙，以避免恶意攻击造成瘫痪。

（2）网络连接。目前最常见的网络连接方式为 ADSL，通信网络由一条静态 IP 网络组成，实时传输单参考站 GNSS 数据至数据控制中心，并将 RTK 改正数据发送到流动站用户。数据控制中心由服务器和相应的软件构成，其作用是控制、监控、下载、处理、发布和管理单参考站 GNSS 数据，生成各种格式的改正数据，并发送给流动站用户。用户应用由单个或者多个流动站组成，接收改正数，并解算出流动站的精确位置。

3. CORS 坐标转换

单基站 CORS 系统测量得到的是 WGS - 84 三维坐标，而我国平面采用国家坐标系统或城市独立坐标系统不一致，涉及基于 CORS 系统的平面坐标的转换问题，高程系统与平面系统类似。平面坐标转换一般采用七参数求解。

（1）坐标转换实现步骤。以重庆主城区河段为例，首先在测区布设高等级控制点，如图 4.2 - 2 中 1～14 号点。平面控制按照《全球定位系统（GPS）测量规范》（GB/T 18314—2009）C 级点观测要求观测。高程控制按照《水利水电工程测量规范》（SL 197—2013）中三等电磁波导线要求观测。

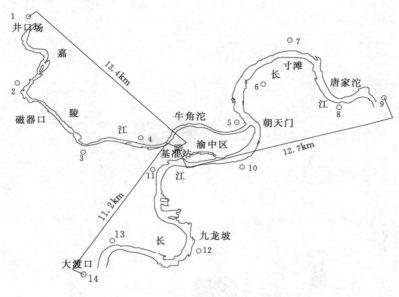

图 4.2 - 2　重庆主城区河段河道示意图

综合考虑平面及高程转换精度，选取 1、5、7、9、14 五个点进行坐标转换，其余点作为检核点。只利用无约束的 WGS - 84 坐标与经约束平差后的 1954 年北京坐标（或 CGCS 2000 坐标）及 1985 国家高程基准的控制点实现坐标转换，查看计算得到的七参数，将转换的七参数用于 RTK 作业及水下地形测量，从而实现由 WGS - 84 坐标系下的平面坐标转换到 1954 年北京坐标系（或 CGCS 2000 坐标系）下的平面坐标、大地高转换到 1985 国家高程基准的正常高。

根据坐标转换精度评定方法，计算出重庆主城区河段平面内符合精度为 ±0.6cm，高程内符合精度为 ±1.0cm；平面及高程外符合精度评定结果见表 4.2 - 1。GNSS 高程精度评定由于参与坐标转换和检核点均为三等，所以只与四等、五等水准限差比较（表 4.2 - 1）。结果显示，高程精度全部满足四等几何水准精度。

坐标转换后的具体作业流程如图 4.2 - 3 所示，RTK 作业建立坐标系统时需设置七参数及将 EGM 2008 重力场模型上传至手簿，实现 RTK 平面和高程一体化作业模式。

表 4.2-1　　　　　　　　　　　　重庆主城区河段坐标转换精度统计

点号	平　面			高　程				
	残差 (X) /cm	残差 (Y) /cm	外符合精度 /cm	残差 (H) /cm	外符合精度 /cm	距离基站 距离/km	四等水准 限差/cm	五等水准 限差/cm
2	+1.3	-2.2		-4.0		10.7	±6.5	±9.8
3	+1.5	-1.8		-1.7		5.6	±4.7	±7.1
4	-2.1	+0.9		-3.6		2.4	±3.1	±4.6
6	+2.0	+1.2		+2.3		4.1	±4.0	±6.1
8	-1.4	-1.6	±2.6	-1.8	±3.1	7.0	±5.3	±7.9
10	+1.8	-1.1		+3.1		4.1	±4.0	±6.1
11	+1.7	+2.9		-2.9		2.3	±3.0	±4.5
12	-1.2	+2.5		+3.7		8.0	±5.7	±8.5
13	-1.6	+1.1		-2.3		11.2	±6.7	±10.0

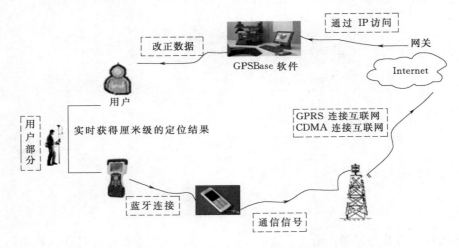

图 4.2-3　单基站 CORS 的作业流程

（2）坐标转换精度估算。

1）内符合精度。依据参与坐标转换重合点的残差中误差进行精度评估。对于 n 个重合点，则令 v（残差）＝重合点转换坐标－重合点已知坐标，坐标转换精度估计公式为

坐标 X 的残差中误差：

$$\mu_X = \pm \sqrt{[vv]_X / n - 1} \tag{4.2-1}$$

坐标 Y 的残差中误差：

$$\mu_Y = \pm \sqrt{[vv]_Y / n - 1} \tag{4.2-2}$$

高程 H 的残差中误差：

$$\mu_H = \pm \sqrt{[vv]_H / n - 1} \tag{4.2-3}$$

则平面点位中误差：

$$\mu_P = \pm \sqrt{\mu_X^2 + \mu_Y^2} \qquad\qquad (4.2-4)$$

2）外符合精度。外符合精度是利用未参与坐标转换独立检核点的残差中误差进行精度评估。对于 n 个检核点精度计算原理及方法同内符合精度。

3）GNSS 高程精度评定。根据检核点至已知点的距离 L（单位 km），按三等水准限差 $\pm 12\sqrt{L}$ mm，四等水准限差 $\pm 20\sqrt{L}$ mm，五等水准限差 $\pm 30\sqrt{L}$ mm 计算检核点经坐标转换后高程值与实际测得高程值的较差来评定 GNSS 高程精度。

4. 单基站 CORS 系统布置案例

以重庆市主城区河道河段为例：观测河段为长江左岸上起重庆市大渡口区大渡口火车站下游重庆新港，下至重庆市江北区铜锣峡上峡口；嘉陵江左岸上起沙坪坝区井口场，下至嘉陵江与长江汇口，全长约 58km。

图 4.2-2 为重庆主城区河道河段示意图以及 CORS 系统的位置图。从图 4.2-2 可以看到，距离 CORS 系统站最远的是嘉陵江沙坪坝区井口场，大约 13.4km，整个测区范围均在 CORS 系统的覆盖区域内。如若采用单站 CORS 系统观测，可拥有完整的数据监控机制，能有效消除系统误差和周跳，增强 RTK 作业的可靠性，扩大 RTK 有效工作范围，且不需要架设基准站，实现单机作业。同时，使用网络通信方式，不必担心无线电通信噪声干扰，主要表现如下：

（1）系统定位精度。单基站 CORS 定位平面精度均小于 ± 5cm，高程精度能够满足四等水准精度。随着流动站与基准站距离增加，点位精度出现衰减且不呈现线性关系。随着距离的增加，误差不具有明显的系统性或线性增长的趋势。

（2）系统空间可用性。从大渡口、铜锣峡、井口场、朝天门、寸滩港区和九龙坡港区等可用性测试均获得固定解（fix solution），可以认为系统厘米级定位服务区间已部分覆盖该河段和周边地区。

（3）时间可用性。除中午 12 时至下午 14 时之间电离层变化较强外，其他时段电离层变化平稳。基准站 24h 内有效卫星的最小颗数为 8 颗，系统全天可用性为 100%，优于系统设计全天可用性 95%。

（4）定位服务时效性。在试验河段范围内，采用 GSM 方式一般拨号 80s 左右系统得到从流动站发送而来的 GGA 数据信息（用户概略位置），并依此生成用户虚拟站，然后系统将虚拟站的误差改正信息发送给用户，用户在收到信息 12~20s 内可获得固定解。采用 GPRS 方式定位所需时间在 2min 以内。通过统计，RTK 连通网络的时间依据网络质量为 5~60s；Trimble GNSS R8 获得固定解的时间在 3~30s 之间；其他非双星 GNSS 获得固定解的时间在 10~50s 之间。

（5）接收机兼容性。从系统测试所用的几种仪器设备以及测试完成后部分 GNSS 设备看，系统对其他非 Trimble GNSS 接收机（如南方、中海达）是兼容的。采用其他 GNSS 接收机，只要支持 RTCM 2.0、RTCM 2.3、RTCM 3.0 或 CMR/CMR+差分改正数据格式，就可以接收到系统改正信息。

（6）系统的完备性。经测试系统监测、容错性以及智能化、自动化等功能均正常；数据中心和网络数据传输、GPRS 数据链路传输正常。

（7）有效服务范围。基于全球重力模型 EGM 2008 的坐标转换具有较好的精度，能够满足常规测量需求。经坐标转换后的参数，用于无验潮水下测量，精度好且作业流程简单。

4.2.2 高程控制测量

山区高程控制与常规高程控制方法相同，亦分为水准测量法、三角高程测量法和GNSS 高程拟合法等，受山区河流地形限制以及山区测量高程等级的要求，山区高程控制测量最常用的方法是对向三角高程测量和 GNSS 高程拟合，与常规高程控制测量相比有一定特殊要求。

4.2.2.1 山区河流对向三角高程测量

用三角高程施测四等及以下水准已为国家规范认可，三角高程测量已经成为高精度高程控制测量的一种有效手段。在丘陵、山区用水准测量法传递高程非常困难，而采用全站仪三角高程测量法传递高程非常方便、灵活，三角高程测量在一定条件和范围内可以代替等级水准测量。然而山区河流高程控制经常要求三等以上的水准，而常规的三角高程控制测量已不能满足要求。在三角高程测量中，对向观测法可以消除或减弱地球曲率和大气折光的影响，但观测精度受斜距、竖直角和仪器高、目标高量取精度的影响。若使用高精度的全站仪，同时采用对向观测，在一定条件下能满足三等及以下水准测量的精度要求，增加困难地区实施高等级水准测量的可行性，极大地提高工作效率。本节主要介绍同步对向三角高程测量在山区河流中的实际应用方法。

1. 基本原理

因山区控制测量的距离较长，应以椭球面为依据推导三角高程测量的基本公式。设 s_0 为 A、B 两点间的实测水平距离；仪器置于 A 点，仪器高度为 i_1；B 为照准点，觇标高度为 l_2；R 为参考椭球面上 $\overparen{A'B'}$ 的曲率半径。$\overparen{PE}$、$\overparen{AF}$ 分别为过 P 点和 A 点的水准面，$\overline{PC}$ 是 $\overparen{PE}$ 在 P 点的切线，$\overparen{PN}$ 为光程曲线。当位于 P 点的望远镜指向与 $\overparen{PN}$ 相切的 PM 方向时，由于大气折光的影响，由 N 点射出的光线正好落在望远镜横丝上。这就是说，仪器置于 A 点测得 P、M 间的垂直角为 $\alpha_{1,2}$（图 4.2-4）。

由图 4.2-4 可明显地看出，A、B 两地面点间的高差为

$$h_{1,2} = BF = MC + CE + EF - MN - NB \quad (4.2-5)$$

$$MC = s_0 \tan\alpha_{1,2}$$

式中　EF——仪器高 i_1；

　　　　NB——照准点的觇标高度 l_2；

CE 和 MN——地球曲率和折光影响。

其中　　　　$CE = \dfrac{1}{2R} s_0^2 \quad (4.2-6)$

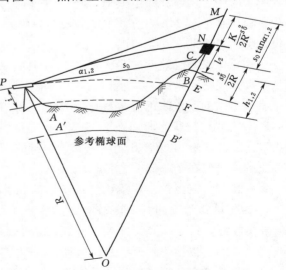

图 4.2-4　在参考椭球面上位置关系

$$MN = \frac{1}{2R'}s_0^2 \qquad (4.2-7)$$

式中　R'——光程曲线 $\overset{\frown}{PN}$ 在 N 点的曲率半径。设 $\frac{R}{R'}=K$，得

$$MN = \frac{1}{2R'} \cdot \frac{R}{R}s_0^2 = \frac{K}{2R}s_0^2 \qquad (4.2-8)$$

式中　K——大气垂直折光系数。

由于 A、B 两点之间的水平距离 s_0 与曲率半径 R 的比值很小（当 $s_0=10\mathrm{km}$ 时，s_0 所对应的圆心角仅 $5'$ 多一点），故可认为 PC 近似垂直于 OM，即 $PCM \approx 90°$，$\triangle PCM$ 可视为直角三角形。则 $MC = s_0 \tan\alpha_{1,2}$。

将各项代入式（4.2-5），则 A、B 两地面点的高差为

$$h_{1,2} = s_0\tan\alpha_{1,2} + \frac{1}{2R}s_0^2 + i_1 - \frac{K}{2R}s_0^2 - l_2$$

$$= s_0\tan\alpha_{1,2} + \frac{1-K}{2R}s_0^2 + i_1 - l_2 \qquad (4.2-9)$$

令 $\frac{1-K}{2R} = C$，称 C 为球气差系数，则上式可写为

$$h_{1,2} = s_0\tan\alpha_{1,2} + \frac{1}{2R}s_0^2 + i_1 - \frac{K}{2R}s_0^2 - l_2$$

$$= s_0\tan\alpha_{1,2} + Cs_0^2 + i_1 - l_2 \qquad (4.2-10)$$

式（4.2-10）就是单向观测计算高差的基本公式。s_0 为实测的水平距离，一般要化为高斯平面上的长度 D_0。则式（4.2-10）转化为

$$h_{1,2} = D_0\tan\alpha_{1,2} + CD_0^2 + i_1 - l_2 \qquad (4.2-11)$$

2. 计算公式

三角高程对向观测，即在测站 A 向 B 点观测垂直角 $\alpha_{1,2}$，同时在测站 B 向 A 点观测垂直角 $\alpha_{2,1}$。按式（4.2-11）计算就有两个计算高差的公式：

由测站 A 观测 B 点

$$h_{1,2} = d\tan\alpha_{1,2} + C_{1,2}d^2 + i_1 - l_2 \qquad (4.2-12)$$

则测站 B 观测 A 点

$$h_{2,1} = d\tan\alpha_{2,1} + C_{2,1}d^2 + i_2 - l_1 \qquad (4.2-13)$$

式中　$C_{1,2}$ 和 $C_{2,1}$——由 A 观测 B 和 B 观测 A 时的球气差系数；

　　　　d——对向观测的距离。

如果在同一时间做对向观测，则可近似假定折光系数 K 值对向观测时相同，即 $C_{1,2} = C_{2,1}$。则可得对向观测计算高差公式：

$$h_{1,2(\text{对向})} = d\tan\frac{1}{2}(\alpha_{1,2} - \alpha_{2,1}) + \frac{1}{2}(i_1 - l_1) - \frac{1}{2}(i_2 - l_2) \qquad (4.2-14)$$

3. 精度分析

（1）高程中误差。根据误差传播定律对式（4.2-14）求偏导数，转化为中误差关系式：

$$\mathrm{d}h_{1,2(\text{对向})} = \frac{1}{2}\left[(\tan\alpha_{1,2} - \tan\alpha_{2,1})\mathrm{d}D_0 + \frac{D_0}{\cos^2\alpha_{1,2}\rho}\mathrm{d}\alpha_{1,2} - \frac{D_0}{\cos^2\alpha_{2,1}\times\rho}\mathrm{d}\alpha_{2,1} + \mathrm{d}i_1 - \mathrm{d}l_1 - \mathrm{d}i_2 + \mathrm{d}l_2 \right]$$

$$(4.2-15)$$

式中 di_1、dl_1、di_2、dl_2——钢卷尺量取仪器高、棱镜高误差。

设 $di_1 = dl_1 = di_2 = dl_2 = di$，因 $\alpha_{1,2} \approx \alpha_{2,1}$，设 $\tan\alpha_{1,2} \approx -\tan\alpha_{2,1} \approx \tan\alpha$，$\cos\alpha_{1,2} \approx \cos\alpha_{2,1} \approx \cos\alpha$。

则式（4.2-15）整理为

$$dh_{1,2(对向)} = \tan\alpha dD_0 + \frac{D_0}{\cos^2\alpha\rho}(d\alpha_{1,2} - d\alpha_{2,1}) + 2di \qquad (4.2-16)$$

将式（4.2-16）转化为中误差公式时，由于为同型号仪器同精度观测，设 $m_{\alpha_{1,2}} = m_{\alpha_{2,1}} = m_\alpha$，则对向观测高差中误差公式为

$$m_h = \pm\sqrt{\tan^2\alpha m_{D_0}^2 + \frac{D_0^2}{2\cos^4\alpha\rho^2}m_\alpha^2 + 4m_i^2} \qquad (4.2-17)$$

式中 m_h——对向观测高差中误差，mm；

$\quad m_{D_0}$——测距中误差，mm；

$\quad m_\alpha$——测角中误差，($''$)；

$\quad D_0$——平均距离，km；

$\quad m_i$——测定仪器高及棱镜高中误差 mm，取 0.5mm；

$\quad \rho$——常数，取 $206265''$。

（2）观测值精度。对于多测回测角、测边中误差，假设对某角观测了 n 测回分别为 α_1，α_2，$\cdots$，α_n，则该角的角度计算公式为

$$\alpha = (\alpha_1 + \alpha_2 + \cdots + \alpha_n)/n \qquad (4.2-18)$$

将式（4.2-18）微分得

$$d\alpha = (d\alpha_1 + d\alpha_2 + \cdots + d\alpha_n)/n \qquad (4.2-19)$$

由于采用的是同精度观测，设：$m_{\alpha_1} = m_{\alpha_2} = \cdots m_{\alpha_n} = m'_\alpha$，取 2 倍为极限值，利用协方差传播定律得测角中误差：

$$m_\alpha = \frac{\sqrt{2}}{\sqrt{n}}m'_\alpha \qquad (4.2-20)$$

式中 m_α——测角中误差，($''$)；

$\quad m'_\alpha$——一测回测角中误差，($''$)；

$\quad N$——测回数。

同理，同一条边测 n 个测回的测距中误差公式为

$$m_{D_0} = \frac{\sqrt{2}}{\sqrt{n}}m'_{D_0} \qquad (4.2-21)$$

式中 m_{D_0}——n 个测回测距中误差，mm；

$\quad m'_{D_0}$——一测距中误差，mm。

假定 $m'_\alpha = 1''$，$m'_{D_0} = 2 + 2 \times 10^{-6}D_0$，边角分别观测四测回。计算的不同边长、角度下对向观测高差一般以 2 倍中误差作为限差，见表 4.2-2。

表 4.2-2 中，误差为 2.8、2.9、3.0 的区域理论上可满足三等水准精度。

4. 实例

（1）测区概况。乌东德水电站是金沙江下游河段四个梯级开发的第四个梯级水电站，

表 4.2－2 　　　　　　　　　　　　三角高程高差限差要求

D/m	误差/mm						
	1°	3°	5°	7°	9°	12°	15°
700	2.8	2.8	2.9	2.9	2.9	3.0	3.1
1000	2.8	2.8	2.9	2.9	3.0	3.1	3.2
1500	2.8	2.9	2.9	3.0	3.0	3.2	3.4
2000	2.8	2.9	2.9	3.0	3.1	3.4	3.6

注 D 代表距离。

坝址位于乌东德峡谷，左岸是四川省会东县，右岸是云南省禄劝县。测区为高山峡谷地带，山势陡峻，河谷深切，河道呈 V 形，高差较大，为典型的山区地形。

（2）高程导线施测。采用两台标称精度为测角 1″，测距 $(1+1.5\times10^{-6}D)$ mm 的徕卡 TCR1201 全站仪，短时间内完成三角高程对向观测，形成高程闭（附）合导线。观测过程中观测读数取位、测站观测值（边长、天顶距、高差）限差按《水利水电工程测量规范》（SL 197—2013）执行，边长和角度按表 4.2－2 执行。高程起算点均为二等及以上精度控制点。

（3）导线平差计算与精度分析。

1）各水准线路导线经严密平差及各项改正后的精度见表 4.2－3。

表 4.2－3 　　　　　　　　　　　　水 准 线 路 精 度 统 计

序号	水准线路	导线全长/km	闭合差/mm	每千米高差中数偶然中误差/mm	每千米高差中数全中误差/mm
1	德攀 37～德攀 37	98.5	63	2.2	
2	德攀 37～德攀 35	20.1	23	2.3	
3	德攀 35～渡西 A	69.2	65	2.9	5.8
4	渡西 A～E024	113.9	120	2.8	
5	E024～长－67－3	273.2	127	3.0	

2）利用各边双测高差不符值按下式计算每千米高差中数偶然中误差 M_Δ。

$$M_\Delta=\pm\sqrt{[Pdd]/(4\times n)}$$
$$P=1/S^2 \tag{4.2－22}$$

式中　d——高差不符值，mm；

n——高差不符值个数；

S——斜距，km。

3）利用各闭（附）合环线高差闭合差按下式计算每千米高差中数全中误差 M_W。

$$M_W=\pm\sqrt{[WW/F]/N} \tag{4.2－23}$$

式中　W——环线闭（附）合差，mm；

F——线路周长，km；

N——线路个数。

4）各项限差参照《国家三、四等水准测量规范》（GB 12898—2009）执行，即三等水准线路 $M_\Delta \leqslant 3.0\text{mm}$，$M_w \leqslant 6.0\text{mm}$，闭合差 $\leqslant \pm 12\sqrt{L}\text{mm}$，其中 L 为水准线路长度，单位为 km。

表 4.2-3 即为乌东德水电站库区高程控制导线精度情况，其中闭合差、每千米高差中数偶然中误差、每千米高差中数全中误差均可满足国家规范所要求的三等水准精度。因此使用测角精度为 $1''$、测距精度为 $2\text{mm} + 2\text{ppm} \times D$ 全站仪，若对边长和角度加以控制，通过短时间内完成三角高程对向观测，可以达到三等水准的精度要求。

4.2.2.2 山区河流全站仪代替水准仪测量方法

用全站仪代替水准仪进行高程测量，在平地上与水准仪测量效率相近，但在丘陵和山区，其效率比水准测量要高许多。图 4.2-5 中合江门到江 BM65-A′中的水准仪往返观测路线需要 108 站，而全站仪只需要 24 站。可以看出，全站仪能代替水准仪进行三、四等高程测量，观测效率非常高。

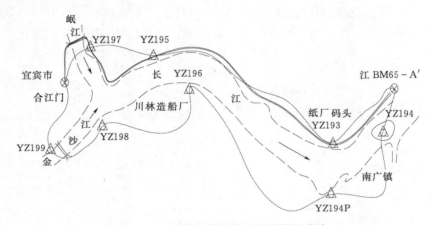

图 4.2-5　全站仪代替水准施测高程路线

山区河流用全站仪代替水准仪测量应注意以下方面：

（1）用全站仪替代水准仪使用，不量仪器高，不量觇标高，可以大大提高三角高程测量的精度，在一般条件下可以代替等级水准测量。

（2）采用测角精度为 $2''$，测距精度为 $(2 + 2 \times 10^{-6} \times D)\text{mm}$ 的全站仪，视线长度在 200m 左右时可以代替水准仪进行相当于三等水准的高程测量，$400 \sim 600\text{m}$ 时可代替四等水准测量。

（3）测段之间的测站数必须为偶数，这样才能抵消觇标高。

（4）起点和终点的觇标高必须保持相等，否则，要测量觇标高。

（5）在高山区测量时，应当减小视线的长度。

4.3　山区河流水位观测

山区河流水位观测多利用现有水文（位）站现时观测成果，若水文（位）站密度不能满足推求水面线的精度要求，则需设立临时水尺开展观测。

4.3.1 山区河流水位观测基面

山区河流水位观测除采用绝对基本面外还有假定基本面、冻结基面等，如图 4.3-1 所示。

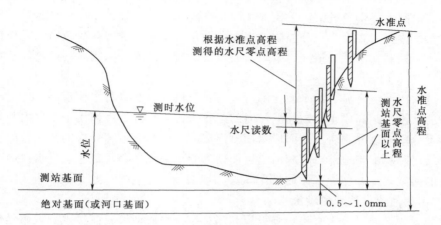

图 4.3-1 水位观测基面关系

（1）绝对基面。目前我国使用的有大连、大沽、黄海、废黄河口、吴淞、珠江等基面。若将水文测站的基本水准点与国家水准网所设的水准点接测后，则该站的水准点高程就可以根据引据水准点用某一绝对基面以上的高程数来表示。

（2）假定基面。若水文测站附近没有国家水准网，其水准点高程暂时无法与全流域统一引据的某一绝对基面高程相连接，可以暂时假定一个水准基面，作为本站水位或高程起算的基准面。例如，暂时假定该水准点高程为 100.000m，则该站的假定基面就在该基本水准点垂直向下 100m 处的水准面上。

（3）冻结基面。冻结基面是水文测站专用，一般是将测站第一次使用的基面固定下来，作为冻结基面。使用冻结基面的优点是使测站的水位资料与历史资料相连续。

用测站基面表示的水位，可直接反映航道水深，但在冲淤河流，测站基面位置很难确定，而且不便于同一河流上下游站的水位进行比较，这也是使用测站基面时应注意的问题。

4.3.2 水尺的设立与观测

山区河流径流年内、年际变化较大，汛期和雨季暴涨暴落，水位变化很大，加上山区河流的蜿蜒性，使得河流形成主流、支流、河湾、沼泽、急流和浅滩等丰富多样的环境，水位不易内插。因此，山区河流测量时要加密测次和时段，必要时还需加密临时水尺。

4.3.2.1 水尺布设原则

山区河流临时水尺的布设应遵循下列原则：

（1）水尺的布设一般要控制测区的水位变化，避开回水区，不直接受风流、急流冲击影响，同时考虑不受船只碰撞，能在测量期间牢固保存。

（2）水尺设置的位置要便于观测人员接近，直接观读水位并避开涡流、回流、漂浮物等影响，要采用静水设施。临时水尺的设定范围要大于测量期水位变幅。

（3）同一组的各基本水尺，要设置在同一断面线上。当因地形限制或其他原因必须离开同一断面线时，其最上游与最下游一水尺之间的同时水位差不要超过1cm；同一组的各比降水尺，当不能设置在同一断面线上时，偏离断面线的距离不能超过5m，同时任何两水尺的顺流向距离不得超过上、下比降断面距离的1/200。

（4）水位接测点布设要充分控制沿程水位变化，同时考虑特殊河段横比降变化；水位接测点要严格控制在水下测量开、收工断面位置。当条件极为困难时可适当外延，但水位落差不得超过0.1m。

（5）当山区河流有显著的水面比降时，要分段设立水尺进行水位观测，按上下游两个水尺读得的水位与距离成正比内插测深时的工作水位。比降指水面水平距离内垂直尺度的变化，以千分率或万分率表示。河段水面沿河流方向的高程差与相应的河流长度相比，称为水面的纵比降；由于地球自转和河道弯曲处离心力的作用，河道左右岸水面的高程差与相应断面的河宽之比，称为水面的横比降。

4.3.2.2 山区河流水位观测设施

水位的观测设施可分为直接观测设施和间接观测设施两种，直接观测设施是传统式的水尺，人工直接读取水尺读数加水尺零点高程即得水位。间接观测设施是利用电子、机械、压力等感应作用，间接反映水位变化，是实现水位观测自动化的重要条件。

1. 直接观测设施

水位直接观测设施分直立式、倾斜式、矮桩式、悬锤式和临时水尺五种。其中直立式和临时水尺应用最普遍，其他三种则根据地形和需要选定。

（1）直立式水尺。直立式水尺（图4.3-2）由水尺靠桩和水尺板组成，一般沿水位

图 4.3-2 直立式水尺

观测断面设置一组水尺桩，同一组水尺设置在同一断面线上。使用时将水尺板固定在水尺桩，构成直立水尺。水尺靠桩可采用木桩、钢管、钢筋混凝土等材料制成，水尺靠桩要求牢固，打入河底，避免发生下沉。水尺板通常由长1m，宽8～10cm的搪瓷板、木板或合成材料制成。水尺的刻度必须清晰，数字清楚，且数字的下边缘应放在靠近相应的刻度处，水尺的刻度一般是1cm，误差不大于0.5mm。相邻两水尺之间的水位要有一定的重合，重合范围一般要求在0.1～0.2m，当风浪大时，重合部分应增大，以保证水位连续观读。

（2）倾斜式水尺（见图4.3-3）。当测验河段内，岸边有规则平整的斜坡时，可采用此种水尺。此时，可以平整的斜坡上（在岩石或水工建筑物的斜面上），直接涂绘水尺刻度。设 ΔZ 代表直立水尺最小刻画的长度，$\Delta Z'$ 代表边坡系数 m 的斜坡水尺最小刻画长度，则 $\Delta Z' = \sqrt{1+m^2}\,\Delta Z$。

同直立式水尺相比，倾斜式水尺具有耐久、不易冲毁以及水尺零点高程不易变动等优

图 4.3-3　倾斜式水尺

点；缺点是设立条件比较严格，多沙河流上水尺刻度容易被淤泥遮盖。

（3）矮桩式水尺。当受航运、流冰、浮运影响严重，不宜设立直立式水尺和倾斜式水尺时，可改用矮桩式水尺，矮桩式水尺由矮桩及测尺组成。矮桩的入土深度与直立式水尺相同，桩顶一般高出河床线 5～20cm，桩顶加直径为 2～3cm 的金属圆钉，以便放置测尺。测尺一般用硬质木料做成，为减少壅水，测尺截面可做成菱形。两相邻桩顶高差为 0.4～0.8m，平坦岸坡桩顶高差为 0.2～0.4m。观测水位时，将测尺垂直放于桩顶，读取测尺读数，加桩顶高程即得水位。

（4）悬锤式水尺。悬锤式水尺（图 4.3-4）通常设置在坚固的陡岸、桥梁或水工建筑物，由一条带有重锤的测绳或链所构成。用于从水面以上某一已知高程的固定点测量离水面竖直高差来计算水位，如图 4.3-4 所示。悬锤重量以能拉直悬索，且伸缩性很小为原则，使用过程中应定期检查测绳引出有效长度与计数器或刻度盘的一致性，其误差不超过 ±1cm。

（5）临时水尺。水下地形、固定断面测量时，可根据需要设置临时水尺，附近有水文（位）站时可采用，引用水文（位）站的成果。临时水尺的设置要能反映全测区内水面的瞬时变化，并要符合以下规定：

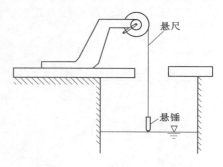

图 4.3-4　悬锤式水尺示意图

1）水尺的位置避开回流、壅水、行船和风浪的影响，尺面顺流向岸。

2）一般地段 1.5～2.0km 设置一组水尺，山区峡谷、河床复杂、急流滩险河段及变化复杂地段，300～500m 设置一把水尺。

3）河流两岸水位差大于 0.1m 时，在两岸设置水尺。

4）测区范围不大且水面平静时，可不设置水尺，但要在作业前后测量水面高程。

5）当测区距离岸边较远且岸边水位观测数据不足以反映测区水位时，须在测区增设水尺。

2. 间接观测设施

间接观测设备主要由感应器、传感器与记录装置三部分组成。感应水位的方式有浮子式、压力式、超声波和雷达等多种类型。按传感距离可分为：就地自记式与远传、遥测自记式两种。按水位记录形式可分为记录纸曲线式、打字记录式、固态模块记录等。

（1）浮子式水位计。浮子式水位计是利用浮子随水面一同升降的原理，通过将运动过程传送给记录装置的一种仪器。

图 4.3－5 为浮子式水位计示意图。由数据发送装置、水位自记装置组成，可以避免冰凌、漂浮物、船只等的碰撞。

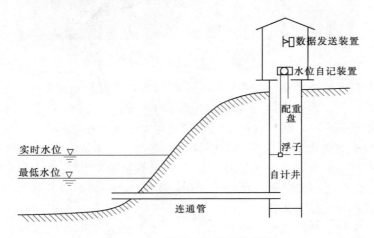

图 4.3－5　浮子式水位计示意图

（2）压力式水位计。压力式水位计是根据压力与水深成正比关系的静水压力原理，运用压敏元件作传感器的水位计。

压力式水位计需要固定安装在水下，压力传感器直接接触到水体、感应水压。由于受到水柱和大气产生压力的共同作用，压力式水位计测量到的压力需要消除大气压的影响。传感器以上水柱压力高度加上传感器位置所处的高程，即可间接地测出水位。

（3）超声波水位计。超声波水位计通过传感器发出超声波脉冲经水面反射后被同一传感器接收由声波的发射和接收之间的时间来计算传感器到被测液体表面的距离。超声波水位计的安装和工作原理如图 4.3－6 所示。

（4）雷达水位计（图 4.3－7）。雷达水位计与超声波水位计类似，只是雷达水位计是通过电磁波而非声波来进行距离测量。需要注意的

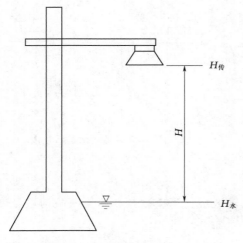

图 4.3－6　超声波水位计的安装和
工作原理示意图

是，无论是超声波水位计还是雷达水位计，对传感器安装姿态的要求较高。

图 4.3-7　雷达水位计

4.3.2.3　水尺零点高程测量

水尺设立后，立即测定其零点高程，以便即时观测水位。使用期间水尺零点高程的校测次数，以能完全掌握水尺的变动情况，准确取得水位资料原则如下：

（1）用于河道地形测量的水文（位）站，汛前要将所有水尺校测一次，汛后校测汛期中使用过水尺，汛期及平时发现水尺有变动迹象时，随时校测。

（2）河流结冰的测站，要在冰期前后校测使用过的水尺。

（3）受航运、浮运、漂浮物影响的测站，在受影响期间，要增加对使用水尺的校测次数，如水尺被撞立即校测。

（4）冲淤变化测站，要在河床每次发生显著变化后，校测影响范围内水尺。

（5）临时水尺零点高程在水深测量前校测完成，并定期校测。在校测水尺时，用单程仪器站数 n 作为计算往返测量不符值的控制指标，往返测量同一根水尺，零点高程允许不符值平坦地区为 $\pm 4\sqrt{n}$，不平坦地区为 $\pm 3\sqrt{n}$。当超过允许不符值，且基本水尺小于 10mm 或比降水尺小于 5mm 时，可采用校测前的高程；否则，采用校测后的高程并及时查明水尺变动的原因及日期，以确定水位的改正方法。

4.3.2.4　水位观测方法

水面高程的测定，可采用水准仪或全站仪按图根级水准精度直接测定，或根据水位观测值进行时间内插和位置内插，当两岸水位差较大时，要进行横比降改正。水位观测一般符合下列规定：

（1）水尺零点高程的联测，不低于五等水准测量的精度，作业期间，要定期对水尺零点高程进行检查。

（2）水深测量时的水位观测，宜提前 10min 开始，推迟 10min 结束。

（3）作业中按一定的时间间隔持续观测水尺，时间间隔根据水情、水位变化和测图精度要求合理调整，以 10～30min 为宜。

（4）水面波动较大时，宜读取峰、谷的平均值，读数精确至厘米。

(5) 水位日变化小于 0.2m 时，可于每日作业前后各观测一次水位，取其平均值作为水面高程。

4.3.3 现场水位测量

4.3.3.1 水尺观测方法

现场常规水位观测应满足以下要求：

(1) 内陆水体测量中的现场水位观测一般采用水尺、自动水位观测仪或水位计进行。使用水尺观测时，水尺最好固定在直立的码头壁或牢固的桩柱上。设立水尺时，尽量选在避风和便于观测的地方。水尺设立要求牢固、垂直于水面，能控制现场水位变化。当岸滩坡度较缓，一根水尺不能满足水位观测要求时，可以设立两根或两根以上的水尺，相邻两根水尺有 0.3m 的重叠。

(2) 水尺中至少有一根水尺零点与工作水准点之间的高差是用五等水准测定，其他各水尺零点之间的高差可在水面平静时，用水面水准或五等水准方法测定。水面水准法要求各水尺每隔 10min 同时进行一次读数，连续读数三次，其高差不超过 3cm 时，取中数使用，超限者重测。

(3) 用水尺观测水位时，观测时间间隔视测区水位变化而定。在水位差变化较慢地区，每隔 30min 观测一次即可，整点时必须观测，读到 cm。当水位差较大、水位涨落比较剧烈时，每隔 5min 或 10min 观测一次。在大风浪、水面波动不稳定时，可取波峰和波谷的平均值作为水位读数。

(4) 当水尺损坏水位观测无法进行时，立即重新设立水尺和及时记录水位数据，并重新测定水尺零点和记录水尺零点的变动情况。水位的观读精度一般记至 1cm，当上下比降断面水位差小于 0.20m 时，比降水位读记至 0.5cm。水位每日观测次数应能测得完整的水位变化过程。由于水位涨落，水位将要由一支水尺淹没到另一支相邻水尺时，同时读取两支水尺上的读数，一并记入记载簿内，并立即算出水位值进行比较。其差值若在允许范围内时，取二者的平均值作为该时观测的水位，否则，及时校测水尺，并查明不符原因。

4.3.3.2 全站仪接测水位

若测量时间较短，亦可采用全站仪现场接测水位，而不用设立临时水位。接测水位时应满足如下要求：

(1) 全站仪接测，棱镜杆要采用支架固定，选择间距不超过 2m 的两个水面点，以正倒镜各观测一测回，进行落尺点差错和观测误差检校。两处观测的水位较差小于 0.05m 时，取平均值作为最终断面水位。最大视距山区河流不大于 1200m，测回间高差较差采用经纬仪接测要求。使用光电测距三角高程接测水位，且水边距引据点较远时，可采用 CH/T 2007 中的相关要求引测。

(2) 当上游、下游断面间水面落差小于 0.2m 时，可数个断面接测一处；水面落差大于 0.2m 时，逐个断面接测。

(3) 全站仪接测水位时每次变动觇高，两次观测较差均控制在 0.1m 内，取平均值作为水位。当因水流分槽导致内外槽水位不相等或横比降较大导致左右水边水位不一致时，分别接测；当横比降超过 0.2m 时，进行横比降改正。

（4）水位观测技术要求按《水利水电工程测量规范》（SL 197—2013）五等电磁波测距三角高程导线的技术规定进行，精度应满足五等水准精度。

4.3.3.3　RTK 接测水位

因距离或垂直角超限、无法架站等原因使得不能采用全站仪直接接测水位时，可采用 RTK 法施测，其方法和精度一般满足以下要求：

（1）RTK 测量卫星的状态符合表 4.3-1 规定。

表 4.3-1　　　　　　　　　　　**RTK 测量卫星状态的基本要求**

观测窗口状态	截止高度角 15°以上的卫星个数	PDOP 值
良好	≥6	<4
可用	5	≥4 且≤6
不可用	<5	>6

（2）观测前对仪器进行初始化，并得到固定解，当长时间不能获得固定解，断开通信链路，再次进行初始化操作。

（3）每次观测之间重新初始化。

（4）每次作业开始前或重新架设基准站后，进行至少一个同等级或高等级已知点的检核。

（5）流动站观测时采用三脚架对中、整平，每次历元数不小于 20 个，采样间隔 2～5s，各次测量值较差不大于 4cm 时，取均值作为最终水位值。

RTK 接测水位主要技术要求符合表 4.3-2 规定。

表 4.3-2　　　　　　　　　　　**RTK 接测水位主要技术要求**

与基准站距离/km	观测次数	起算点等级
≤5	≥3	四等及以上水准

注　网络 RTK 接测时可不受流动站到基准站距离的限制，但须在网络有效服务范围内。

4.4　山区河流水下地形测量

水下地形测量时，因水下地形起伏不可见，不可能选择地形特征点进行测绘，只能用测深线法或散点法均匀地布置测点。水下地形图在投影、坐标系统、基准面、图幅分幅及编号、内容表示、综合原则以及比例尺确定等方面都与陆地地形图一致，但在测量方法上相差较大。

4.4.1　测线测点布置

4.4.1.1　测线布置方法

水深测量反映的是每条测线上的水深信息，而测线之间存在测量盲区。为了完整地表征河底地形，必须对测量盲区中的水深信息进行内插，再结合测量值绘制等深（等高）线图。水下地形测量成果精度取决于观测点和插值点的精度，插值点精度主要通过测线间距的调整来控制。测线间距选择过窄，虽然保证了测量成果精度，但会增加工作量、降低测量效率；测线间距选择过宽，又降低了插值点的精度。

1. 测线布置要求

水底地形地貌的不可视性，决定了不能像陆地地形测量那样，通过合理选择特征碎部点表述相对完整的地形地貌，只能通过合理的布设测线测点进行测量。因此，测线布置对有效探测水底地貌至关重要，测线包括主测深线和检查测深线。实际水深测量中，为了探测某些特定的水底目标，还需要在主测深线的基础上加密测深线。主测深线布设主要采取平行测线和扇形测线（也称辐射线）两种式样。针对不同式样水深测线对水底地形显示的平滑效应及伸缩效应影响研究表明，对非线性平坦水底沿梯度总方向布置测线，对水底按极坐标法（即辐射线式样）布设测线可以很好地消除这两种效应的影响，从而达到完善水底显示的目的。

河流测量一般要求主测线方向应垂直等深线的总方向，但对于狭窄的航道，测深线方向可与等深线成45°角；针对洲滩、丁坝、沙嘴、岬角、石陂、岛礁等特征地形区域的水深测线布设也有相关要求。测线间隔的确定要顾及测区的重要性、水底地貌特征和水深等因素，原则上为图上10mm，即测线间隔及其各种限差规定依比例尺而定。

测线布置间距及密度并不与河流比降成正比，而是根据规划、设计者的需要和河流演变特性来确定。山区河流以能控制河流的冲淤演变及工程需要布置。为施测安全，山区河流测线应避开险滩、急流等险恶水流部位。

2. 主测深线布置

主测深线的布设一般采用平行测线和扇形测线（也称辐射线）两种式样，无论采用何种式样，主测深线应垂直等深线方向（见图4.4-1）。

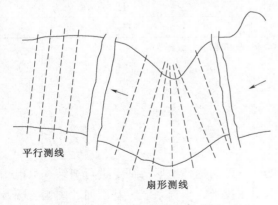

采用回声仪测量时，主测深线布置原则：主测深线方向垂直于等深线总方向或航道轴线；若有河口拦门沙，最好布置网格状测线。

河道弯曲处，断面一般布置成辐射状，辐射线的交角 α 按式（4.4-1）计算。

$$\alpha = 57.3° \times \frac{S}{m} \qquad (4.4-1)$$

式中　S——辐射线的最大间距（近似弧长）；

m——扇形中心点至河岸的距离（弧半径）。

平行测线

扇形测线

图4.4-1　测深线布设示意图

对流速大的险滩或可能有礁石、沙洲的河段，测线可布置成与流向成45°的方向，以便于船的航行与定位。

山区河流断面的测线布置原则：淤积变化较大处加密，变化较小处稍稀；测线避开险滩、急流等险恶水流部位；测深线间隔一般取为图上10mm；港湾的测深线方向应垂直于港湾或水道的轴线；岬端处测线应成辐射状，在锯齿形岸线处测线应与岸线总方向成45°。水底平坦开阔的水域，测线方向可视工作方便选择。

在流速大、险滩礁石多、水位变化悬殊的河流中，测船很难严格按照计划线的测线航行，这时可采用散点法。如图4.4-2所示，航线为点1至点2、点2至点9、点9回至点3、点3至点4，如此交替进行，边航行边测深，形成连续的散点。

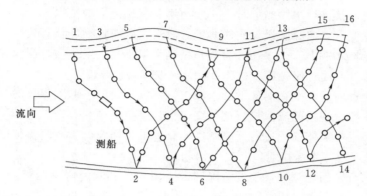

图4.4-2 水下地形测量散点法

3.检查测深线布置

为了检查测深与定位是否存在系统误差或粗差，并以此衡量测深成果总的精度，需要布置检查线。检查线的方向应尽量与主测线垂直（图4.4-3），分布均匀，并要求布置在较平坦处，能普遍检查主测深线。检查线一般占主测深线总长的5%～10%。

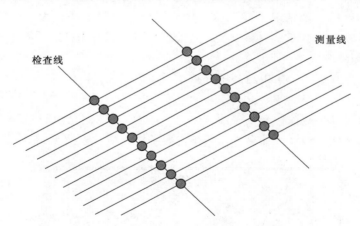

图4.4-3 检查线的布置

4.4.1.2 测点布置方法

水下地形的变化规律，只能依靠测定较多的水下测点实现，通常须保证图上1～2cm有一个水下地形测点。总体上沿河道纵向可以稍稀，横向应当较密，中间可以稍稀，近岸应当稍密，但必须探测到河床最深点和转折点。

4.4.2 水深测量

水深测量一般采用测深仪，对于浅水区域也可采用测深杆、测深锤等进行观测。

4.4.2.1 测深技术要求

山区河流测深应满足以下原则：

（1）水下地形测量与岸上地形测量应衔接，要充分利用岸上经检查合格的控制点；控制点不能满足需要时，布设适当数量的控制点；在水下环境不明的区域测量时，须了解测区的礁石、沉船、水流和险滩等水下情况。

（2）采用测深仪进行水深测量时，一般使用有模拟记录的测深仪在深、浅水处做停泊与航行检查，有误差时应绘制误差曲线图予以修正。测深仪换能器可安装在距船头 1/3～1/2 船长处，入水深度以 0.3～0.8m 为宜，精确量至 1cm。定位仪与测深仪换能器设置在一条垂线，其偏差不超过定位精度的 1/3，否则进行偏心改正。

（3）每次测量前后，要在测区平静水域进行测深比对，求取测深仪的总改正数。对既有模拟记录又有数字记录的测深仪应使数字记录与模拟记录一致，二者不一致时以模拟记录为准。测量过程中船体前后左右摇摆幅度不宜过大，当风浪引起测深仪回声线波形起伏值大于 0.3m 时，暂停测深作业。

（4）水深测量采用测深杆或手投测深锤时，测深杆和测绳应刻画至 0.1m。测深绳应选用伸缩性较小、抗拉强度较好的绳索，其误差不得超过 1/100。当采用断面索法测深时，将测深铅鱼或其他重锤安装在断面索上，重量以 15～50kg 为宜。

（5）精密测深或大比例尺测绘时，在测区不同位置测量水体水温（含水温梯度）。不同位置测量的水体水温差或水体垂线温度差小于 2℃时，取算术平均水体水温校正声速，否则采用分区或分层声速改正。

（6）采用测深仪时，测深仪连续稳定工作时间大于 24h，在船速小于 5m/s（或 10 节）、横摇 10°和纵摇 5°的情况下能正常工作。对于地形复杂或最大水深大于 100m 的水域，选择换能器波束角小于 8°的测深仪，其他较平坦水域所用换能器波束角不大于 12°。

4.4.2.2 水深测量方式

山区河流水深测量一般采用测深杆（锤）或回声测深仪。

1. 测深杆（锤）水深测量

最早的测深工具是测深杆和测深锤（图 4.4-4），在水草密集、极浅滩涂等回声测深设备无法工作的区域，测深杆和测深锤仍是主要手段。

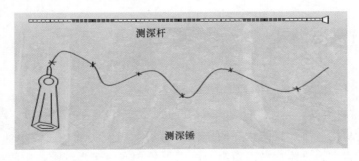

测深杆

测深锤

图 4.4-4　测深杆和测深锤

（1）测深锤一般重约 3.5kg，水深与流速较大时可用 5kg 以上的重锤，只适用于水深较小、流速不大的浅水区。在测深锤的绳索上每 10cm 做一标志，以便读数。测深时使测深锤的绳索处于垂直位置，读取水面与绳索标志相交的数值。测深锤测深精度与操作人员的熟练程度有很大关系，工作效率较低。

（2）测深杆适用于水深 5m 以内且流速不大的水域。特别适用于小于 1m 的水深测量。

山区河流受地势、水流、交通等各种条件影响，往往无法利用大型的测船和测深设备进行水下测量，只能利用 GNSS 等便携的设备通过人工涉水等方式直接测量水底高程（图 4.4 - 5）。

图 4.4 - 5　涉水测量

2. 回声测深仪

回声测深仪是通过水声换能器垂直向下发射声波并接收水底回波，根据回波时间确定被测点的水深，属点测量。测量船水面航行时，测深仪可测得连续点构成的水深线（即地形断面）。

（1）回声测深仪的安装。水声换能器安装（图 4.4 - 6）是准确可靠地进行水深测量的重要环节。换能器盒一般与一定长度的空心钢管相连，电缆从管内穿过，钢管固定在船舷外。通常换能器安装在距离船首约为船艇总长的 1/3 处，以避免船首分水浪花形成气泡对声波传播速度产生的影响。

为使换能器安装牢固，最好在换能器前后用绳索拉紧固定。同时，换能器还要远离发电机、电动机、推进器以及排气和排水管，避开有规律的杂声干扰。换能器入水深度根据流速、航速和测量船吃水而定，一般为 0.3～0.8m。船大、流速大、航速快，入水可深一些，反之，换能器入水可浅一些。换能器长轴要平行船艇的轴线。

回声测深仪应放置在通风良好、振动较小、便于操作、便于观察周围环境以及与驾驶人员联系方便的地方。仪器与电源、换能器以及其他部件尽量接近，保证仪器不受电磁场、河水和雨水溅泼等的干扰。

（2）回声测深仪的校准。

1）仪器校准一般在码头边沿进行，校准后应记录校准时的仪器声速和校准后的仪器声速。由于声速随着水体的温度、盐度和压力的变化而变化，因而，不同区域、不同季节所使用的声速不同。为了保证测深成果可靠，在测深前必须对测深仪再次进行现场校准，以确定测深时应使用的声速。

2）可利用比对盘比测，即将比对盘放置于测深仪换能器下方一定水深处，检查所测出的水深是否与比对盘深度一致，两者之差小于 ±0.05m 时为仪器校准合格。若差值较大，

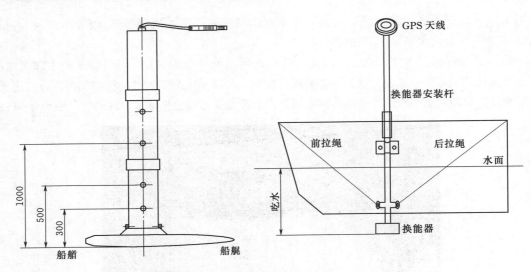

图 4.4-6　换能器安装图（单位：mm）

说明测深仪声速参数不正确或仪器有问题。判断不是仪器问题时，可对测深仪使用的声速进行修正：

$$S = \frac{D_P}{D_e} \times S_e \qquad (4.4-2)$$

式中　S——正确的声速；

　　　D_P——比对板的深度；

　　　D_e——测深仪测量深度；

　　　S_e——测深仪测时输入的声速。

（3）回声仪水深测量方法。

1）山区河流水流湍急、测量条件险恶，平面定位与水深测量不易同步。测量时利用综合测量软件实时导航，按预置的施测断面点距自动进行平面定位，并指令测深仪同步采集水深数据，计算机同步采集、处理 GNSS 及水深数据，实现定位与水深测量同步。

2）用回声仪进行山区河流水深测量，即使使用数字测深仪测量，在记录数字水深值的同时，也应采用记录纸模拟记录。

3）测量船应按布设的测线逐条施测，当偏离设定测线的距离超过规定间隔的 1/2，或因仪器故障、水位中断等情况发生漏测时，应进行补测。

4.4.3　平面定位方法

　　山区河流水下地形点平面坐标一般采用断面索法、交会法和 GNSS 等方法直接获取；水下地形点高程采用水面高程（水位）减去水深求得。水位通过附近水文（位）站、几何水准、全站仪三角高程测量等方法获取；水深采集方法包括测深杆、测深锤和回声仪等，有时利用 GNSS 等仪器直接涉水测量河底高程。

4.4.3.1　断面索法

　　假定 A、B 为控制点，架设断面索 AC，测得 $\angle CAB$ 为 α，量出水边线到 A 点的距离，并测得水边的高程获取水位。如图 4.4-7 所示，从水边开始，测船沿断面索行驶，按一定间距用测深杆或测深锤，逐点测定水深，在图纸上根据控制边（基线）AB 和断面索夹角 α 以及测深点的间距，标定各测点的平面位置和高程（测深点的高程＝水位－水深）。此法测深定位简单方便，一般用于山区河流或电站截流施工区的水下地形测量或水文监测。

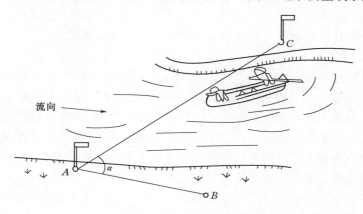

图 4.4-7　断面索法（皮条法）

4.4.3.2　交会法

在 A、B 两控制点上各安置一台全站仪（经纬仪），分别以控制点 C、D 定向归零。船只沿断面导标所示方向前进，到达 1 点时，由测船发出测量的口令或信号，两台全站仪（经纬仪）同时跟踪瞄准船上旗标，测得交会方向 α 和 β，并同步测深。由前方交会公式算得 1 点平面位置，由水位和水深算得 1 点处水下地形点的高程。测船沿断面继续航行，完成点 2、点 3 等的测量，如图 4.4-8 所示。

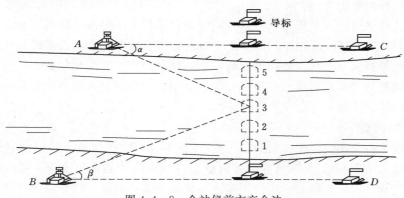

图 4.4-8　全站仪前方交会法

此法用于较宽的山区河流，且不影响航道通行。但该方法要求的作业人员多、工作分散、内业工作量大，同步协调是保证测量质量的关键。

4.4.3.3　GNSS 定位

目前，水下地形测量绝大多数采用"GNSS＋计算机（含智能型测量软件）＋测深仪"的模式。

该模式将基准站 GNSS 接收机天线安置在已知控制点，移动站设置好，定位仪和测深仪按规划好的作业方案和计划线进行导航、数据采集，利用数据软件对测量数据进行处理，形成所需的测量成果（地形图、断面图、统计分析报告等）。

该模式与交会法相比，不仅能节省大量的人力和设备，而且不受气候因素影响。无论天晴、下雨或是有雾天气，只要测区内能接收到 GNSS 卫星信号，就可以实现全天候作业。更重要的是，这种测量模式中无论是外业数据采集还是内业数据处理均实现了自动化，能够自动采集和快速批量处理海量数据，大大提高了工作效率。

4.4.3.4　无立尺平面定位

山区河流的河面一般较窄，两岸山势陡峭、险峻，有时普通的 GNSS 接收机根本无法接收到 GNSS 卫星信号，即便是双星系统 GNSS 接收机，通常也只能勉强接收到 2～3 颗卫星的信号。因此，部分山区河流不可能大面积的采用 GNSS 进行测点的平高测量。

采用交会法等定位方法施测，在某些设站条件和通视条件较好的河段是可行的。在高山峡谷河流，要找到若干同时满足交会条件的设站点并且相互通视几乎不可能。此时，采用无立尺技术进行测点定位比交会法更容易实施，因此在 GNSS 无法正常定位的情况下，采用无立尺测量方法可同时解决水下地形测点的平高问题，大大提高了效率。

4.4.3.5　全站仪平面定位

测量原理为：仪器向目标发射激光束，经反射棱镜返回被仪器中的相机接收，计算出反射光点中心位置，得到水平方向和垂直角的改正数；驱动全站仪转向棱镜，自动精确照准目标，计算出精确照准棱镜的水平方向和垂直角的改正数，通过前方角度交会法来确定被测点的坐标。对于无合作目标测量，也可根据物体的特征点、轮廓线和纹理，用影像处理的方法自动识别目标，采用前方交会原理获取物体的三维坐标。

在高山峡谷等困难河段的水道地形测量中，GNSS＋测深仪模式难以正常实施，其关键原因在于峡谷两岸山势遮挡了大部分 GNSS 卫星信号，GNSS 接收机无法进行差分解算。其实，这种测量模式水深数据有效，但平面定位精度不能满足规范要求。

如果在 GNSS＋测深仪这种测量模式中加入全站仪同步作业，二者相互独立，互不干扰。因此，在采集到有效水深数据的同时，全站仪获取测点平面坐标数据，将两种数据整合就能得到完整的水下地形点三维坐标。实践表明，这种测量方案自动化程度较高，内业数据处理也容易、快捷。

4.4.4　水边线测量

水边线测量有全站仪、激光测距仪、RTK 技术等。山区河流水边线测量一般与水深测量同步，需采用 RTK、全站仪等多种测量手段和方法才能满足要求。在分幅地形图接边处、不同施测日期的连接处，应注记实测水位值及施测时间。注记在靠岸一侧，字头朝向左岸，字体采用黑色等线体，高宽比为 0.8。水位注记应至 dm。

4.5　山区河流特殊水体测量

4.5.1　陡峭河段水体测量

陡峭河段由于 GNSS 卫星条件无法满足，地形测量一般采用具有跟踪模式的全站仪。

1. 测量方式

选择好最佳控制点设站，将360°棱镜安装在测深仪测杆上方。棱镜最好高于测船顶棚，否则，测船在调转方向时有可能遮挡棱镜，造成测量中断。设备连接与安装如图4.5-1所示。

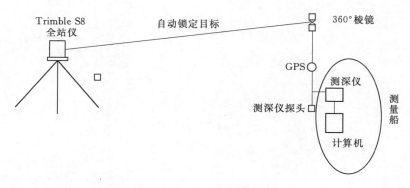

图 4.5-1 设备连接与安装示意图

（1）测深仪器操作。启动测量导航软件，设置相关参数，确保测深设备数据通信畅通。

（2）全站仪操作。架设好全站仪，开机、整平并启动软件，在菜单中新建一个任务；照准目标360°棱镜，打开目标跟踪功能；设置起始点号和采样点时间间隔，仪器进入跟踪测量状态。

（3）导航测量软件打开后会自动采集并记录测量数据。确保全站仪与测船人员的通信联系；全站仪与导航测量系统保证进入同步工作状态。测量过程中，全站仪操作人员应注意监视仪器，当受外界环境因素干扰（主要是棱镜被遮挡）出现"掉点"现象时，做好相应点号的记录。如果干扰太强则结束测量，待干扰消除重新开始测量；测船宜保持低速行驶。

2. 数据采集处理

以文本格式提取导航测量软件中的水深数据和全站仪中的平面定位数据，将导航测量软件中的平面坐标数据用全站仪平面坐标数据覆盖即可。图4.5-2是该方法在峡谷陡峭河道的应用效果。

4.5.2 高边坡河段地形测量

高边坡河段 GNSS 信号不佳，采用普通全站仪进行山区河流地形测量时，标尺或棱镜杆晃动厉害，位移较快，很难准确、迅速地获取测站点到水下点坐标、距离等数据。此时采取"高差倾角法"配合测深杆和测深仪进行碎部测量，效果较好。

1. 测量方法

如图 4.5-3 所示，首先准确测出河岸测站点与邻近水面的高差 h，在测站点摆设仪器量取仪器高 i。测船量取水深的同时，测站点仪器照准标志杆与水面交点 B，测出其夹角 α，确定水下地形点 K 点的水平距离以及高程。

水平距离为

$$S=\frac{h+i}{\tan\alpha} \tag{4.5-1}$$

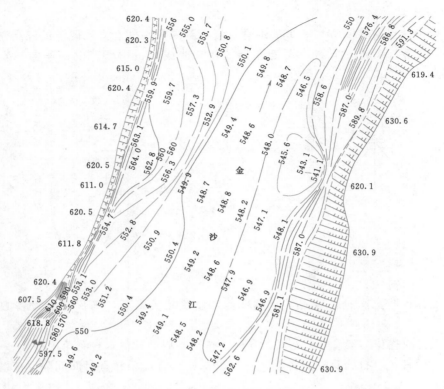

图 4.5-2 全站仪平面定位施测的陡峭河段局部地形

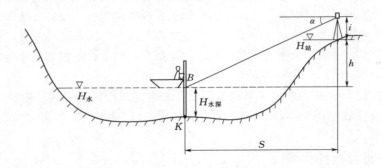

图 4.5-3 高差倾角测距法

高程为

$$H_K = H_{站} - H_{水} - H_{水深} \tag{4.5-2}$$

式中 H_K——K 点高程；

$H_{站}$——测站点高程；

$H_{水}$——水面高程；

$H_{水深}$——K 点水深。

2. 误差分析

仅对水平距离作误差分析。根据误差传播定律，对式（4.5-1）进行全微分，并考虑

到标志杆前后倾斜误差，可得

$$m_s = (\cot^2 \alpha) m_h^2 + (\cot^2 \alpha)^2 m_i^2 + (h+i)^2 \left(\frac{1}{-\sin^2 \alpha}\right) \times \frac{m_a^2}{\rho} + m_K \qquad (4.5-3)$$

其中 $\rho = 206265''$

式中　m_h——测站点与水面高差中误差；

　　　m_i——仪器高中误差；

　　　m_a——垂直角观测中误差；

　　　m_K——标志杆前后倾斜中误差。

由式（4.5-3）可见，水平距离中误差 m_s 与垂直角观测中误差 m_a、测站点与水面高差的中误差 m_h、标志杆前后倾斜中误差 m_K、量取仪器高中误差 m_i 以及高差和倾角有关。在实际操作过程中，仪器高可采取分段量取的办法，即先从测站点量至脚架基座面，再从基座面量至仪器视准轴平面，其误差可控制在±3mm 以内；观测仪器应采用 2″全站仪，测量前还须对仪器进行指标差的校正，考虑水面风浪及折光影响引起的照准误差，竖直角观测中误差可控制在±60″以内；测站点与水面的高差应采用四等水准精度测定，考虑到河岸边水面波动一般不大，水准路线较短，高差中误差完全可控制在±8mm 以内；标志杆前后倾斜中误差一般不会大于±100mm。

3. 注意事项

高差倾角法只需测出测站点与水面的高差以及标志与水面交点的夹角，即可计算出水域内碎部点的平距，施测和计算方法简便，提高了测量效率。

在比降较大或急弯河道进行水下地形测量时，要考虑水面高程变化的因素，施测完毕要校核测站点与水面的高差。为保证测量精度，倾角和水平距离必须限定在一定的范围内，若水域太宽，可采取河道两岸或上下游加密图根点的办法解决距离超限的问题。注意测站点与邻近水面线的距离应尽可能短，以方便使用水准测量高差。测深杆或测深仪在获取水深数据时，尽量做到与垂直角观测同步进行，标志杆与水面交点处要采用明显的标志以提高照准精度。

4.5.3　山区封闭水体地形测量

山区封闭水体一般需要测量水深，但由于测船无法进入，地形测量中只是测绘水体的区域范围，水深往往被忽略，即使施测水深也是大部分在现场目估或用测深杆估测。以下介绍利用前方交会以及水的折射原理开展大比例尺地形测量中水塘的水深观测方法。

1. 测量方法

在山区封闭水体岸边选择两个点 $A(X_A, Y_A, H_A)$、$B(X_B, Y_B, H_B)$，A、B 两点的坐标、高程均已知。设目标点为 P，现在点 A、点 B 分别测量角度 α 和 β，以及点 A、点 B 至点 P 的垂直角 θ_A、θ_B，如图 4.5-4 所示。

由前方交会的原理计算点 P 的坐标：

$$X_P = \frac{X_A \cot\beta + X_B \cot\alpha + (Y_B - Y_A)}{\cot\alpha + \cot\beta}$$

$$(4.5-4)$$

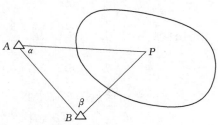

图 4.5-4　山区封闭水体前方交会原理图

$$Y_P = \frac{Y_A \cot\beta + Y_B \cot\alpha + (X_A - X_B)}{\cot\alpha + \cot\beta} \tag{4.5-5}$$

计算 AP 和 BP 的水平距离:

$$S_{AP} = \sqrt{(X_A - X_P)^2 + (Y_A - Y_P)^2} \tag{4.5-6}$$

$$S_{BP} = \sqrt{(X_B - X_P)^2 + (Y_B - Y_P)^2} \tag{4.5-7}$$

然后计算点 A 与点 P' 的高差,如图 4.5-5 所示。

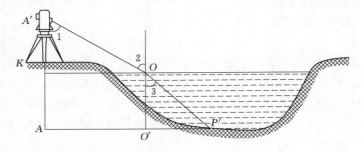

图 4.5-5　山区封闭水体水深计算示意图

假定 KO 为山区封闭水体的水平面,设高程为 H_O。在 $\triangle A'KO$ 中,$\angle 1$ 为测量值。则边 $A'K$ 为

$$S_{A'K} = H_A + i - H_O \tag{4.5-8}$$

式中　i——仪器高。

则边 KO 的计算公式为

$$S_{KO} = S_{A'K} \times \tan\angle 1 \tag{4.5-9}$$

在 $\triangle O'P'O$ 中,$O'P'$ 为

$$S_{O'P'} = S_{AP'} - S_{AO'} = S_{AP'} - S_{KO} \tag{4.5-10}$$

$$H_{OO'} = S_{O'P'} \times \cos\angle 3 \tag{4.5-11}$$

由物理学中折射定律可知:

$$\frac{\sin\angle 1}{\sin\angle 3} = n \tag{4.5-12}$$

式中　n——水的折射率;

$\angle 1$——垂直角,即全站仪或经纬仪的测量值。

一般 $n = 1.333$,由此可计算出 $\cos\angle 3$ 为

$$\cos\angle 3 = \frac{\sqrt{n^2 - \sin^2\angle 1}}{\sin\angle 1} \tag{4.5-13}$$

得山区封闭水体水深 OO' 为

$$h_{OO'} = [S_{AP'} - (H_A - H_O + i) \times \tan\angle 1] \times \frac{\sqrt{n^2 - \sin^2\angle 1}}{\sin\angle 1} \tag{4.5-14}$$

式中　$H_{OO'}$——山区封闭水体水深;

$\angle 1$——垂直角,即全站仪或经纬仪的测量值;

H_A——点 A 的高程;

H_O——山区封闭水体的水面高程；

i——仪器高；

$S_{AP'}$——A 到水底 P' 的距离；

n——水的折射率，一般取 1.333。

则山区封闭水体水底点 P' 的高程为

$$H_{P'}=H_O-H_{O'O}=H_O-[S_{AP'}-(H_A-H_O+i)\times\tan\angle 1]\times\frac{\sqrt{n^2-\sin^2\angle 1}}{\sin\angle 1}$$

$$(4.5-15)$$

2. 精度分析

对式（4.5-15）两端进行全微分并化简得

$$\mathrm{d}H_{P'}=\left\{1+\frac{\sqrt{n^2-\sin^2\angle 1}}{\cos\angle 1}\right\}\mathrm{d}H_O-\frac{\sqrt{n^2-\sin^2\angle 1}}{\sin\angle 1}\mathrm{d}S_{AP'}+\frac{\sqrt{n^2-\sin^2\angle 1}}{\cos\angle 1}$$

$$\times\mathrm{d}(H_A+i)+(H_A-H_O+i)\times\frac{1}{\sqrt{\sec^2\angle 1\times n^2-\tan^2\angle 1}}$$

$$\times\left[n\times\sec^2\angle 1\times\mathrm{d}n+\left(n^2\times\sec\angle 1\times\tan\angle 1-\frac{\tan\angle 1}{\cos^2\angle 1}\right)\mathrm{d}\angle 1\right]\quad(4.5-16)$$

式（4.5-16）除 H_A-H_O+i 的影响外，主要是垂直角 $\angle 1$。假设 $H_A-H_O+i=5\mathrm{m}$，不同垂直角精度见表 4.5-1。

表 4.5-1　　　　　　　　　　　　　**各项的影响系数及精度**

角度/(°)	一项	二项	三项	四项	五项	六项	精度/mm
20	2.371	3.767	1.371	1.371	5.505	0.005	46
45	5.598	1.598	1.598	1.598	8.341	0.008	35
60	3.027	1.170	2.027	2.207	13.154	0.009	38
75	4.549	0951	3.549	3.549	28.033	0.205	59
85	11.162	0.889	10.162	10.162	86.334	3.033	153

注　一项：m_{H_O}；二项：m_{H_A}；三项：m_i；四项：m_s；五项：m_n；六项：$m_{\angle 1}$。

表 4.5-1 显示，最大项为第五项，即 m_n。因不同的水质折射率相差在 0.01 以下，水的折射率引起的误差不大于 0.01。如 m_n 精度即使为 0.1，第五项的误差只有 7mm 左右。设 $m_{H_O}=m_{H_A}=10\mathrm{mm}$、$m_i=2\mathrm{mm}$、$m_s=10\mathrm{mm}$、$m_{\angle 1}=2''$，从第六项可以看出，即使测角误差达到 10″，在角度小于 60°时，该项误差小于 0.9mm。因此目前的仪器只要目标清晰，很容易达到精度要求。

3. 注意事项

采用本方法测量时要求水比较清且水不是特别深、视线能够看到底部，设站时测站应距离岸边有一定间距；交会时，由于目标点在水中，且人不能到达，要保证交会目标为同一点；尽量选择无风的天气，不要选择下雨之后；在交会计算时注意点的编号及对应问题；测量前应检查垂直角的指标差，当指标差过大时，应调整指标差或采用盘左、盘右一个测回测量；根据精度统计表可以看出综合误差在 45°左右时为最小，测量时尽可能将角度设置在 45°左右。

4.5.4　截流水下地形测量

水电站截流期水下地形测量一般采用全站仪配合测深仪或全站仪加测深重锤法。由于测深仪设置一定的发射角 θ（在9°左右），声波在河床底部的覆盖面为一圆形，如声波覆盖面为平坦区，此时水面与水底的铅直距离最短，测出的距离能真实代表实际深度。而截流戗口水下犬牙交错、高低起伏，声波遇突兀的岩石顶部或陡峭斜坡反射时间最快，测深仪显示的水深就不是真正的水深，而比实际要小。用测绳重锤法测量，重锤碰到水底斜坡时会继续下滑，这样就测不到铅垂的水深，而是斜面水深；因水深较深，从水面至水底时间较长，很难保持测船严格不动；同时截流戗口水流流速较大，测绳肯定是倾斜的，即测出的深度为斜距影响了水深测量的精确度。

从理论上讲可以通过减小回声仪的发射角，较小反射面从而保证反射的精度，实际上因声波信号的强弱与发射角大小成正比，若发射角太小，水深达到一定值时反而接收不到声波的反射信号。近年来出现的多波束水下地形测量系统以一个较大的开角（如150°）向水下发射声波，同时接收几十束或上百束声波，那么每发出一个声波，便可在获得一组水深数据，得到一个宽带的水下地形资料。与单波束测深仪相比，多波束测深仪最大的优点是测点多、全覆盖、精度高，能够准确全面地反映水下地形起伏变化情况，很适合截流期水下地形测量。

为防止普通测深仪水下声波覆盖面太宽而使测量精度降低，在水深20~30m左右区域，可采用将测深仪换能器绑在5~10m左右的竹竿上，将竹竿伸至水中通过缩小仪器底部与水底面的距离达到缩小声波在河床底面覆盖面的目的，提高水深测量的精确度。另外，根据普通地貌学原理，山体的走向及走势一般都有规律可循，亦可以根据周围山体走向来大致模拟测量处的走势。为提高水下地形的测量精度，一般选择在风力较小的天气进行。

4.5.5　截流戗堤口门测量

截流施工期的截流戗堤口门非常危险，口门（图4.5-6）的水位控制测量可采用免棱镜的全站仪，若介质面反射条件较好，理论上可准确测量待测目标的垂直角、距离等要素。事实上戗堤口门水边线反射介质面不规则，波浪起伏导致大部分时间潮湿，影响了免棱镜全站仪的测距精度。因此可采取垂直角和距离异步观测；多点观测，探测剔除粗差值；适当提前、延迟监测和一定时段内连续观测等多种办法消除误差。

图4.5-6　截流戗堤口门图

1. 垂直角和距离观测

垂直角和距离可采用异步观测的方法。

（1）确定水位监测目标位置，准确测取垂直角，至少两个测回。

（2）微移测距目标并尽可能贴近目标位置，测取距离。

（3）实时计算目标位置水位的平高数据。接测水位的计算公式为

$$Z = H + S \times \cos\left(\alpha \pm \theta + \frac{\gamma}{2}\right) + S^2 \times (1-K)/2R \tag{4.5-17}$$

式中
Z——测点高程；

H——仪器视线高，测站点高程与仪器高之和；

α——垂直角；

θ——垂直角指标差；

$S^2 \times (1-K)/2R$——球气差改正值；

K——大气折光系数；

R——地球半径，$R=6371$km；

γ——激光测距仪发散角；

S——仪器至测点水平距离。

对上式微分并转为中误差公式：

$$m_Z = \sqrt{(m_s^2 \times \cos\alpha^2 + m_a^2 \times s^2 \times \sin\alpha / \rho^2)} \tag{4.5-18}$$

其中
$$\rho = 206265$$

式中
m_s——仪器测距标称精度（$3 + 2 \times 10^{-6}D$），mm；

m_a——仪器的垂直测角误差（$2''$）。

因此，采用垂直角和距离观测，只要垂直角观测准确、距离控制在测程范围内，水位控制测量精度完全能达到规范要求。

2. 多点观测

水位观测，对水边线判断和反射介质面不规则会引起的照准误差。为了减少、消除照准误差，可采用多点观测，实时计算剔除粗差值，取多点平均值作为监测目标的水位控制测量数据。

3. 波浪影响的消除

船只航行、戗堤口门投料、激流险滩等都可以产生波浪，影响水边线的确定。为确保水位监测精度，可采取适当提前、延迟监测和一定时段内连续观测的办法来消除波浪影响。

4.5.6 导流明渠水下地形测量

水电站导流明渠因峡高谷深、浪急涛涌，采用测船搭载 GNSS 和数字测深仪进行水下地形测绘会非常困难，长江委水文局提出了应用"水文移动缆道"进行水下地形测绘的方法。左右两岸用多台重型挖掘机作为缆道固定锚桩，通过在铅鱼上搭载测深仪进行水深数据采集，通过无线传输将数据实时传回主测计算机。移动重型挖掘机将缆道顺序推进，直至完成全部测量工作（图 4.5-7）。

4.5.7 导流洞地形测量

导流洞进出口浪高流急、流态复杂，较大的船只无法进入导流洞；洞内水位变化大，很

图 4.5-7　采用移动缆道测深图

多时候全年积水甚至满洞；内部空气质量差、噪声大。导致测船仪器观测晃动大且无 GNSS 信号，只能采用常规方法划测。

如图 4.5-8 所示，在已知点上安置免棱镜全站仪，测出洞外的地形和建筑物形状；沿导流洞从外到内寻找合适的反射点，测量导流洞洞口的形状和相对关系；将测站至导流洞视线范围内点线的方向、天顶距和斜距等数据自动传送至笔记本电脑，自动计算各点平面坐标和高程，并绘制地形图。

图 4.5-8　导流洞水下地形测量

第 5 章

平 原 河 流 测 量

5.1 平原河流的特点

5.1.1 地形特点

平原河流地形多位于大江大河中下游的冲积平原。我国大型的冲积平原有江汉平原、江淮平原、华北平原和松辽平原，这些平原多是在新构造运动影响的沉降环境下形成。

受水力和泥沙条件控制，平原河流河面较宽广，河床坡度较小，河道多弯曲，河漫滩及阶地发育。有些平原河流的河床演变过程十分迅速，往往经过一次汛期，甚至几天，河型就会有很大变化。

1. 河型

（1）平原河流河型可分为顺直微弯型、弯曲型和分汊型三种。

1）顺直微弯型河流的主流线一般位于河床的中央，两侧形成对称的横向环流。在平原河流中，顺直微弯型河道相对占比较少，长度一般不超过河宽的 10 倍。

2）弯曲型河流是平原地区比较常见的河型，又称曲流。弯曲型河流凹岸受水流冲刷形成深槽，而凸岸发生堆积形成边滩；在上下游两个深槽之间，受底流上升影响易发生堆积形成浅滩。浅滩一般洪水期淤积枯水期冲刷，而深槽则多为洪水期冲刷枯水期淤积。

3）分汊型河流在河中出现一个或几个以上的江心洲，使河床分成两股或多股汊道，形成河道宽窄相间的藕节状。分汊河型按稳定程度分为相对稳定分汊型和游荡分汊型两大类。稳定分汊型指河道内江心洲分布较稳定；游荡分汊型河床汊道密布而时分时合、汊道与汊道之间的洲滩位置经常变化，又称为网状河道或不稳定汊道。

（2）平原河道横断面形状，大致可分为窄深形和宽浅形两种。窄深形一般为 V 形或偏 V 形；宽浅形一般为 U 形或 W 形。V 形一般出现在单一段，偏 V 形出现在单一段或分汊段的较弯一汊。U 形出现在单一段或过渡段，W 形一般出现在汊道分流点下游、汇流点上游或过渡段。

2. 河漫滩

河漫滩指洪水期被淹没的河床以外河谷平坦部分。一般较宽广的河谷大都是河漫滩，河床只占小部分。被普通洪水淹没的部分，称为低漫滩，被特大洪水淹没的部分称为高漫滩。在河流下游，河漫滩可宽于河床几倍至几十倍，这种大型的河漫滩又称为河岸平原。

低漫滩沿河床两侧分布，一般高出河床平均水位 0～2m；高漫滩紧邻低漫滩，一般高出河床平均水位 2～5m。

3. 阶地

阶地指由于地壳上升、河流下切而形成的阶梯状地貌，特大洪水时不被淹没的地带。

阶地由阶地面和阶地坡组成。阶地面比较平坦，微向河床倾斜；阶地面以下为阶地坡，是朝向河床急倾斜的陡坎。阶地高度一般指阶地面与平水期水面之间的垂直距离。

阶地的级数一般由下而上顺序排列，高于河漫滩的最低一级阶地，称为Ⅰ级阶地，向上依次为Ⅱ级、Ⅲ级阶地等。在同一河谷横剖面上，阶地的相对年龄一般是低阶地新，高阶地老。

受地质构造和河流下切动力影响，不同地区和河流的不同河段，阶地的发育程度、发育阶地数和海拔高度不等。如长江中下游平原河流的Ⅰ级阶地海拔高度为 1～5m，Ⅱ级阶地海拔高度 3～20m，Ⅲ级阶地海拔高度为 10～50m。

5.1.2　地质特征

平原河流表面一般为堆积的河流冲积物，大部分为粉细砂，少量黏土、黏质粉土、砂质黏土、中砂以及粗砂，其厚度受河床岩土性质、水动力条件和水流携带物质等因素影响，薄者一般为 1～3m，厚者可达数十米。

低河漫滩一般由冲积的砂砾石及砂土构成，局部见有沼泽堆积的淤泥质物组成。高河漫滩一般二元结构明显，表部由冲积的细粒物质如黏性砂土组成，下部由粗粒的河床相堆积物如砂卵砾石等组成。高低漫滩的堆积物厚度同样受地质、水流等多种因素影响，薄者一般 3～5m，厚者可达数十米。

河流阶地按组成物质及其结构分为侵蚀阶地、堆积阶地、基座阶地、埋藏阶地，平原河流阶地主要为堆积阶地和埋藏阶地。阶地堆积物厚度薄者一般 3～5m，厚者可达数十米甚至上百米。

5.1.3　水文特征

平原河流一般处于河流的下游，最终汇入大江大河、湖泊或大海。水位涨落受径流、潮汐以及水工建筑物（涵、闸等）等因素影响，有以下特点：一是水位年内变化较大，汛期、洪水期水位较高，枯水期、平水期水位较低；二是水位比降较小；三是一定时期内，水位变化幅度不大，比较平稳；四是有些河流的水位会受到海洋潮汐的影响而涨落。

我国平原河流最小流量一般出现在 12 月至次年 2 月，最大流量一般出现在汛期的 6—9 月（部分受融雪汇流影响的河流除外），尽管年内流量相差较大，但较山区河流平稳。以长江大通站为例，据统计出现最小流量最多的为 1—2 月，其中 1 月占 35.8%，2 月占 32.1%，两个月共占 68%。2 月开始流量逐月增加，7 月出现最大流量频次占 73.6%，6 月、8 月各占 13.2%。总之，大通站来水集中在汛期 5—10 月，其来水占年总量的 70%，同期水位也较高，10 月后流量明显减小，与长江下游水位涨落过程相一致。

5.1.4　测量条件

相比山区河流，平原河流具有如下特点：

（1）两岸经济相对发达、人口较稠密，很多地方两岸均有堤防，各类控制点较多位于堤顶，存在沉降问题。堤内防护林整齐茂密，通视条件较差，如图 5.1-1 所示。

（2）河道内洲滩发育丰富，洲滩分布星罗棋布，洲滩芦苇杂草丛茂盛如图5.1-2所示。

图5.1-1 平原河流堤防及防护林　　　图5.1-2 平原河段边滩植被茂盛

（3）河道岸线利用率非常高，两岸密布大型水工建筑物、大型涵闸、码头、港口、桥梁以及过江（河）隧道等，严重影响近岸水下地形的测量，如图5.1-3所示。

图5.1-3 平原河段码头

（4）相对于山区河流，由于河床组成结构的不同，淤泥滩较多，测量人员通行十分困难，如图5.1-4所示。

平原河道演变一般比较剧烈，有坐崩、窝崩、条崩和洗崩等四种形式，崩岸时常发生，测量的实时性要求较高。

（5）平原河流航道内来往船只一般较多，如图5.1-5所示。水下地形的测量一般采用横断面法施测，一般垂直于主流或深槽线，测船与来往船只碰撞的风险较大。故测量前

图5.1-4 平原河流边滩淤泥　　　　图5.1-5 平原河流航行船只

须发布航行通（警）告，必要时需请海事部门采取措施确保测量安全。

5.2 平原河流控制测量

5.2.1 平面控制测量

平原河流平面控制测量常用 GNSS 平面控制测量、导线测量、三角测量、三边测量和边角测量等方法。

在我国沿海地区，也常用无线电指向标（RBN）进行平面定位，是由国家海事局建设的。RBN－DGNSS 即无线电指向标/差分全球定位系统（Radio Beacon－Differential Global Position System），是一种利用航海无线电指向标播发台播发 DGNSS 修正信息向用户提供高精度服务的助航系统，属单站伪距差分。我国 RBN－DGNSS 基准台使用的是 WGS－84 坐标系，而不是 2000 国家大地坐标系，使用时必须进行坐标转换。

平原河流测量范围一般较大，不宜将其视为平面，需考虑地球曲率的影响。为了合理地处理长度投影变形，应适当选择投影带和投影面。观测成果一般应归化到参考椭球面（或大地水准面）上，并按高斯正形投影计算 3°带内的平面直角坐标，以尽量与国家坐标系统一致，有利于成果、成图的相互利用。当测区平均高程较大时，为了使成果与实地相符，应采用测区平均高程面作为投影面。当测区中部远离 3°带中央子午线时，应以测区中部子午线为中央子午线，采用任意带高斯正形投影（见高斯-克吕格尔平面直角坐标系），详见本书 2.1.5 坐标投影。

5.2.2 高程控制测量

高程控制测量主要采用水准测量、三角高程测量、GNSS 高程拟合等三种方法。因平原河流往往水面较宽，并经常需跨河作业。为了尽可能消除地球曲率和大气垂直折光的影响，采用三角高程测量要求每边均应相向观测。以下以 2012 年长江张家洲河段新港至张家洲四等跨江三角高程测量为实例进行说明。

1. 测前准备

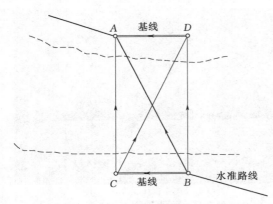

图 5.2－1 跨江三角高程测量布置示意图

准备全站仪 2 台套、棱镜 2 个、三角脚架 2 个、水准仪 1 套、钢卷尺 2 个、气压表与温度计交通船只与通信等设备。

2. 测量方案

跨江三角高程测量布置示意如图 5.2－1 所示，采用全站仪施测高差 H_{AC}、H_{AB}、H_{DC}、H_{DB}、H_{CA}、H_{CD}、H_{BA}、H_{BD}，采用水准仪施测高差 H_{DA}、H_{BC}。

3. 测量过程

选定基线 D、A 与 B、C 共 4 个点。基线长度控制在 50m 以内，各点之间通视，高差不易过大，垂直角小于 15°，跨（江）河长度小于 2000m。

用水准仪按三等水准测量精度往返分别施测两基线点（BC 与 AD）间高差；用两部全站仪分别在两岸 A、B、C、D 4 点进行对向观测，测量跨河边两点间高差；现场测定气压与气温值并输入全站仪。全站仪使用前要对垂直指标差检测校正。实施时，测量选择时间在上午日出后 30min 后至中午前 2h 和中午后 3h 至日落前 30min，消除折光影响，觇牌、棱镜和仪器高度量取为开始和结束观测两次，记录至毫米。垂直角（天顶距）两测回，每测回时间间隔 15min。正倒镜为一测回，指标差较差不大于 8″，指标差互差不大于 8″，每测回读测距离 4 次。两侧回角度差不大于 3″，计算垂直角保留 0.1″。高差计算采用参数 K 取 0.14，曲率半径 6369000m，计算的 AB 之间高差共四组 BA、BCA、BCDA、BDA，四组高差互差小于 $\pm 30\sqrt{D}$（mm）。计算的测回间（4 组）每千米高差中数偶然中误差，小于 ± 10mm。

4. 精度评定

根据测量误差理论，某一量 N 次不等精度观测由真误差表示的单位权中误差的计算公式为

$$M = \pm\sqrt{[P\Delta\Delta]/N} \qquad (5.2-1)$$

而真误差与改正数的关系为

$$[P\Delta\Delta]/N = [Pvv]/(N-1) \qquad (5.2-2)$$

于是利用改正数计算单位权中误差公式为

$$M = \pm\sqrt{[Pvv]/(N-1)} \qquad (5.2-3)$$

式中　Δ——观测真误差；

　　　$P\Delta\Delta$——N 次观测真误差之和；

　　　　v——改正数；

　　　Pvv——改正数之和。

跨河水准测量高差不符值及每千米偶然中误差 M_Δ 计算成果见表 5.2-1。

表 5.2-1　　跨河水准测量高差不符值及每千米偶然中误差 M_Δ 计算成果表

| 序号 | 测段 | | 线长 | 高差/m | | | 往返差 /m | $30\sqrt{D}$ /mm | 高差中数 /m | 测回间 不符值 Δ/m | $\Delta\Delta$ /mm | $\Delta\Delta/R$ |
	测站点	照准点	R/km	往测	返测	高差 中数						
1	基1	基3	1.235	−1.515	1.497	−1.5060	−0.018	±33.3	−1.506	0.0119	141	114.2
2	基1	基4	1.240	−1.597	1.606	−1.6015	0.009	±33.4	−1.514	0.0039	15	12.1
3	基2	基3	1.224	−1.502	1.494	−1.4980	−0.008	±33.1	−1.523	−0.0051	26	21.5
4	基2	基4	1.231	−1.573	1.587	−1.5800	0.014	±33.2	−1.529	−0.0106	113	91.7

续表

序号	测段		线长	高差/m			往返差 /m	$30\sqrt{D}$ /mm	高差中数 /m	测回间 不符值 Δ/m	$\Delta\Delta$ /mm	$\Delta\Delta/R$
	测站点	照准点	R/km	往测	返测	高差 中数						
									总和: -6.072		总和: 295	总和: 239.5
									平均: -1.518			
精度评定	每千米偶然中误差 $M_\Delta = \pm\sqrt{[\sum(\Delta\times\Delta/R)]/(4\times n)} = \pm\sqrt{239.5/4\times 4} = \pm\sqrt{14.96} = \pm 3.87$ (mm) $\leqslant \pm 6.0$mm。 符合设计书要求。 每一测回的高差中数中误差 $M_w = \pm\sqrt{[\sum(\Delta\times\Delta/R)]/(n-1)} = \pm\sqrt{295/3} = \pm 9.9$(mm)。 四个环节高差平均值的中误差 $M = \pm m/n = \pm 9.9/\sqrt{4} = \pm 5$ (mm)											

5.3 平原河流水位观测

平原河流水位测定的方法主要有：水尺观测、水位自记、GNSS 免验潮技术测定水位等。

5.3.1 水尺观测

1. 水尺布设

平原河流水尺应设置在河道顺直、断面比较规则、水流稳定、无分流斜流及无乱石阻碍的地点；一般应避开有碍观测工作的码头、船坞和有大量工业废水和城市污水排入的地点，使测得的水位和同时观测的其他项目的资料具有代表性和准确性；同时为使水位与流量关系稳定，还应避开变动回水以及上下游筑坝、引水等的影响。当需观测水位比降时，还应根据河道地理特性、水位坡降以及受潮汐影响情况确定水尺之间的距离，一般最大不超过 20km。对于感潮及潮汐河段，还应保证水尺能控制水位变动范围。

水尺的高程起算点宜采用四等及以上等级的水准点或校核点，按照四等水准或电磁波高程导线测量精度施测临时水尺的零点高程，路线长度及限差按照表 5.3-1～表 5.3-4 执行。当水尺接测时间超过 48h 后或遭受碰撞后，应重新测定水尺零点高程以验证水尺有无变动，当新测水尺零点高程与原高程相差大于 10mm 时，认为水尺已变动，需查明原因并启用新高程。当测线长度小于 100m 时，按照 100m 计算限差。

表 5.3-1　　　　　　　　　　水准测量路线长度要求　　　　　　　　　　单位：km

等　级	三　　等	四　　等
环线周长	200	100
附合路线长度	150	80
支线长度	50	20
同级网中结点间距	70	30

表 5.3 - 2　　　　　　　**高差不符值与闭合差的限差要求**　　　　　　　单位：mm

等级	每千米高差中数中误差		测段、路线往返测高差不符值	测段、路线的左右路线高差不符值	附合路线或环线闭合差	检测已测测段高差之差
	M_Δ	M_w				
三	± 3.0	± 6.0	$\pm 12\sqrt{K}$	$\pm 8\sqrt{K}$	$\pm 12\sqrt{L}$	$\pm 20\sqrt{R}$
四	± 5.0	± 10.0	$\pm 20\sqrt{K}$	$\pm 14\sqrt{K}$	$\pm 20\sqrt{L}$	$\pm 30\sqrt{R}$

注　K 为路线或测段的长度，km，当 $K<100m$ 时，按照 100m 计算；L 为附合路线（环线）的长度，km；R 为检测测段长度，km，R 不宜小于 1km，当 $R<1km$ 时按照 1km 计算。

表 5.3 - 3　　　　　　　**高程导线边长及路线长度要求**

等级	每条边的长度/m		路线长度/km	
	对向观测	隔点设站	$h=0.5m$	$h\geqslant 1m$
三	700	300	40	120
四	1500	700	20	60

注　h 为基本等高距。

表 5.3 - 4　　　　　　　**高 程 导 线 限 差 要 求**

等级	边 长 观 测			垂直角观测		高 差				
	一测回读数间较差/mm	测回间较差/mm	往返测较差/mm	指标差较差/(″)	测回间较差/(″)	每千米高差中数中误差/mm	对向高差较差/mm	单程双测高差较差/mm	附（闭）合路线闭合差/mm	检测已测测段高差之差/mm
三	5	7	$2(a+b\times D)$	5	5	± 6.0	$\pm 35\sqrt{D}$	$\pm 8\sqrt{D}$	$\pm 12\sqrt{D}$	$\pm 20\sqrt{D}$
四	10	15	$2(a+b\times D)$	8	8	± 10.0	$\pm 45\sqrt{D}$	$\pm 14\sqrt{D}$	$\pm 20\sqrt{D}$	$\pm 30\sqrt{D}$

注　1. 边长往返较差必须将斜距化算到同一水平面上方可进行比较。

　　2. $(a+b\times D)$ 为测距仪标称精度。

　　3. D 为测站间水平距离，km。

2. 水尺观测

人工观测水位须遵循以下原则：

(1) 非感潮河段。当天水位变化 $\Delta H<0.1m$ 时，在工作开始、结束时各观测一次；$0.1m\leqslant\Delta H<0.2m$ 时，在工作开始、中间、结束时各观测一次（当水位有脉动现象时，应增加观测次数，并控制水位脉动变化）；$\Delta H\geqslant 0.2m$ 时，在工作开始、结束时及中间每小时整点观测一次。

(2) 感潮河段。在工作开始、结束时各观测一次，中间每小时观测一次，高低潮期间 10min 加密观测一次。

5.3.2　水位自记

采用水位自记仪自测水位时，应结合人工观测数据校正。观测方式、方法详见 4.3.2 水尺的设立与观测。

水位自记应优先采用远传式水位仪，对数据进行实时监控，发现异常情况及时与现场人员联系处理。自记仪器应连续不间断记录数据，数据记录时间间隔设置应不大于 5min，并确保仪器探头在水面下不少于 0.2m，否则应重新安置探头。

5.3.3　GNSS PPK 免验潮技术

传统的水下地形测量模式一般是利用 GNSS 测定平面位置，利用测深仪测定深度，人工观测水位资料进行插补改正，获得河床点的高程。但这种方法得到的平面定位、水深资料精度往往受船姿、风浪、潮位传播、河道横比降、河道水面线沿程变化不均匀等因素的影响较大。

随着 GNSS 技术的不断发展，GNSS 免验潮技术逐渐完善，平面定位和水深测量的精度大幅提高，GNSS 免验潮技术主要有 RTK 及 PPK 两种，RTK 三维水深测量技术在本文 6.7 感潮河段 RTK 三维水深测量实例中详细叙述，本节介绍 PPK 技术在水下地形测量中的应用。

5.3.3.1 测量原理

GNSS PPK（post processing kinetic）动态后处理技术的工作原理是利用同步观测的一台基准站接收机和至少一台流动接收机对卫星载波相位进行测量，事后利用动态后处理软件形成虚拟的载波相位观测值，确定接收机之间厘米级的相对位置，先经坐标转换得到流动站的三维坐标。然后通过测量基准站天线与移动站天线之间的高差，即可推求移动站所对应的河底高程。测量过程分三个部分：第一部分是模型参数的确定与检验。主要根据测区范围沿岸高级水准控制点的测量值与真实值拟合覆盖测区范围的近似高程面，建立适合本测区范围高程异常改正的数学模型；第二部分是三维 GNSS 数据的获取；第三部分是信息的处理。具体有同步处理、波浪信息分离、潮位信息分离、误差分析等以及对实测水深的各种改正等，主要流程如图 5.3-1 所示。

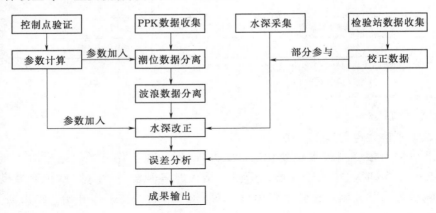

图 5.3-1 PPK 工作流程图

5.3.3.2 模型参数确定及检验

由于测量工作中选用的似大地水准面与大地水准面存在差值，该差值随基准站至流动站之间距离、高度和方位的变化而变化，但在空间分布上存在一定的规律，可用一个连续的数学模型来描述高程异常的变化。高差变化一般采用多项式曲面拟合模型，拟合的过程中已知点数量越多精度越好，但实际测量中不可能测量很多的已知点，往往只需满足地形测量精度要求即可，一般采用一次函数模型：

$$\Delta H = A_0 + A_1 \Delta x + A_2 \Delta y + A_3 \Delta hs + \xi \qquad (5.3-1)$$

式中 ΔH——改正高度；

Δx、Δy、Δh——测点到基准站三维差；

s——测点到基准站的平面距离；

ξ——各种因素影响误差。

一次函数模型共有四个参数，A_0 称为平移因子，解决基站存在的高程方面系统误差；A_1 称为 X 因子，A_2 称为 Y 因子，A_3 称为 Z 因子，解决基站坐标及高程信息在通过 PPK 测量传递到未知点产生的高度异常，采用最小二乘法拟合曲面。以下就以江苏沿海网仓洪地形测量项目为例叙述实施过程。

1. 参数确定

首先确定基站安装位置，基站尽可能设在开阔无遮挡位置，且尽量位于测区中心，参与计算的控制点的选择满足下述要求：

（1）高程控制点最好选择同一条水准路线上点或同一时期采用的高级引据点部分相同的不同路线上的点。

（2）高程控制点最好选择近期联测过的、保存完好的控制点。

（3）采用控制点在条件许可情况下覆盖测区范围，亦可以过基站、方位约 290° 的直线为轴（多个项目实例表明江苏沿海小范围内高度异常梯方向约 290°），求取控制点镜像位置，使镜像位置尽可能控制测区。

在海区测量时，有条件的情况下，在测区布一组潮位站（采用自容式仪器）在潮位站位置测几个时段三维 GPS 数据，计算出当时潮位与潮位站潮位数据进行比较验证。

在每个控制点测量需要测三个时段，每测段开始前都需要对 GPS 进行初始化，以尽量减少环境影响造成的误差。条件许可情况下，测次可安排在不同日期中进行。实际测量中根据实际情况布置控制网图，如图 5.3-2 所示，基准站为 MT168，采用控制点有八个，右上图阴线范围为测区，同时在测区位置布置一个潮位监控点。

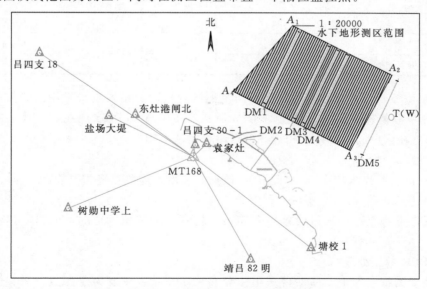

图 5.3-2　测区控制点布置示意图

采用最小二乘法拟合曲面，使误差 ξ 趋于 0，对需要求取的四参数求导结合四个已知控制点测量数据，整理如下四式：

$$\sum \Delta H_i - 4A_0 - A_1 \sum \Delta x_i - A_2 \sum \Delta y_i - A_3 \sum \Delta h_i s_i = 0 \qquad (5.3-2)$$

$$\sum \Delta H_i \Delta x_i - A_0 \Delta x_i - A_1 \sum \Delta x_i \Delta x_i - A_2 \sum \Delta y_i \Delta x_i - A_3 \sum \Delta h_i s_i \Delta x_i = 0 \qquad (5.3-3)$$

$$\sum \Delta H_i \Delta y_i - A_0 \Delta y_i - A_1 \sum \Delta x_i \Delta y_i - A_2 \sum \Delta y_i \Delta y_i - A_3 \sum \Delta h_i s_i \Delta y_i = 0 \qquad (5.3-4)$$

$$\sum \Delta H_i \Delta h_i s_i - A_0 \Delta h_i s_i - A_1 \sum x_i \Delta h_i s_i - A_2 \sum y_i \Delta h_i s_i - A_3 \sum \Delta h_i s_i \Delta h_i s_i = 0 \qquad (5.3-5)$$

式中各要素的释义见式（5.3-1）。

本次选取四个控制点为东灶港闸北、树勋中学上、塘校1、吕四支30-1，其余控制点作为参数校核点，将四个控制点测量数值代入上式求得四个参数，并采用四个参数改算高程与实际高程比较，求得测点每千米变化值及改算高程与实际高程差值，见表5.3-5和表5.3-6。

表5.3-5　　　　　　　　　　　每千米变化参数表

名称	平移因子/m	X因子/mm	Y因子/mm	Z因子/mm
数值	0.0113	2.0545	−4.813	0.4173

表5.3-6　　　　　　　　　　　改算成果比较表　　　　　　　　　　　单位：m

控制点	水准高程	改算高程	误　差
东灶港闸北	6.862	6.862	0.000
树勋中学上	4.468	4.468	0.000
塘校1	6.123	6.132	0.009
吕四支18	2.973	2.941	−0.032
盐场大堤	6.363	6.358	−0.005
袁家灶	7.518	7.496	−0.022
靖昌82明	2.255	2.322	0.067
吕四支30-1	4.803	4.803	0.000
MT168	20.512	20.501	−0.011

从表5.3-6可以看出改算后精度能满足测区内地形测量要求。采用四参数拟合测区PPK高度测量差值梯变曲线图如图5.3-3所示，图中过MT168黑线基本代表梯变方向285°左右，落在图中同一红线上相近高度点改算值基本相同。

2. 模型验证

在海上T(W)点采集了2h水面PPK数据，采用上述参数将测得数据改算后与T(W)潮位数据对比，如图5.3-4所示。

潮位图形走势相近，数值较差不大5cm，总体上两者是一致的，说明上述参数是合理的。

5.3.3.3　PPK数据处理

水下地形测量过程中，移动台采用2套GNSS系统：一套为水深数据采集系统，由DGNSS定位系统及测深仪组成，采集河（海）床平面点位信息；另一套为三维数据采集系统，由PPK定位系统测定探头三维信息，测深系统如图5.3-5所示，假设基准台天线高为H_1，移动台天线距离换能器高度为H_3，测深仪探头至河床底部的深度为H_5，基准

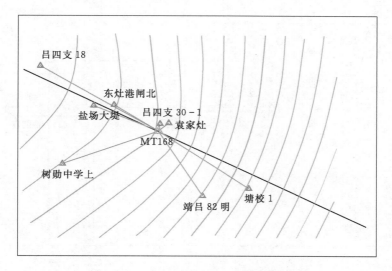

图 5.3-3　高程异常值梯变曲线图

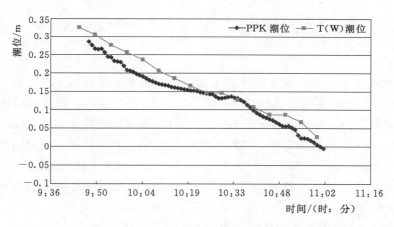

图 5.3-4　计算潮位与实测潮位对比图

站在某高程基准面上的高程为 H_4，探头所测位置的河床底部在某高程基准面上的高程为 H，基准站天线和移动站天线之间的高度差为 H_2，则 $H = H_2 + H_3 + H_5 - H_1 - H_4$。其中 H_4 为已知，H_1、H_3 可用钢尺量出，H_5 由测深仪测出。因此，只要利用 PPK 技术精确测出 H_2 的数值，那么 H 的数值便可以通过公式计算。

移动站采集的三维数据是由多种信息叠加而成的，有些需进行改正或消除。如潮汐引起测时水面变化，称为潮位信息，特点是变化有规律，频率低。针对某固定点，一天一般有两涨两落，变化图形与附近潮位站潮位变化相近，受传播过程能量的损耗及地理环境的影响，数值在不同的位置存在相位差和幅度差。沿海潮位站的潮位无法反映测区每一点的真实潮位变化，PPK 三维数据采集系统测量了每个水深测点的真实潮位信息，将此信息分离出来，将对水深测点的潮位改算精度有极大的提升。

采集的信息还包含风引起的瞬间水面起伏信息，称为波浪信息，特点是变化幅度相对较大，变化频率有一定规律性，一般海浪的周期为 0.5～25s，与测深仪器显示的水深信

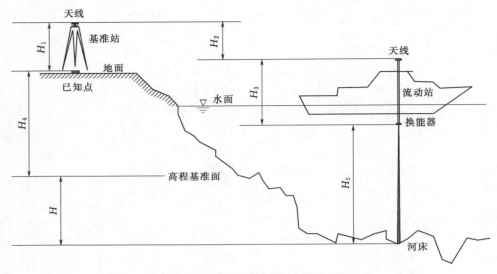

图 5.3-5　测深系统示意图

息中由波浪引起的数据变化有一致性，据此信息可以消除测深过程中波浪的影响。

采集的信息还包含测船的摇摆、GNSS 信号失锁等，称为杂波，须滤除。

1. 轨迹处理

采用 PPK 方法测量时，基准台连续不间断采集数据，采样频率为 1 次/s，船台采样频率也为 1 次/s。PPK 基线解算软件为天宝公司最新开发的 TBC 基线处理软件。

TBC 软件是美国 Trimble 公司最新开发的 GPS 数据处理软件包，它主要用于处理该公司的大地型 GPS 接收机的数据，并且兼容大多数 GPS 数据格式。它具有作业计划、数据传输、基线解算、网平差和坐标转换等在 GPS 数据处理中常用的功能。

打开 TBC 软件，先在软件中建立工程文件及设置坐标系统参数，然后导入基准台数据，输入基准点成果后导入移动台数据，尽可能一个移动台一天建立一个工程，移动台数据输入后右击工程管理器中时段下基线出现如下界面（图 5.3-6），选择基线处理。

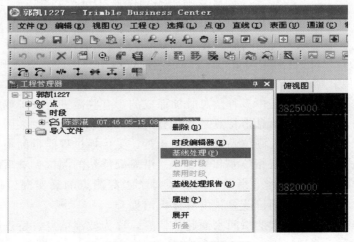

图 5.3-6　基线处理示意图

TBC 软件基线解算具体过程就不再详细介绍，TBC 软件进行 PPK 基线解算后的轨迹处理截图如图 5.3-7 所示。

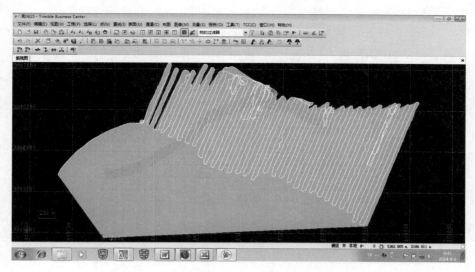

图 5.3-7　轨迹处理示意图

基线处理后确认处理成功保存后对轨迹线进行输出，得到本软件需要的测点三维信息文件，后缀为 CSV，轨迹文件输出界面如图 5.3-8 所示。

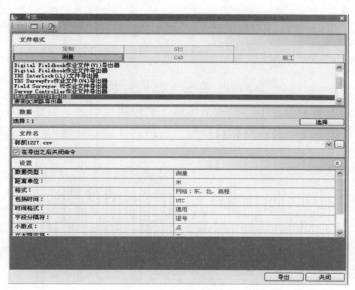

图 5.3-8　测点三维信息处理示意图

2. 信息分离

信息处理分两步，一是潮位分离，二是波浪分离。潮位信息和波浪信息都是低频信息，但潮位信息更低，首先采用 C 语言设计一个限频低通滤波器 FILTER（char * file，char * newfile，float rate）如下：

```
int FILTER(char * file,char * newfile,float rate)
* * * * * *
fwrite(&CWCP,j,1,FP1);
j=sizeof(CW[0]);
```

滤波前潮位信息如图 5.3-9 所示,采用 120s 限频滤波后潮位信息如图 5.3-10 所示。

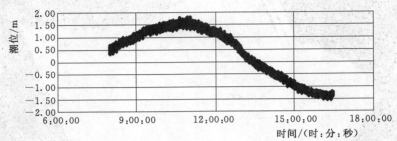

图 5.3-9 滤波前的潮位时间过程线

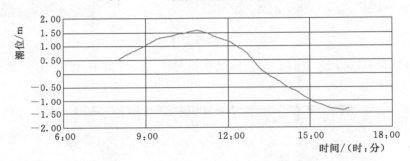

图 5.3-10 滤波后的潮位时间过程线

潮位信息分离后剩下信息中包含波浪信息、测船摇摆信息、其他信息等,下一步就是从轨迹文件中分离出波浪信息,根据波浪频谱范围设计低通滤波,分离出的部分波浪信息图如图 5.3-11 所示。

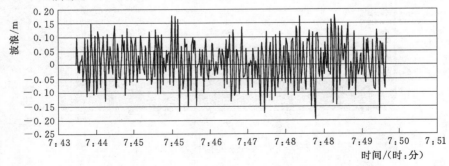

图 5.3-11 分离出的波浪信息

3. 水深同步处理

由于测深仪、GNSS 等设备的信号处理及传输相互独立,记录的水深、定位、PPK

数据并不同步，存在时间延迟。因此，在处理测量数据前，必须首先进行数据同步处理。

如图 5.3 - 12 所示，以 GNSS 输出的定位时刻作为时间基准，设 T_1 为 GNSS 定位数据的固定时间延迟，T_3 为 PPK 数据采集的固定时间延迟，T_2 为测深仪的固定时间延迟。GNSS 定位时间延迟主要由量测信号、计算位置以及输出其他数据花费时间造成，但定位数据以及定位时刻是准确同步的，因此，T_1 可以这样求得。PPK 数据一般不存在延时，即 $T_3 = 0$。

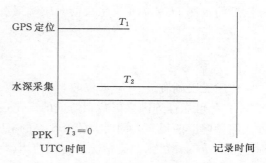

图 5.3 - 12　数据采集不同步示意图

T_2 的获取比较困难，一般在水底地形变化比较剧烈的地方布设测线，沿测线进行往返测量。以各测点起点距为横坐标、水深为纵坐标，绘制往返测线剖面。根据图示法或曲线相关系数法，测定往返测线剖面的偏移量 l，并结合平均航速 v 推算 T_2 值。

$$T_2 = \frac{l}{2}v \qquad\qquad (5.3 - 6)$$

将所有时间全部归算到 GNSS PPK 时间，则水深时间同步公式为

$$T_{new} = T - T_2 - T_1 \qquad\qquad (5.3 - 7)$$

4. 波浪处理

水深测量过程中采集的数据有涌浪因素等信息，波浪消除就需要对同步后的水深文件进行波浪处理，波浪信息包含在 PPK 采集的已分离出的波浪文件中。为计算消除波浪后的水深，首先提取水深测量时间，然后在波浪文件提取对应时刻的波高 b，按下式计算消除波浪后水深 H。波浪处理后的水深如图 5.3 - 13 所示。

$$H_{new} = H - b$$

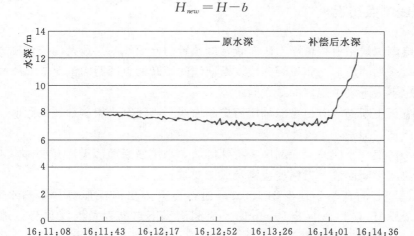

图 5.3 - 13　波浪处理后的水深

5. 潮位处理

分离出的潮位信息对应的是测船当前位置的水面高，通过提取水深记录时间、经波浪

补偿后的水深 H_{new}，PPK 采集的对应时刻水面高 H_{SW}，从而获取测点高程 h：

$$h = H_{SW} - H_{new} \tag{5.3-8}$$

6. 质量控制

使用无验潮方式测定水位时，测量精度会由于受船体摇摆、采样速率、同步时差、RTK 高程可靠性等因素影响，造成的误差远远大于 GNSS 定位误差，从而制约了无验潮方式测量精度的提高。同时，GNSS 测量精度受信号遮挡的影响较大，容易超出仪器误差标称值的范围，遇到此类情况应谨慎使用。无验潮方式测量精度与距基准站距离，与基准点高差无明显关系。一般在 4km 范围以内，可以满足小于或等于 1∶500 地形图水深测量精度的要求。

（1）船体摇摆姿态的修正。姿态可利用三维滤波器通过输出船的航向、横摆、纵摆等参数，对船的高程进行修正。

（2）采样速率和延迟的控制。GNSS 定位输出的更新率直接影响到采集的精度和密度，目前 GNSS 最高输出已达 20Hz。不同品牌测深仪的输出速度差别很大，数据输出的延迟也各不相同。因此，定位时刻和水深测量时刻的时间差会造成定位延迟，这项误差可以在延迟校正中加以修正。修正量可通过在具有斜坡的水下断面进行往返测量，求取延迟参数进行修正。

5.4 平原河流水下地形测量

5.4.1 测线测点布设

1. 测深线

平原河流测深线一般按横断面法布置，即预置的断面线与岸线及河流深泓方向基本垂直，弯道河段采用"扇形"布置测深线。断面线间距和测点间距需满足表 2.4-3 的要求，凹弯最宽处也不大于表中规定的最大间距。

当测区有历史断面线时尽可能采用历史断面线。当河宽小于测深线间距时，断面间距与测点间距应适当加密。

对局部小河汊、小凹湾、渔网区等特殊区域，采用横断面法无法开展时，可采用 S 形线法、散点法或纵断面法，但精度应满足成图要求。

对入江河汊，河宽小于地形图上 4mm 时，可只测出河汊形势，不测水下点高程；地形图上河宽大于 4mm、小于 10mm 时，应测出水下点高程及河汊形势；地形图上河宽大于 10mm、小于 50mm 时，应从河口测进地形图上 50mm 并测出水下点高程；河宽不小于 50mm 时，应从河口测进地形图上 100mm 并测出水下点高程。

2. 测线检查线

测深检查线可采用纵断面法或重合横断面法布置。

当采用纵断面法时，测深检查线与主测深线相交处不同作业组相邻测段或同一作业组不同时期相邻测段的重复测深线的重合点处，图上 1mm 范围内水深比对较差符合表 5.4-1 的要求。

表 5.4-1   主测线与检测线水深比对较差要求

水深 H/m	深度比对较差/m	水深 H/m	深度比对较差/m
$H \leqslant 20$	$\leqslant 0.4$	$H > 20$	$\leqslant 0.02H$

采用重合横断面法时，则选择部分断面进行重复测量，每天早晚分别重复施测一个断面，每天检查线总长度应不少于当天所测水下总长度的 5%。通过重复断面的面积对比统计精度，面积误差应不超过 2%。检查断面精度统计表见表 5.4-2。

表 5.4-2   检查断面精度统计表

平面系统：_____坐标系，中央子午线：_____ °E，_____ °分带

日期	断面坐标/m				应用水位 /m	测量面积 /m²	检查面积 /m²	面积差 /m²	误差 /%
	X	Y	X	Y					

3. 测点

平原河流水下地形测量测点一般接横断面布设，测点间距随着测图比例尺的不同而有所不同，需满足表 2.4-3 的要求。

5.4.2 多波束水深测量

平原河流水深测量一般采用单波束测深仪，对于中小河流水深较浅时也可用测深杆、测深锤等人工手段。由于平原水流一般均位于流域下游，水面较宽、水深较大且大多通航，特别适合采用日益成熟的多波束测深技术测深，图 5.4-1 为单波束测深与多波束测深对比示意图。

（a）   （b）

图 5.4-1 单波束测深与多波束测深对比示意图

1. 多波束测量原理

多波束测深系统工作原理和单波束测深仪一样，均利用超声波原理进行工作，由换能器、处理单元、操作站三个单元组成（图5.4-2）。首先由换能器在水中发射声波，然后接收从河底反射的回波，通过测出发射声波到接收回波的时间计算水深。与单波束测深仪不同的是，多波束测深系统信号接收部分由 n 个呈一定角度分布的相互独立换能器完成，每次能采集到 n 个水深点信息。因此，多波束测深系统也称声呐阵列测深系统，能对测区进行全范围无遗漏扫测，不仅能实现测深数据自动化和实时显示测区水下彩色等深图，而且还可进行侧扫成像，提供直观的测时水下地貌特征，又被形象地称为"水下CT"。

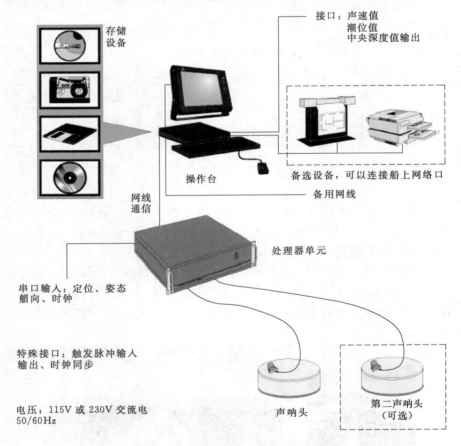

存储设备

接口：声速值
潮位值
中央深度值输出

操作台

备选设备，可以连接船上网络口

网线通信

备用网线

处理器单元

串口输入：定位、姿态
艏向、时钟

特殊接口：触发脉冲输入
输出、时钟同步

电压：115V 或 230V 交流电
50/60Hz

声呐头

第二声呐头
（可选）

图 5.4 - 2　多波束测深系统组成示意图

为解决测船横摇、纵摇、艏向、升沉以及水体对多波束系统测深的影响，系统配有运动传感器和声速传感器，通过实时船姿和声速校正来保证测深精度。多波束测深系统一般采用双 GPS 天线定位，一方面给出较高精度的平面定位数据，另一方面通过求出两 GPS 天线之间的长度矢量精确给出船艏方向。

2. 参数测试

多波束测深系统设备的安装比较复杂，安装的质量直接关系到测量数据的质量。换能器必须通视安装，探头前方的水体中不应有气泡产生，最合适位置是前部接近龙骨处，其次是船舷一侧，运动传感器宜与探头安装在一起。

设备安装后，需要进行四个方面安装校正，校正值用于实时改正和后处理改正。主要包括：

（1）横偏校正。船以相同的船速沿在平坦地形布置的一条约500m测线测一个来回校正。

（2）纵偏校正。船沿在坡度地形布置的一条约500m测线测一个来回校正。

（3）艏偏校正。船沿选择的地形特征点两侧同向各测一条线校正。

（4）时延校正。测船沿在地形特征点布置的一条测线，以两种船速（航速相差一半）同向各测一次校正。

3. 精度控制

多波束系统的主要误差源有系统误差和偶然误差，其中系统误差包含安装误差、运动误差、声速误差、近场误差等，可以通过校正来尽可能消除。

（1）系统误差。系统（包括主设备与辅助设备）本身误差，由系统硬件自身精度决定的。

1）安装误差。安装多波束换能器、GPS天线和运动传感器时，其位置、角度都不可能十分精确而产生的测量误差。可通过现场四个方面的安装校正及其他相关校正而得到改善。

2）运动误差。船舶航行、转向、变速、颠簸带来的测量误差，可通过运动传感器加以改正。

3）声速误差。由于水温、盐度、浑浊度的变化造成水体密度变化，致使声波传播速度变化引起误差。可通过高精度的声速剖面仪和表层声速仪同步实时测量得到精确声速剖面曲线进行校正。

4）近场误差。声波反射点距离发射源很近，产生混响，导致信号与噪声难以辨认引起的误差。操作人员根据现场测量情况实时改正仪器相关设置参数，或通过后处理软件加以改正。

（2）偶然误差。定位数据偶然尖跳，或测深数据偶然漂移等产生的误差。一般通过后处理软件加以改正。

4. 数据后处理

多波束测深系统的数据后处理程序和现场实时测量数据采集程序是分开的，后处理程序的主要功能有GNSS数据处理、水深处理（包括潮位、水中声速改正、水中噪声处理）、系统安装校正（横偏、纵偏、艏偏）、系统时延校正、边缘波束处理、数据网格化以及生成二维和三维地形图等（图5.4-3）。

（1）粗差检测。对现场实时采集的测量数据的粗差检测包括：一是对GPS平面定位数据检查，剔除由于GPS接收机接收到的不稳定信号而造成错误的定位点数据；二是对水深数据检查，通过连续采集的水深数据判别尖跳点并剔除。粗差检测可由数据后处理程序处理，也可人工判别处理。

（2）系统误差检验与改正。系统误差来源于多波束测深系统主设备与辅助设备，一般要在测量中用其他测量方法检验和改正。如使用高精度的定位设备和单波束测深仪检测对比等，统计其系统误差和改正值。

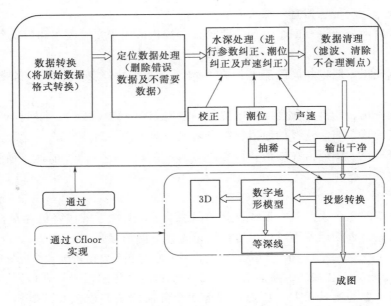

图 5.4-3 多波束数据后处理流程图

（3）船姿等各项改正。由于测船在航行中转向、变速、颠簸等会造成测量误差，因此要对测船姿态进行改正。船姿（横偏、纵偏、艏偏）改正一般在测量前进行，后处理程序对横偏、纵偏、艏偏数据会再次改正。

（4）3D 模型的生成。3D 模型在专用的后处理程序中实现，也可以用其他图形处理程序实现。

5. 应用实例及前景

图 5.4-4 和图 5.4-5 是利用多波束测深系统对长江重点险工段文村夹险工段水下地形扫测成果。

多波束测深系统具有全覆盖测量的特点，满足不同比例的测图，工作效率显著提高，具有很好的应用前景。但也存在如下不足之处：

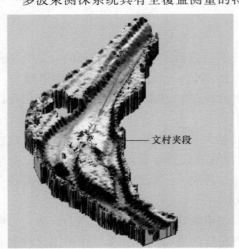

图 5.4-4 文村夹险工段模型图

（1）多波束测深系统测量产生的数据量极大，后续处理较为复杂，人工干预会对处理结果正确与否产生较大影响。在水流湍急和含沙量很大的水域施测效果不佳，浅水地区测量效率低下。

（2）多波束测深系统安装较为复杂，操作较为烦琐，需要投入更多的人力。

（3）多波束测深系统的误差具有复杂性和隐蔽性，只有控制好各个环节才能有效地提高多波束测深成果质量。

5.4.3 平面定位方法

平原河流测深点定位方法有：断面索法、

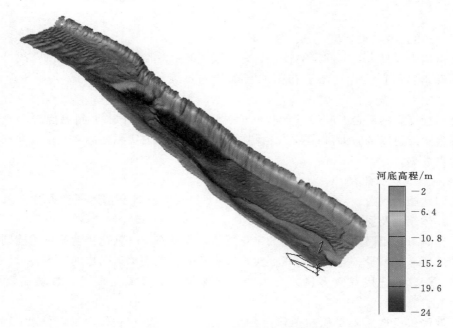

图 5.4-5　文村夹险工段 3D 主俯视图

交会法和 GNSS 定位法等。

当采用 GNSS 定位时，一般采用测区内 E 级及以上等级的 GNSS 控制点，作为 GNSS 导航定位参数的率定或校核点以及 GNSS 基准台架设点。部分困难区域可在不低于图根点等级的控制点架设基准台；也可采用测区已有的三参数，在不低于图根点精度的已知点上进行比测，比测的定位精度误差应小于 0.5m；若误差超限，则需在 E 级及以上等级的已知点上重新测定新的三参数。

5.4.4　罗经仪结合雷达法水边线测量

平原河流水边线测量可采用全站仪、激光测距仪、RTK 技术等方法，因平原河流人类活动较多，还可采用罗经仪结合雷达法施测。

水边线宜与水下地形测量尽量同步，水边特征地貌（如凹弯、凸嘴、崩岸等）应加测，测区内的水工建筑物（如码头、栈桥、泵房等）均应施测，固定水泥码头等水工建筑经适当检测后若无变化可套用以前测验成果。对于泊船区、码头等测船无法进入的区域，应进入泊船或者码头采用 RTK 施测平面坐标并结合手持式测深仪或测深锤施测水深，确保不出现空白区。全站仪、GNSS RTK 技术以及采用激光测距法施测水边的方法在前面章节已有叙述，本节重点介绍罗经仪结合雷达法施测水边方法。

1. 测量原理

雷达是测移动物体的最普通方法，同声波一样遇到障碍物要发生反射，通过测量天线与目标之间电磁波的往返时间（Δt），就可以测量出天线与目标之间的距离（s）。假定电波从天线发射时刻为 t_1，该电波反射回到天线时刻为 t_2，电磁波往返时间为 Δt，$\Delta t = t_2 - t_1$，那么天线至目标之间的距离为

$$2s = C \cdot \Delta t \tag{5.4-1}$$

$$s = C/2 \cdot \Delta t \tag{5.4-2}$$

式中　C——电磁波传播速度，常数 $C = 3 \times 10^8 \text{m/s}$。

由于雷达天线具有高度的定向性，只有天线主波束对准目标时才能探测，故可认为天线的方向就是目标的方向。随着扫描线与天线同步旋转，目标回波就会在相应的方位显示。

通过高精度雷达配合 GNSS 罗经仪在 GNSS 的实时导航下采集测船位置、船舶方向及水边界雷达反射图像时即可计算雷达反射图像中水边界的实际坐标，并通过软件输出连续的水边界数据。

2. 系统组成和功能

采用雷达施测水边线需要有雷达、GNSS、罗经仪等设备及雷达图像或数据采集等相关软件，具体组成及要求如下：

（1）雷达可选用民用彩色多功能数字化雷达，应具有与电脑连接功能，精度则选用满足测图精度要求的型号。能在计算机上实现对雷达的监控和雷达图像的同步显示。

（2）GNSS 可选用双频多星差分系统，确保定位精度满足要求，数据刷新率要求 10Hz 或以上。

（3）罗经仪应选用不受铁质船影响的电罗经仪或卫星罗经仪，定向精度高于 0.5°，数据刷新率在 10Hz 或以上。

（4）设备安装后需标定，确保雷达、GNSS 和罗经仪位于同一位置，施测的数据一致。

（5）软件应具有实时显示雷达图像或施测目标的位置数据的功能，还应具有多幅图像的拼接和校正功能。

3. 精度分析

（1）测距误差。雷达施测水边线测距可采用静态和动态两种方式，其测距精度可分别与 GNSS 和全站仪测距等设备比测确定，以下介绍在长江某河段的比测结果。

雷达与全站仪测距静态比测 51 点，全站仪最大施测距离 337.43m，最小距离方法 49.09m，对应雷达施测为最大距离 334m，最小施测距离为 50m，其中最大测距误差 3.43m（全站仪测距为 337.43m 时），系统误差 −0.15%，相对标准差 1.02%；采用 GNSS 与雷达测距静态比测 31 点，两点最大施测距离 332.52m，最小距离方法 101.11m，对应雷达施测为最大距离 334m，最小施测距离为 101m，其中最大测距误差 3.63m（GNSS 距离为 332.52m），系统误差 0.81%，相对标准差 0.96%。

GNSS 和雷达测距动态比测了 57 点，GNSS 位置和两点最大施测距离 588.01m，最小距离 35.51m，对应雷达施测为最大距离 589m，最小施测距离 35m，其中最大测距误差 −4.28m（GNSS 两点距离为 309.72m），系统误差 −0.65%，相对标准差 1.25%。

（2）精度评估。为了检测雷达对不同水边界的反射强度和施测精度，针对长江河道的实际情况，在中、高水和低水进行了不同河道边界的比测试验。中高水时，有目的地选择了水草（芦苇、小树林）、陡岸、河口形状、光滑护坡、水工建筑物体和浮码头等；低水时平缓滩地、沙滩及抛石护坡水边和码头群等特殊边界比测试验只选择测区水位变化平缓、水边界无明显变化时开展。

比测采用测船走航方式，雷达对不同水边界进行图像扫描的同时，用 GNSS 对水边线形状加密监测，同步进行水位观测，并绘制水边线。试验距离在 23～500m 范围，并记录雷达的图像、测船坐标和时间等相关参数。

我国《水道观测规范》（SL 257—2017）对地形图基本精度做了说明，平原河道地物点图上点位中误差 0.5mm，水下地形平面中误差放宽一倍。据此平原河道水边点图上点位中误差 1.0mm，故 1∶10000 水下地形测量平原河道水边允许点位误差 10.0m，1∶5000 水下地形测量，水边允许点位误差 5.0m。

通过比测试验（图 5.4-6～图 5.4-13），高精度数字化脉冲雷达测距在 35.51～588m 施测距离内，最大测距误差为 -4.28m，系统误差为 -0.65%，相对标准差 1.25%，满足《水道观测规范》（SL 257—2017）中 1∶10000、1∶5000 地形图测量精度要求。

图 5.4-6　抛石水边界

图 5.4-7　高植被水边界

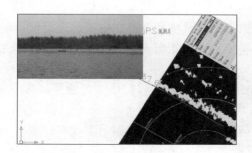

图 5.4-8　光滑护坡水边界

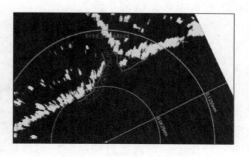

图 5.4-9　河口形状水边界

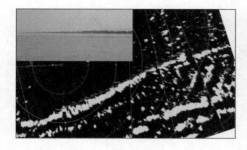

图 5.4-10　滩地水边界

图 5.4-11　浅水沙滩水边界

图 5.4-12　码头等混合水边界　　　　　图 5.4-13　水工建筑物水世界

（3）影响因素。雷达施测不同水边界的比测分析表明，影响测量精度的主要因素及处理方法如下：

1）雷达自身的测量精度由雷达天线的水平波束宽度决定，选择水平波束角小的雷达，图像分辨率和测距精度都将提高。在测量资料处理时，尽量选用量程内数据。

2）雷达增益值的合理设置对不同反射面的精度起到直接的作用，可根据每台雷达结合比测调谐到合适的位置率定不同边界的参数，使雷达反射图像反映出水边的真实情况。

3）雷达波浪的调谐对于反射条件不好的边界可以起到增强反射图像的作用，以调谐到边界清晰为好。

4）风浪、雨雪等天气因素将直接影响到雷达图像的反射质量，可根据实际情况调谐风浪、雨雪增益，在无法克服的情况下应尽量避免开展水边线的施测。

5）罗经选择不应只考虑精度，还应考虑到最大角速度和输出数据的刷新率，确保方位的精度和数据采集的同步性。

6）罗经和雷达方向一致性直接影响到水边界的测量精度，可在施测前进行校正。

7）GNSS 精度直接影响到对水边的定位精度，在配备时可根据不同的比测尺选择相应设备。

8）雷达图像截取时与 GNSS 和罗经数据的同步直接影响到雷达位置改算，应尽量选择高刷新率的设备。

9）因雷达图像读取时边界有可能刷新不同步（边界有一半刷新一半没有刷新），导致边界不连续现象，可以通过前后两幅图拼接判断。

10）勾绘雷达图像反射水边或水工建筑物时，应尽量采用垂直于岸线近距离图像。

11）对较复杂地段，可采用视频设备辅助判断。

5.5　河流崩岸监测

5.5.1　崩岸特点及类型

崩岸是河床演变过程中水流对堤岸冲刷、侵蚀的突发事件，也是平原冲积河流河道演变的主要表现形式之一，受水沙条件、河势调整及人类活动等因素影响，河道沿岸崩塌现象时有发生。护岸工程可增强河岸抗冲能力，抑制近岸河床的横向发展。然而护岸工程受上游河势和来水来沙条件变化的影响，易引起水流顶冲点的上移或下挫，使原有护岸工程淤废或破坏产生新的崩岸，对堤防安全和河势产生不利影响。崩岸危害主要表现如下：①威胁堤防工程的防洪安全；②对河势变化产生深远影响；③影响沿江遍布的企业码头、引排水设施的安全和正常运行；④影响公路、铁路桥梁等跨江建筑物的安全；⑤影响航道的稳定。

崩岸的发生具有隐蔽性和突发性，难于及时发现和预测，目前尚缺乏对其系统的、实时和有效的监测手段和技术。

崩岸一般分为四类：条形倒崩（条崩）、洗崩、弧形坐崩（坐崩）和窝崩。

（1）条崩多出现在砂层较高，黏性土层较薄并较松散的河岸，当水流将砂层掏空后，覆盖层失去支撑，以块状崩塌或沿裂缝面切开坠落江中，被水流直接带走。崩后的岸壁陡峻，外形多呈条形，故称条崩，是一种间断性并带有一定突发性的崩岸方式，危害性较大。如图 5.5-1 所示。

（2）洗崩是在水面线附近及以下河岸在水流的冲击下，河岸组成物质被流水冲刷带走而使河岸逐步后退的过程。其崩塌强度取决于水流强度和河岸的抗冲能力，一般发生在水流的直接顶冲段，较易从岸边观察。洗崩的冲刷幅度较小，发展速度较慢，一般不会造成太大的危害。如图 5.5-2 所示。

图 5.5-1　条崩（砂质河床）　　　　　图 5.5-2　洗崩（黏土河床）

（3）坐崩一般发生在砂层较低，黏性土覆盖层较厚，且受水流冲刷严重的河段。当岸脚受水流淘刷，上层土体失去平衡时首先在滩岸发生弧形裂缝，然后整块土体分层呈弧形下挫。高水期一般坐崩强度较小，退水期强度较大。如图 5.5-3 所示。

（4）窝崩是指短时间内突然发生一次或几次大体积的坐崩现象，其外形特征是窝崩的平面宽度接近或大于窝口的长度，形成窝状或鸭梨状。窝崩常发生在河岸由黏性土及砂土组成的二元结构，且下层砂土层较厚，范围较宽，主流靠岸处存在矶头或突出物下游的强大回流区。如图 5.5-4 所示。

5.5.2　崩岸监测的内容

1. 常规监测内容

崩岸监测主要包括护岸巡查（定期和不定期巡视检查）、1∶200～1∶2000 半江地形测量、水文测验（包括近岸水位、水温、流量、流速，表面流速流向，水文泥沙）等。

图 5.5 - 3　坐崩

图 5.5 - 4　窝崩

2. 应急监测内容

应急监测主要应对突发性崩岸、大堤溃坝、高水分洪等险情，目的是为了及时准确地获取事发当时有关地形、水文的基本资料而进行的测绘、测验工作，应急监测内容与常规监测的地形水文测验一致。由于事件的突发性和安全的不确定性，需要具有快速反应能力、协同作战能力和灵机应变能力，并配备专业技术人员和专门的仪器设施设备。

开展应急监测一般需成立应急监测队，应急监测队可由 1 名队长和若干队员组成。队长负责应急抢险监测的组织安排，负责现场重大事项的决策，负责现场策划、督促、指导、调度，负责监测数据的审核。为及时解决应急监测的技术难题，可成立技术专家组，专家组根据工作需要在现场或后方工作。

为使应急监测顺利开展，将可应急监测队按工作性质又划分为若干个工作组，包括现场测量组（负责流量测验及相应水位观测、地形测量）、综合组（负责测验仪器设备及物资保障，负责水陆交通、现场人员生活后勤、对外联系、安全监管）及后方技术组（负责接收处理现场报回的信息，解决现场的技术难题）。

5.5.3　监测的技术和方法

5.5.3.1　崩岸巡查

1. 测次安排

崩岸巡查分为日常巡查和应急巡查两种。

日常巡查主要在汛前、汛期及汛后进行，一般汛前、汛后枯季各安排一次，汛期安排不少于两次；应急巡查为遇特殊情况下（如遭遇大洪水、大暴雨、河道水位骤变、突发重大崩岸险情等）进行的全面的、专门的或连续性的巡查，巡查次数根据水情变化或崩岸程度而定。

2. 技术方法

崩岸巡查一般采用快艇、越野车作为水、陆路交通工具，通过技术人员现场巡视（图 5.6 - 5），目测河道主流线、水流顶冲点、漩涡等变化情况；查看迎水坡护面或护坡是否有无裂缝、剥落、滑动、隆起、松动、塌坑、冲刷等现象；查看对背水坡及堤内脚有无散渗、渗水坑、管涌等现象。对已经发生的崩岸段进行拍照、摄影，并采用激光测距仪、钢卷尺等量测崩岸纵横方向的长度和宽度（图 5.6 - 6），判断崩岸进一步发生的可能性，查找潜在的崩岸险情段。

图 5.5-5　近岸崩岸巡查

图 5.5-6　崩岸测量

每次巡查应详细填写现场检查表，及时整理现场记录，并与照片、影像等其他辅助资料一一对应。巡查完毕后，应与上次或历次检查结果对比分析，发现异常情况须报告。巡查人员应具备相关专业知识，且相对固定，以便对异常情况有准确的了解和掌握。

5.5.3.2　崩岸快速测量

崩岸段快速测量包括崩岸段半江地形测量和水文泥沙监测等两部分。崩岸段地形测量一般针对崩岸或潜在崩岸的近岸部分，特殊时间节点（如汛前、高洪、汛后或连续观测）对重点监测的崩岸段、已发生的重大崩岸险情段及预警将要发生的崩岸段进行的多测次大比例尺（1:200～1:2000）半江地形测绘。通过近期多测次、年内及年际地形变化分析，判定崩岸稳定性和安全性，为护岸整治提供基本资料。半江地形测量是崩岸监测的最重要内容。

崩岸监测除近岸地形测量外，还需要对水流动力、河床边界条件等进行监测，监测内容包括水位、流速、表面流速流向、悬移质含沙量、悬移质颗粒级配、河底床沙、崩岸岸线物质等内容。一般在每个崩岸段的上、中、下（崩岸段向上、向下各延长200m左右）各布置1个半江固定断面，崩岸段较长（超过100m）时，崩岸口门内增加一个断面，断面方向与主流方向垂直。

为更准确地获取崩岸段地貌（冲刷）、河床底质组成情况，可进一步采用多波束测深仪、浅地层剖面仪进行测量。

5.5.4　崩岸分析示例

崩岸分析主要包括近岸典型断面、深泓、冲刷坑等变化分析内容，必要时还需分析与水沙及河床组成的相关性。

下面以长江荆江石首河段北门口崩岸段为例说明，河段半江河势及监测断面布置如图5.5-7所示，取5个断面对应于护岸段桩号分别为4+474、3+194、3+057、2+967、2+932，其水下坡比的变化见表5.5-1、近岸河床特征值的变化见表5.5-2。

从水下坡比来看，河段水下坡比2002年后有所增大，2004年后呈大幅增大态势。特别是4+474、3+057和2+967的水下坡比最大，2008年和2011年水下坡比甚至大于1:2.50，水下坡比极值在2+967断面，次之为3+057中断面，第三为4+474断面，第四为2+932断面，最小为3+194起点断面。2002年以后各断面水下坡比明显变陡，朝

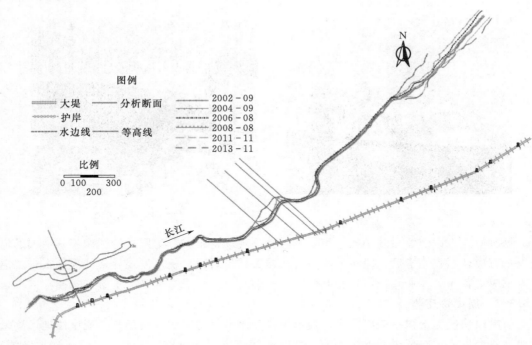

图 5.5－7   石首北门口崩岸段半江河势及监测断面布置图

表 5.5－1   崩岸段水下坡比统计表

时间/（年－月） 断面	4＋474	3＋194	3＋057	2＋967	2＋932
1993－10	1：4.85	1：11.12	1：15.49	1：15.92	1：17.34
1996－10	1：3.84	1：5.50	1：4.71	1：4.43	1：5.33
1998－10	1：4.73	1：4.95	1：4.77	1：4.10	1：4.07
2002－09	1：2.84	1：4.17	1：2.51	1：2.17	1：3.91
2002－10	1：2.88	1：5.88	1：5.36	1：3.74	1：3.92
2002－12	1：3.09	1：4.73	1：3.21	1：3.18	1：3.26
2004－04	1：3.40	1：4.22	1：2.08	1：2.39	1：2.77
2004－09	1：2.66	1：3.25	1：3.05	1：2.22	1：3.69
2004－11	1：2.19	1：4.32	1：2.29	1：2.16	1：3.01
2006－04	1：3.30	1：5.42	1：2.43	1：2.28	1：2.92
2006－08	1：2.77	1：4.16	1：2.84	1：2.29	1：3.15
2006－11	1：2.31	1：4.81	1：2.48	1：2.06	1：2.89
2008－04	1：2.58	1：4.70	1：2.60	1：1.99	1：2.48
2008－08	1：1.87	1：3.73	1：2.46	1：1.75	1：2.62
2008－11	1：2.32	1：3.74	1：2.39	1：1.96	1：2.40
2011－05	1：2.67	1：3.06	1：2.55	1：1.98	1：2.20
2011－11	1：2.14	1：3.64	1：2.56	1：2.02	1：2.30

表 5.5－2 崩岸段近岸河床特征值变化

内容 时间/(年-月-日)	最深点变化				冲刷坑面积（－10m等高线）/m²	水下坡比（4+474）1/x
	最深点高程/m	相对位置				
		纵向（4+474）/m	距标准线/m	距岸线/m		
1993－10	9.50	上 213	470	—	0	4.85
1996－10	－7.90	0	180	181	0	3.84
1998－10	－11.40	上 164	254	196	9972	4.73
2002－09－06	－13.90	上 46	261	195	23721	2.84
2002－09－30	－15.30	下 22	247	178	20081	2.88
2002－12－08	－10.70	下 31	285	207	0	3.09
2004－05－26	－11.00	上 102	261	192	156	3.40
2004－09－18	－16.90	上 13	268	194	27662	2.66
2004－11－30	－11.40	上 91	236	161	2794	2.19
2006－04－19	－14.10	上 51	260	201	6167	3.30
2006－08－29	－10.00	下 342	228	139	0	2.77
2006－11－16	－14.80	上 54	246	150	8679	2.31
2008－04－21	－11.50	上 92	249	179	1241	2.58
2008－08－28	－16.90	上 14	260	191	37102	1.87
2008－11－18	－14.30	下 228	255	126	10660	2.32
2011－05－14	－13.10	上 84	251	182	9819	2.67
2011－11－13	－12.90	下 196	238	168	7958	2.14
2002 年前	－11.80		245	191	10755	3.48
2002 年后	－13.40		250	171	8458	2.80

不稳定方向发展，有潜在的崩岸险情。

从冲刷坑变化来看，年内变化 2008 年为汛前淤积，汛期冲刷；2011 年为汛前冲刷，汛后淤积。年际变化总体呈冲刷趋势，表现过程为先冲刷后淤积再冲刷的态势，冲刷坑最深点高程和面积最大值均出现在 2008 年汛期。2011 年与 2008 年同期比较汛前冲刷坑面积有所增大，最深点高程有所冲深；汛后面积有所减小，最深点高程有所淤高。因此，从总体来看，冲刷坑最深点的相对位置变化不大，最深点高程值变小，面积增大。

从半江断面的年际和年内变化来看（图 5.5－8 和图 5.5－9），处于上部的 4＋474 断面位于弯顶偏下，多年来断面形态不稳定，表现为右岸的崩退及右槽的右移、冲深，右岸的北门滩逐渐冲刷消失。自 1993 年以来汛后深槽呈逐年冲深态势，2006 年达到最低值 －11m，累计冲深达 26m，2006—2011 年有所淤高，淤积幅度为 5.6m。总体来看断面表现为 2000 年前岸线的崩退和深槽的右移冲深，2000 年后深槽累积冲深，岸线相对稳定。崩岸段中、下部的其他断面近年来的年际变化规律基本一致，均表现为 2002 年前岸线的崩退和深槽的冲刷右移，2002 年后深槽则表现为先冲刷后淤积再冲刷并达近期最低值的态势，深泓贴岸。

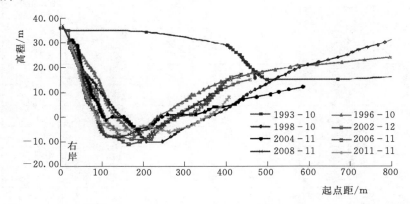

图 5.5-8 4+474 半江断面年际变化图

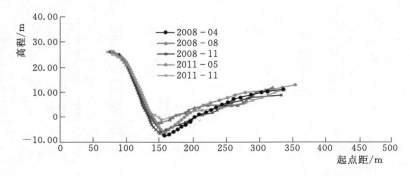

图 5.5-9 4+474 半江断面年内变化图

总之，崩岸段年际变化表现为 2002 年前岸线的崩退和深槽的冲刷右移，2002 年后深槽总体冲刷下切，顶冲点下移，深泓贴岸，岸坡坡比增大并趋于不稳定。

5.6 航道测量

内河航道是指江河、湖泊可以通航的水域。广义理解为水道或河道整体，狭义理解为包括常遇洪水位线以下的基本河槽。

航道按形成原因可分成天然航道和人工航道。天然航道是指自然形成的江、河、湖等水域中的航道，包括水网地区在原有较小通道上拓宽加深的那一部分航道，如广东的东平水道、小榄水道等。人工航道是指在陆地人工开发的航道，包括人工开辟或开凿的运河和其他通航渠道，如平原地区开挖的运河，山区、丘陵地区开凿的沟通水系的越岭运河，可供船舶航行的排、灌渠道或其他输水渠道等。

无论是天然航道还是人工航道，因受航道内泥沙运动因素影响，会使航道水深变浅，严重威胁着船只航行安全以及航道的经济效益。因此，须根据航道具体情况开展。航道地形测量、水文调查、地质测量与调查、自然环境及人为影响因素调查等工作，通过资料分析，对淤积严重的航段采取整治措施，达到提高和稳定航道尺度，改善通航水流条件，扩大通过能力，满足船舶、船队安全航行的需要。

航道地形测量根据目的和需要可采用不同的比例尺。以研究为目的采用1∶5000、1∶10000比例尺的水深测图。用于泥沙回淤研究的测量必须详测干滩，有的地方需设固定断面，定期观测，具体的测图比例尺依据实际需要确定。涉水工程可采用1∶2000比例尺的水深测图；航道疏浚可采用1∶1000比例尺的水深测图。

本节以南京以下12.5m深水航道二期工程航道测量为例，说明航道测量中需完成测前准备、控制测量、地形测量、资料处理等主要工作。

5.6.1　测前准备

开展航道地形测量外业工作前，要做好如下准备工作：

（1）技术资料准备。根据招投标文件、任务书或设计要求或相关规范要求等编写勘察实施计划，准备技术文件、规程、规范、起算点成果及各类记录表格等。

（2）人员准备。按照勘察实施计划的要求进行人员组织，并分层次、分岗位进行技术交底和工作分工，明确测量进度要求。

（3）设备准备。准备现场勘探所需的测量设备、通信设备、办公设备及交通工具等，确保观测使用的所有仪器，都经过国家法定测绘仪器鉴定部门检验，检验合格方能使用。

（4）测量船舶准备。落实具备所有运营、安检、保险及专项使用等相关证件、符合安全要求的测量船舶。

（5）临时设施筹建。落实后勤基地、补给物资停放点、设立临时现场办公室等。

（6）开工手续准备。到相关管理部门办理施工及维护手续、施工作业许可证、船舶航行通告等许可文件。

（7）安全、环境交底。在现场进行安全、环境交底。加强安全意识和安全技术教育，强调安全操作规程、应急预案和安全技术措施，提出安全生产的具体要求。

（8）进场调试、检验。人员及设备进场，仪器设备的安装调试，并对测量控制点等基础资料进行检验。

5.6.2　控制测量

控制测量主要有平面控制测量及高程控制测量。

1. 平面控制

航道测量一般利用收集到的或自己建立的高等级（GNSS D级及以上）控制点作为首级控制，采用2000国家大地坐标系。如有历史资料，应与历史资料的坐标系建立关系。

测点平面位置的确定可采用全站仪极坐标法、RTK等方法。

测量期间在区域内的5个长期基准站设立RTK差分站，所有差分站采用同型号的GNSS仪器，发布相同数据格式的差分信号，方便流动站接收使用（图5.6-1）。基准站采用24h有人值守工作模式，采用市电供电并且配备不少于持续36h的后备电源，对于市电接入困难的站点（选址时应考虑市电接入条件），配备太阳能发电设备，保证差分信号的连续性。基准站和流动站同时记录GNSS原始数据（间隔1s），当无线电差分信号异常

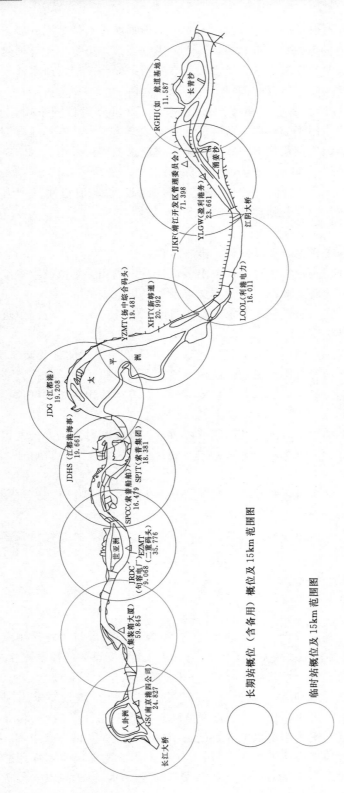

图 5.6-1 基准站差分信号覆盖范围图

时采用后处理进行改正（PPK）。

差分站建立后，使用流动站到高级控制点进行比对检验，验证基准站和流动站相关参数的准确性。比对平面坐标互差应不大于 5cm，高程互差应不大于 $30\sqrt{D}$mm，D 为基准站到检查点的距离。

根据作业区域，就近选择 RTK 差分站，确保差分信号的强度，并根据坐标转换参数的控制范围及时切换参数，保证坐标转换的平滑。

同时建立 WGS-84 到 2000 国家大地坐标系、1954 年北京坐标系、1985 国家高程基准的七参数转换模型。

2. 高程控制

连续运行基准站点的高程连测精度应使用三等水准测量精度进行，测量精度应满足如下要求：

（1）水准路线每千米水准测量的偶然中误差计算公式：

$$M_\Delta = \pm\sqrt{\frac{1}{4n}\left(\frac{\Delta\Delta}{R}\right)} \qquad (5.6-1)$$

式中　Δ——以毫米为单位的测段往返测高差不符值；

　　　R——以千米为单位的测段长；

　　　n——测段数。

对路线测段不足 20 条的路线，可纳入相邻路线一并计算。

三等水准测量每千米偶然中误差应不大于 ±3.0mm。

（2）全区计算的每千米水准测量的全中误差计算公式：

$$M_\omega = \pm\sqrt{\frac{1}{N}\left(\frac{ww}{F}\right)} \qquad (5.6-2)$$

式中　w——以毫米为单位的环闭合差；

　　　F——以千米为单位的环线周长；

　　　N——整网环数。

三等水准测量每千米全中误差应不大于 ±6.0mm。

（3）附合路线或环闭合差限差公式：

$$w_{限} = \pm 12\sqrt{L} \qquad (5.6-3)$$

式中　L——以千米为单位的环线周长或附合路线长度。

（4）检测限差公式：

$$w_{限} = \pm 20\sqrt{R} \qquad (5.6-4)$$

式中　R——以千米为单位的检测测段长度。

（5）测段、路线的左右路线高差不符值限差公式：

$$w_{限} = \pm 8\sqrt{K} \qquad (5.6-5)$$

式中　R——以千米为单位的检测测段长度。

（6）测段、路线往返测高差不符值限差公式：

$$w_{限} = \pm 12\sqrt{K} \qquad (5.6-6)$$

式中 K——以千米为单位的路线或测段长度。

航道地形图一般可采用两套基面成图，即1985国家高程基准和航行基准面两种基准面。

航行基准面又称航行零点，它是内陆河流航行图所标注的航道水深起算基准面，通常取为设计最低通航水位或日平均最低水位。

内陆河流，不同地点的航行基准面与国家高程基准面的关系是不同的，如在南京附近的长江航道，通航基准面在1956年黄海高程基准面以上0.058m，而在镇江附近的长江航道，通航基准面在1956年黄海高程基准面以下0.259m。

航道地形测量点高程的确定可采用传统的水位改正法，也可采用无验潮技术。采用无验潮方法获取测量点的三维坐标，需将获得的WGS-84坐标采用参数转换模型转换到1954年北京坐标系或2000国家大地坐标系，高程采用1985国家高程基准，内业处理时再进行航行基准面或当地理论最低潮面的归算。

在长江南京以下12.5m深水航道二期工程航道测量工作中，江阴以上采用1985国家高程基准和航行基准面，江阴以下采用1985国家高程基准和当地理论最低潮面。两种基面的转化均采用分段线性内插法，根据各控制站的基面差值，按照修正值每隔0.1m分一段。航道各控制站的基面差值如图5.6-2所示。

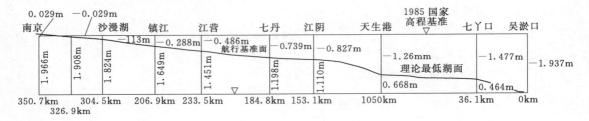

图5.6-2 航道各控制站的基面差值图

5.6.3 地形测量

航道地形测量分岸边、高滩地和水下两个部分，岸边、高滩地和水下地形测量宜同时进行。因特殊困难不能同时进行时，落水期应先测水下后测岸上，涨水期则相反。无论先测落水期还是涨水期，均应避免出现成图空白。

1. 岸边及高滩地

岸边及高滩地的地形测量采用全站仪和RTK两种测图方法结合，若测区有大片树林、芦苇、灌木、草地等多层次、高密度植被覆盖，而且潮滩地表易产生沉陷，采用全站仪、GNSS等常规仪器时，存在测点难以到达、通视条件差、视线严重遮挡、信号屏蔽等问题，导致施测困难，且测量精度和效率都难以保证，此时可采用机载LiDAR技术。

(1) 采用全站仪施测时，测距标称精度固定误差不大于10mm，比例误差系数不大于5×10^{-6}。当布设的图根点不能满足测图需要时，采用极坐标法增设少量测站点。最大测距长度满足表5.6-1规定。

(2) 采用GNSSRTK方式施测时，流动站作业有效卫星数应不少于5颗，PDOP值小于6，并在比较开阔的地点进行初始化。作业前要检测2个以上不低于图根精度的已知点，作业中如出现卫星信号失锁应重新初始化并经重合点测量检查合格后方能继续作业。

表 5.6-1　　　　　　　　　　　全站仪最大视距长度表

比例尺	最大测距长度/m		比例尺	最大测距长度/m	
	地物点	地形点		地物点	地形点
1：500	160	300	1：2000	450	700
1：1000	300	500	1：5000	700	1000

（3）采用机载 LiDAR 施测时，点云数据滤波处理十分关键，根据我局多年来对激光反射强度、激光点多回波信息深入分析研究，提出点云渐进格网腐蚀植被滤波算法，可有效滤除点云中非地面点，保留了可靠的地面点信息，下面就这些过程做简单描述。

1）激光反射强度分析。地面激光扫描技术获取的激光点云不仅具有完整的三维空间信息，而且包含丰富的激光反射强度信息。激光强度是目标对发射激光光束的后向散射回波的光功率，激光回波信号被接收机接收后在接收机内部转换和放大，最终转换成激光强度值。由于受到系统变量和目标变量的影响，强度值存在较大偏差。强度值影响因素中的系统变量主要包括激光测距值、激光入射角、大气衰减、信号处理等；目标变量则主要包括目标反射率、目标粗糙度、目标尺寸、目标倾斜度等。强度值改正目的就是要去除系统变量的影响，使强度值中仅包含目标变量的信息，使其能直接反应目标属性信息。因此，首先必须建立激光强度值与各种系统变量之间的函数关系，在此基础上才能分析各种系统变量的影响并对其进行相应的改正。

激光雷达方程可以看成发射一定功率激光后的激光大气传输、目标特性、光学系统传输特性和接收机 4 项因子的乘积形式，因此可从激光雷达方程出发，建立强度值与系统变量之间的模型关系。对于扩展的朗伯散射体，激光雷达方程可简化为

$$P_R = \frac{\pi P_E \rho \cos\theta}{4R^2} \eta_{atm} \eta_{sys} \qquad (5.6-7)$$

式中　P_R——接收机功率；

　　　P_E——发射激光功率；

　　　R——激光测距值；

　　　η_{atm}——单程大气传输系数；

　　　η_{sys}——激光雷达的光学系统传输系数；

　　　ρ——扩展目标的平均反射系数。

激光强度值 I 与接收功率 P_R 与系统变量（测距值 R、入射角 θ）的关系可用三种模型来建立：

a. 线性模型假定激光强度值与接收功率之间存在线性关系，即

$$I + \nu = CP_R + C_2 = C_1 \frac{\cos\theta}{R^2} + C_2 \qquad (5.6-8)$$

式中　I——实测激光强度值；

　　　ν——观测误差；

　C、C_2——模型系数，只与目标属性信息有关。

183

b. 对数模型假定接收机将接受功率对数转换再转换为激光强度值，同线性模型，用 $\cos\theta/R^2$ 代替 P_R，即

$$I+\nu=K_1\ln\frac{\cos\theta}{R^2}+K_2 \tag{5.6-9}$$

式中 K_1 和 K_2——模型系数。

c. 三次多项式模型同线性模型与对数模型，三次多项式模型为

$$I+\nu=\lambda_1\left(\frac{\cos\theta}{R^2}\right)^2+\lambda_2\left(\frac{\cos\theta}{R^2}\right)^2+\lambda_3\left(\frac{\cos\theta}{R^2}\right)^2+\lambda_4 \tag{5.6-10}$$

式中 λ_1、λ_2、λ_3——模型系数。

可见，影响激光反射强度的因素包括外界环境和目标反射条件，但是在相同作业条件下，激光发射、接收和大气传输等因素的影响程度相对稳定，LiDAR 点云回波强度差异主要取决于目标的材质、颜色和粗糙度等表面反射特性。但同时，激光强度受到各种因素影响而产生噪声，主要是高斯噪声和椒盐噪声。高斯噪声是因激光发射、接收和大气传输等因素影响而产生的噪声，对强度反射特征的改变满足高斯分布规律，通过线性滤波方法可以有效抑制。椒盐噪声是因目标表面特定区域的反射特性（如不同材质或不同粗糙度），形成幅值近似相等但孤立而随机地分布在不同位置上，且均值不为 0 的噪声。椒盐噪声属于高频信息，常常与点云上的激光强度边缘和细节等高频信息混合在一起而难以区分，非常不利于目标区域的分割和识别。通过对点云强度信息的处理和增强，有助于对不同类型的目标进行准确分割和识别。

2）激光点多回波信息分析。激光雷达发射信号后，通常情况下一个激光脉冲非常短但强度不是无限的小，其脉冲强度在很短的时间里上升到一定的水平，在一定的时间里保持稳定，再衰减。图 5.6-3 描述了常见的激光发射装置的激光脉冲波形。

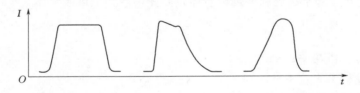

图 5.6-3 不同的激光发射装置的激光脉冲波形

一般情况下，使用第一种波形。考虑到脉冲的持续性（或者叫脉冲长度），脉冲前端的激光会比脉冲末端的激光稍微早一点照射到目标上。光束信息包的长度根据激光脉冲持续的时间来确定，公式为

$$\delta=c\times\tau \tag{5.6-11}$$

式中 δ——光束信息包的长度；

c——光速；

τ——脉冲时间。

目前，对于多脉冲式机载 LiDAR 系统而言，系统记录的回波信息包括单次回波（singular return）和多次回波（multiple returns），二者的区别在于对同一束激光脉冲是否发生多次反射。即当激光扫描仪发射的激光脉冲接触到被测目标时，部分脉冲能量的反

射信号会被系统接收并记录，而剩余的脉冲能
量继续传播，当遇到另一目标或原被测目标的
另一部分时再次发生反射，直至能量消耗殆尽。
如此发生的多次反射使得机载激光扫描系统接
收到多个反射信号即多次回波信息。

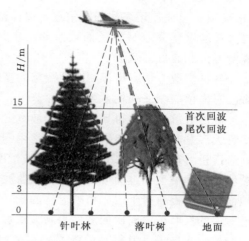

图 5.6-4　多次回波示意图

　　如图 5.6-4 所示，激光脉冲在其传播路径
上可能会遇到不同的物体而形成多次回波，因
为有些物体如建筑物只能反射一次回波信息，
而由于有些地物却是可以穿透的，如树叶和枝
条，形成多次回波的原理如图 5.6-5 所示。

　　图 5.6-5 中，红色表示发射信号，蓝色表
示反射信号。由于光波在大气中传输能量会衰
减，因此这个能量密度会随距离的增大而减小。

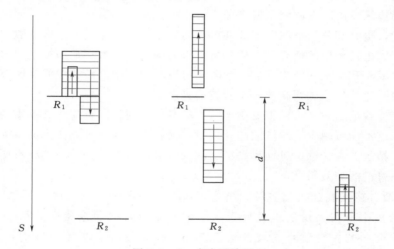

图 5.6-5　多次回波原理

发生的激光脉冲在遇到第一部分地物 R_1 时，有一部分能量反射回去，其余的能量继续向
下传播直到遇到地物 R_2，然后再反射一部分能量回去，这样在接收器上就会收到两次回
波信号。

　　回波的探测可以分为三个部分：①接收从目标反射回来的脉冲信号；②对返回的脉冲
信号进行放大；③探测反射回的脉冲信号的前缘。商业性 LiDAR 系统中至少能获取两次
回波，即首次回波和末次回波，目前大多数软件能够得到四次回波。使用多次回波数据，
通过一定的算法去除非地面点，可以获得数字地面模型。但是回波信号的能量是连续的，
所以数据要进行处理。

　　接收到的第一个回波信号被称为首次回波（first pulse）；接收到的最后一个回波信号
被称为尾次回波（last pulse）；除首次和尾次回波外的中间的回波信号被顺序编号，称为
中间次回波。对回波数据的处理通常是将首次和末次进行相减，这样可以得到具有多次回
波信息的地物信息。通常在生产单位，为了减少数据量，加快数据的处理速度，在生产

DEM 时，会先使用多次回波信息，仅保留只有一次回波和具有多次回波的末次数据，这样大约能够减少 10% 以上的数据量，减少了后续处理的数据量。波形数据处理分为脉冲探测方法和波形分解法。

脉冲探测方法直接探测回波数据的极大值点并将其作为目标的位置。常用的脉冲探测方法有阈值探测法和均差判别法。

波形分解法能够得到振幅、回波宽度、回波位置和反射系数等参数，波形数据的应用研究大多是基于这些参数进行的。常用的波形分解法有 EM 算法和最小二乘法。

通过对现场采集 LiDAR 数据回波情况分析，可以发现，多回波信息可一定程度反应被测目标的类型，继而可以辅助数据滤波。具体而言，对于植被覆盖地区，单次回波包含地面激光脚点、树干层、植被冠层的激光脚点；首次回波来自茂密且高大的植被冠层或靠近冠层的枝叶；中间次回波多为高大植被的枝叶或低矮植被；而末次回波多是植被中间层次的枝叶和地表反射得到的激光脚点。对于长江岸滩地区，单次回波数据主要来源于地表、人工建筑物（包括堤防）的顶面或坡面、少量植被点；首次回波来源于植被的冠层和人工建筑物的边缘；中间次回波主要来源于植被的枝叶和建筑物的立面；而末次回波则主要来源于地表，也有部分是来源于植被低矮层面的枝叶。对于两次回波的数据，没有中间次回波，但可以进行相应的换算。上述分析结果表明，生成数字地面模型的地面激光脚点都应该从单次回波和尾次回波中获取；同时还可以利用首次回波和中间次回波提供的信息进一步减少参与滤波的单次回波和末次回波的脚点数量。

在获取点云数据之后，可以根据激光脚点的多回波属性，首先将数据中的非地面点尽量地剔除掉，这不仅可以减少后续滤波的计算量，而且可减少滤波算法无法自动剔除复杂的人工建筑物、植被的可能性，进而提高了滤波的效果。将粗差剔除后的所有原始点再次滤波，可获取更好的滤波效果。

3）点云渐进格网腐蚀植被滤波。由于多层次、高密度覆盖，使得 LiDAR 系统采集的三维点云数据中存在大量的植被反射点，因此难以直接获取测区高精度数字高程模型，解决这个问题的关键就是滤波，从三维点云中提取和分离出真实的地面点。经分析研究，一种融合形态学运算、趋势面拟合、随机采样一致性检测的植被点云滤波新算法可以解决这个难题。该算法的基本原理，是在一定区域内使用给定的拟合曲面作为参考数字地面模型，对区域内的点云数据进行判断。通过比较实际数据点高程值和参考的数字地面模型值的大小，来实现数据的滤波，保留阈值内的实际地形点，滤除大于阈值的地物点。该算法在满足以下两个假设前提的条件下才能够成立：第一是在一定的区域范围内高程值最低点必须为地形点；第二是地面的点云数据在一定的区域范围内的分布情况是符合二次曲面分布的，而其他的地物点则不在这个曲面上，并且高于该曲面。在以上两个假设成立的前提下，使用一个固定的窗口获取其范围内的六个高程最低点值，并作为地形点解算出对应的曲面拟合方程，作为参考的数字地面模型。将此作为依据，对其他数据进行处理，通过移动窗口的多次迭代计算，逐步缩减窗口的大小和高程阈值的大小，滤波剔除掉原始数据中的地物点，最终获得全部是地形点的数据点集。

首先是对植被进行粗滤波，一般随机软件都可以解决。

其次是对点云数据进行数字形态学运算与地面种子点提取，主要工作有：陆地点云密度估计、网格索引建立、逐格网腐蚀与地面种子点提取等。

随后对局部地形趋势面拟合：在候选种子点中提取出有效种子点后，逐格网进行地形局部趋势面拟合。如图 5.6 - 6 所示，以第 i 行第 j 列格网为例：

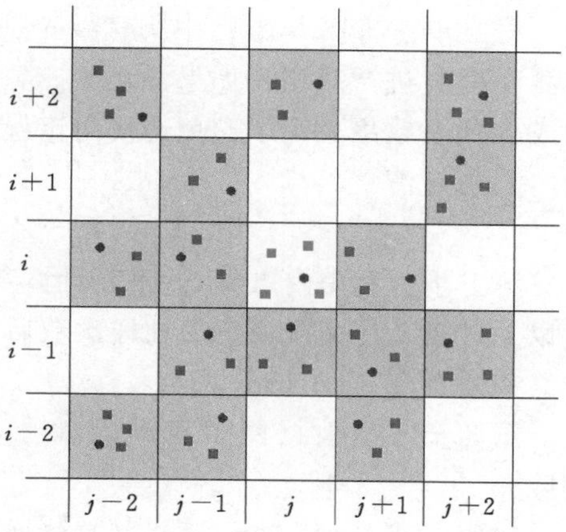

第一步，在当前格网及其 8 领域格网中，搜索有效种子点，如果找到的种子点个数 k 小于设定的"最少搜索点数"阈值 k_0，则扩大搜索范围继续搜索。

第二步，根据种子点进行趋势面拟合，考虑局部区域地形表面复杂程度有限，趋势面采用二次曲面，建立如下条件方程组：

图 5.6 - 6　有效种子点与局部地形趋势面拟合
灰色格网—有效格网；圆形点—种子点；
方形点—其他激光点

$$\begin{cases} aX_1^2 + bY_1^2 + cX_1Y_1 + dX_1 + eY_1 + f = Z_1 \\ aX_2^2 + bY_2^2 + cX_1Y_1 + dX_2 + eY_2 + f = Z_2 \\ \vdots \\ aX_n^2 + bY_n^2 + cX_1Y_1 + dX_n + eY_n + f = Z_n \end{cases} \tag{5.6 - 12}$$

式中　a，b，c，d，e，f——二次曲面方程系数。

上述方程组可以写成矩阵形式，如下所示：

$$\begin{bmatrix} X_1^2 & Y_1^2 & X_1Y_1 & X_1 & Y_1 & 1 \\ X_2^2 & Y_2^2 & X_2Y_2 & X_2 & Y_2 & 1 \\ \vdots & \vdots & \vdots & \vdots & \vdots & \vdots \\ X_n^2 & Y_n^2 & X_nY_n & X_n & Y_n & 1 \end{bmatrix} \begin{bmatrix} a \\ b \\ c \\ d \\ e \\ f \end{bmatrix} = \begin{bmatrix} Z_1 \\ Z_2 \\ \vdots \\ Z_n \end{bmatrix} \tag{5.6 - 13}$$

上述矩阵形式可以简写为

$$A_{n \times 6} X_{6 \times 1} = L_{n \times 1} \tag{5.6 - 14}$$

X 为所求的曲面参数，则未知参数的最小二乘解为

$$X = (A^{\mathrm{T}}A)^{-1}A^{\mathrm{T}}L \tag{5.6 - 15}$$

最后就是通过 RANSAC 一致性检测与点云滤波，尽管曲面拟合采用的种子点经过严格筛选，但也难免存在个别非地面点。为得到更可靠的趋势面，引入随机采用一致性（RANSAC）理论，对趋势面进行优化。

第一步：将当前曲面拟合种子点所在格网中的所有激光点构建样本集 P，P 中的有效种子点集记为 S，采用二次曲面模型［式（5.6 - 16）］作为 RANSAC 的模型 M，模型的初始化参数为种子点拟合得到的曲面参数。

$$z = ax^2 + by^2 + cxy + dx + ey + f \tag{5.6 - 16}$$

第二步：将样本集 P 中所有激光点平面坐标代入模型 M，得到拟合高程 Z'，与该点实测高程 Z 进行对比，如果满足式（5.6-17），则将该点纳入内点集 S^*（inliers），它们构成 S 的一致集。为了避免迭代向错误的趋势面发展，构建新的内点集 S^* 前，将上一次的内点集 S 清空。

$$|Z'-Z|<dh_0 \quad 或 \quad Z<Z' \qquad (5.6-17)$$

第三步：利用内点集 S^* 重新计算新的模型 M^*。并根据 M^* 重新随机抽取新的 S，重复以上过程。在完成一定的抽样次数后，若未找到一致集则算法失败，将初始种子点作为最终的内点集。

第四步：当前格网中所有的激光点，如果是内点，则视为地面点保留，否则予以剔除。

按照上述方法，进行逐格网趋势面拟合与 RANSAC 检测，得到可靠的地面点并用于生成航道地形图。

2. 水深测量

（1）测线布置。航道测深布置采用横断面法，断面方向垂直于航道或堤轴线。水深测量断面间距为图上 2cm，测点间距为图上 5mm。检查线应垂直于主测深线，长度不小于主测深线的 5%。不同测量范围相邻时保持 1～2 个重合点。

（2）导航定位。航道测量导航定位可采用 GNSS 以及 RTK 三维水深测量方法。GNSS 定位方式已在前面章节叙述。本节结合长江南京以下 12.5m 深水航道二期工程航道测量，介绍 RTK 三维水深测量的具体实施过程。RTK 三维水深测量能消除换能器吃水丈量误差、测船动态吃水误差、测船由于涌浪引起的上下起伏误差。

航道测量测点定位用 GNSS，每次测量开始前和结束后，须到高等级的控制点上进行坐标比对，对基准站和流动站的参数设置进行校核。

RTK 定位数据的更新率应不小于 2Hz，须设置 RTK 失锁报警，一旦 RTK 失锁立即停止测量，重新初始化，并补测失锁的测线段。

时间延迟的测定方法为：设计一条测深断面线，断面地形特征应明显，如存在深沟、沙脊等陡变地形，用相同船速进行往返测量，根据断面位移计算系统时间延迟。定位延时测量应分别对每条测船测量并将实测时间延迟值输入测量软件，对定位延时加以改正。

（3）测深。航道测深一般采用单波束数字测深仪，局部深槽等水流复杂区域采用多波束数字测深仪，在浅水区或水草茂密地区，采用测杆或测锤进行。

测深仪换能器应安装在船侧起伏较小的部位，尽量避开尾流及船机噪声干扰。GNSS 天线置于换能器顶端，消除定位中心与测深中心的偏差。所有测船应采用统一规格的换能器不锈钢杆，即天线至换能器底部的值为统一值，消除换能器吃水量测误差。

姿态传感器应安装在船体中部重心线附近，罗经安装方向尽量与船体龙骨方向平行。将测量船抛锚在某一固定位置，对姿态传感器充电并连续提取 10min 姿态数据，待数据稳定后，提取出姿态参数，作为初始安装偏差。测量过程中不要搬动姿态传感器，数据输出速率不应小于 20Hz。

每天测量开始前，选择在水下地形平坦的区域，对各测船测深仪相互进行比对。比对采用检查板，选择水面平静、流速较小处，在 20m 深度范围内进行校核，并在测深纸上做好记录。测量过程中定期地对测深仪进行声速、转速、电压等项目检验，每隔半小时将电脑中的记录水深与测深纸模拟信号记录的水深进行比对，以确保水深测量数据的准确、可靠。

声速对水深测量精度影响很大，为了获得精确的声速，声速剖面的上下游间距一般不超过5km，尽量挑选较大水深处以获得最大幅度的声速剖面。感潮河段应利用声速剖面仪分别在涨落潮期进行声速测量，实时记录声速剖面文件，数据处理时将声速剖面输入导航软件中进行剖面修正。当上下层声速变化不大时，可以用平均声速进行现场改正。

岸边浅水区可采用RTK测图方法或全站仪加棱镜方法人工测量，人工测量外侧与测船测量区保证不少于1~2个重合点。高滩地形测量采用散点法重点测量滩地高程、冲沟，选取的特征点位要能反映滩地地貌形状。

每天外业工作结束，测船负责人应检查当天数据，发现问题查找原因，对于不能恢复的数据需要重测，确认数据准确可靠。撤离现场前，现场负责人检查所有数据，确保无漏测。

5.6.4 航道图生成

航道图生成应经过内业资料整理、水深数据检查及内业成图过程。

1. 内业资料整理

航道测量内业工作应包括各项外业手簿的检查；水准测量成果的计算及基准面的确定；测深手簿、测深记录纸的检查；水深测量成果进行人工干预噪声、声速剖面改正、动吃水修正、潮位改正等工序。地形测量数据可增删或修改测点的编码、属性和信息排序等，但不得修改测量数据。

2. 水深数据检查

比对检查线与主测深线相交处的水深、不同测船的重复水深以及同一测船不同日期的水深。图上1mm范围内比对互差应满足表5.6-2规定。

表5.6-2　　　　　　　　　　　水深比对互差表

水深 H/m	深度比对互差/m	水深 H/m	深度比对互差/m
$H \leqslant 20$	$\leqslant 0.4$	$H > 20$	$\leqslant 0.02H$

3. 内业成图

将检查无误的数据导入专业处理软件生成水深测图，图幅宜采用0.5m×0.5m，地形图要素应分层表示。地形图的编辑检查，应包括图形的连接关系是否正确；各种注记位置是否适当，是否避开地物、符号；各种线段的连接、相交或重叠是否准确恰当；等高（深）线的绘制是否与地形走势相协调、注记是否适宜、断开部位是否合理；地形、地物的相关属性信息赋值是否正确等。

第6章

感 潮 河 段 测 量

6.1 感潮河段特点

6.1.1 地形特点

当海洋潮波向河流推进时，一方面受河床上升和阻力的影响；另一方面受河水下注的阻碍，潮流动能逐渐消耗，流速渐减。潮波上溯，潮流流速与河水下泄速度相抵消时，潮水停止上溯，此处称为潮流界。潮流界以上潮波仍继续上溯，但潮波的波高急剧减小，至潮差等于零处的位置称为潮区界。

河口至潮区界的河段称为感潮河段。

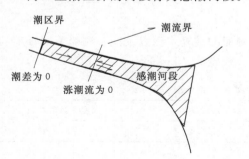

图 6.1-1 感潮河段潮区界和潮流界示意图

潮区界和潮流界（图 6.1-1）的位置，随径流和潮流势力的消长而变动。如长江枯水期的潮区界，可达离口门 640km 的安徽大通，但在洪水期只能达到镇江附近；潮流界在枯水期可达南京，在洪水期只能到达江阴附近。潮区界离河口口门的远近，取决于潮差的大小，河流径流强弱、河底坡度及河口的几何形态等因素的不同组合。

感潮河段的地形与上游的来水来沙情况密切相关。对于长江、黄河、珠江等范围广、河段长的流域，由于上游的水土流失，泥沙到达感潮河段后受潮流的影响，或沉淀，或移动，很容易在感潮河段形成稳定性较差的沙洲。随着洪枯交替，河道出现有规律的冲淤现象，河槽多呈现不稳定的复式河槽。

感潮河段受径流、潮流以及泥沙的多重影响，在入海口附近容易形成分汊河口，如长江口的三级分叉、四口分流的河势；珠江口的八大口门的河势，口门区域也容易形成拦门沙堆积体。拦门沙堆积体的位置取决于河流径流和潮流之间的相对强度。如钱塘江是一个强潮河口，拦门沙深处于河口口门之内；长江口径流丰富，拦门沙则在口门附近。

6.1.2　地质特征

感潮河段河床多为沉积层，沉积层厚度和分布在时间和空间上呈现不平衡的发育，主要由细颗粒泥沙组成。河床底部泥沙一般厚度超过数十米乃至数百米，呈现明显的冲淤，冲淤的幅度与潮流的强弱和上游来水密切相关，局部地区冲淤幅度在短时期内可达二三十米。

6.1.3　水文特性

感潮河段由于离海洋近，受海洋潮汐和上游径流共同影响。越靠近入海口，受潮汐的影响越大，水位变化幅度越大，至某个位置，水位变化幅度会达到顶点。随后水位变化的幅度会减小。

感潮河段水位的变化与径流量和潮流量的变化密切相关。在短时期内（以小时计），径流量稳定的潮流量变化，故水位的变化主要取决于潮流量的变化。

感潮河段水位在不同的季节、同一天内不同的时刻均较未受潮汐影响河段变幅大，有时一天内的变化可达 2～3m 如图 6.1-2 所示。受两岸地形、河段中洲滩的影响，沿程水位的比降在不同的季节、同一涨落潮周期中的不同时刻也产生变化。

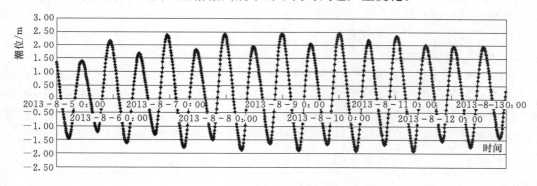

图 6.1-2　某潮位站潮位变化图

对于感潮河段中某一固定的位置而言，虽然水位变化存在周期性，但在不长的时间内，其变化趋势和速率近乎均匀，只要准确观测到最高潮位和最低潮位。水面变化过程就很容易掌握。

6.1.4　测量条件

感潮河段所在的区域，一般经济较为发达，主要得益于良好的航运、水资源等条件。两岸交通便利，渡口桥梁较多，通航里程长，水陆交通发达。同时，在以冲积平原为特点的三角洲地区，地势平坦，遮挡少，测量条件较为优越。其测量特点如下：

（1）地形地貌简单但地物复杂，高差较小，测量控制点的布设和观测条件良好。控制点之间通视较为困难，需要增加较多转点，给常规控制测量造成很大的麻烦。

（2）感潮河段地区一般多为冲积平原，故地质的稳定性较差，埋设的控制点多浅层标石，不可能深入到稳定的底层，故控制点沉降厉害。在长江口区域，水准点的沉降可达到每年 1～3cm。

（3）越往河口以外，测量条件越差。一方面是风浪对测量的影响，安全隐患大；另一方面由于河口外浅滩密布，多数区域需要在高潮位的时段测量，有效作业时间短，效率不高。

（4）河口以外的平面定位主要依靠 GNSS 信标机，若要进行厘米级的 RTK 测量较为困难。高程控制以临时水位站为主，临时水位站的设置非常困难，难以收集到长期的基准一致的水位资料。

（5）受水位变化和水体特性影响，难以实施高精度的水深测量。

（6）大水域范围内，高精度的高程基准与水深基准的定义及转换模型的建立存在难度。

（7）潮汐的变化和影响在感潮河段形成大面积的淤泥洲滩，陆地测量难以上滩，船舶测量难以下水，容易产生测量空白区。

6.2 感潮河段控制测量

6.2.1 平面控制

感潮河段平面控制测量主要常用 GNSS 平面控制测量、导线测量等方法，广域差分是一个广泛使用的技术。本节重点介绍一下 RBN/DGPS 系统和 WADGPS 差分系统。

1. RBN/DGPS 系统

RBN/DGPS 系统是交通部在我国沿海区域建立的无线电指向标/差分全球定位系统。整个系统由均匀分布在沿海的 21 个台站组成（台站相关信息见表 6.2-1），为我国沿海提供差分 GPS 的 24 小时服务，使用户在 300km 海域内接收差分信号，得到 5～10m 的定位精度。用户只要拥有一台信标 GPS 接收机，就可利用这一免费信号资源，进行实时差分定位。

表 6.2-1　　　　　　　我国沿海信标 RBN/DGPS 台站及技术参数表

序号	台站名	频率/kHz	序号	台站名	频率/kHz
1	大三山	301.5	12	天达山	313
2	老铁山	295	13	镇海角	320
3	南山	287.5	14	鹿屿	317
4	北塘	310.5	15	三灶	307
5	成山角	291	16	硇洲岛	301
6	王家麦	313.5	17	防城	287
7	燕尾港	317	18	抱虎角	310.5
8	蒿枝港	287	19	三亚	295
9	大戢山	307	20	洋浦	313.2
10	定海	310	21	香港	289
11	石塘	295			

由于信标差分 RBN/DGPS 单一基站覆盖的范围比较广（陆上 100km，海上 300km），定位精度随着接收机到基站距离的增加而下降。信标接收机精度与基站的距离关系见表 6.2-2。

表 6.2 - 2　　　　　　　　信标 RBN/DGPS 定位误差与台站距离关系

距离/km	0	30	150	300	600
精度（$HDOP=1.5$）/m	±1.5	±5.2	±7.4	±11.1	±13.9

从表 6.2 - 2 可以看出距离基站越远，定位精度越差，实际使用过程中可以采用工作区域范围精确的已知坐标点对信标差分 RBN/DGPS 定位数据进行纠正，精度可以达到米级甚至亚米级，能满足精度要求较高的水下地形测量、海上施工船定位、海域使用测量等领域的要求。

2. 星基广域差分（WADGPS）系统

局域差分通常在距离基站较近的区域使用，差分改正数的有效性随接收机与参考站距离的增加而迅速降低。广域差分侧重于分析误差源，进一步将测量误差模型化，具有定位精度均匀性好、差分数据的置信度高、服务网覆盖范围大的特点。星基广域差分是 WADGPS 系统的进一步增强，作用距离向全球发展。

广域差分系统向用户提供了主要误差源的差分改正值，顾及了误差源对不同测站观测值影响的区别，克服了常规区域差分技术对时空的依赖性，其原理是利用设在已知坐标点上的一个主站和多个副站对卫星进行同步观测，对 GNSS 观测量的误差源加以区分和"模型化"，计算每一个误差源的修正值（差分值），并实时地将改正数据通过数据通信链传输给用户，对 GNSS 定位误差加以修正，以达到削弱误差源和改善用户 GNSS 定位精度的目的。

星基增强系统（SBAS）是利用地球静止轨道卫星建立的地区性广域差分增强系统。广域差分精密定位系统主要由监测站、主站、数据链和用户设备组成。一般的 DGNSS 提供给用户的是一组伪距坐标改正数，而 WADGPS 提供给用户的是每颗可见卫星的卫星星历和时钟偏差改正数以及电离层延迟参数，这是 WADGPS 与一般 DGNSS 的基本区别。在 WADGPS 网覆盖的区域内，改正数的精度可达亚米级或者更高。

SBAS 通过地球卫星搭载卫星导航的增强信号转发器，向用户播发星历误差、卫星钟差、电离层延迟等多种修正信息，实现对原有卫星导航系统定位精度的改进。目前，全球已经建立起了多个 SBAS 系统，如美国的 WAAS（Wide Area Augmentation System）、俄罗斯的 SDCM（System for Differential Corrections and Monitoring）、欧洲的 EGNOS（European Geostationary Navigation Overlay Service）、日本的 MSAS（Multi - functional Satellite Augmentation System）以及印度的 GAGAN（GPS Aided Geo Augmented Navigation）。

上述 SBAS 系统的工作原理（图 6.2 - 1）大致相同。首先，由大量分布的差分站（位置已知）对导航卫星进行监测，获得原始定位数据（伪距、卫星播发的相位等）并送至中央处理设施（主控站），后者通过计算得到各卫星的各种定位修正信息并发给地球同步静止卫星（GEO），最后将修正信息播发给广大用户，从而达到提高定位精度的目的。

SBAS 系统主要由地面参考基站、主控站、上传站和地球同步卫星四部分组成。

日本的 MSAS 系统是基于 2 颗多功能卫星（MTSAT）的 GPS 星基增强系统，由 2

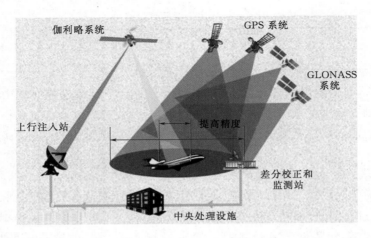

图 6.2 - 1 SBAS 系统工作原理图

颗多功能卫星（MTSAT）组成，MTSAT 卫星是一种地球静止同步卫星，定点位置分别在东经 140°和 145°。地面部分由控制站、监测站组成，系统还包括夏威夷州和澳大利亚的 2 个标定站。从卫星覆盖范围来看，MSAS 系统可覆盖我国大部分地区，我国海域都在系统覆盖之内。因此采用 MSAS 星基增强模式的 GNSS 接收机可用于感潮河段和海区定位，定位精度能够满足一般要求。

一般而言，星基差分和信标差分的精度基本上属于同一个数量级，但无须架设基站和信标台的辅助，具有独特距离优势，可以满足中小比例尺水深测量定位精度要求。

6.2.2 高程控制

感潮河段的高程控制可采用几何水准测量、三角高程测量、GNSS 高程测量等方式。

6.3 感潮河段水位观测

6.3.1 潮位基准面

陆地高程和海洋深度都需要固定的参考基准面，这些垂直坐标的参考基准面统称为垂直基准。垂直基准包括高程基准和水深基准。

1. 高程基准

感潮河段采用的高程基准与其他地区大致类似，包括 1956 年黄海高程、1985 国家高程基准、冻结基面、吴淞高程、大连零点、广州高程及珠江高程、坎门零点、波罗的海高程和假定高程等。使用时要注意不同高程系统间的换算关系。

2. 水深基准

海平面具有良好的稳定性，因此长期平均海平面本身就是理想的深度基准起算面，海洋测绘大量使用此类水深基准，而感潮河段作为内陆与海洋的连接河段亦经常使用。

世界沿海各国（地区）根据海区潮汐性质的不同采用了不同的深度基准面，见表 6.3 - 1。

表 6.3-1　　　　　　　　世界沿海各国（地区）深度基准面的采用情况表

基面名称	定　义	使用国家（地区）	备　注
理论最低潮面	根据潮汐理论计算由采用假想天体分潮合成的可能出现的最低潮面 $A_0 - L$	中国、苏联、印度尼西亚、马来西亚、新西兰、巴基斯坦、葡萄牙、泰国、安哥拉、阿根廷、澳大利亚、加拿大、智利、缅甸	
大潮平均低潮面	多年各个月中的最低低潮面的平均值 $A_0 - (H_{M2} + H_{S2})$	英国、德国（北海）、意大利、埃及、利比亚、索马里、坦桑尼亚、南非、巴拿马、尼加拉瓜、土耳其、委内瑞拉、希腊、尼日利亚、丹麦、加纳、危地马拉	
平均低低潮面	日潮港和不正规日潮混合潮低低潮潮高的平均值 $A_0 - [H_{M2} + (H_{K1} + H_{O1})\cos45°]$	美国（阿拉斯加）、洪都拉斯（大西洋）、夏威夷群岛、墨西哥（太平洋）、菲律宾、美国（太平洋）	
略最低低潮面（又称印度大潮低潮面）	可能出现的最低低潮面 $A_0 - (H_{M2} + H_{S2} + H_{K1} + H_{O1})$	巴西、埃及（红海）、印度、伊朗、伊拉克、日本、肯尼亚、沙特阿拉伯、苏丹、韩国	该基面用于日潮显著的地区，但还有很多低潮低于此基面
平均低潮面	多年观测平均低潮位平均值	美国、墨西哥、古巴、哥斯达黎加、多米尼加、巴拿马、哥伦比亚、海地、维尔京群岛（英）	
大潮平均低低潮面	每月大潮的低低潮潮位平均值	比利时、冈比亚、牙买加、利比里亚、荷兰、南斯拉夫、苏丹、塞拉利昂等	
最低低潮面	采用时间系列中的最低低潮面	柬埔寨、阿尔及利亚、法国、越南	
平均海面	A_0	土耳其（黑海）、保加利亚、罗马尼亚、德国（波罗的海）、瑞典、波兰、爱沙尼亚、拉脱维亚、立陶宛、丹麦（波罗的海）、荷兰	

深度基准面确定的原则是：既要考虑到船只的航行安全，又要照顾到航道利用率。航道利用率依赖于深度基准面的保证率，深度基准面保证率是指在一定的时间内，高于深度基准面的低潮次数与低潮总次数之比，我国保证率在 95% 左右。

1956 年以前，我国采用略最低低潮面作为深度基准面，1956 年后采用理论最低潮面。

理论最低潮面，由 M_2、S_2、N_2、K_2、K_1、O_1、P_1、Q_1 等 8 个分潮叠加计算相对于潮汐振动平均位置（长期平均海平面）可能出现的最低水位，并附加考虑浅海分潮 M_4、MS_4 和 M_6 及长周期分潮 S_a、S_{sa} 的贡献。

理论最低潮面的具体计算方法和过程可参照有关文献。

6.3.2　感潮河段水位观测方法

感潮河段水位观测方法与内陆地区水位观测方法相同，分人工观测和仪器观测。常用的观测水位仪器有：水尺、浮子式水位计、压力式水位计、超声波水位计和雷达水位计等。

根据潮汐的特点，潮水位观测应以能观测到潮汐变化的全过程为原则，覆盖水深测量的全过程。沿海港口及感潮河段水位观测次数可按表6.3-2实施。

表6.3-2 感潮河段水位观测次数规定

观测时期	观测次数	加 密 观 测	
		加密次数	加 密 时 间
观测系列水位时	每整小时 观测1次	每10min 观测1次	（1）高、低潮前后各30min内； （2）受混合潮或者副振动影响，高、低潮过后又出现小的涨落起伏时
水深测量时	每10～30min 观测1次	每10min 观测1次	（1）高、低潮前后各30min内； （2）30min内水位差大于0.5m时； （3）水位变化异常时

因感潮河段潮汐到达时间不同，导致感潮河段纵横比降与非感潮内陆河段特性不同。因此，其水尺布设有一定的要求，以下以长江口澄通河段为例。

在长江口澄通河段某次的潮位比降研究中，设立了任港、营船港、南农闸、一德码头、ZT1、ZT2、ZT3、农场水闸、七干河、望虞河等临时潮位站，进行纵横比降观测，通过大、中、小三个典型潮汐过程中潮位资料的同步收集，得到了完整的潮汐比降观测数据。

图6.3-1为水位比降观测各临时水位站的设置位置示意图。

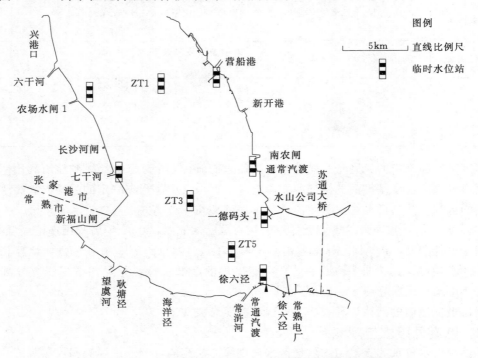

图6.3-1 水位比降观测各临时水位站的设置位置示意图

通州沙河段纵横比降统计见表6.3-3、表6.3-4，图6.3-2～图6.3-7是相应比降观测潮位站潮位及比降过程线图。落急时刻通州沙河段左岸最大纵比降约$0.4×10^{-4}$，江中和右岸最大纵比降约$0.2×10^{-4}$，左岸落急纵比降大于江中和右岸；涨急时刻通州沙河段左岸纵比降小于江中和右岸。通州沙河段进出口均为弯道，加之江面宽阔，涨落潮期间沿程两岸均存在一定的横比降。通州沙河段上段落潮期间最大横比降可达$0.21×10^{-4}$（左岸潮位高于右岸），徐六泾河段在徐六泾处潮位总体表现为右岸高于左岸，最大横比降约$-0.6×10^{-4}$。

表 6.3-3　　　　　　2012 年 9 月大潮实测工程河段沿程纵比降统计

位置	河　段	间距/km	落潮期间最大纵比降/10^{-4}	涨潮期间最大纵比降/10^{-4}
左岸	任港—营船港	11.6	0.24	−0.34
	营船港—南农闸	8.4	0.38	−0.61
	南农闸——德码头	4.2	0.45	−0.48
江中	ZT1—ZT3	7.6	0.18	−0.69
	ZT3—ZT5	6.3	0.27	−0.38
右岸	五干河—农场水闸	9.6	0.24	−0.55
	农场水闸—七干河	4.3	0.28	−0.67
	七干河—徐六泾	15.4	0.07	−0.47

表 6.3-4　　　　　　2012 年 9 月大潮实测工程河段沿程横比降统计

计　算　断　面		间距/km	落潮期间最大横比降/10^{-4}	涨潮期间最大横比降/10^{-4}
任港	任港—五干河	7.0	0.21	0.47
营船港	营船港—ZT1	4.0	0.43	−1.00
	ZT1—农场水闸	5.1	−0.06	0.13
	营船港—农场水闸	9.1	0.21	−0.42
南农闸	南农闸—ZT3	5.7	−0.17	0.06
	ZT3—七干河	5.6	−0.08	0.40
	南农闸—七干河	10.7	−0.14	0.20
水山码头	一德码头—ZT5	3.6	−0.33	0.09
	ZT3—徐六泾	3.6	−0.20	−0.80
	一德码头—徐六泾	5.3	−0.33	−0.09

6.3.3　感潮河段水位改正

在进行感潮河段水深测量时，测深仪测得的深度基于瞬时水面。由于水面受潮位的影响不断变化，同一地点在不同水位时测得的水深是不一致的。因此，必须对测时水深进行水位改正，将测量水深值改正到特定的高程或深度基准面。水位改正分为单站改正、双站改正和多站改正。

1. 单站水位改正

单站水位改正适用于小范围，即认为测量区域内每个位置的水面高程和水位站水面高

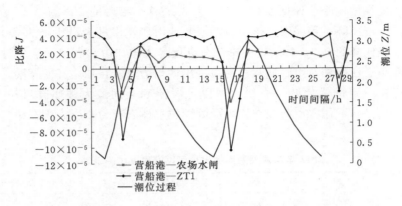

图 6.3-2　大潮期潮位站潮位及纵比降过程线图

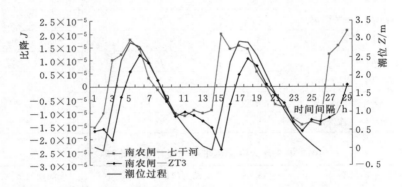

图 6.3-3　大潮期潮位站潮位及横比降过程线图

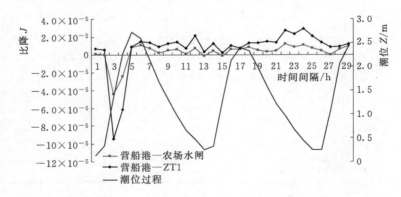

图 6.3-4　中潮期潮位站潮位及纵比降过程线图

程相同。在水位站控制范围内，水底高程实测水深与相应的水位按式（6.3-1）计算：

$$G = z - h \tag{6.3-1}$$

式中　G——水底高程，m；

　　　z——该水位站在某一基面以上的水位，m；

　　　h——测点施测时的水深，m。

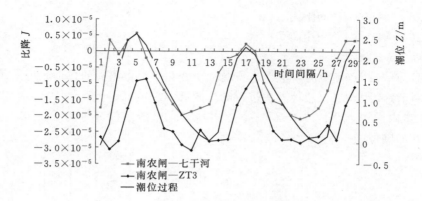

图 6.3-5　中潮期潮位站潮位及横比降过程线图

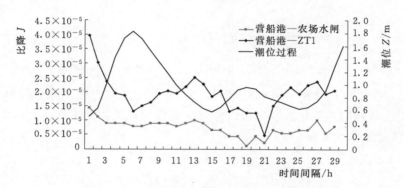

图 6.3-6　小潮期潮位站潮位及纵比降过程线图

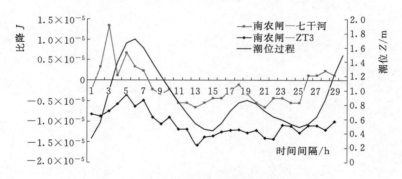

图 6.3-7　小潮期潮位站潮位及横比降过程线图

2. 双站水位改正

双站水位改正适用于可控制或比降较小的河段，两相邻站之间任何一点的水位按距离线性内插求得。

若两个潮位站某时刻的潮位为 Z_1、Z_2，则中间 P 点的潮位可按式（6.3-2）计算。

双站水位改正平面图如图 6.3-8 所示，求得 A_3 的坐标，然后在直线 A_1、A_2 上按距离内插得到 A_3 的潮位：

$$Z_p = Z_1 + (Z_2 - Z_1) S_{A_1 A_3} / S_{A_1 A_2} \qquad (6.3-2)$$

式中 S_{A1A3} ——A_1 与 A_2 间距离，m；

$\qquad S_{A1A2}$ ——A_1 与 A_3 间距离，m。

3. 多站水位改正

赶潮河段计算测点潮位时，应考虑横向潮位变化。根据不同的条件，可采用二步内插法、平面内插法、距离加权法等方法进行潮位改算。

（1）二步内插法。设 A、B、C 三个潮位站某时刻的潮位分别为 Z_A、Z_B、Z_C，如图 6.3－9 中 P 的潮位。

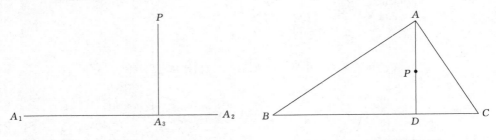

图 6.3－8　双站水位改正平面图　　　图 6.3－9　潮位站平面图

由 A、B、C 和 P 的坐标，联解求得 BC 与 AP 两个直线方程，得交点 D 的坐标；然后在直线 BC 上采用两点潮位按距离内插得到 D 的潮位；再在直线 AD 上，以 AD 的潮位线性内插求得测点 P 的潮位：

$$Z_P = Z_A + (Z_D - Z_A) S_{AP} / S_{AD} \qquad (6.3-3)$$

$$Z_D = Z_C + (Z_B - Z_C) S_{CD} / S_{BC} \qquad (6.3-4)$$

式中 S_{AD} ——A 与 D 的距离；

$\qquad S_{AP}$ ——A 与 P 的距离；

$\qquad S_{BC}$ ——B 与 C 的距离；

$\qquad S_{CD}$ ——C 与 D 的距离；

$\qquad Z_A$ ——A 点潮位；

$\qquad Z_B$ ——B 点潮位；

$\qquad Z_C$ ——C 点潮位；

$\qquad Z_P$ ——P 点潮位；

$\qquad Z_D$ ——D 点潮位。

（2）平面内插法。若三个潮位站之间潮时差很小，且潮差均匀变化时，则可将瞬时水面作为一个平面处理。如图 6.3－10 所示。

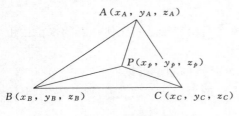

图 6.3－10　潮位站平面图

若三个潮位站 A、B、C，其空间坐标分别为 (x_A, y_A, z_A)、(x_B, y_B, z_B)、(x_C, y_C, z_C)，其中 z 为水位。设 P 点某时刻的水位 (x_p, y_p, z_p)，则可根据四点共面的条件，计算出 P 点的水位 Z_P。

（3）距离加权法。图 6.3－11 中，A_1、B_1、A_3、B_3 为实测潮位站，P 为需要计算潮位的测点，A_2、B_2 为 P 投影至 A_1A_3、B_1B_3 的垂足，S_{PA}、S_{PB} 为 PA_2、PB_2 的直线距离，则任意时刻 P 点的潮水位计算公式如下：

$$Z_P = A_2 S_{PB}/(S_{PA}+S_{PB}) + B_2 S_{PA}/(S_{PA}+S_{PB})$$

$$Z_P = (Z_A \times S_{PB} + Z_B \times S_{PA})/(S_{PA}+S_{PB}) \tag{6.3-5}$$

式中　A_2、B_2——P 在 A_1 与 A_3、B_1 与 B_3 连线上的垂足；

　　　　Z_A——潮位站 A_1 与 P 测点同时刻的潮位，m；

　　　　Z_B——潮位站 B_1 与 P 测点同时刻的潮位，m；

　　　　S_{PA}——P 与 A_2 之间的距离，m；

　　　　S_{PB}——P 与 B_2 之间的距离，m。

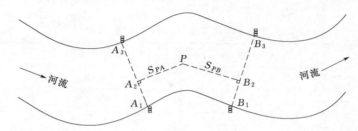

图 6.3-11　感潮河段潮水位控制站及计算示意图

式（6.3-5）对式（6.3-4）进行了改进，配合软件中可选择区域计算及重复计算的特点，分别计算 $PA_2A_1B_1B_2$ 或 $PA_2A_3B_3B_2$ 包围的区域，同步解决了潮水位改正及横比降影响的问题。

6.4　感潮河段水下地形测量

6.4.1　导航定位

感潮河段水面宽、水位变化大，一般采用 GNSS 定位方法，主要根据不同的定位精度采用基于 RTK 载波相位差分的自主差分技术和信标差分、星基增强型广域差分等定位技术。

定位精度通常根据测图比例尺和项目特定要求来规定，但应满足表 6.4-1 中的规定，对于某些特殊水深测量（如用于河道演变分析的固定断面测量）还有偏航距的要求，见表 6.4-2。

表 6.4-1　　　　水深测量定位点点位中误差限值

测图比例尺 M	定位点点位中误差限差	测图比例尺 M	定位点点位中误差限差
$M>1/5000$	图上 1.5mm	$M<1/100000$	100m
$1/100000 \leqslant M \leqslant 1/5000$	图上 1.0mm		

表 6.4-2　　　　　　　　　固定断面测量实测线偏离断面线的允许距离

断面横向比例尺 M	陆　　上	水　　域
1/200≤M≤1/1000	图上 5mm	图上 2mm
1/2000≤M≤1/5000	图上 3mm	图上 2mm

6.4.2　水深测量

6.4.2.1　水深测量精度

在我国，感潮河段水深测量的主要标准是《海道测量规范》(GB 12327—1998)、《海洋工程地形测量规范》（GB/T 17501—2017）以及行业标准《水运工程测量规范》（JTS 131—2012）、《水利水电工程测量规范》（SL 197—2013）等。表 6.4-3 为《海道测量规范》（GB 12327—1998）规定的深度测量极限误差。

表 6.4-3　　　　　　　　　深度测量极限误差（95%置信度，2σ）

测深范围 Z/m	极限误差/m	测深范围 Z/m	极限误差/m
0<Z≤20	±0.3	50<Z≤100	±1.0
20<Z≤30	±0.4	Z>100	±Z×2%
30<Z≤50	±0.5		

感潮河段水深测量须布设检查线，检查线的方向应尽量与主测线垂直，且总长不少于主测线总长的 5%。测深线和主测线相交处，图上 1mm 范围内水深点的深度（换算到同一基面下的高程或水深值）比对互差应符合表 6.4-4 的规定。

表 6.4-4　　　　　　　　　感潮河段深度比对互差要求

水深/m	深度对比互差/m	水深/m	深度对比互差/m
H≤20	≤0.4	H>20	≤0.02H

6.4.2.2　测线布置

感潮河段测深线间隔需要考虑测区的重要性、水底地貌特征和水深等因素。对单波束测深仪，原则上主测线间距为图上 1cm，平坦水域可以放宽到 2cm，水深测量测线间距限值见表 6.4-5。对于需要详细探测的航道、泊位区或者工程区域，测深线的间距可以缩小或者放大比例尺进行测量。对多波束测量系统，应根据系统的测幅宽深比等技术性能，结合测区的水下地形的大致分布情况设计测线间距，测量条带间还应有适当的重叠，以达到全覆盖测量的目的。

表 6.4-5　　　　　　　　　水深测量测线间距限值

测　　区		图上测线间距/mm
沿海		10~20
内河	重点水域	10~15
	一般水域	10~15

测线布设的方向对于单波束测深仪和多波束测深系统是不同的。原则上，单波束测深

仪主测线应垂直于等深线方向布设（对于矶头状的自然地貌或者人工建筑物可采用螺旋线或者扇形分布的测线进行）；多波束测深系统主测线应大致平行于等深线方向。

6.4.2.3　测深方式及声速改正

目前，感潮河段主要采用单波束和多波束测深两种方式。水体中的声速是一个比较活跃的物理变量，不同条件下声波传播的速度并不相同，与水体的温度、盐度和压力密切相关，其中水温的变化对声速的影响最大。由于感潮河流与内陆水体和海洋的盐度、温度各不相同，应特别注意声速的使用。

海洋由于受到日照、风和洋流等因素的影响，不同层的物理特性（主要是温度）变化更为复杂。在垂直方向上大致可以划分出 4 个声速变化层：表面层、温跃层、渐变层、等温层，其声速剖面的变化基本表现为声速从近似恒定到负声速梯度，再到正声速梯度的变化趋势。上面的表面层主要受到温度的影响，最下面的等温层主要受到水压力的影响。

内陆水体水库，由于水的流动性差，水体交换缓慢，盐度变化可忽略不计，其水体温度在垂直方向上的分布主要受季节性的影响。从水面到数百米深的水底，温度多呈现下降的趋势。在一定的深度以上，温度变化不大，一旦到达某一深度，温度开始急剧下降，超过某一深度以后，水温又趋于稳定，这种水温从稳定—降低—稳定的变化规律在深水水库中普遍存在。水温的垂直变化带来了声速剖面在垂直方向上的分布变化。

海洋与水库声速剖面分布如图 6.4-1 所示。

感潮河段，由于水体的流动性很强，水体的垂直交换比较充分，所以声速剖面的梯度不如水库那么大。在某些特定的时刻，表层声速与其他水层声速差别较大的主要原因有：①表层水温受气温影响，造成垂直方向上明显的温度梯度；②涨潮时由于不同水层运动方向不同，形成了盐水楔和温度跃层。以上因素皆可造成垂直方向上明显的声速梯度（图 6.4-2）。

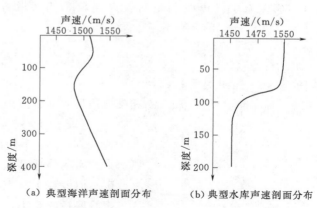

（a）典型海洋声速剖面分布　　（b）典型水库声速剖面分布

图 6.4-1　海洋与水库声速剖面分布对比图

感潮河段选择公式可通过声速计进行。声速计基本原理是通过测量声波在水中固定距离内的传播时间来计算声速。在 20 世纪前期，采用间接测量法测定海水中的声速，即测量海水的温度、盐度及深度等参数，然后按经验公式计算海水中的声速。声速计由换能器及固定在一定距离的反射面组成，换能器发出起始声脉冲，经过水中长度固定的通道到达反射面，再反射回换能器。放大后的接收信号重新激励发射器，触发第二个声脉冲。如此循环，形成一系列脉冲。测出脉冲重复的频率，并对电路的时延进行补偿，则声速等于脉冲重复频率与声程长度的乘积。

由于水体中的水温和盐度在垂直方向存在梯度分布，引起声速在垂直方向的梯度分

图 6.4-2 长江口某河段声速剖面分布图

布，且位置不同声速梯度分布也不尽相同。由于声速梯度的存在，原理上测量不同测点需采用该测点测量时声速传播路径上的平均声速（由声速剖面仪测定）。因不可能在测量水深的同时测量每个测点声速传播路径上的平均声速，为此假设声速剖面分布在一定范围内。实际测量时，通过测量一个最深位置的声速剖面来代替一定范围内的声速剖面，采用后处理的方法对每个测点进行声速改正。

声波在两种介质界面上或者同一种介质性质发生变化时会发生反射和折射，折射的程度与声速差有关，声线总是向着声速较小的区域弯曲。根据反射和折射规律的 Snell 法则：

$$\frac{\sin\theta_i}{C_i} = \frac{\sin\theta_{i+1}}{C_{i+1}} = P \tag{6.4-1}$$

式中　P——Snell 常数；

θ_i 和 θ_{i+1}——声速为 C_i 和 C_{i+1} 相邻介质层界面处波束的入射角和折射角，（°）。

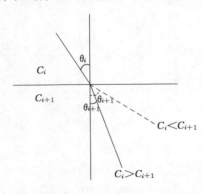

图 6.4-3 声波反射和折射原理图

当入射角不等于 0°时，波束在界面处发生折射，若有 $N+1$ 个不同的介质层，则会产生 N 次折射，波束的实际传播路径为一个折线（图 6.4-3）。Snell 法则不但解释了波束在水中的折射特性，还给出了求解声线路径的算法。

多波束测量由于存在大量入射角不为零的波束，波束投射点的位置需要进行精确计算，投射点相对于波束发射点的垂直距离也需重新进行计算。因此，需要采用高精度的声线跟踪算法。

声线追踪是基于声速剖面的波束投射点相对于船体坐标系坐标计算的一种方法。声线追踪将声速剖面内两个相邻的声速采样点划分为一个层，层内的声速变化假设为零梯度或者常梯度。

严密的声线追踪计算过程复杂，为简化计算可以采用等效声速剖面法进行声线改正。即等效声速剖面法声线改正中深度计算：

$$z_B = z_0 + R_{eq}\left\{ \sin\theta_0 + \frac{2g_{eq}R_{eq}(1+\cos\theta_0)C_0\exp(g_{eq}t/2)}{[g_{eq}R_{eq}(1+\cos\theta_0)]^2 + [C_0\exp(g_{eq}t/2)]^2} \right\} \tag{6.4-2}$$

式中 g_{eq}——等效的常声速剖面的梯度；

R_{eq}——对应的等声线弧段曲率半径，其计算方法可查阅有关文献。

采用等效声速剖面法进行声线改正，深度计算仅利用了表层声速 C_0 和参考深度 Z_0，实际声速剖面仅用于相对面积差的计算。

单波束测量波束角较大，在一定的船体姿态的变化的幅度内，可以认为波束角的入射角为零，声线追踪计算主要是对波束在垂直方向上的误差进行修正。

由于不可能知道声速传播路径上每一处的声速，故平均声速场面 C_m 采用式（6.4-3）进行声速计算：

$$C_m = \frac{1}{D} \sum_{i=1}^{n} C_i d_i \qquad (6.4-3)$$

式中 n——声波路径上的抽样数，也就是分层数；

d_i——各水层的厚度；

C_i——各水层的声速值；

D——换能器至水底深度。

实际水深测量先将一个固定的设计声速 C_0（一般取 1500m/s 或者某一位置表层声速）输入测深仪，测得的每一个位置近似水深，在后处理时进行声速改正获取精确水深。

$$d_h = \frac{H(C_m - C_0)}{C_0} \qquad (6.4-4)$$

式中 d_h——深度改正值；

H——实测近似水深。

式（6.4-4）表明，测深值的声速改正值与观测深度成正比，同时还与声速差成正比，声速误差引起的测深误差见表 6.4-6。

表 6.4-6　　　　　　　声速误差引起的测深误差

H/m	$(C_m-C_0)/(\mathrm{m/s})$								
	1	2	5	10	15	20	30	40	50
5	0.00	0.01	0.02	0.03	0.05	0.07	0.10	0.13	0.17
10	0.01	0.01	0.03	0.07	0.10	0.13	0.20	0.27	0.33
20	0.01	0.03	0.07	0.13	0.20	0.27	0.40	0.53	0.67
50	0.03	0.07	0.17	0.33	0.50	0.67	1.00	1.33	1.67
80	0.05	0.11	0.27	0.53	0.80	1.07	1.60	2.13	2.67
100	0.07	0.13	0.33	0.67	1.00	1.33	2.00	2.67	3.33
200	0.13	0.27	0.67	1.33	2.00	2.67	4.00	5.33	6.67
500	0.33	0.67	1.67	3.33	5.00	6.67	10.00	13.30	16.70
1000	0.67	1.33	3.33	6.67	10.00	13.30	20.00	26.70	33.30

注　$C_0 = 1500\mathrm{m/s}$；$(C_m - C_0)$ 为平均声速误差 ΔC_m；H 为水深值。

6.4.2.4　延时的测定

感潮河段水流复杂，风大浪高，采用测量船测深时，如果定位与测深不同步，将使测深值产生位移，从而使整个测区的水下地形失真。一般将这种影响称为延时效应或者时延效应。RTK 三维水深测量，由于延时效应的存在，不仅使测深值和定位值不匹配，更严重的是使测深值和实时高程测量值不匹配，既产生位置误差，也产生高程测量误差。

延时的测定一般采用目标探测法。通过选定水底凸出目标的区域（图 6.4-4）或地形变化剧烈的区域（图 6.4-5），按照同一测量轨迹相同的船速，往返测量两次。

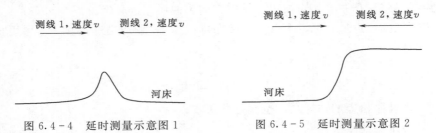

图 6.4-4　延时测量示意图 1　　　　图 6.4-5　延时测量示意图 2

目标点两次测得的位置 P_1P_2，得到延时位移 ΔS：

$$\Delta S = \frac{P_1P_2}{2} \tag{6.4-5}$$

若船速为 v，则可计算得到测深系统的延时 Δt：

$$\Delta t = \frac{\Delta S}{v} \tag{6.4-6}$$

测定测深系统延时需要注意以下几个问题：①所选地形特征点要明显；②测线偏航要尽可能小，偏航距离应尽可能小于 1m，测船航速要稳定；③滞后时间输入数据采集软件后，应再次对目标物多次测量（同向或者对向，同速或者变速）比测验证。

6.4.2.5　动态吃水测量

测船在感潮河段走航随着船速、波浪变化，测船在水中的入水深度会出现变化，称为船只的动态吃水，对于同一条测船，船只吃水与航速有关，且不同位置的吃水均不一样。

测量只关心换能器位置的动态吃水，一般要求换能器安装在测船的重心位置，有助于减小由于船体姿态变化引起测量的误差；有时也采用侧舷安装的方式。为了消除动态吃水对测量精度的影响，可采用水准仪定点观测和水准仪固定断面法测定动态吃水。

水准仪定点观测法采用在换能器位置设置水准尺，观测船只在静态和一定速度航行时的水尺读数，根据多次的观测结果，统计不同船速动态吃水的平均值，确定不同速度下的动态吃水。

水准仪固定断面法也在换能器位置设置水准尺，分别观测船只漂流和航行通过观测断面时的水尺读数。根据多次的观测结果，计算不同航速的动态吃水。

以上方法对观测者的要求较高，需要短时间内进行多次准确的水尺读数，以提高可靠性与准确性。随着 GNSS 技术的发展，采用 GNSS 动态测量的方法，测定动态吃水也成为可能。

以下通过长江某水下测量工程对不同吨位的测船动态吃水测量进行说明，征用的测船包括 4 艘小型铁质渔船、3 艘较大的木质渔船，测船情况见表 6.4-7。

动态吃水测量选择在水深合适的感潮河段，并在水位变化较小的时刻（平潮时刻附近）进行。在测深仪处装一台 GNSS 接收机，基准台设置在岸上以 1s 的间隔采集静态观测数据，船台同时采集静态和动态观测数据。测船静止时，船台保持 10min 的静止时间做初始化，测量一组高程；然后船只按照测量速度航行，历时 3～5min 测量一组高程。

表 6.4-7　　　　　　　　　　　测船情况一览表

编号	测船号	船只静态吃水 /m	船只尺寸（长×宽） /(m×m)	功率/马力[①]	吨位/t
1	18001	1.2	12×3	80	10
2	18002	1.2	12×3	80	10
3	13309	1.2	12×3	80	10
4	10001	1.2	12×3	80	10
5	10011	1.2	12×3	80	10
6	4116	2.6	25×6	280	80
7	1102	2.5	22×6	250	70

① 1 马力=735.499W，全书下同。

将基准台和船台数据联合处理，每 10s 间隔计算 GNSS 天线相位中心高程均值，作为中间时刻的高程（高程可采用大地高，也可采用模型转换为正常高）。比较测船运动与静止时各处 GNSS 观测的高程差异，根据时段潮位变化，消去潮位变化对 GNSS 观测结果的影响，即可得到测船动态吃水值。

通过上述方法，得到表 6.4-7 中 7 条测船在典型测量船速下的动态吃水测量结果，见表 6.4-8。

表 6.4-8　　　　　各测船在典型测量船速下动态吃水测量结果对比表

序号	测船号	船速 /节[①]	动、静态天线相位高程变化/mm	水面高程变化 /mm	动态吃水 /mm
1	18001	6	72	40	32
2	18002	6	41	10	31
3	13309	6	53	20	33
4	10001	6	81	40	41
5	10011	6	52	30	22
6	4116	6	62	30	32
7	1102	6	84	20	64

① 1 节=0.514773m/s，全书下同。

测船在不同船速下不同部位动态吃水测量结果见表 6.4-9。

表 6.4-9　　　　　测船在不同船速下不同部位动态吃水测量结果

船速/节	动态吃水值/mm			
	4116 号测船		1102 号测船	
	船中	船尾	船中	船尾
4	29	41	36	32
6	32	59	64	101
8	80	107	104	196
10	89	118	—	—

如果采用 RTK 三维水深测量的方法进行水下地形测量，由于能够实时测定换能器位置高程，测量结果已包含了动态吃水的影响，故无须进行动态吃水的测量和改正。

6.4.2.6 感潮河段水深测量测深误差分析

感潮河段水深测量的误差来源众多，但最后的误差为传播介质、测量载体等相关效应，即声速、姿态和船只静态、动态吃水的影响。

1. 声速效应产生的测深误差

有关声速效应引起的测量误差及其改正已在本节测深方式及声速改正中进行了详细的介绍。为尽量较少声速效应对测深的影响，一般要求每次作业前应在测区内有代表性的水域测定声速剖面，单个声速剖面的控制范围宜不大于 5km，声速剖面测量时间间隔应小于 6h，声速变化大于 2m/s 时应重新测定声速剖面。

2. 测船姿态变化产生的测深误差

姿态影响是指载体受到风、浪、流的作用而导致的测量不准，无论是横摇、纵摇、艏摇，其作用机理都是导致测深仪中心波束倾斜而产生复杂的误差变化，它是一个既影响平面定位又影响深度测量的复杂过程。测船姿态对测深的影响可分为测船纵摇、横摇、升沉等对测深的影响等方面。RTK 三维水深测量与传统水深测量在原理上有本质的不同，它通过确定瞬时 GPS 天线的大地高及其至水面的距离，再通过相应的基准差改正来获得水深，只要 GPS 天线相位中心高度和瞬时深度测量同步一致，则不受船只载体的起伏限制，即 RTK 三维水深测量不需要进行波浪等升起的垂直起伏改正。

（1）测船横摇误差。设 α 为测船横摇角，左舷下倾时取正值，θ 为换能器半波束角，s 为记录深度，H 为真实深度。

显然，若 $|\alpha| \leqslant \theta$，$\alpha$ 角造成的测深信号偏移仍在波束角范围之内，量测深度可以认为没有产生附加误差。否则，可认为发射的测深信号偏离了垂直方向而产生了附加误差。

一般情况下，测深线是沿水底地形变化梯度方向横断面布设的，沿测深线垂直方向（即测船的横摇方向）可以认为是平面，此时产生的附加深度误差 Δd_{roll} 可用下式估算：

$$\Delta d_{roll} = S[\cos(\alpha - \theta) - 1] \tag{6.4-7}$$

根据式（6.4-7），由横摇 α 产生的附加深度误差 Δd_{roll} 与测量水深值 S 成正比。

常用测深仪波束角多为 7°或者 8°，其半波束角 θ 分别为 3.5°和 4°，以波束角 7°为例，在不同的测量水深 S 和横摇角度 α 的条件下，横摇引起的测量误差 Δd_{roll} 见表 6.4-10。

表 6.4-10　　　　　　　　　　横摇引起的测量误差 Δd_{roll}

H/m	$\alpha/(°)$								
	4	5	6	7	8	9	10	12	15
5	0.00	0.00	0.00	0.01	0.02	0.02	0.03	0.05	0.10
10	0.00	0.00	0.01	0.02	0.03	0.05	0.06	0.11	0.20
20	0.00	0.01	0.02	0.04	0.06	0.09	0.13	0.22	0.40
50	0.00	0.02	0.05	0.09	0.15	0.23	0.32	0.55	1.00
80	0.00	0.03	0.08	0.15	0.25	0.37	0.51	0.88	1.61
100	0.00	0.03	0.10	0.19	0.31	0.46	0.64	1.10	2.01

续表

H/m	α/(°)								
	4	5	6	7	8	9	10	12	15
200	0.01	0.07	0.19	0.37	0.62	0.92	1.29	2.20	4.02
500	0.02	0.17	0.48	0.93	1.54	2.30	3.21	5.49	10.04
1000	0.04	0.34	0.95	1.87	3.08	4.60	6.43	10.98	20.08

注 假设测深仪波束角为7°；H 为水深值。

水深测量时，若同时测定了横摇 α 角，真实水深度为

$$H=S\cos(\alpha-\theta) \tag{6.4-8}$$

若通过式（6.4-8）改正水深，改正后的水深 H 位于测深仪换能器中心垂线上，因为横摇 α 角的存在，使得定位中心与测深中心不在一个水平面上，就产生了定位误差。只有建立严密的船体坐标系并实时测量船体姿态，才能对定位中心做出正确的改算，如图6.4-6所示。

测船航向为H，虚线为
转动后的声波路径
h′
θ
h
B(x, y)
l
B₀(x₀, y₀)

图 6.4-6 测船横摇引起的深度误差和位置偏移

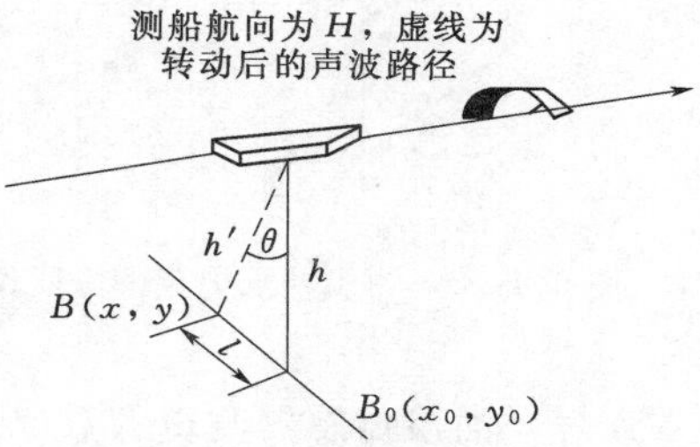

当横摇为逆时针转动时，B 点的坐标为

$$\begin{cases}x=x_0+h'\sin\theta\cos\delta\\y=y_0-h'\sin\theta\sin\delta\end{cases} \tag{6.4-9}$$

当横摇为顺时针转动时，B 点的坐标为

$$\begin{cases}x=x_0-h'\sin\theta\cos\delta\\y=y_0+h'\sin\theta\sin\delta\end{cases} \tag{6.4-10}$$

式中 θ——横摇角，(°)；

δ——航向角度，(°)。

（2）测船纵摇误差。测船纵摇产生的测深误差比较复杂，若水底平坦，则产生的误差与横摇类似，按式（6.4-7）进行深度改正。显然，纵摇不产生偏离测深线的位移，但使水深点在测线上前后摆动。对于内陆浅水产生的测深，假定 $H\leqslant 50$m，$\theta=3.5°$，当纵摇角 $\beta\leqslant 6°$时，引起的水深误差不大于 5cm，可以不予考虑。

测船航向为H，虚线为
转动后的声波路径
航向
θ
h′
h
B(x, y)
l
B₀(x₀, y₀)

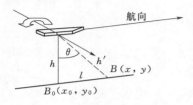

图 6.4-7 测船纵摇引起的深度误差和位置偏移

测船纵摇和横摇对测量精度影响的原理类似，也会对水深点位置发生偏移，如图6.4-7所示。

当纵摇为逆时针转动时，所测水深点的实际坐标为

$$\begin{cases}x=x_0-h'\sin\theta\sin\delta\\y=y_0-h'\sin\theta\cos\delta\end{cases} \tag{6.4-11}$$

当纵摇为顺时针转动时，所测水深点的实际坐标为

$$\begin{cases}x=x_0+h'\sin\theta\sin\delta\\y=y_0+h'\sin\theta\cos\delta\end{cases} \tag{6.4-12}$$

式中　θ——纵摇角；

　　　δ——航向角度。

通过以上公式可对测量结果进行校正。

（3）测船升沉误差。水下地形测量时测深仪换能器一般固定在船体下方，与测船形成刚体连接，测船的升沉变化直接反映在水深测量值中。

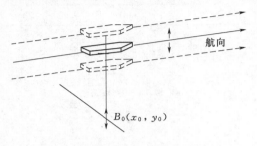

图 6.4-8　测船升沉引起的深度误差

升沉变化将直接使测量的水深比真实值偏大或偏小，如图 6.4-8 所示。

假设，t 时刻测量的升沉、水深分别为 D_t、h_t，则应用水深 H_t 为

$$H_t = D_t + h_t \qquad (6.4-13)$$

目前，船只升沉改正有以下三种方式：

1）HEAVE 传感器法。通过高精度的涌浪传感器（其原理一般为加速度计）直接测定船体的升沉，当涌浪传感器与测深仪换能器位置一致时，涌浪传感器测得的数值即为水深值的改正值。

2）RTK 高程分量法。利用高精度的 GNSS 高程测量分量进行升沉改正。

3）水深数据平滑滤波法。大多数情况下，船体一般不安装传感器或者没有高精度的 GNSS 高程分量，如遇这种情况，可将短时间内水深变化看作光滑曲线，通过手动或者计算机自动消除测量水深锯齿，近似达到消除升沉误差的目的。虽然水深锯齿状不完全由船体升沉引起，但在短时间可认为主要由测船升沉变化引起。

3. 动态吃水对测深值的影响

前面已介绍了动态吃水测量方法，但对于没有开展动态吃水测量的测船，亦可采用经验公式计算。动态吃水的计算方法众多，使用较多的主要是霍密尔公式。根据霍密尔公式，船只在航行状态下的动态吃水 ΔH 由式（6.2-14）确定。

$$\Delta H = K v^2 \sqrt{\frac{H_s}{H}} \qquad (6.4-14)$$

式中　ΔH——船只的动态吃水；

　　　K——船型系数；

　　　v——航速，m/s；

　　　H——测区平均水深，m；

　　　H_s——静态吃水，m。

由式（6.4-9）可知，动态吃水与船的结构、航速、平均水深及静态吃水值有关。其中，船型系统 K 在大量文献中均有提及，在此不再赘述。

式（6.4-14）仅仅考虑到了船速、静态吃水和测区平均水深对动态吃水的作用，实际的动态吃水还受风力、风向、潮汐和波浪等因素的影响，因而传统的动态吃水公式是不精确的。参考传统的动态吃水计算公式，结合诸因素对动态吃水的贡献程度，较为精密的动态吃水模型为

$$\Delta d = a_0 + a_1 v + a_2 v^2 + a_3 v^3 - a_4 H_s + a_5 H + a_6 F(v_w, A_w) - H_{tide} \qquad (6.4-15)$$

式中　　　v_w——风速；

$F(v_w, A_w)$——风对动态吃水的影响函数；

A_w——风向；

H_{tide}——潮汐对动态吃水的影响。

在测量工作中，采用合适的测船非常重要。测船既不能太小，也不能太大，太小了稳定性不够，太大了动态吃水较大。测量时的船速亦需要控制，不可盲目追求高速。

4. 时延改正及其影响

时延反映的是 GNSS RTK 定位与测深的不同步，为统一测深瞬时的平面和垂直基准，必须消除时延的影响。

假定船速为 8 节、导航时延为 0.2s，则导航时延引起的最大平面位置偏差为 0.8m。实际工作中，导航时延是一个较难确定的量，既与定位系统的更新率密切相关，也受到数据采集软件和硬件的影响。采用 RTK 三维水深测量时，时延既影响定位，也使姿态测量与水深测量不同步，从而带来复杂的测量误差。因此，应按前面已介绍的时延测定方法精确测定延时。一般而言，时延对平面定位的影响最为显著，其影响与船速成正比。因此，实际作业中，一方面应根据试验精确计算时延；另一方面应尽量减小船速，保持测量载体的稳定性，将时延引起的误差减小到最小。

6.5　感潮河段测量实例

在感潮河段，由于潮流和径流的双重作用，水下地形冲淤变化比较频繁，需要精确掌握某些重点的水工建筑物和航道水下区域的细微地形变化，计算冲淤量，掌握冲淤变化规律。在平原河段测量中已介绍了多波束水深测量的方法，本节列举了多波束测深系统和机载激光雷达系统在感潮河段几个典型的应用实例。

6.5.1　码头前沿冲淤监测

某电厂码头建在高边坡的位置，码头前沿受到水流的持续冲刷，形成了一个顶冲的凹槽，码头前沿到江中的方向，水深从 10m 急剧变化到 40m。若这种情况持续发展下去，码头桩基的稳定性将受到破坏，会危及码头的安全。为此，需对码头前沿进行持续的地形监测，根据监测结果采取相应的工程措施。

采用多波束测深系统对码头前沿进行扫测，获得高密度的水下高程数据。根据不同时期得到的测量成果，对码头前沿区域绘制三维立体图、等值线图，进行精确的冲淤计算，绘制冲淤变化图。

图 6.5-1、图 6.5-2 为最终形成的码头前沿区域三维立体图和在一段时间内的冲淤变化图。

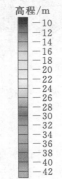

高程/m

-10
-12
-14
-16
-18
-20
-22
-24
-26
-28
-30
-32
-34
-36
-38
-40
-42

图 6.5-1　码头前沿区域三维立体图

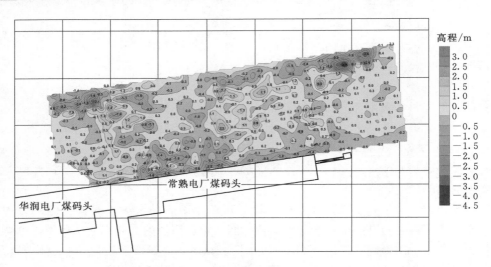

图 6.5－2　码头前沿区域冲淤变化图

6.5.2　障碍物搜寻

利用多波束测深系统能获取测量物体表面高密度的高程信息特点，可以采用其对水底疑似存在障碍物的区域进行测量，构建水底的表面形态。根据表面形态的特征判断物体属性、尺寸大小、分布位置等。

图 6.5－3 为多波束测深系统对长江口区域某次沉船事故现场扫测的沉船区域水底三维表面图，图 6.5－4 为沉船区域水底等值线图。

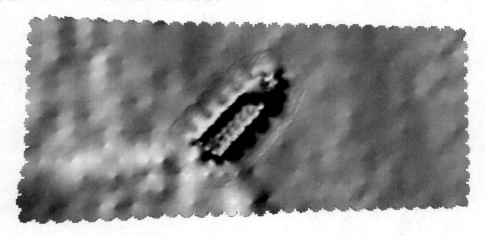

图 6.5－3　沉船区域水底三维表面图

综合水底三维表面图、等值线图，基本可以判断水底障碍物的类型、尺寸及方位信息。

6.5.3　抛投体漂距确定

在大型水工建筑物特别是大型桥梁的建设过程中，需要在水中建造巨大的桥墩。体积庞大的桥墩将不可避免地改变桥墩附近的水流结构，因壅水和绕流在桥墩周围将产生剧烈的局部冲刷。

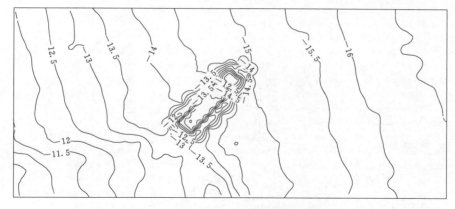

图 6.5-4　沉船区域水底等值线图

在防护区域内抛置沙袋或一定粒径的袋装碎石、块石是常用的防冲刷防护手段。对于感潮河段而言，不同的水文条件（包括水深、流速、流向等）和抛投手段（如吊装抛投、开底驳船抛投、侧翻驳船抛投），不同材质的抛投体在水中的漂距将呈现不同的规律。

向数十米深的水底抛投下一堆个体体积不超过 $2m^3$、总体积不超过几十立方米的袋装物体，然后寻找出这堆物体的散落中心，是一项十分困难的工作。常规的单波束测深方法无法满足需求，采用多波束测深系统是比较理想的选择。

抛投前，利用将多波束测深系统从即将抛投的位置自上而下在 200m 长、50m 宽的范围进行扫测，得到即将抛投区域的原始河床地形。测好原始河床地形后，让施工船到达抛投位置进行固定，精确确定抛投船抛投舱的平面位置。在抛投船边安置多普勒流速流向剖面仪（ADCP），记录下抛投时的水深和垂线平均流速。抛投结束后，利用多波束测深系统对抛投区域进行抛后河床地形扫测。分别得到抛投区域抛投前和抛投后高分辨率的河床地形高程资料。将资料进行对比分析，得到不同位置的高程变化值，将高程变化值和抛投时的船位进行分析，就可以得到漂距。通过对高程变化值的进一步处理，可以得到高程变化立体图（图 6.5-5）和等值线图或高程变化分布图（图 6.5-6）。

图 6.5-5　某桥墩抛投高程变化立体图

因此，利用多波束测深系统，采用合理的测量方法、利用专业软件对数据进行精细的处理，能够发现水下细微的地形变化，获得物体较为准确的漂距。采用合理的模型对获得的多组数据进行分析计算，可以获知不同材质的抛投体在水中漂距的经验公式，从而可对工程施工进行指导。

6.5.4　滩涂测量

感潮河段存在高潮被淹没、低潮露出水面的部分区域，大潮高潮位时刻被淹没的部分称为滩涂。

滩涂高潮位时刻被潮水淹没，但水深很浅，测船难以到达；低潮位时刻为干滩，但淤泥遍布，人员难以到达。因此，滩涂测量一直是感潮河段测量的难题。

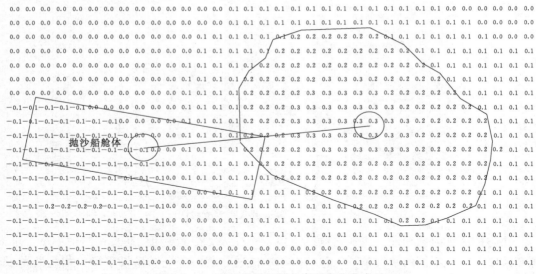

图 6.5-6　某桥墩抛投后的高程变化分布图

激光雷达（Light Detection and Ranging，LIDAR）测量技术为滩涂地形测量提供了一种全新的手段。激光雷达测量是一种通过位置、距离、角度等观测数据直接获取对象三维坐标，实现地表信息提取和三维场景重建的对地观测技术。激光雷达测量系统一般包括一个单束窄带激光器和一个接收系统。激光器产生并发射一束光脉冲，经目标物体反射并最终被接收器所接收。接收器准确地测量光脉冲从发射到接收的传播时间，从而确定目标物的距离。再结合 GNSS 提供的位置信息和激光始发方向信息，准确计算出每个地面光斑的三维坐标 X、Y、Z。激光束发射的频率可以从每秒几个脉冲到每秒几万个脉冲，产生的地面光斑间距为 $2\sim4m$ 不等。

以下为长江口河段"铁黄沙"滩涂测量的实际应用介绍。"铁黄沙"沙体面积约 $16km^2$，是长江口河段的一个较大的沙洲，沙洲上杂草丛生、芦苇遍布、淤泥较深，涨潮时大部分区域被江水覆盖，水深 $1m$ 以内。沙洲上无固定房屋和长期居住人员，只有一些简陋的棚房供收割芦苇的人员居住。滩地高程变化平缓，基本呈现中间高、四周坡度缓慢变化的趋势。

实际测量采用 GNSS 动态测量的方法，基准站设置在大堤，测量时机选为大潮落潮时，测量人员采用 RTK 测量仪器测量。首先按照 1：2000 测图的要求，布设一定密度的测线，在测线上测量淤泥滩涂的高程；其次对同时施测的激光雷达测量成果进行对比，即将高密度的实测高程点采用插值方法构造格网模型，计算格网模型中激光雷达测高位置的高程插值，得到两者之间的差值。激光雷达测高与 RTK 高程测量的差值分布见表 6.5-1。

表 6.5-1　　　　　　　　　　激光雷达测高与 RTK 高程测量的差值分布

间数统计	残 差 分 布 /m					
	$0\sim0.33$	$0.33\sim0.66$	>0.66	$0\sim-0.33$	$-0.33\sim-0.66$	<-0.66
点数	31	2	2	12	2	2
占总点数的百分比/%	60.78	3.92	3.92	23.54	3.92	3.92

对比结果可以看出，差值区间在 1/3 等高距以内的占了总检查点数的绝大部分，超过了 84％；差值区间超过 2/3 等高距只占总检查点数不到 8％。按照 1∶2000 测图对测点高程的精度要求，可认为本次的激光雷达高程数据能满足"铁黄沙"滩地测量的要求。

6.6　测量基准的建立与转换

高程基准是推算国家统一高程控制网中所有水准高程的起算依据，它包括一个水准基面和一个永久性水准原点。目前我国采用的是正常高高程系统，它是以似大地水准面为基准面的，反映了地球的物理特性。

理论最低潮面亦称"理论深度基准面"，是指 13 个分潮组合下理论上可能的潮水位最低值，是我国海洋海图上水深、干出高度的起算面。在感潮河段，为了确保船只航行安全，也常采用理论最低潮面作为测量高程基准面。

在 GNSS 测量中，采用的 WGS－84 坐标系属于地心坐标系，测量出的高程是以 WGS－84 椭球面为高程基准面，反映了参考椭球的几何特性。

为了将 GNSS 测量得到的大地高程转换为正常高高程系统或理论最低潮面高程系统，通常可以采用地球重力场模型法、数学模型拟合法、数学模型抗差估计法、神经网络法等方法进行高程转换。其中，由于数学模型拟合法易于实现，在实际使用中得到了广泛的应用。

由于理论最低潮面的定义是离散的和跳变的，若将其直接应用于水下地形测量，势必导致实测河床与实际河床的连续变化不匹配，并在相邻海图深度基准定义段的交界处出现跳跃性地形。为此，必须建立一个既能反映已有海图基准定义，又能反映海图基准变化连续性和渐进性的高程模型，实现 GNSS 高程测量成果在实际工程中的精密应用。

要实现从 WGS－84 椭球大地高到 1985 国家高程基准或 1956 年黄海高程系、深度基准面的转换，需要获得测区内似大地水准面的分布和区域内不同位置的理论最低潮面与似大地水准面的关系。

虽然大地水准面为一个不规则的曲面，但一定的范围内仍然具有一定的规律：在数千米的范围内，大地水准面可以看作一个平面；在数十千米范围内，大地水准面近似为一个光滑的曲面；在更大的范围内，大地水准面近似为一个参考椭球面，其高程异常的分布具有一定的趋势性和规律。

WGS－84 椭球大地高到正常高或者理论深度基准的转换，一般采用常数法、几何拟合法、似大地水准面精化法。

1. 常数法

常数法就是认为在一定的范围内，高程异常为一个常数。该方法适用于测区范围较小（数平方千米）且地形起伏变化不大的区域。高程异常的变化一般在 1～2cm/km。采用常数法实现 WGS－84 椭球大地高到正常高或者理论深度基准的转换能满足一般测量对高程精度的要求且操作简单，易于实现。

2. 几何拟合法

几何拟合法是利用一定数量的、均匀分布的 GNSS 水准点，根据几何模型建立 GNSS 水准点高程异常值与位置的关系。该方法适用于数十平方千米的非带状区域。对于带状区域，可以先将带状区域进行分区，然后再采用几何拟合法建立关系。

几何拟合法一般采用的模型有布尔莎（BULSA）七参数模型和多项式模型。

布尔莎七参数模型。一般采用七个转换参数，即三个平移参数 ΔX、ΔY、ΔZ，三个旋转参数 ωx、ωy、ωz，和一个缩放因子 m。本质是把区域的似大地水准面看作一个椭球面，根据 GNSS 水准点在正常高系统和大地高系统下进行椭球面的拟合。

多项式模型是一种曲面模型，其本质是把该区域似大地水准面看作一个多次曲面，一般采用二次曲面或三次曲面。其中二次曲面模型为

$$\xi(\Delta B, \Delta L) = a_0 + a_1 \Delta L + a_2 \Delta B + a_3 \Delta B \Delta L + a_4 \Delta B^2 + a_5 \Delta L^2$$

$$\Delta B = B - B_0 \tag{6.6-1}$$

$$\Delta L = L - L_0$$

式中 (B, L)——GNSS 水准点的大地坐标；

(B_0, L_0)——控制网中心的大地坐标。

式 (6.6-1) 用矩阵表示为

$$
\begin{bmatrix} \xi_1 \\ \xi_2 \\ \vdots \\ \xi_m \end{bmatrix} =
\begin{bmatrix}
1 & \Delta L_1 & \Delta B_1 & \Delta B_1 \Delta L_1 & \Delta B_1^2 & \Delta L_1^2 \\
1 & \Delta L_2 & \Delta B_2 & \Delta B_2 \Delta L_2 & \Delta B_2^2 & \Delta L_2^2 \\
\vdots & & & \vdots & & \vdots \\
1 & \Delta L_m & \Delta B_m & \Delta B_m \Delta L_m & \Delta B_m^2 & \Delta L_m^2
\end{bmatrix}
\begin{bmatrix} a_0 \\ a_1 \\ a_2 \\ a_3 \\ a_4 \\ a_5 \end{bmatrix}
\tag{6.6-2}
$$

即

$$\xi = BX \tag{6.6-3}$$

式中 X——各式中的多项式系数；

B——为系数矩阵。

X 可采用最小二乘求解。即

$$X = (B^T B)^{-1} B^T \xi \tag{6.6-4}$$

因内陆高程基准与深度基准是不同的体系，感潮河段若采用不同基准就近直接应用于水下地形测量，会导致采用不同基准的交界处出现跳跃性地形。为统一基准体系，水利部长江水利委员会（以下简称"长江委"）水文局提出了在长江口感潮河段采用几何法构建似大地水准面模型的方法。模型采用二次曲面逼近高程异常的变化，兼顾离散、跳变的深度基准，构建了连续的深度基准面。

图 6.6-1 和图 6.6-2 分别为长江口地区澄通河段采用几何法建立的高程异常结果以及似大地水准面模型大地高与理论最低潮面建模关系。

感潮河段测量，垂直基准的建立和转换较为频繁，而垂直基准的高程基准与深度基准转换精度，依赖于绝对基面的准确度。为保证绝对基面的稳定可靠，长江水利委员会水文

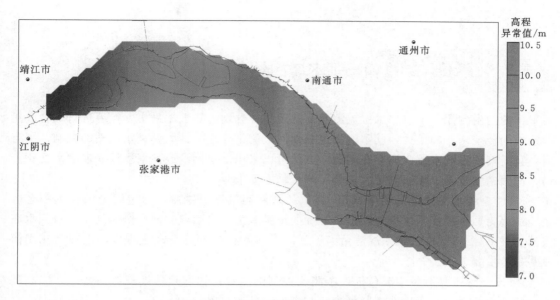

图 6.6-1　澄通河段高程异常分布图

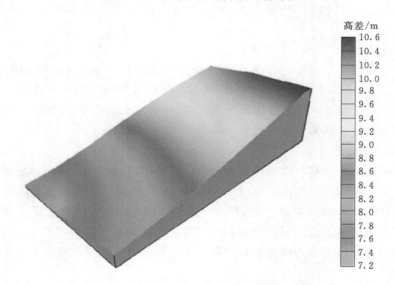

图 6.6-2　澄通河段大地高与理论最低潮面建模关系

局提出了依据长江口沿河潮位资料确定感潮河段各站理论最低潮面的方法，通过高程基准与深度基准分别与理论最低潮面建立关系，从而实现感潮河段高程基准与深度基准快速无缝转换。

3. 似大地水准面精化法

当区域内有足够密度的 GNSS 水准点成果，同时具备一定密度的 DTM 高程模型和重力数据时，可以采用建立该区域似大地水准面精化模型的方法。该方法是最严密和最精确的方法，但建立过程较为复杂，同时需要 DTM 高程模型和重力数据。

6.7 感潮河段 RTK 三维水深测量实例

传统的由测深、定位、水位观测及姿态观测等分别进行数据采集，然后进行综合改正和绘图的传统测量的模式，已不能满足感潮河段测量要求，其关键是水位站的控制范围有限，且受潮汐影响水位内插存在问题。虽然可以采用卫星潮汐或预报潮汐获取潮水变化资料，但因精度较差，无法满足大比例尺测量精度要求。

RTK 三维水深测量是利用 RTK 提供的瞬时高精度三维解，通过时延改正、姿态改正，最终为回声测深系统换能器提供准确的三维基准，进而根据回声测深结果，得到水底点的三维坐标。RTK 三维水深测量因不需要进行水位控制，自动化程度高已成为感潮河段测量的重要方法。

RTK 三维水深测量主要包括：①测区控制网测量；②高程转换模型的建立；③高精度声速剖面的测量；④内业资料处理；⑤精度评估等步骤。

以下通过长江口河段的 RTK 三位水深测量实例说明实施步骤。该河段测区长度约 80km。

1. 控制网的测设

在测区两岸布设一定密度的 E 级 GNSS 控制网如图 6.7-1 所示，控制网包括 SSW1、YGH1、CK023L1、CK025L1、CK030R1、CK037L1、CK050L1、CK051R1、CK053L1、CK056R1 等 10 个控制点，相邻控制点距离在 5~10km 之间。采用几何水准的方法，按照四等水准测量的要求联测了所有控制点高程。

2. 高程转换模型的构建

选取了其中的 8 个控制点作为模型构建点，另两个控制点作为转换参数的外符合检验点，采用二次曲面模型，计算出控制网中 WGS-84 大地高与正常高之间的转换参数，并进行转换参数的内符合精度和外符合精度的计算，实现 GNSS 大地高到正常高系统的转换。同时，根据测区上下游不同位置正常高与理论最低潮面之间的关系，采用一次曲面或者二次曲面模型，可以实现高程基准到水深基准之间的"无缝"转换。

3. 水位收集

为了便于将 RTK 三维水深测量和常规的水位控制的方式进行比较，验证 RTK 三维水深测量的可靠性和精度，在测区内布设了 8 个验潮站，在 RTK 三维水深测量的，同时进行潮位数据收集。

4. RTK 三维水深测量

RTK 三维水深测量时，基准站设在附近的控制点，定位中心与测深中心保持一致；测量时严格控制测量条件，保证测船的稳定性，确保船体姿态变化在 6° 以内；船台同步采集水深测量数据、姿态测量数据和 RTK 测量数据。

5. 高程转换模型精度分析

根据上节介绍的高程转换建模方法，确定的高程转换公式为

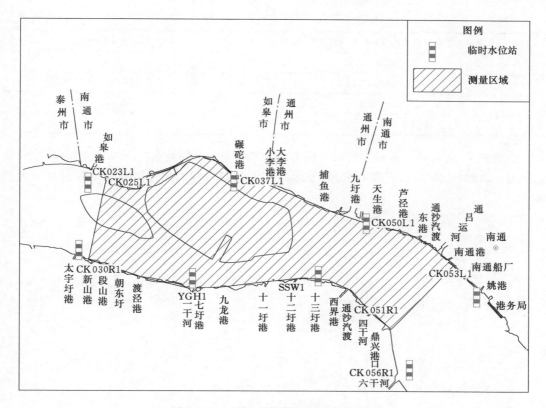

图 6.7-1 测区及控制网点分布示意图

$$\zeta = 8.510 - 0.780\Delta B + 3.528\Delta L + 2.246\Delta B\Delta L + 0.180\Delta B^2 + 0.376\Delta L^2 \quad (6.7-1)$$

式中 ζ——高程异常;

ΔB 和 ΔL——测点与控制网重心坐标的差值。

得到每个测点位置的高程异常,即可得到每个测点的正常高。采用得到的转换参数计算各建模点和检验点的拟合差,从而可计算出内符合精度和外符合精度。

实例中计算得到的模型内符合精度为 0.011m,模型外符合精度为 0.016m。

6. RTK 三维水深测量精度与可靠性分析

通过 RTK 三维水深测量和常规潮位控制下水深测量得到两套测量成果,对测量成果的差异进行统计,可评价 RTK 三维水深测量的精度。

对长江口河段的差异成果按 0.1m 的区间进行分计,共统计测点 32153 个,其差异情况见表 6.7-1。

表 6.7-1   **长江口河段 RTK 三维水深测量和常规潮位控制水深测量差异情况表**

两种方法计算得到的测点高程差值区间/m	占总点数的百分比/%
$\Delta \leqslant -0.30$	0.42
$-0.30 < \Delta \leqslant -0.20$	0.49
$-0.20 < \Delta \leqslant -0.10$	7.47

两种方法计算得到的测点高程差值区间/m	占总测点数的百分比/%
$-0.10<\Delta\leqslant0.10$	85.33
$0.10<\Delta\leqslant0.20$	5.67
$0.20<\Delta\leqslant0.30$	0.41
$\Delta>0.30$	0.21

由表 6.7-1 可见，两种方法质检测点高程差异绝大对数均在 [-0.10，0.10] 之间，达到测点总数的 85.33%，说明 RTK 三维水深测量精度和可靠性能够满足有关测量规范要求。

第 7 章

湖 泊 测 量

7.1 湖泊特点

7.1.1 地形特点

我国湖泊按湖群地理分布和形成特点，可分为平原湖泊和高原湖泊两大类，其中平原湖泊包括东部平原湖群、东北平原湖群等，高原湖泊包括青藏高原湖群、蒙新高原湖群和云贵高原湖群等，此外还有部分湖泊属于高山湖泊。

1. 平原湖泊

平原湖泊一般海拔较低，流域面积宽阔，湖盆多呈碟状、浅平，属浅水型湖泊。平原湖泊一般为吞吐型淡水湖泊，水系发达，常常有较多的河流入湖。湖泊水位的年变幅较大，并具有从上游到下游逐渐变小的趋势。

平原湖泊由于湖泊水面比降小，流速小，入湖河流携带的大量泥沙在河道尾闾和湖盆沉积，岸线不稳，常形成入湖三角洲，使湖盆日渐淤高，湖泊面积和容积日益缩小。泥沙淤积往往形成面积较大的湖滩，这些湖滩在枯水时期露出水面，高水时期淹没，使得不同时期的湖泊特性具有明显差异，洪水期湖水汪洋一片，枯水期港汊交织，洲滩显露，形成广阔的湿地，成为陆生生态系统和水生生态系统之间的过渡地带。例如，位于湖南省北部的洞庭湖（图 7.1-1），由于受泥沙淤积及人类活动等影响，湖泊面积和容积大幅度减小，现状下洞庭湖表现为"高水湖相、低水河相""高水一大片、低水几条线"。

2. 高原湖泊

高原湖泊（图 7.1-2）大多发育在一些平行山脉间的大小不等的山间盆地和纵形谷地之中，海拔高，一些大中型湖泊多数是在构造断裂带基础上发育而成，高原湖泊往往沿构造方向呈带状排列，高山深谷相间分布，呈封闭性或半封闭性，四周高山环抱、地形陡峭。发育于双断式地堑内的高原湖泊多为狭长形，两侧为高大山体控制，岸带狭窄，湖水深切，水下地形坡度较大，湖盆横剖面一般为倒梯形。高原湖泊湖盆高差大，但汇水面积并不大，径流补给方式常表现为多条短小湍急的入湖溪流及沿盆地长轴方向发育的较大河流补给，如青海湖等。

7.1.2 地质特征

湖盆形态和湖水深浅总是和地质构造活动的性质和强度分不开，即使是平原区的河成

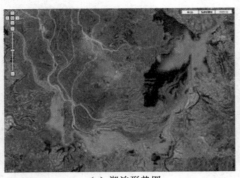 

（a）湖泊形势图　　　　　　　　　　　　　（b）枯水时期湖泊实景

图 7.1-1　平原湖泊——洞庭湖

（a）雪山环抱的高原湖泊——西藏纳木错　　　　　（b）高原明珠——洱海

图 7.1-2　高原湖泊实景

湖和堆积洼地中发育的浅水湖，它们的前身或者是地质构造的下沉区，或者是沿薄弱带形成的古河道。因此，区域大构造的差异，使得湖泊或群湖的特点相差很大。

1. 平原湖泊

平原湖泊地质构造运动总体背景以下沉为主，这一区域的湖泊大多都处在构造转折地带和差异运动最为显著的地区，湖泊的产生与断裂密切相关。平原地区由于水系发达，河道变迁较大，湖泊的形成与演变常与河道演变息息相关，如牛轭湖的形成即为蜿蜒河道裁弯取直演变而成。平原地区湖泊一般为通江河流，由于水流平缓，河流携带大量泥沙，在湖泊内形成沉积。部分湖泊尽管存在湖盆下沉运动，但由于泥沙沉积作用，湖床仍逐年抬高，如洞庭湖、鄱阳湖等。

2. 高原湖泊

高原湖泊一般为咸水湖或盐湖，淡水湖主要分布在冰雪融水补给的山间盆地或近期河流溯源侵蚀切开的盆地。高原湖泊类型多样，以沿构造断裂带形成的构造湖为主，并有冰川湖、岩熔湖及堰塞湖等，湖泊水深多在数十米以上。如发育在云南小江断裂带的抚仙湖最大水深达 155m。

7.1.3 水文特征

湖泊的水文特征包括水位、径流量及其补给方式，含沙量，盐度，水温，湖浪，湖流等。

1. 水位、径流量及其补给方式

多数天然湖泊的水位处于不断地变化过程中，其变化规律可分为周期性和非周期性两种。周期性变化分为周期性年变化和周期性日变化，周期性年变化主要取决于湖水的补给方式。由降水直接或通过入湖河流补给的湖泊，雨季水位高，旱季水位低；冰雪融水补给为主的湖泊，夏季水位高，冬季水位低；地下水补给的湖泊水位变化一般较小，但也会随着地下水补给方式的不同而呈现周期性的变化。有些湖泊，因受风、潮水、冰冻、冰雪消融等影响而产生周期性的日变化；湖泊水位非周期性变化往往因风力、气压、暴雨等引起。此外，气候变迁、地壳运动、湖口河床演变、引水灌溉等人类活动也可使湖泊水位发生非周期性变化。

不同水文特性的湖泊，其水面形态各异。有支流汇入的湖泊水面不是水平的，湖泊容积包括水平面以下的静容积和实际水面线与水平面之间的楔形体容积。吞吐性湖泊，水面沿水流方向存在比降，水面为向出口倾斜的斜面，其在洪水时期，还存在水面附加比降，倾斜更为明显。对于河网地区湖泊，水流纵横交错，汊道众多，岸线漫长，河道收、放现象突出，水流流向散乱不定、流态紊乱多变且互相干扰顶托。因此，河网地区湖泊水面不是平面，也不是一个规则的倾斜面，而是一个横向、纵向均可能存在扭曲的不规则曲面。水量循环较少的湖泊，水面比降较小，相对于湖泊静容积而言，由水面倾斜产生的楔形水体体积可以忽略。

2. 含沙量

湖泊的含沙量取决于入湖河流的含沙量和湖泊本身的水文特征，而河流的泥沙量取决于流域的产沙条件和水流的侵蚀搬运能力。

入湖河流携带的泥沙进入湖泊后，由于水流速度减小，在湖盆内沉积。近年来随着社会经济发展，人类活动加剧，流域水土流失越来越严重，大量泥沙被带入湖泊，致使湖泊淤积增强。例如，长江中游洞庭湖，由松滋口、藕池口、太平口、调弦口（1958 年封堵）进入的泥沙以及湘江、资水、沅水、澧水携带的泥沙在湖内大量淤积，造成湖泊容积和面积大幅度减小，城陵矶水位 31.50m 时，洞庭湖由 1971 年湖泊面积 2623km^2、容积 188 亿 m^3，减小至 2003 年面积 2620km^2、容积 162 亿 m^3。

3. 盐度

湖泊的盐度取决于湖泊径流条件和水体矿物质的含量。西藏高原湖泊由于径流量补给较少、湖水蒸发导致湖水盐度不断增加，演变成咸水湖甚至盐湖；东部平原湖泊，水网交错，径流补给充足，水流循环畅通，盐度一般较小。湖泊的地形条件也对湖水循环和盐度造成影响。如巴尔喀什湖西部有河流注入，东部地处内陆、降水稀少、蒸发旺盛，但由于中部狭窄，不利于东西部水体交换，形成东部咸西部淡的奇观。

4. 水温

高原湖泊普遍水体流动性较小，上下层水体因交换不充分导致出现水温分层现象。如扎日南木错为咸水湖，表层水温约为 15.4℃，底层水温约为 3.5℃，底表层水温相差

11.9℃（测量时间为2013年8月4日下午17：30）；塔若错为淡水湖，表层水温约为15℃，底层水温约为3.9℃，底表层水温相差11.1℃（测量时间为2014年7月27日下午17：20）。平原湖泊由于水深较浅、径流充分、水循环频繁，湖泊水温与气温相关性密切，上下层水体交换充分，分层不明显。

5. 湖浪

湖泊中的波浪运动包括风浪、上涌和假潮等。湖泊风浪是由于风力作用于湖面所产生的一种水团质点做周期性振荡起伏的运动。湖浪的大小取决于风速、吹程、风向、持续时间以及水深、湖水内摩擦阻应力等因素。湖浪可加强湖水的对流和紊动，从而影响湖中泥沙的输移、污染物质的扩散和浮游生物的迁移过程。

6. 湖流

湖流是湖泊中大致沿一定方向前进的运动水流，它是湖泊中运动悬移质、溶解质、有机质等的载体，也是其紊动交换、迁移的基本动力。根据成因，湖流分为梯度流和漂流。按流动的路线，湖流分为平面环流、垂直环流、朗缪尔环流。湖盆的泥沙冲淤变化是湖泊在湖流的作用下，湖水携带的泥沙和湖床的床沙相互转化，循环往复的结果。湖流的平流作用使湖泊中各类悬浮物质在水平方向上再分布，其对流作用又使湖泊中各类悬浮物质在垂直方向的分布趋于均匀化。引起湖流的动力有重力、梯度力、风力和地转偏向力等。水力梯度主要由进出的水流使湖面倾斜而产生；密度梯度则由湖水温度、含沙量和含盐量等在湖内分布的差异而产生。

7.1.4 测量条件

湖泊的测量条件包括气候条件、地形条件、水文条件、交通条件、测量环境等。青藏高原湖泊一般是四周高山环抱、山体崎岖、高差大、交通条件差、天气变幻无常，夏季碧蓝的湖面上常刮6～7级大风，掀起2～3m高的巨浪。而东部平原湖泊一般具有周边人口密度大、水产养殖业发达、水陆交通发达、湖泊水深浅、水草生长茂盛、水域宽阔等特点。

1. 平原湖泊

平原湖泊测量区域气候适宜，水陆交通相对发达，平面、高程控制引测相对密集，区域测量服务系统相对完善，湖泊水深较浅，上下层温差较小，先进测量方法应用便利。但平原湖泊人类活动频繁，对测量干扰大；测量区域空气潮湿，每年都有较长的雨季，影响测量工期；平原湖泊水网发达，沼泽、湖滩发育，水草茂盛，测量困难；通江湖泊水位、流速等湖泊水文要素变化较大，湖底一般为淤泥质，给测量精度造成一定影响。

2. 高原湖泊

高原湖泊测量区域气候多变、空气稀薄、缺氧、气压低、昼夜温差大、紫外线强、风大浪高、冬季寒冷不宜测量。湖泊四周地形险峻，高差大，交通不便；平面、高程控制引据点相对较少，区域测量服务平台相对较差，部分区域目前尚无国家2000坐标系成果和1985国家高程基准成果，引测困难。湖泊水位变化一般不大，流速、含沙量较小；水深一般较大，上下层温差大，多数湖泊水体含盐度高，采用超声波测量水深时应进行相关的比测和参数率定。

7.2 湖泊控制测量

7.2.1 平面控制

湖泊平面控制测量常用导线测量以及 GNSS 静态测量。湖泊控制测量经常会碰到没有起算点或者起算点很少的情况,特别是西藏、新疆、青海等省(自治区)的湖泊,人烟稀少,面积又大,国家控制点基本空白,所以高原湖泊平面控制测量与常规的平面控制测量有所不同,需要寻求新的定位方式或技术。

GNSS 一般都采用 GNSS 相对定位的方式,通过组成双差观测值消除接收机钟差、卫星轨道误差等公共误差及削弱对流层延迟、电离层延迟等相关性强误差的影响,提高精度。而传统的单点定位方法虽然可以在任一时刻用一台 GNSS 接收机获得 WGS-84 坐标系的三维坐标,但是精度较差,精密单点定位(PPP)克服了 GNSS 定位的这些缺点,较适合西部高原湖泊的平面控制测量。

7.2.1.1 精密单点定位技术的原理

精密单点定位(precise point positioning,PPP)的方法,由美国喷气推进实验室(JPL)的 Zumberge 于 1997 年提出。精密单点定位思路非常简单,考虑到 GNSS 定位主要的误差来源为轨道误差、卫星钟差和电离层延时等三类。只要给定卫星的轨道和精密钟差,采用精密的观测模型,就能单站计算出接收机的精确位置、钟差、模糊度以及对流层延时参数。

精密单点定位关键之处在于:①在定位过程中需同时采用相位和伪距观测值;②卫星轨道精度需达到厘米级水平;③卫星钟差改正精度需达到亚纳秒量级;④需考虑更精确的其他误差改正模型。GNSS 卫星精密轨道和精密钟差等文件可以利用国际 GNSS 服务机构 IGS 提供。一般 IGS 提供的卫星轨道精度能够达到 $2\sim3$cm,卫星钟差的精度优于 0.1ns;精密单点定位的优点在于能够满足精密定位的要求,除能解算出测站坐标外,同时解算出接收机钟差、卫星钟差、电离层和对流层延迟改正信息等参数,可以满足不同层次用户的需要。应用该方法,用户通过一台含双频双码 GNSS 接收机就可以实现在数千平方千米乃至全球范围内的高精度定位,并且定位中无须地面基准站的支持,不受作用距离的限制,可广泛应用于科学考察、大面积测量等。

精密单点定位解算流程如图7.2-1所示。

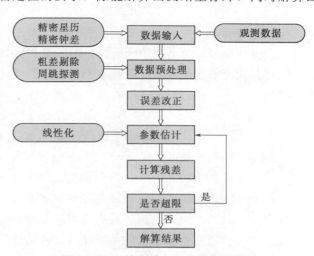

图 7.2-1　精密单点定位解算流程图

7.2.1.2 精密单点定位观测模型

精密单点定位采用的观测模型主

要为传统 PPP 模型、Uofc 模型和无模糊度模型。

1. 传统 PPP 模型

传统 PPP 模型是采用双频载波相位和伪距观测值的无电离层组合 LC 来组成观测模型，它可以消除一阶电离层的影响，其观测模型用式（7.2-1）和式（7.2-2）表示：

$$PIF = \rho + c(d_{tr} - d_{ts}) + d_{trop} + MP + \varepsilon PLC \tag{7.2-1}$$

$$\Phi_{IF} = \rho + c(d_{tr} - d_{ts}) + d_{trop} + \lambda LC \cdot NLC + M\Phi + \varepsilon \phi LC \tag{7.2-2}$$

式中　　PIF——GNSS 卫星的伪距；

Φ——载波相位消电离层组合值；

d_{tr}——接收机钟差；

d_{ts}——卫星钟差，卫星钟差数据可采用 IGS 钟差产品；

NLC——消电离层组合整周模糊度；

MP 和 $M\Phi$——常规误差改正项，包括天线相位缠绕、相对论效应等；

εPLC 和 $\varepsilon \phi LC$——观测噪声及其他误差。

2. Uofc 模型

除了利用无电离层相位组合之外，Uofc 模型还采用了 L_1 和 L_2 两个频率上的测码伪距和相位观测值的平均形式的组合。其观测模型的简化形式如式（7.2-3）～式（7.2-5）：

$$P_{IF,L1} = \rho + cdt + d_{trop} + 1/2\lambda_1 N_1 + \varepsilon(P_{IF,L1}) \tag{7.2-3}$$

$$P_{IF,L2} = \rho + cdt + d_{trop} + 1/2\lambda_2 N_2 + \varepsilon(P_{IF,L2}) \tag{7.2-4}$$

$$\Phi_{IF} = \rho + cdt + d_{trop} + B_{IF} + \varepsilon(\Phi_{IF}) \tag{7.2-5}$$

式中　　$P_{IF,L1}$、$P_{IF,L2}$——两个频率上的码与相位的组合观测值；

Φ_{IF}——传统的无电离层相位组合观测值；

$(P_{IF,L1})$、$\varepsilon(P_{IF,L2})$、$\varepsilon(\Phi_{IF})$——三种组合观测值的量测噪声和其他未被模型化因素引起的误差。

3. 无模糊度模型

无模糊度模型是指利用历元间差分的载波相位观测值和无电离层伪距组合观测值进行求差处理。无模糊度模型的显著特点是消除了模糊度的影响，不要考虑估计模糊度。其观测模型用式（7.2-6）和式（7.2-7）表示：

$$P_{IF} = \rho + cdt + d_{trop} + \varepsilon(P_{IF}) \tag{7.2-6}$$

$$\Delta\Phi_{IF} = \Delta\rho + c\Delta dt + \Delta d_{trop} + \varepsilon(\Delta\Phi_{IF}) \tag{7.2-7}$$

式中　$\Delta\Phi_{IF}$——两个历元 i 和 $i-1$ 时刻无电离层相位组合观测值间的差值；

$\Delta\rho$——两个历元 i 与 $i-1$ 时刻的几何距离之间的差值；

Δdt——两个历元接收机钟差之间的差值；

Δd_{trop}——两个历元对流层延迟之间的差值；

$\varepsilon(\Delta\Phi_{IF})$——历元差观测值的量测噪声和未被模型化的误差。

三种模型的优缺点对比见表 7.2-1。

表 7.2－1　　　　　　　　　　　　三种观测模型优缺点对比

模型名称	优　点	缺　点
传统 PPP 模型	（1）电离层影响消除。 （2）可用观测值多，原始信息保留	（1）观测噪声放大 3 倍，结果收敛所需时间长。 （2）模糊度不具有整数特性
Uofc 模型	（1）电离层影响消除，组合观测值噪声降低。 （2）分别估计两个频率上的整周模糊度，加速解算收敛	（1）仅在伪距和载波相位观测值精度相当时占优势。 （2）模糊度固定精度不高
无模糊度模型	（1）模糊度项消除。 （2）降低对计算机资源要求	（1）观测值利用率较低。 （2）观测值时间相关，定权困难

　　总之，精密单点定位中传统 PPP 模型是最为广泛应用的模型之一，载波相位中模糊度的不同处理方式是三种观测模型的主要区别。当利用传统模型进行解算时，组合模糊度的估计是迭代收敛的；当利用 Uofc 模型进行解算时，模糊度在两个载波 L_1 和 L_2 上是分别进行估计的，而且还对模糊度进行伪固定；当利用无模糊度模型进行解算时，就不需要考虑模糊度的估计问题了。

7.2.1.3　精密单点定位参数估计

　　由于精密单点定位的观测值多，未知参数也多，计算量大，必须采用合适的参数估计方法才能准确、快速地估计其参数。一般情况下，上述观测模型多采用卡尔曼滤波的方法或最小二乘法进行定位计算。在解算时，位置参数在静态情况下可以作为常未知数处理；在未发生周跳或修复周跳的情况下，整周未知数当作常数处理，在发生周跳的情况下，整周未知数当作一个新的常数参数进行处理；由于接收机钟不稳定，且存在着明显的随机抖动，因此将接收机钟差参数当作白噪声处理；而对流层影响变化较为平缓，可以先利用模型改正，再利用随机游走的方法估计其残余影响。

　　1. 最小二乘估计

　　最小二乘理论，无须知道估计量和观测值之间的统计关系，用估计的剩余平方和为最小来确定样本回归函数。传统 PPP 模型解算过程中常采用加权最小二乘平差与序贯最小二乘平差两类参数估计方法。加权最小二乘根据观测信息的精度不同而赋予不同的权值，能解决不等精度观测值系统问题。解算过程中，由于所测距离与坐标之间呈现非线性关系，首先需要对观测方程进行泰勒级数展开，进行线性化，然后赋予不同观测值以不同权系数进行最小二乘平差。

　　2. 扩展的卡尔曼滤波

　　卡尔曼滤波是在线性高斯模型的条件下，对目标的状态做出最优估计。扩展的卡尔曼滤波针对于非线性高斯模型，首先将观测方程中非线性部分进行一阶泰勒展开，得到离散化线性系统，然后利用卡尔曼滤波算法完成目标状态的最优估计。根据滤波方向扩展的卡尔曼滤波分为三类：一类为向前卡尔曼滤波，即从第一个观测历元至最后一个历元顺序解算；另一类为向后卡尔曼滤波，处理顺序与第一类相反；再一类为前两类滤波的结合。

7.2.1.4　精密单点定位技术的主要误差

　　在精密单点定位中，影响定位误差按来源分为三类：与接收机和测站有关的误差，与卫星有关的误差以及与信号传播路径有关的误差。各类误差均需采用模型补偿方法、消去方法、估计方法等削弱其影响，表7.2-2列出了精密单点定位误差的组成及改正方法。

表7.2-2　　　　　　　　　　　精密单点定位误差的组成及改正方法

误 差 分 类	组　　　成	改 正 方 法
与接收机和测站 有关的误差	接收机钟差； 接收机天线相位中心偏差	估计； 模型改正、与钟差一起估计
与卫星有关的误差	卫星钟误差； 卫星星历误差； 卫星天线相位中心偏差； 相对论效应； 硬件延迟； 相位缠绕	采用精密钟差、钟差估计； 采用精密星历、轨道改善； 模型改正； 模型改正； 模型改正； 模型改正
与信号传播路径 有关的误差	电离层延迟误差； 对流层延迟误差； 多路径效应	消电离层组合、模型改正； 模型改正、估计方法； 抑径天线、信号处理

1. 与接收机和测站有关的误差

（1）接收机钟差。GNSS接收机钟差定义为GNSS接收机钟面时与标准时间之间的差值。由于接收机一般采用精度不高的石英钟，稳定度差，约为10^{-9}量级，在观测模型参数估计时将接收机钟差作为一未知量进行估计。接收机钟差会对卫星坐标位置计算以及站星间距离观测值产生误差影响。1ms的接收机钟差引起卫星位置4m的误差，$1\mu s$接收机钟差引起300m的站星间距离误差。减弱接收机钟差方法主要有以下三个。

方法一：利用伪距单点定位计算各历元接收机钟差的先验值，精度一般优于$100\mu s$，最后将接收机钟差先验值值作为历元参数与其他参数一起参与平差，解算值作为最终结果。

方法二：认为各个观测历元的接收机钟差具有相关性，将其写成时间的多项式表达形式，在平差过程中求取多项式系数。其成功与否与钟误差模型密切相关。

方法三：通过卫星间求一次差消除接收机钟差。

（2）接收机钟跳。由于常规的接收机内部一般采用稳定性差的石英钟，接收机钟值会随着观测过程的进行而发生漂移。为了与GNSS标准时同步，大多数接收机会插入周期性的钟跳改正值来控制精度。

（3）接收机天线相位中心偏差和变化。接收机天线相位中心偏差（PCO）是指接收机平均相位中心相对于天线参考点（APR）的偏差。接收机天线相位中心变化（PCV）与卫星天线相位中心变化的定义相同。各类接收机的PCO值与PCV值不同，有关解算软件可同时支持PCV和ANTEX数据格式的天线相位中心改正模型文件。

除上述与接收机相关的误差外，还存在接收机的位置误差，即接收机相位中心相对于测站标石中心参考点的误差，包括天线置平和对中误差。在采集GNSS数据时须仔细操作，避免这类误差。

2. 与卫星有关的误差

（1）卫星钟差。GNSS测量中钟差分为卫星钟差和接收机钟差。GNSS卫星钟差是GNSS卫星钟读数与GNSS时之间的差异，而GLONASS卫星钟差是GLONASS卫星钟读数与 GLONASS 时之间的差异，IGS 提供的精密钟差文件指明各导航系统卫星钟的参考时间系统。IGS 最终卫星钟差综合各个 IGS 分析中心独立估算的卫星钟差值，在统一参考框架及参考历元、进行粗差探测、参考钟的确定等操作后获取。卫星钟 $1\mu s$ 的误差可导致 300m 的测距误差，高精度的卫星钟对观测模型解算至关重要。由于卫星钟的不稳定性，卫星钟差难以使用精确的函数或者模型来描述，因此难以通过内插以及预报得到高精度的卫星钟差。对于精密钟差拟合，除采用二次多项式拟合外，还可利用小波与谱分析结合进行拟合残差改正。在卫星钟差预报方面，先后出现了线性模型，二次多项式模型，二次多项式结合周期项改正模型，灰色模型以及卡尔曼滤波模型，利用这些模型实时预报卫星钟差，对高精度的实时精密单点定位意义很大。

（2）卫星星历误差。卫星星历误差指卫星星历提供的卫星空间三维坐标与卫星真实三维坐标之间的差值。由于卫星在其轨道运行中受到诸多摄动力的复杂影响，地面监测站难以获取其坐标真值，卫星星历提供的数据必定存在误差。目前，IGS 中心提供各天的广播星历、精密星历、超快速星历等。广播星历对测站的误差可达数米甚至数十米，精密星历定位精度相对而言高得多。通常通过建立自己的卫星跟踪网络进行定轨，定轨方法有轨道松弛法、半短弧法及短弧法等。

（3）相对论效应。相对论效应是由于 GNSS 卫星钟与接收机钟所处的状态（运动速度和重力位）不同而引起的两者间出现相对钟误差的现象。GNSS 卫星钟速快于地面钟速，每秒约有 0.45ns 差值产生。为了使得地面接收到的 GNSS 信号频率与卫星标称频率保持一致，卫星发射前需要人为降低卫星钟的标准频率，但仍然存在残余误差。

（4）硬件延迟。GNSS 系统中的硬件延迟是 GNSS 发射器和接收机的硬件对 GNSS 信号产生延迟的统称。它不仅与频率有关，而且与同频率上不同类信号相关。它不同于测量噪声，随着高精度定位的要求，其影响不容小觑。

（5）卫星天线相位中心偏差和变化。GNSS 卫星天线相位中心偏差（PCO）是指卫星质量中心和卫星天线的平均相位中心之间的偏差。卫星天线相位中心变化（PCV）是指卫星天线的平均相位中心与其瞬时相位中心之间的差值。PCO 值与 PCV 会随着天线使用时间的增加而变化，在 GNSS PPP 中要考虑此两项改正。

（6）卫星天线相位缠绕改正。对于 GNSS 与 GLONASS 而言，其发射的电磁波信号为右旋极化（RCP）方式，接收机接收的相位值依赖于接收机天线与卫星天线间的相互方位关系。相位观测值会随着接收机天线或卫星天线绕极化轴向的旋转而改变，最大能到一周，此现象称为相位缠绕（phase windup）。随着卫星的运转，站星之间的天线相互方位关系必定发生变化，若不考虑此项改正，其对单点定位可以造成厘米级误差。

3. 与信号传播途径有关的误差

（1）电离层折射。由于太阳辐射的电离效应，在离地面 70～1000km 高度的大气中形成了电离层，它对传播的电磁波产生延迟效应，且延迟量与电磁波传播路径上的电子总量相关。延迟量表现为位置差异性、时间差异性和测站的方位角差异性。有关实验统计表明，天顶方向电离层延迟可达 50m，水平方向电离层延迟可达 150m。

在解算之中，常利用载波相位或伪距观测值的消电离层组合形式来消除主要的一阶项电离层延迟影响。利用双频观测值消除一阶项电离层影响后，还存在 2～4cm 的剩余高阶项影响。利用三频组合观测值可以进一步改正电离层延迟二次项。

对于单频精密单点定位，常采用 Klobuchar 模型、格网电离层模型、相位/伪距的半和改正模型等进行电离层改正。对于单频接收机的观测值，可采用广播星历中电离层参数进行改正，也可利用单层电离层模型得到较高精度的电离层延迟值。

（2）对流层折射。对流层是高度在 50km 以下的中性气体，其对 GNSS 信号无弥散效应，因此对流层延迟只与信号的传播方向及大气的折射率有关。测站的对流层延迟量常表示为测站天顶方向的对流层延迟量和与高度角相关的投影函数的乘积。

目前常用的对流层延迟改正模型有 Hopfield 模型及改进的 Hopfield 模型、Saastamoinen 模型等。投影函数模型主要有 Niell 模型、维也纳投影函数 VMF1 和全球投影函数 GMF，其中以 Niell 模型使用最为广泛。

在应用模型改正后，对流层延迟误差的干分量部分虽然可以达到厘米级精度，但是其湿分量部分误差还较大。因此在观测模型的参数估计中将对流层影响作为一个参数进行估计。

（3）多路径效应。在 GNSS 接收机采集导航信号时，由于接收信号在传播路径上遇到各类障碍物，部分障碍物对接收信号起到反射效应，因而 GNSS 接收机除了接收到直接来源于 GNSS 的导航信号外，还会接收到一些外来反射波。这类间接波对直接波的破坏干涉而引起的站点距离误差称作"多路径误差"。多路径误差对伪距的误差影响大于载波相位，有关实验表明多路径效应对 P 码的误差最大可达 10m。在单点定位中，需要谨慎考虑多路径效应，其可能会导致信号失锁，使定位结果产生较大偏差。目前，消除多路径影响除了选取合适的观测地址外，还存在硬件和软件两种方法，硬件方法为接收机天线下设置抑制板，软件方法包括空间处理技术、接收机改进技术和数据后处理技术。空间处理技术即采用特殊天线法分离原始信号，而数据后处理技术即计算时人为分离原始信号。这些方法都极大地抑制了多路径效应的影响。

7.2.1.5 精密单点定位技术特点和优势

精密单点定位技术的特点是利用精密轨道和时钟来消除卫星轨道和时钟误差，利用双频观测值来消除电离层的影响，通过相位观测值来估计对流层延迟，上述误差都可以削弱到厘米级左右。因此利用单站 GNSS 观测值可达到厘米级的定位精度，即传统 RTK 的精度，精密单点定位技术为困难地区首级控制提供了便捷的方法。随着精密单点定位技术的推广应用，各类误差模型的进一步精化，定位精度会逐步提高，具有极大的应用潜力。

精密单点定位技术的优势主要有：①单台 GNSS 接收机实现高精度定位；②定位不受作用距离限制；③不需要基准台站；④作业机动灵活；⑤节约用户成本，提高生产效率；⑥直接接获得最新的 ITRF 框架的三维地心坐标。其缺点为：①未知参数多；②无法采用站间或星间差分的方法消除误差影响，必须利用完善的改正模型加以改正；③整周未知数不具有整数特性。

7.2.2 高程控制

湖泊高程控制仍以几何水准测量、三角高程测量和 GNSS 高程拟合测量三种方式为主。西部地区湖泊高程控制与平面控制类似，也面临着控制点稀少或者无控制点的情况，而且西部湖泊湖面广阔，强紫外线、山区地形起伏较大等，有些地方人迹罕至，常规的水准测量和三角高程测量异常困难，因此西部高原湖泊一般采用 GNSS 高程拟合方法进行高程控制测量，如缺乏相应首级控制可直接卫星测高解决相关问题。

GNSS 高程拟合前面已有详细的叙述，本节重点介绍卫星测高方法。

7.2.2.1　卫星测高测量原理

卫星测高的基本原理为：以卫星作为载体，利用星载微波雷达测高仪向较大水体表面发射微波脉冲，该微波脉冲传播到达海面，经过水面反射后返回雷达测高仪，由接收机接收到返回的脉冲，并测量出发射脉冲与接收脉冲的时间差。根据此时间差及返回的波形，测量出卫星到水面的距离。

卫星作为一个运动平台，测高仪垂直向地球表面发射微波脉冲，并接受从水面反射回来的信号。卫星上的计时系统同时记录雷达信号往返传播时间 Δt，已知光速值 c，则雷达天线相位中心到瞬时水面的垂直距离 h_a 为

$$h_a = c \times \frac{\Delta t}{2} \qquad (7.2-8)$$

由于卫星发射的雷达波束宽 ε 为 1°左右，所以到达海面的雷达波迹的半径约为 3～5km 星下点足迹。因此，测高仪测得的距离相当于卫星到星下点足迹的平均距离。

卫星测高的基本观测模型为

$$h_a = r - r_p + \frac{r}{8}\left(1 - \frac{r_p}{r}\right)e^4 \sin^2 2\varphi - (N + \delta h_i + \delta h_s) \qquad (7.2-9)$$

式中　e——椭球第一偏心率；

$\quad h_a$——卫星相对瞬时水面的高度，m；

$\quad r$——卫星的地心距（由卫星的位置取得），m；

$\quad r_p$——卫星星下点（卫星在平均地球椭球面的投影点）P 的地心距，m；

$\quad \delta h_i$——为瞬时海面和似静海面之间的差距，m；

$\quad \delta h_s$——似静海面至大地水准面间的差距，m；

$\quad \varphi$——地理纬度，rad；

$\quad N$——大地水准面高，m。

其相对关系如图 7.2-2 所示。

由于测高卫星在运行和工作过程中时刻受到各种客观因素的影响，其观测值不可避免地存在误差。因此，要使用观测值，必须先进行相应的各种地球物理改正以消除误差源的影响。这些改正包括仪器校正、水面状况改正、电离层效应改正以及周期性水面影响改正等，只有经过改正之后的 h_a 才有意义。卫星至所选定的平均椭球面之间的距离（即大地高）h 可以根据卫星的精密轨道数据得出，当精确求得 h_a 后可确定水面高 h_0：

$$h_a = h - h_0 \qquad (7.2-10)$$

7.2.2.2　卫星测高的误差来源及改正

由于测高仪发射的脉冲信号在经过水面反射返回接收机之前，受到多种因素的影响，其误差来源分为三类，即卫星轨道误差、环境误差、仪器误差。

1. 卫星轨道误差

轨道误差包括地球重力场模型误差、大气传播延迟误差、光压误差、跟踪站坐标误差

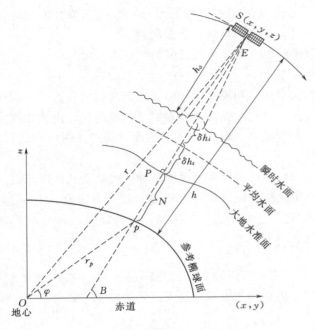

图 7.2-2 卫星测高几何原理图

等四类。

(1) 地球重力场模型误差。对于测高卫星而言，由于所有的星体都并非均匀密度分布的球体，产生的引力位也不同于球形引力位。为了精确地确定重力对卫星轨道的影响，需要用一个很高阶次的球谐展开函数来描述摄动的周期性特征。

(2) 大气传播延迟误差。轨道高度处的大气影响是用空气密度的经验公式与已知的卫星形状和定向来计算的，这与实际的大气影响有差异。

(3) 光压误差。卫星受太阳照射吸收或者反射光子会产生一个微小作用力，称为太阳辐射压力，由卫星的质量和其表面积决定。地球受到太阳辐射，除了自身吸收一部分热量外，地面或海洋面将反射一部分太阳能量返回太空。同时由于地球自身的热辐射，卫星将受到地球光辐射压力（来自太阳的反射）和红外辐射压力。

(4) 跟踪站坐标误差。不能准确确定跟踪站相对于地球中心的位置是这种误差最主要来源。此外，卫星轨道误差还受固体潮汐、海洋潮汐等因素的影响。

2. 环境误差

环境误差包括电磁偏差、电离层折射误差、对流层影响和逆气压改正等。

(1) 电磁偏差。雷达测高仪量测的是卫星至水面的距离，这个值相对于反射水面的平均值。由于水面波谷反射脉冲的能力优于波峰，造成回波功率的重心偏离于平均水面而趋向于波谷，此偏移称为电磁偏差。这种改正是由于平均海面与平均水面之间存在高度差产生的。

(2) 电离层折射误差。测高卫星信号穿过电离层，会产生折射效应，会对传播信号产生时延。电离层的折射率与大气电子密度成正比，与通过的电磁波频率平方成反比。电离层的电子密度随太阳和其他天体的辐射强度、季节、时间以及地理位置等因素的变化而变化，其中太阳黑子活动强度的强弱对其影响最大。电离层改正可用双频微波仪器直接量测得到。

(3) 对流层影响。电磁波信号通过对流层时，因大气折射率的变化导致传播路径产生弯曲。由于对流层中的物质分布在时间和空间上具有较大的随机性，因而使得对流层折射延迟也具有较大的随机性。通常对流层折射影响由干燥气体和水蒸气产生的影响共同组成。

(4) 逆气压改正。大气压的变化将引起水面变化，气压增高，水面降低，反之亦然。

气压变化为 1mPa，水面高变化为 1cm。

3. 仪器误差

（1）跟踪系统误差。跟踪系统误差是由回波信号波形中离散采样点的校准偏差引起的，而回波信号波形一般使用机载跟踪算法，假设测高仪的高度（匀速）成线形变化。实际情况并非如此，当测高仪的高度有一个加速度时，如测高仪经过一个较窄的水体上空时，必须补偿一个相应的高度误差。

（2）波形样本放大校准误差。接收信号的放大程度随着监视表面的剖面变化而变化。回波信号强度的快速变化将使得跟踪脉冲的上升边位置的回路产生错误，从而导致自动放大控制器的校正误差。

（3）平均脉冲形状的不确定性与时间标志偏差。用于计算平均回波的脉冲随机，且不确定，返回脉冲形状的偏差就因此产生。平均后所剩残差，导致的量测产生噪声；测高部件的老化会产生测量误差；长期的钟漂也会导致测量误差。钟漂可以通过将测高仪上的钟同一些参考钟比较得到改正，仪器老化而导致的高度测量偏差可利用测高仪内部校正模式补偿。

此外，仪器误差还包括定点误差天线采集模式偏差等。

4. 卫星测高误差改正公式

由上所述，卫星测高观测值受众多因素影响，必须进行改正。精确水面高计算公式为

$$h_0 = h - (h_a + \Delta h_{sg} + \Delta h_i + \Delta h_a + \Delta h_{EMbias} + \Delta h_t + \varepsilon) \tag{7.2-11}$$

式中　h——卫星质心到参考椭球面的距离；

h_a——卫星相对瞬时海面的高度；

h_0——计算的海面高；

Δh_{sg}——质心改正；

Δh_i——仪器改正；

Δh_a——大气传播改正，包括电离层延迟改正和对流层延迟改正；

Δh_{EMbias}——电磁偏差改正；

Δh_t——潮汐改正，包括固体潮和海洋潮汐；

ε——残余的误差。

7.2.2.3　卫星测高应用

卫星测高技术由于其大范围、高精度、快速、全覆盖等特点，在海洋测绘领域得到了广泛的应用。

由于受到测高仪本身的限制，在陆地和近海岸区域，波形的测量结果受到近海岸海洋表面状况以及陆地的联合影响，使得返回波形中含有很大的噪声。同时陆地和近海区域的湿对流层延迟、地球物理改正、轨道和仪器校正等改正数据的可靠性相对较低，致使测得的卫星与瞬时水平面之间距离误差很大。当测高仪发射的雷达脉冲打在粗糙表面时，会造成反射波形不规则，不能正确地定出雷达脉冲往返时间，无法精确求得卫星与反射面之间的距离，因此卫星测高大多应用在表面平滑的海洋。

对于面积较大的内陆湖泊，湖泊表面和海洋表面具有相似反射特性，不会造成反射波形的不规则，因此测高精度类似在海洋上的测高精度。利用卫星测高监测湖泊水位变化

时，湖泊的面积越大越有利于确定湖泊水位，湖泊面积较小则测高波形受到陆地的影响相对较大。

利用卫星测高确定湖泊水位的方法与卫星测高确定海水面高的原理相同。对于陆地湖泊由于其面积相对较小，与开阔的海洋相比其受海潮、逆气压、潮压等的影响相对很小，经过对流层计算改正，再对湖泊范围内的观测数据进行编辑、约化、滤波处理、异常改正等，卫星测高数据可以较好地监测湖泊水位的变化。

7.3 水位观测与水边线观测

7.3.1 水位观测方法

湖泊水位观测方法依测量条件确定。测区附近有水文观测站的，可以直接利用水文站观测成果；对水文站未控制的区域可通过水尺或临时水尺进行人工观测读取水尺观测，也可通过仪器直接进行水面高程测量的方法获得水位。

西部高原湖泊，由于控制水文站较少，一般需要采用临时水尺水位或通过仪器直接进行水面高程测量，也可根据需要设立临时水文站，安装水位自记仪器，进行水位自记观测。

1. 湖泊临时水尺的水位观测

当通过布设临时水尺进行水位控制观测时，水尺的密度以能够完全控制湖区水位变化为原则，一般应符合下列条件：

（1）水尺的布设应能控制测区的水位变化。水尺应避开回水区，不直接受风流、急流冲击影响，同时考虑不受船只碰撞，能在测量期间牢固保存。

（2）湖泊应在四周设立水尺，上、下游水尺最大距离一般不大于10km，湖面超过3km时应考虑横比降影响，并分区进行推算。

（3）水尺的设定范围应高于高水位且低于低水位。

（4）水尺零点高程应采用五等水准或与其同等精度的其他方法观测，水尺零点应经常校核，水尺倾斜时应立即校正，并校核水尺零点高程，自记水位零点也应及时校正。

（5）当上、下游水尺断面水位差小于0.2m时，比降水位应精确到0.005m。

（6）观测时间和观测次数要适应一日内水位变化的过程，要满足湖泊测量的要求。水位观测频次一般按表2.4-2的规定。

在西部高原湖泊扎日南木错测量中，为了有效控制湖区的水位变化，分别在湖区的西北边、北边、东南边布设了三处临时水尺，ZK01P1、ZK02P1和ZK04P1。其中ZK02P1处还布设了一个压阻式水位计，数据采样间隔0.5h。测量前期、测量中期和结束时进行了比测，ZK02P1处自记水位与人工观测水位较差均不超过1cm，说明自记水位数据准确可靠，见表7.3-1。由于西部高原紫外线特别强烈，用自记水位代替人工观测水位，不仅可以避免人工观测水位时紫外线对人的伤害，还能减少人力投入。

表 7.3 - 1　　　　　　　　西部扎日南木措自记水位与人工观测水位比较

日　　期	时间/(时：分)	水位站名	自记水位/m	人工观测水位/m	误差/m
2013 - 07 - 30	09：30	ZK02P1	4611.06	4611.06	0
2013 - 08 - 04	18：00	ZK02P1	4611.09	4611.08	0.01
2013 - 08 - 07	18：00	ZK02P1	4611.11	4611.10	0.01
2013 - 08 - 11	08：30	ZK02P1	4611.11	4611.10	0.01
2013 - 08 - 15	18：00	ZK02P1	4611.11	4611.10	0.01

2. 直接测定湖泊水面高程

（1）水位观测宜采用五等及以上几何水准或与其相当的光电测距三角高程、经纬仪视距法接测。

（2）水准仪测量时，按五等水准方法接测。线长在 1km 以内，其高程往返闭合差应不大于 3cm；超过 1km 按闭合差 $\pm 30\sqrt{L}$ 计算。

（3）经纬仪测量时，采用正倒镜观测两个不同水面桩或变动仪器高 0.2m 以上观测两个测回；经纬仪测量水位最大视距：平原地区应不大于 250m，垂直角应小于 10°；山区应不大于 300m，垂直角应小于 15°。测回间高差较差：平原地区不超过 5cm，山区应不大于 10cm，最后取平均值作为水位。

（4）全站仪测量时，棱镜杆采用三脚架固定，选择上、下游不超过 2m 的水面点，以正倒镜各观测一测回，进行落尺点差错和观测误差检校。最大视距：平原地区应不大于 1000m，山区应不大于 1200m；垂直角：平原应小于 5°，山区应小于 15°。测回间高差较差同经纬仪要求。当使用光电测距三角高程接测水位，水边距引据点较远，可采用《三、四等导线测量规范》（CH/T 2007—2001）中的相关要求引测。

（5）RTK 测量时，采用单基站 RTK 测量，参考站至少应架设在 E 级平面、四等及以上水准控制点上。测前 RTK 内部设置高程收敛精度应不大于 3cm，同时必须至少检校 1 个已知点，平面坐标较差应不大于 7cm，高程较差应不大于 5cm，此时方可开始测量。流动站应采用三脚架固定，每次观测历元数应不少于 120 个，采集间隔 2～5s，共观测三个测回。测回间平面坐标位置差应不大于 4cm，高程较差应不大于 4cm，取平均值作为测时水位。测回间流动站应重新初始化，采用单基站 RTK，流动站与基准站的距离应小于 5km。

由于湖泊的特殊性，观测水位除采用上述常规的接测方法外，还可以采用水面传递高程、RTK 技术、PPK 技术、中继站通信技术等方法接测。PPK 技术是基于快速静态 GNSS 网的测量方式，成果是在室内经基线解算、平差完成，测量基本不受距离的限制、作业半径大、方式灵活、效率高、定位精度高。例如，在西部高原青海湖测量中（图 7.3 - 1），海心山设有水位站，但海心山距最近的陆地鸟岛有 25km。受数据链传输半径影响，采用单基站 RTK 技术引测海心山水尺零点困难。通过采用中继站通信技术，即在基准站与流动站之间，设置一套中继数据传输设备转发基准站的差分信号，扩大 RTK 基准站差分信号的覆盖范围，从而成功解决了受数据链传输影响的难题。

7.3.2　水边线观测及水面线推算

湖泊水边线观测方法有极坐标法、交会法等，随着测量技术的进步，现代湖泊水边线

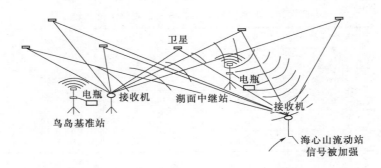

图 7.3 - 1　青海湖测量中继站通信示意图

测量一般采用 RTK、高精度手持 GNSS 等方法直接测量，对于浅滩和沼泽区，测船和测量人员都无法直接到达水边，也可通过全站仪免棱镜方法或采用经纬仪结合激光测距仪方法替代。如在西部高原湖泊塔若错测量中，由于湖区周边有部分沼泽地和湿地保护区，测船和测量人员都无法直接到达水边，通过使用星站差分 GNSS 定位结合全站仪免棱镜方法测定离水边距离的方法，准确获得了水边线的平面位置，测点高程使用湖区水位高程。该方法测量的水边线与国家陆地地形图中的水陆分界线比对，最大位置误差图上小于 1mm，且几何形状基本一致，成功解决了湖区局部位置的水边线测量困难问题。如图 7.3 - 2 所示。

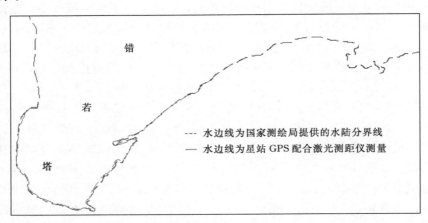

图 7.3 - 2　塔若错水涯线测量对比图

　　湖泊水面线推算主要有水文站距离加权法、明渠恒定非均匀流法和水动力学模型法等。

1. 水文站距离加权法

　　对于有水文观测站的湖泊，如测站之间水位差稳定或与水位变化关系密切，可通过上下游水位按距离加权法推算测站之间的水位。即按式（7.3 - 1）推算湖区测站间水位。

$$Z = \Delta Z / L \times L' + Z_{下} \qquad (7.3 - 1)$$

式中　Z——湖区上下游测站之间需推求地点的水位；

　　　ΔZ——湖区上下游测站间水位落差；

L'——需推求地点距离下游水位站的距离；

$Z_下$——下游测站水位。

当上下游测站水位差不稳定，但能建立与上游或下游站水位的相关关系，可先通过上游或下游站水位，推算该水位相应的落差（图7.3-3），然后推算待推求地点的水位。

2. 明渠恒定非均匀流法

明渠恒定非均匀流法是基于上下游断面能量守恒定律建立起来的，即采用水面曲线方程：

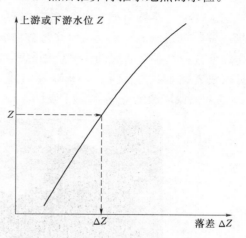

$$Z_上 + \frac{\alpha v_上^2}{2g} = Z_下 + \frac{\alpha v_下^2}{2g} + \frac{Q^2 \Delta s}{\overline{K}^2} + \varepsilon \left(\frac{v_下^2 - v_上^2}{2g} \right) + h_e'$$

$$(7.3-2)$$

式中 $Z_上$，$Z_下$——上、下断面水位；

$v_上$，$v_下$——上、下断面流速；

Δs——上、下断面间距；

α——动能修正系数；

ε——为河段平均局部水头损失；

h_e'——河段局部水头损失。

图7.3-3 落差与测站水位相关图

明渠恒定非均匀流法反映了计算区域局部地形变化对水流能量的影响，但往往需要计算区域有足够的实测断面成果，且上下游间无支流入汇或分流，湖泊水面线推算往往难以完全满足。

3. 水动力模型法

有支流的湖泊水面不是水平的，可采用水力学方法建立洪水演进模型，模拟河网在湖区河道内的实时演进情况，进行湖泊水面线实时计算。由于河网地区模拟范围一般较大，流动常具有明显的一维特征，采用一维水动力数值模拟可满足楔形水体实时水面线计算要求，避免了二维模型计算耗时较长，不能满足快速计算沿程水面线的要求。河网水动力模拟采用显式或隐式差分格式，形成离散方程组。单一河道离散方程组的系数矩阵有明显的带状特征，采用数值格式求解较易。但对于河网地区，众多河道相互连接，尤其在湖泊水网地区水流为缓流时，产生回水效应，河网中河道相互影响，必须对河网中所有支流同时进行模拟。

7.4 水下地形测量

湖泊水下地形主要采用 GNSS＋测深仪＋导航测量软件构成数字化测深系统，RTK三维水深测量技术的应用也越来越普及。目前，利用机载激光进行水深测量的方法也有尝试。

7.4.1 测线测点布设

在水深测量作业中，合理地采集水深数据是确保高质量测图不可或缺的环节。为了高效合理地采集水深数据，测量前的测线、测点合理布设和测船的作业方式安排是两个关键点。

　　湖泊测量主测线布设主要采取平行测线和扇形测线两种方式。主测线的布设主要考虑测区的几何形状、最大长度和宽度、风力风向、流速流向等因素。一般与等深线垂直，港湾地区的测深线方向垂直于港湾或水道的轴线。沿岸测量中，在岬端处主测线一般呈辐射状布置，在锯齿形岸线处与岸线总方向成45°。水底平坦开阔的水域，主测线方向可视工作方便选择。平行布置的主测线间隔一般不超过图上2cm。如在西部湖泊塔若错测量中，针对塔若错东西向长约38.1km，南北向宽最大约17.2km的特点，沿南北向布置主测线49条、测线间距800m，测点间距400m。如图7.4-1所示。

图7.4-1　塔若错水深测量主测线布设示意图

　　湖泊水下地形测量沿主测线方向布置测深点，测深点间距一般不超过图上1cm，地形变化大或近岸水域以及陡坎处可加密测点布置。

　　湖泊测量检查线的总长度与测量方法有关，单波束测量时，检查线的总长度不小于主测线总长度的5%；多波束测量时，检查线的总长度不小于主测线总长度的2%。

7.4.2　导航定位

　　湖泊测量导航技术与平原、感潮河流测量相似，主要采用GNSS导航技术。高原湖泊测量主要采用RTK技术、CORS技术和星站差分GNSS技术等。

　　水域宽广的高原湖泊测量，若采用单基准站RTK测量技术，流动台受数据链传输半径（一般不超过15km）影响，在湖心区无法有效收到来自基准站的数据。若建立CORS基站测量系统，存在投入过大、耗费时间长，信号不能有效覆盖全湖区的缺点。针对高原湖泊的特殊性给测量带来的困难，采用星站差分GNSS定位技术可以较好地解决。GNSS星站差分技术与RTK、CORS技术相比，具有全球性、全天候、连续性和实用性的特点，无须架设本地基准站，单机作业范围广，工作效率高，并能提供优于分米级的实时定位精度。

　　西部高原湖泊羊卓雍错、扎日南木错和塔若错测量，均采用星站差分GNSS技术，在Hypack数据采集软件里置入测区WGS-84坐标和CGCS2000国家大地坐标转换三参数，实现了高精度的水域地形点平面定位。

7.4.3　水深测量

湖泊水深测量手段仍然为测深杆、测深锤、回声测深仪，前面章节均进行了详细介绍。目前机载激光测深技术在湖泊测量中已开展应用研究。

7.4.3.1　高原湖泊声速改正技术

青藏高原地区是地球上海拔最高、数量最多、面积最大的高原湖群区，并以咸水湖和盐湖为主。位于藏北内陆湖区的扎日南木错和当惹雍错是西藏较大的湖泊，两个湖的 pH 值在表水层都超过 10，说明湖水呈较强的碱性。高原湖泊普遍水体流动性较小，上下层水体因交换不充分导致水体出现水温分层现象。

因此，声线在分层介质中传播时就不断地发生折射，声线的方向就不断地偏折和弯曲。如果使用平均声速或不正确的声速剖面，就会使实际水底发生水平偏移和深度偏差，所获得的测深数据精度下降，严重的甚至可使采集的数据完全失真。因此为了获得高精度的水深测量资料，除须进行诸如潮位、船动吃水、换能器安装角度等方面的校正外，还须针对高原湖泊的特点进行声速改正。

测量水体中声速的方法：一是利用声速仪直接对声速进行测量，即直接法；二是根据水体中传播的声速是温度、盐度和静压力的函数，通过声速经验模型间接计算得到声速值，即间接法。以上两种测量方法已在感潮河段测量进行了介绍，以下通过高原湖泊的实例说明声速改正技术。

在扎日南木错测量中，表层湖水溶解性总固体 13.9g/L，pH 值超过了 10。若采用通过测定水体温度、盐度及水深等参数后，运用声速经验公式间接计算出平均声速，平均声速可能不准确。使用声速剖面仪直接获得水体声速剖面，既准确又快捷方便。声速剖面仪的测量位置选取要综合考虑断面地形、水体流速、温度等因素变化，在当天测量中，可能需要在不同的位置提取几个声速剖面。图 7.4-2 为 2013 年西部高原湖泊扎日南木错测量中采用 SV-PLUS V2 声速剖面仪选取的一典型垂线获取的声速剖面（测量时间为 2013 年 8 月 13 日下午 17：30），水体表层和底层声速相差 54.8m/s。扎日南木错测量从开始日到结束日，每天都用声速剖面仪获取声速剖面，对当天测量的水深数据使用测量软件的数据后处理功能进行声速改正。扎日南木错最大水深为 71.57m，水深改正量为 1.40m；平均水深为 29.13m，水深改正量为 0.15m。

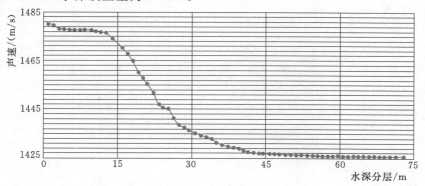

图 7.4-2　2013 年西部高原湖泊扎日南木错声速剖面示意图

声速剖面改正技术在高原湖泊测量中的成功应用，提高了测深精度，同时也保证了湖泊地形精度和容积量算成果精度。

7.4.3.2 机载激光测深技术

机载激光测深系统一般采用直升机或固定翼飞机作为运载平台，在 200m 以上的空中，以 140m 以上的扫幅进行全覆盖测量，突破了船载系统效率低、受航行条件影响等限制，具有效率高、成本低、安全等特点。对于浅海、浅滩、无人区湖泊等，较常规测量具有无法比拟的优势。

1. 测深原理

机载激光探测是利用机载的蓝绿激光发射和接收设备，通过发射大功率、窄脉冲激光，探测水底深度和水下目标的一种先进的遥测技术。安装在飞机上的激光器向水面同时发射两种波段的激光脉冲（1.06μm 和 0.53μm），激光脉冲到达空气和水的分界面后，1.06μm 的红外光因无法穿透水体而被水面反射回来，通过测定红外光的往返时间可确定飞机的航高。而 0.53μm 的蓝绿光（一小部分被水面反射回来）穿透水面向水底传播，在水底被反射，再次穿过水面回到接收窗口。通过量测红外与蓝绿光在水面和水底的往返时间差 Δt，即可计算出水面至水底的瞬时水深。

当激光垂直入射海面时，测量的瞬时水深为

$$D = C\Delta t / 2n \tag{7.4-1}$$

式中　D——激光束照射点的垂直水深；

　　Δt——激光在水中往返的时间；

　　C——光速；

　　N——水的折射率。

当绿光以扫描角 ϕ 入射海面时，测量的瞬时水深为

$$D = C\Delta t / 2n \times \cos\phi \tag{7.4-2}$$

一般而言，激光脉冲越窄，回波信号也越窄，时间分割越准确，测量精度就越高。目前我国的激光测深系统的精度可达到 0.3m 左右。

2. 机载激光测深能力

激光测深能力可以采用下列传播方程来估算：

$$P_r = \frac{P_T K(\lambda) K(L_a) A_0}{\pi (L_a + L_w/n)^2} [1 - \rho_w(\lambda)]^2 \rho_s(\lambda) \exp[-2\mu_a(\lambda) L_a] \exp[-2\mu_w(\lambda) L_w] \tag{7.4-3}$$

式中　P_r——激光射入水底后水底目标反射返回到测量仪器的功率；

　　P_T——激光发射源的输出功率；

　　$K(\lambda)$——接收光学系统光谱透过率；

　　$K(L_a)$——发射光束与接受视场的重叠系数；

　　A_0——接收光学系统的有效口径；

　　n——水的折射率；

　　$\rho_w(\lambda)$——水面反射率；

　　$\rho_s(\lambda)$——水底或水下目标反射率；

μ_a——大气衰减系数；

μ_w——水的衰减系数；

L_w——测量点水的深度。

接收功率一般是测量区域水的衰减系数与测量点水深的函数，当水的衰减系数确定时，水越深，回波功率越小。当水深一定时，水的衰减系数越大，回波功率也越小。据叶修松等人的试验表明：水的衰减系数为 0.5m^{-1}，接收器探测能力为 10^{-9}W 时，可以测 49.4m。当接收器探测能力达到时 10^{-10}W，就可以测 61.6m。当水的衰减系数为 0.2m^{-1} 时，10^{-9}W 探测器可测 184.9m，10^{-10}W 的探测器可测水深达 232.8m。

以上是理论上的推算，没有考虑背景光噪声干扰情况，事实上，背景光总是存在的，但可通过滤光消噪措施将背景光干扰尽量降到最低，使探测器可以探测到 10^{-10}W 的回波。

因实际水底状况非常复杂，有沙底、石底、污泥底、植物底等，对激光的反射能力相差极为悬殊，因此在不同的作业地点，估算测深能力时，还应当做一些必要的修正。

3. 测深系统的组成

机载激光测深系统主要由两部分组成：机上系统和地面系统。机上系统包括激光收发射器、扫描器、光学接收和数据采集、控制和实时显示等多个分系统。地面系统主要完成数据后处理，包括深度信息处理、飞机姿态校正等，最终获得水深、水底地形等数字成果，并结合其他水下地理信息，绘制高精度水下地形图。

为校正飞机俯仰、滚动对测量结果的影响，飞机的扫描、发射、接收部件被安装在标准的航摄平台上。为精确测出飞机高度、地理位置、姿态，机上同时安装差分 GPS、惯性导航（INS）等设备，同时采用 CCD 数字摄像机实时监测水情。

4. 机载激光测深与常规测深比较

机载激光测深具有如下优点：

（1）探测精度高。激光束受盐分、水温和水压等因素影响小，其测深和定位精度均可达 $\pm 0.25\text{m}$。

（2）探测效率高，机动性强，掩蔽性好。其测量面积可达 $70 \times 250\text{m}^2/\text{s}$、测点分辨率可达 10cm；不仅能确定水下目标的位置，而且还能测绘出几何形状。

（3）运行成本低，操作方便。

当今的河道测量、海道测量、湖泊测量通常是采用声呐设备（回声测深仪、多波束测深系统）在船舶上进行的。声呐不能穿过空气和水的界面，只能在水下传播，这就使得测量受到了水下环境，特别是航行条件的制约，难以进行灵活、快速的大面积测量。多波束测深是目前应用最广泛的水底地形探测设备，针对深水测区具有很大的优势，但在 50m 以内浅水域的测量效率并不高，实现全覆盖测量需要布设非常密集的测线。多波束测深系统一般以较大吨位的舰船为载体，很难到达浅水、岛礁、暗礁和非安全水域。

由此可见，常规的单波束和多波束测深技术对浅水、岛礁、暗礁和非安全水域的水深测量都存在一些不可克服的缺陷，因而发展高精度测量浅海、岛礁、暗礁及船只无法安全到达水域的水深测量技术具有非常重要的应用价值。机载激光测深技术是快速高效实施浅水、岛礁、暗礁及船只无法安全到达水域水深测量最具发展前途的手段之一，具有精度高、覆盖面广、测点密度高、测量周期短、低消耗、易管理、高机动性等特点。

7.5 湖泊容积量算

湖泊容积又称湖泊蓄水量。指某水位（常用丰水年的平均水位）以下水体的体积或湖盆的容积。湖泊容积量算工作是湖泊测量的延续，是与湖泊相关的科学研究、工程建设、湖泊治理、工农业生产以及防洪减灾工作的基础。

7.5.1 湖泊容积量算内容

湖泊容积量算的主要工作内容是获得反映湖泊的特性曲线，包括水位-面积曲线和水位-容积曲线两种。

湖泊水位-容积曲线又称容积曲线，反映水位与其相应容积间的关系，是以水位为纵坐标，以相应的容积为横坐标，将各点连接起来绘成的曲线。湖泊水位-面积曲线又称面积曲线，反映水位与其相应的湖水面积间的关系，即以水位为纵坐标，相应的湖水面积为横坐标，连接各点所成的曲线。湖泊容积曲线和面积曲线示意如图7.5-1所示。

以上湖泊面积是假定水库的水面是水平的，相应的容积为静湖容。但对于有支流入汇的湖泊，水面线是倾斜的，湖泊对支流顶托，形成沿程上溯的回水曲线。由回水曲线上翘产生一个附加的动湖容，湖泊出口相同水位对应的实际湖容比静湖容大。

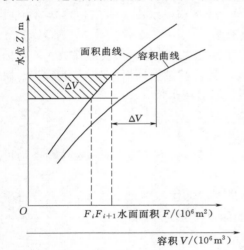

图7.5-1 湖泊容积曲线和面积曲线示意图

7.5.2 湖泊容积量算方法

湖泊容积量算可采用等高线法、网格法，缺乏实测地形资料且仅有断面资料的狭长形湖泊，也可采用断面法估算。

1. 等高线法

等高线法计算是把水体按不同高程面微分成 n 层，累积计算相邻两条等高线之间构成的水体。计算公式为

$$V = \sum_{i=1}^{n-1} \left(\frac{S_i + S_{i+1} + \sqrt{S_i \times S_{i+1}}}{3} \times \Delta H \right) \qquad (7.5-1)$$

式中　V——湖泊容积，m^3；

　　　S_i——第 i 条等高线所围成的面积，m^2；

　　S_{i+1}——第 $i+1$ 条等高线所围成的面积，m^2；

　　ΔH——为两条等高线之间的高程差，m。

等高线法计算时，计算的等高距一般与水下地形资料的基本等高距一致；相邻两等高线间的水体体积计算可采用棱台体积计算公式，不同高程等高线所包围面积应扣除相应水

道中的岛屿和洲滩面积。

2. 网格法

网格法计算是利用已建立的水道数字高程模型（DEM），累积计算 DEM 在每个小区域上的水体。计算公式为

三角网公式：
$$V = \sum_{i=1}^{n} \left(\frac{H_{i1} + H_{i2} + H_{i3}}{3} \times S_{io} \right) \tag{7.5-2}$$

规则网公式：
$$V = \sum_{i=1}^{n} \left(\frac{H_{i1} + H_{i2} + H_{i3} + H_{i4}}{4} \times S_{io} \right) \tag{7.5-3}$$

式中　$H_{i1} \sim H_{i4}$——第 i 个 DEM 网格各点的水深值，m；

$\quad\quad S_{io}$——第 i 个 DEM 网格位于计算水面之下的水平投影面积，m^2。

当所有网格点均在水面之下时，S_{io} 等于该网格的水平投影面积，当网格点有在水面之上时，需要对 DEM 网格进行水面切割投影计算。

网格法计算时，应先建立水下数字高程模型（DEM），DEM 可采用规则网格或不规则三角网，或两者混合使用。数字高程模型利用实测数据通过插值计算建立，对于漏测的空白区域可借用临近测次的资料进行地形点插补。采用规则网格法计算湖泊容积，理论上网格越密计算精度越高，但应与湖泊地形图的测点间距最小相适应，如测点稀疏，网格太小既影响计算效率，精度也得不到提高，一般网格尺寸不大于 $M/500$（M 为地形图比例尺分母）即可。网格插值方法可采用克里格插值法、反距离加权插值法、线性插值三角网法、样条插值法等。

在湖泊容积量算中，要考虑测得地形图成图投影面不同引起网格边长变形导致的容积量算误差。在平原地区，高程只有几米或十多米，边长变形只需要考虑高斯投影的变形即可。而在高原地区，只考虑高斯投影的边长变形是不够的，在高原地区由于边长的变形较大，对面积的影响也较平原地区要大得多。高斯投影为横轴椭圆柱等角投影，将椭球面投影到不同高度的椭圆柱面上引起的误差也是不同的，投影面高程越高，高误差也越大。

高斯投影中采用中央子午线引起的边长变形恒为正，除了中央子午线上的距离不变形外，离中央子午线越远边长就会变得越长，面积就会变大；高斯投影中采用投影面高程引起的边长变形恒为负，除了椭球面上的距离不变形外，其余高程面上的距离都会变短，并随着高程面数值的增大边长就会变得越短，面积就会变小。

3. 断面法

断面法计算是把水体水平沿程分割成 n 个断面，累积计算相邻两个断面之间构成的水体。计算中可采用梯形公式或截锥公式，当 $|A_i - A_{i+1}| / \max(A_i, A_{i+1}) \geqslant 0.4$ 时应使用截锥公式。计算公式为

梯形公式：
$$V = \sum_{i=1}^{n-1} \left(\frac{A_i + A_{i+1}}{2} \times \Delta L \right) \tag{7.5-4}$$

截锥公式：
$$V = \sum_{i=1}^{n-1} \left(\frac{A_i + A_{i+1} + \sqrt{A_i \times A_{i+1}}}{3} \times \Delta L \right) \tag{7.5-5}$$

式中　A_i——第 i 个过水断面面积，m^2；

$\quad\quad A_{i+1}$——第 $i+1$ 个过水断面面积，m^2；

ΔL——两个相邻断面间距，m。

7.5.3 水网湖泊容积量算

7.5.3.1 水网湖泊容积量算的特殊性

有支流入汇的湖泊水面不是水平的，湖泊容积包括水平面以下的静容积和实际水面线与水平面之间的楔形体容积，对于河网地区湖泊，水流纵横交错，汊道众多，岸线漫长，河道收、放现象突出，水流流向散乱不定、流态紊乱多变且互相干扰顶托。因此，河网地区湖泊容积计算，其水面不是平面，也不是一个规则的倾斜面，而是一个横向、纵向均可能存在扭曲的不规则曲面。

传统的湖泊静容积算法是假定湖泊水面线是水平的，计算所得实际上是静容积。回水曲线法是假定在恒定流条件下，依托现有水文测站，或分段控制水位，或采用控制站之间内插高程，它计算的是水面线为倾斜直线或折线情况下的湖泊容积。显然，通过恒定流的方法推算出的水面线与实际差别很大，利用这种方法计算湖泊容积存在较大误差。

7.5.3.2 水网湖泊容积量算方法

针对水网地区湖泊扭曲水面问题，长江委水文局提出了基于平面二维水动力模型与水位 DEM 的复杂河网湖泊容积计算方法。这种方法是在实测湖泊地形的基础上，建立平面二维水动力模型，计算给定湖泊出口控制水位条件下全湖范围内水面高程分布，形成湖泊水面 DEM 数据，结合湖床高程 DEM 数据，采用积分法计算湖泊总容积。其技术路线如图 7.5-2 所示。此法有效解决了复杂水网湖泊水面是不规则曲面时对容积计算的影响，主要工作内容包括：水面高程计算、水面 DEM 数据库形成、湖床高程 DEM 数据库形成以及容积计算等方面。

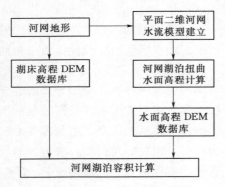

图 7.5-2 复杂河网湖泊容积计算
技术路线图

7.5.3.3 河网湖泊水面高程计算模型

河网湖泊水面高程采用二维水动力数学模型计算。

1. 数学模型简介

（1）控制方程。采用基于水深平均的平面二维数学模型来描述水流运动，直角坐标系下水流运动的控制方程如下：

水流连续方程：

$$\frac{\partial Z}{\partial t}+\frac{\partial uH}{\partial x}+\frac{\partial vH}{\partial y}=q \tag{7.5-6}$$

水流运动方程：

$$\frac{\partial uH}{\partial t}+\frac{\partial uuH}{\partial x}+\frac{\partial vuH}{\partial y}=-g\frac{n^2\sqrt{u^2+v^2}}{H^{\frac{1}{3}}}u-gH\frac{\partial Z}{\partial x}+\nu_T H\left(\frac{\partial^2 u}{\partial x^2}+\frac{\partial^2 u}{\partial y^2}\right) \tag{7.5-7}$$

$$\frac{\partial vH}{\partial t}+\frac{\partial uvH}{\partial x}+\frac{\partial vvH}{\partial y}=-g\frac{n^2\sqrt{u^2+v^2}}{H^{\frac{1}{3}}}v-gH\frac{\partial Z}{\partial y}+\nu_T H\left(\frac{\partial^2 v}{\partial x^2}+\frac{\partial^2 v}{\partial y^2}\right) \tag{7.5-8}$$

其中 $\nu_T=\alpha_0 u_* H$，$\alpha_0=0.2$，$u_*=\sqrt{c_f(u^2+v^2)}$，$c_f=0.003$

式中　　Z——水位；

$\qquad$ H——水深；

$\qquad$ u、v——x、y方向的流速；

$\qquad$ n——糙率系数；

$\qquad$ g——重力加速度；

$\qquad$ ν_T——水流综合扩散系数；

$\qquad$ u_*——摩阻流速；

$\qquad$ q——单位面积上水流源汇强度。

（2）初始及边界条件。

1）初始条件。初始条件包括初始水流条件和初始地形条件。初始水流条件可根据实测资料估算给出整个计算域初始水位和初始流速，或者将上次预先计算的结果作为模型计算的初始条件。初始地形条件主要是给定计算域河床初始地形。

2）边界条件。边界条件包括进口和出口边界、流速固壁边界和干湿边界处理。进口边界一般给定流量过程，出口边界则给定水位过程。流速固壁边界一般令固壁边界法向方向流速为0。干湿边界处理采用最小水深法。在迭代过程中，根据计算的水位得到水深值，给定一限制水深，若计算水深大于该水深则该节点为湿节点，否则为干节点；陆域水位采用近岸水域水位进行外延。

（3）相关参数。

1）糙率系数。在平面二维计算中，糙率系数实际上是一个综合系数，它反映水流和河床形态条件，其影响因素主要有河势形态、河床与河岸、主槽与滩地、沙粒与沙波以及人工建筑物等。糙率系数一般通过实测资料率定得到，平面分布可考虑分河段、分滩槽进行率定。率定的水文条件一般与水面高程计算的水文条件相当，地形条件一致。

2）水流综合扩散系数。水流综合扩散黏性系数 ν_T 主要与水流内部的湍流应力有关。

2. 数值计算方法

直角坐标系下，水流运动的控制方程可用如下通用形式表示：

$$\frac{\partial(H\phi)}{\partial t}+\frac{\partial(uH\phi)}{\partial x}+\frac{\partial(vH\phi)}{\partial y}=\frac{\partial}{\partial x}\left(\Gamma\frac{\partial H\phi}{\partial x}\right)+\frac{\partial}{\partial y}\left(\Gamma\frac{\partial H\phi}{\partial y}\right)+S \qquad (7.5-9)$$

式中　　ϕ——通用变量；

$\qquad$ Γ——广义扩散系数；

$\qquad$ S——源项；

其余符号意义同前。

根据非结构网格上控制方程的离散思想，采用有限体积法将直角坐标系上的控制方程直接在曲线网格上进行离散求解，用基于同位网格的 SIMPLE 算法处理水流运动方程中水位和速度的耦合关系。离散后的代数方程组可以写成如下形式：

$$A_p\phi_p=A_E\phi_E+A_W\phi_W+A_N\phi_N+A_S\phi_S+b_0 \qquad (7.5-10)$$

离散方程由 x 方向动量方程，y 方向动量方程和水位修正方程构成，用 Gauss 迭代法求解线性方程组。求解该方程组的迭代步骤如下：

（1）给全场赋以初始的猜测水位。

（2）计算动量方程系数，求解动量方程。

（3）计算水位修正方程的系数，求解水位修正值，更新水位和流速。

（4）根据单元残余质量流量和全场残余质量流量判断是否收敛，如单元质量流量达到全局质量流量的 0.01％，全场残余质量流量达到进口流量的 0.5％即认为迭代收敛。

3. 复杂河网网格划分方法

采用数值模拟方法计算复杂河网水面高程需进行网格的划分，常见的计算网格可以分为：结构网格和非结构网格，非结构网格又可分为非结构三角形网格、非结构四边形网格和非结构混合网格。非结构三角形网格对复杂区域边界适应性较强，但其对正则性要求较高（要求三个边长长度相当），在对狭长河道、串沟进行网格划分时，在河道横向上计算单元可能不够。

目前常用的方法是采用混合网格对湖区水网进行网格划分。采用四边形结构网格对狭长河道和串沟进行网格划分，然后与非结构三角形网格拼接，组成整个计算域的混合网格，并对其进行统一的无结构编码。

4. 模型率定与验证

模型建模完成后应进行率定和验证，方可计算形成湖泊水面高程 DEM 数据库。率定的目的是通过实测数据确定模型的各项参数，模型验证通常是利用另一组或几组独立的输入、输出数据，试验已率定过的模型，验证该模型预测的精确度是否符合要求。

5. 水面高程计算的范围及水文条件

为保证河网系统的整体性和一致性，二维模型计算范围为整个湖泊范围，一般包括了各水系的尾闾及湖泊的出口区域。

水面高程计算的水文条件则根据湖泊容积计算目的确定，一般给定湖泊出口的控制水位，各入湖支流给定同步的流量条件。如因防洪规划计算湖泊容积时，一般以湖泊出口控制断面防洪设计水位作为出湖水位控制条件，以各支流防洪标准洪水作为入湖流量计算湖泊水面高程。

7.5.3.4 湖泊高程数字模型（DEM）计算

1. DEM 方法的数学模型简介

数字高程模型（Digital Elevation Model，DEM）是在某一投影平面（如高斯投影平面）规则格网点的平面坐标（X，Y）及高程（Z）的数据集。DEM 数据可以利用格网点高程模型表示地形空间分布的一个有限三维向量系列（X，Y，Z），其中 X、Y 表示地形点的平面位置，Z 表示相应点的高程。它是以离散分布平面点高程数据来模拟连续分布的地形表面。数字高程主要有两种表现形式，即格网 DEM 和不规则三角网 DEM（常称为 TIN）。DEM 的格网间隔一般与高程精度相适配，并形成有规则的格网系列。为完整反映地表形态，可采取增加离散高程点数据等方法。

2. 地形数据及水面高程处理与 DEM 集成

由于湖泊地形测图时水下和岸上测量方法可能不同，需要进行统一和标准化处理。一般以图幅为单元，逐幅进行处理，并确定 DEM 网格间距。考虑到湖泊水网支汊交错，网格间距不宜过大，一般 10～20m 为宜。

水面高程的 DEM 集成与地形高程方法一致，只是前者为水面高程，后者为湖床高程。

随着"3S""4D"技术的发展，各种基于 DEM 的软件非常多，但是在具体使用时，存在原始数据的采集和校验以及数据接口问题，须进行验算比选。

7.5.3.5 湖泊面积和容积计算

建立水网湖泊水面高程和湖床高程 DEM 模型后，即可计算湖泊面积和容积。其中，容积根据 DEM 格网的类型分别按式（7.5-2）、式（7.5-3）计算。湖泊面积为众多网格水平投影面积之和。根据梯形法则，如果一个多边形由顺序排列的 N 个点（X_i，Y_i，$i=1$，2，$\cdots$，N）组成并且第 N 点与第 1 点重合，则水平投影面积计算公式为

$$S = \frac{1}{2} \sum_{i=1}^{N-1} (X_i \times Y_{i+1} - X_{i+1} \times Y_i) \tag{7.5-11}$$

如果多边形顶点按顺时针方向排列，则计算的面积值为负；反之，为正。

第8章

水 库 测 量

8.1 水库特点

8.1.1 地形特征

水库分为河道型水库和湖泊型水库。河道型水库一般建在河流的上游,具备山区河流的部分特征。受地形地貌约束,库区平面形态沿程表现为峡谷与宽谷相间,峡谷段河槽窄深,库岸峰峦起伏,岸壁陡峭,甚至基岩裸露,河谷深切,石盘、山嘴突入江中,且河槽深处为基岩,其上覆盖卵石、粗砂;宽谷段则两岸岸坡低缓,表层覆盖一定厚度的风化层,河道开阔。如长江穿过三峡河段抗冲力较弱的岩层或向斜地区时,长期的冲刷往往形成宽谷段,遇到坚硬的岩层或背斜地区时往往深切成峡谷,从而形成了峡谷段与宽谷段相间的藕节状分布的平面形态特征,如图 8.1-1 所示。

图 8.1-1 三峡水库

在平原地区修建的水库往往形成湖泊型水库,湖泊型水库两岸则相对平缓,水面宽阔,如图 8.1-2 所示。

图 8.1-2　丹江口水库

水库纵剖面一般沿程呈锯齿状分布，形态不规则，与河道的地质条件有关，总体趋势呈上陡下缓态势，但水库蓄水后比降变缓。库岸线较为稳定，横断面多呈 V 形或 U 形。

8.1.2　地质特征

山区水库河床最初多由原生基岩、乱石和卵石组成（图 8.1-3），平原水库河床则以细砂、淤泥为主。蓄水后均有较厚的覆盖层。

图 8.1-3　山区库岸河床组成

水库蓄水后水深增大明显，越靠近坝前增加越大，比降沿程分布较天然河流更均匀，天然河流时期的石梁、河湾、石盘、突嘴等被淹没。

8.1.3　水文特性

水库的径流来源一般靠降水补给，有些高原水库则靠冰川融雪补给，枯水期还有地下水的补给。水库蓄水后，水库的面积和容积大小受来水和工程调度的下泄量控制。

水库蓄水后水面宽普遍增大，流速减小。天然河流的浅滩处水流趋于平稳，流速变小,沿程流速趋于均匀。一些回流、漩水、泡水、横流、滑梁水、剪刀水、跌水和激浪等也得到改善。

水库蓄水后的水体流动性减小,上下层水体因交换不充分致使水体出现水温分层现象,尤其是水库常年回水区的水体随季节变化的水温分层更为明显。如清江水布垭、长江三峡和金沙江溪洛渡水库,坝前水深较蓄水前分别增加了近 200m、120m、300m;水布垭坝前水体夏季表、底层水温就相差了近 30℃。

8.1.4 测量条件

山区水库测量条件与西部高原湖泊类似,与平原地区水库相比较,岸坡陡峻地段大都未通公路,水陆交通较为不便。山区水库水下地形测量特点主要表现如下:

(1)国家基本控制点较少,建立库区首级控制网困难。

(2)库区两岸高差大、地形复杂,逐级发展低等级控制网不方便。

(3)库岸带状地形布设控制网强度不高。

(4)布设导线需频繁穿越水面,将会增加测量误差。

(5)复杂的地物地貌,使得控制点间难以相互通视。

(6)地势陡峻地段,GNSS 信号和通信信号较差。

(7)水陆交通不便,甚至部分支流不通航、不通公路,增加测量成本。

(8)库尾或支流末端近水边灌木、杂草丛生,有的地方淤泥较深,水下礁石多;库湾水面水产养殖区渔网密布,外业测量极为困难。

(9)蓄水后,库底表层形成泥浆面,浮泥边界的界定给测量带来一系列不确定因素。

8.2 水库控制测量

水库蓄水后,原布设的控制点大多被淹没,需将控制网后靠、迁建至历年最高洪水位以上。水库控制网的坝区控制网布设密度大,库区控制网布设密度相对较小;坝区布置有专门的独立坐标系(如坝轴坐标系),需与其他坐标系统建立关系等。

考虑上述特点,水库平面控制网一般以布设 GNSS 控制网及导线为主。水库高程控制测量以几何水准测量和三角高程测量为主。因为水库地形条件的特殊性,一般先布设二等、三等、四等几何水准路线,再逐级向下发展。必要时,还需在水面较窄、地基牢固处布设过河水准。

下面以两个实例来说明水库控制测量的实施。

8.2.1 平面控制测量

【实例】 某水库平面坐标系统采用 1954 年北京坐标系,高斯正形投影统一 3°分带,平面控制引据点采用 2011 年设测的 C 级 GNSS 控制网成果,高程基面采用 1985 国家高程基准。为满足坝区观测需要,控制成果还需转换一套坝轴坐标系成果。

【实施过程】 经查勘决定联测 13 个 C 级点:SC01、SC02、Ⅱ蒲太 17、Ⅱ兴蒲 15、Ⅲ东香 10、SC07、SC08、Ⅱ林茶 26、SⅣ079、SⅣ087、S106L11、SⅣ308、SⅣ103。

1. GNSS 控制网布设

以 2011 年设测的 13 个 C 级 GNSS 控制网成果为起算点，在测区布设 D 级 GNSS 控制网，共 82 点（含 13 个引据点），控制网布设如图 8.2 - 1 所示。

2. 观测

GNSS 控制网采用 Trimble R8、Trimble R10 GNSS 接收机 8～11 台，静态同步观测，每个测站连续观测两个时段，执行的基本技术指标见表 8.2 - 1。

表 8.2 - 1   GNSS 网观测执行的基本技术指标

等级	卫星高度角	同时观测有效卫星数	有效观测卫星总数	时段长度	采样间隔
D 级	15°	≥4	≥4	≥2h	15s

3. 数据处理

应用中采用 Trimble Business Center（TBC）处理基线并导出合格的基线数据，利用 CosaGPS 进行平差得到最终成果，处理步骤如下：

（1）先将外业观测数据导入 TBC 软件，再从 NASA 网站下载精密星历数据。

（2）解算基线，按式（3.2 - 5）检查复测基线长度较差。

选取能构成三角网、加强网型的基线共 216 条（图 8.2 - 1），共有 498 条观测基线，全部用于计算。

表 8.2 - 2 所示复测基线长度、长度较差和高差满足要求（其中，计算基线测量中误差 σ 时固定误差 a 取 5mm、比例误差 b 取 1×10^{-6}，高差精度要求放宽 1 倍，即 a 取 10mm、b 取 2×10^{-6}）。表 8.2 - 3 所示相邻点基线分量中误差满足水平分量不低于 20mm、垂直分量不低于 40mm 的要求。

表 8.2 - 2   复测基线长度、长度较差和高差统计

项　目	基线长度/m	长度较差/m	高差/m
最小（短）	372.681	−0.016	0.0
最大（长）	20788.186	0.013	0.025
标准差		0.0058	0.0055

表 8.2 - 3   相邻点基线分量中误差统计

项　目	sD 东坐标/m	sD 北坐标/m	垂直分量/m
最小	0.001	0.001	0.002
最大	0.009	0.009	0.040
标准差	0.0013	0.0012	0.0094

计算过程中对超限基线需处理再进行解算。

（3）三边同步、异步环闭合差。三边同步环闭合差按式（3.2 - 6）计算。

对于四站以上同步观测时段，在处理完各边观测值后，应检查一切可能的三边闭合差。

异步环（独立闭合环）坐标闭合差、各坐标分量闭合差按式（3.2 - 7）和式

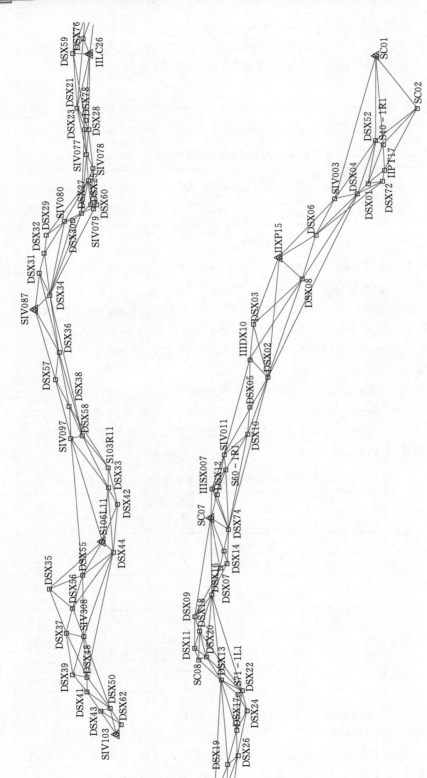

图 8.2 - 1　某水库 GNSS 平面控制网布设图

（3.2-8）计算，计算结果见表 8.2-4。

共 184 个三角形，2332 个三边观测环，其中同步环 313 个。最短环长 1585.717m，最大环长 41725.639m，平均长度 11521.752m。

表 8.2-4 GNSS 闭合环统计

项目	长度/m	Δ_{3D}/m	$\Delta_{水平}/m$	$\Delta_{垂直}/m$
最好		0.001	0	0
最差		0.078	0.037	0.074
平均环	11521.752	0.019	0.01	0.015
标准误差	6050.610	0.021	0.012	0.018

检核分量及长度均满足 GPS 测量规范要求。

对于闭合差超限，应分析超限环的基线并进行处理，再重新解算，直至所有基线满足规范限差要求。

4. GNSS 网平差

基线解算结束后，采用 CosaGPS 软件进行网平差计算，计算时输入的基线全部默认为独立基线。若选择了全部基线进行平差（含有同步基线），则平差后的精度指标比实际值偏高，坐标、边长、方位角有微小变化。这里选取一组完全的独立基线进行网平差。

平差成果提供两套坐标系统坐标，分别是 1954 年北京坐标系坐标和 2000 国家大地坐标系统坐标。

（1）无约束平差。无约束平差固定点 SC08 的 2000 国家大地坐标系统坐标，中央子午线经度为 111°，表 8.2-5～表 8.2-7 分别为无约束平差基线分量改正数统计、最弱点统计、最弱边统计。

表 8.2-5 无约束平差基线分量改正数统计 单位：m

项目	$V_{\Delta X}$	限差	$V_{\Delta Y}$	限差	$V_{\Delta Z}$	限差
最大	-0.0352	0.1232	0.0474	0.2664	0.0414	0.1232

表 8.2-6 无约束平差最弱点统计 单位：m

项目	名称	M_X	M_Y	M_Z	点位误差
最弱点	DSX41	0.0206	0.0561	0.0354	0.0695

表 8.2-7 无约束平差最弱边统计 单位：m

项目	名称	边长/m	边长误差/m	相对误差
最弱边	DSX31-DSX32	2120.003	0.003	1/696000

无约束平差中，基线分量的改正数绝对值满足式（3.2-4）及规范要求。

（2）二维约束平差。二维约束平差利用无约束平差后的观测值，选取均匀分布于测区的 C 级平面点 SC02、Ⅱ兴蒲 15、SC07、SC08、Ⅱ林茶 26、SⅣ308 共 6 点作为引据点。固定 6 点的 1954 年北京坐标系平面坐标进行二维约束平差（表 8.2-8～表 8.2-10）。

表8.2-8 二维约束平差基线分量改正数统计 单位：m

项目	$V_{\Delta X}$	限差	$V_{\Delta Y}$	限差
最大	0.0212	0.0821	0.0308	0.0821

表8.2-9 二维约束平差最弱点统计 单位：m

项目	名称	M_X	M_Y	点位误差
最弱点	DSX57	0.0061	0.0058	0.0084

表8.2-10 二维约束平差最弱边统计

项目	名称	边长/m	边长误差/m	相对误差	PPM
最弱边	DSX31-DSX32	2120.176	0.004	1/519000	1.92

基线分量改正数与经过无约束平差结果的同一基线，相应改正数较差的绝对值满足式（3.2-10）及规范要求。

（3）三维约束平差。三维约束平利用无约束平差后的观测值，选取均匀分布于测区的 C 级平面点 SC02、Ⅱ兴蒲15、SC07、SC08、Ⅱ林茶26、SⅣ308 共 6 点作为引据点。固定 6 点的 2000 国家大地坐标系统坐标进行三维约束平差（表8.2-11～表8.2-13）。

表8.2-11 三维约束平差基线分量改正数统计 单位：m

项目	$V_{\Delta X}$	限差	$V_{\Delta Y}$	限差	$V_{\Delta Z}$	限差
最大	−0.0411	0.1232	0.0480	0.4719	0.0426	0.1232

表8.2-12 三维约束平差最弱点统计 单位：m

项目	名称	M_X	M_Y	M_Z	点位误差
最弱点	DSX19	0.0158	0.0430	0.0253	0.0523

表8.2-13 三维约束平差最弱边统计

项目	名称	边长/m	边长误差/m	相对误差	PPM
最弱边	DSX31-DSX32	2120.006	0.036	1/597000	1.68

基线分量改正数与经过无约束平差结果的同一基线，相应改正数较差的绝对值满足式（3.2-10）要求。

8.2.2 高程控制测量

【实例】 三峡水库高程系统采用 1985 国家高程基准，2009 年进行了三峡库区水准联测，其成果可作为高程引据点。下面以三峡水库为例说明高程控制测量步骤。

【实施过程】 经查勘决定联测 9 个Ⅱ等或Ⅲ等水准点：庙基 12、稀基 8、Ⅲ青港河口过河 2′、Ⅲ巴东大桥过河 4、Ⅲ巫山过河 6′、奉基 5、DSX78、XT73、TP300。

1. GNSS 控制网布设

以 2009 年三峡库区水准联测成果为引据点，在测区布设四等高程控制网。其中，四等高程导线点 79 个，三等水准点 3 个。控制网如图 8.2-2 所示。

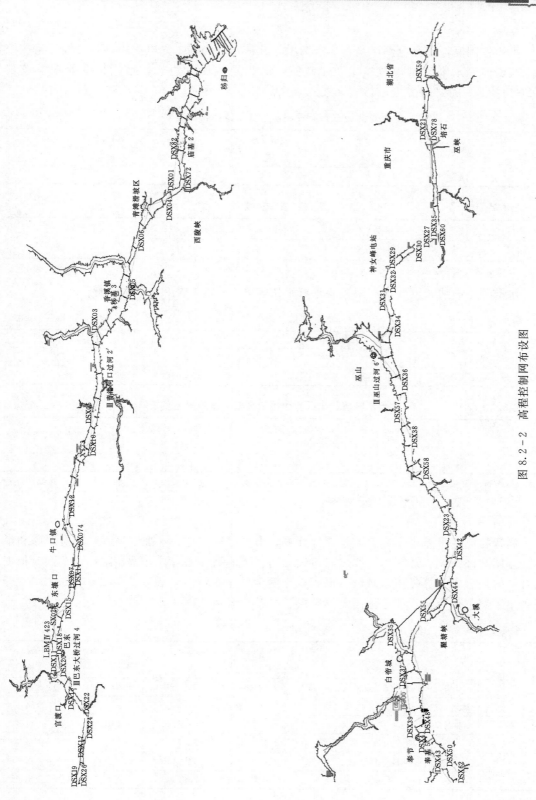

图 8.2-2　高程控制网布设图

2. 观测

高程控制测量以光电测距高程导线为主，几何水准为辅。光电测距高程导线测量按照国家三、四等水准测量规范技术要求执行，高程导线测量边长、路线长度要求等按表 8.2-14 执行；高差限差要求按表 8.2-15 执行。

表 8.2-14　　　　　光电测距三角高程测量边长及路线长度要求

等级	每条边的长度/m	路线长度/km
	对向观测	$h \geqslant 1m$
四等	1500	60

表 8.2-15　　　　　　高 差 限 差 要 求

等级	两测站对向观测高差不符值	附合路线或环线闭合差	检测已测测段高差之差
四等	$\pm 45\sqrt{D}$	$\pm 25\sqrt{L}$	$\pm 30\sqrt{L}$

注　D 为测站间水平距离，km；L 为附合路线（环线）长度，km。

水准测量路线长度要求和限差要求分别按表 8.2-16、表 8.2-17 执行。

表 8.2-16　　　　　　水准测量路线长度要求　　　　　单位：km

等 级	四 等	等 级	四 等
环线周长	100	支线长度	20
附合路线长度	80	同级网中结点间距	30

表 8.2-17　　　　高差不符值、闭合差和检测高差之差的限差要求　　　　单位：mm

等级	测段、路线往返测高差不符值	测段、路线的左右路线高差不符值	附合路线或环线闭合差（山区）	检测已测测段高差之差
四等	$\pm 20\sqrt{K}$	$\pm 14\sqrt{K}$	$\pm 25\sqrt{L}$	$\pm 30\sqrt{R}$

注　K 为路线或测段的长度，km；L 为附合路线（环线）长度，km；R 为检测测段长度，km；山区指高程超过 1000m 或路线中最大高差超过 400m 的地区。

3. 平差计算

高程控制网平差采用平差系统软件计算，由平差软件寻找水准（高程）附合线路和最小独立闭合环线路，计算附合线路和多边形闭合环的高程闭合差并做超限提示，同时根据闭合环的闭合差计算每千米水准（高程）观测值的全中误差，表 8.2-18～表 8.2-20 分别列出了高差闭合差、往返测高差不符值、高差中数偶然中误差结果。

表 8.2-18　　　　　　高 差 闭 合 差 计 算 表

序号	线 路 名	高差闭合差/mm	总长度/km	限差/mm	评价
1	庙基 12—稀基 8	−40.1000	30.8990	138.97	合格
2	稀基 8—Ⅲ青港河口过河 2′	13.4000	9.0260	75.12	合格
3	Ⅲ青港河口过河 2′—Ⅲ巴东大桥过河 4	−49.8000	54.2450	184.14	合格
4	Ⅲ巴东大桥过河 4—DSX78	−88.7500	29.3140	135.35	合格
5	DSX78—Ⅲ巫山过河 6′	−36.1000	32.7440	143.05	合格
6	Ⅲ巫山过河 6′—TP300	−58.2000	57.2450	189.16	合格
7	TP300—奉基 5	−4.5000	35.1870	148.30	合格

表 8.2 - 19　　　　　　　　　　往返测高差不符值计算表

起点	终点	d_{h_1}/m	d_{h_2}/m	Δ/mm	距离/km	限差/mm	评价
庙基 12	DSX52	1.42210	−1.43660	−14.5	3.305	36.36	合格
DSX52	XT14	44.6593	−44.6727	−13.4	5.879	48.49	合格
XT14	DSX01	−42.68550	42.68680	1.3	2.077	28.82	合格
DSX01	DSX04	−4.38020	4.38180	1.6	2.193	29.62	合格
DSX04	SIV003	0.25590	−0.25500	0.9	2.366	30.76	合格
SIV003	DSX06	−0.67050	0.66370	−6.8	5.668	47.62	合格
DSX06	DSX08	−0.17720	0.17490	−2.3	5.704	47.77	合格
DSX08	秭基 8	4.75880	−4.75240	6.4	3.707	38.51	合格

表 8.2 - 20　　　　　　　　　　高差中数偶然中误差计算表

序号	线　路　名	高差中数偶然中误差/mm	限差/mm	备注
1	庙基 12—秭基 8	1.91	5	合格
2	秭基 8—Ⅲ青港河口过河 2′	2.84	5	合格
3	Ⅲ青港河口过河 2′—Ⅲ巴东大桥过河 4	1.22	5	合格
4	Ⅲ巴东大桥过河 4—DSX78	0.95	5	合格
5	DSX78—Ⅲ巫山过河 6′	3.07	5	合格
6	Ⅲ巫山过河 6′—TP300	1.42	5	合格
7	TP300—奉基 5	1.26	5	合格

可见，所有往返测高差不符值、高差闭合差、每千米高差中数偶然中误差均满足规范要求，未知点平差高程值可用。

8.3 水位观测

水库蓄水后，整个库区分为常年回水区和变动回水区两个库段。常年回水区水面平缓、水位变化较小，变动回水区水位变化较大。水库正常运行后，如何准确观测水位沿程分布、沿程水面线变化，对水库蓄水运用、调度极为重要。

8.3.1 水面线观测

水库水位观测方法与湖泊、河流的观测方法相同。因水库常年回水区和变动回水区特性不同，其水尺布设的密度也有所不同，一般按库区常年回水区平均 40km 一组布置基本水尺、变动回水区 10km 一组的原则布置专用水尺进行水位观测，以满足准确推算沿程水面线的需要。下面以三峡水库水面线观测实例来说明。

1. 水面线观测布置

三峡水库干支流水尺在充分利用库、坝区现有水位站基础上，按照"常年回水区

40km、变动回水区 10km 间距布设水尺的原则"布置基本水尺和专用水尺，并通过适当调整水尺以使水尺分布更合理。

其利用现有库区干流专用水尺 29 组，基本水尺 11 组；坝区河段茅坪（二）、伍相庙、太平溪（二）、银杏沱、庙河 5 组；大支流嘉陵江、乌江各 4 组，共 8 组；小支流 8 组。共 61 组水尺。

根据库区河段特点、观测点的自然地理条件及资源条件，在库区宽阔段、卡口段现有水尺断面对岸设置临时水尺，共 46 组。水尺布置如图 8.3-1 所示。

2. 观测过程

观测分定时水位水面线观测和沿程水面线变化过程观测两类。

定时水位水面线观测采用全部水尺同步观测。三峡水库定时水位水面线观测内容见表 8.3-1。

表 8.3-1　　　　　　　三峡水库定时水位水面线观测内容

序号	库水位/m	观测时段	观测时间/（年-月-日）
1	175.00	3h，每 10min 观测一次	2010-11-02
2	174.50	3h，每 10min 观测一次	2010-11-05
3	175.00	3h，每 10min 观测一次	2010-11-10

水位变化沿程水面线变化过程观测内容见表 8.3-2。

表 8.3-2　　　　　　　水位变化沿程水面线变化过程观测内容

水位变化范围/m	观测段制/（时：分）	观测时间/（时：分）	备　注
175.00～174.50～175.00	8：00、14：00、20：00 三段制	11：02—11：10，每天三段制	全部基本水尺和专用水尺
	8：00、14：00	11：02—11：10，每天两次	对岸临时水尺

开展定时水位水面线观测时，在朱沱、寸滩、清溪场（三）、北碚、武隆、黄陵庙（陡）等 6 个水文站同步进行流量观测，时间同水位观测。

8.3.2　水面线分析

水面线观测资料是水库动库容计算、水库调度方案的重要依据。

1. 定水位水面线分析

定水位水面线分析的目的主要是为了掌握水库某一坝前水位时库区水面线的动态变化情况，该分析包括单站水位变化、水面线分析和水面比降分析。

（1）单站水位变化。由于连续 3h 三峡库区坝前水位基本保持不变，而且上游来水变化较小，除 2010 年 11 月 2 日 13—16 时朱沱站受上游来水变化影响 3h 水位变幅为 0.11m 以外，其余各站 3h 水位变幅均在 0.07m 范围以内；2010 年 11 月 5 日 13—16 时各站 3h 水位变幅均在 0.06m 范围以内；2010 年 11 月 11 日 10—13 时各站 3h 水位变幅均在 0.08m 范围以内。

可见，坝前水位基本保持不变情况下，单站水位变化幅度较小。

（2）水面线分析。开展定水位水面线观测时，在朱沱、寸滩、清溪场（三）、北碚、

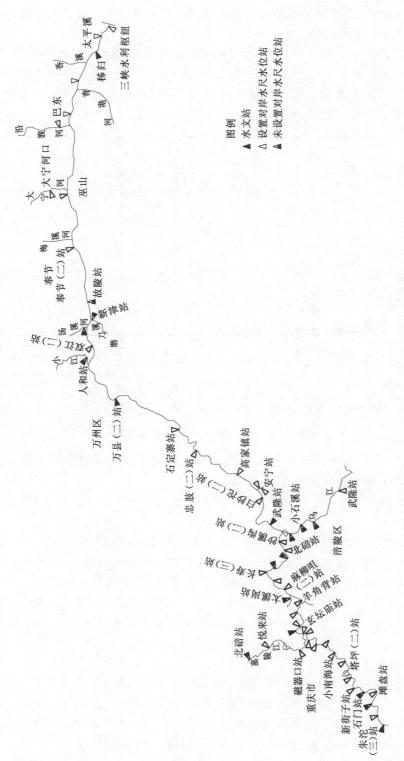

图 8.3 - 1 三峡库区大坝—朱沱水面线观测分布图

武隆、黄陵庙（陡）6 个水文站同步进行流量观测，主要分析 3 次定水位库区水面线受坝前水位、上游来水及下泄流量三重影响。

1）坝前水位由 175.00m 降至 174.50m 库区水面线变化。11 月 2 日坝前水位 175.00m 时上游来水大于 11 月 5 日坝前水位 174.50m 时上游来水，坝前水位由 175.00m 降至 174.50m 时，坝前水位变幅较小（仅 0.5m），下泄流量变化较小，水面线变化主要受上游来水影响，如图 8.3－2 所示。

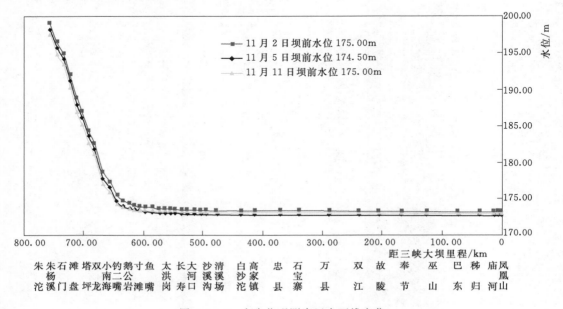

图 8.3－2　定水位观测库区水面线变化

2）坝前水位由 174.50m 升至 175.00m 库区水面线变化。坝前水位由 174.50m 升至 175.00m 的库区水面线变化如图 8.3－2 所示。

（3）水面比降分析。定水位水面比降变化主要包括水库坝前水位发生变化时，库区水面的比降变化情况。

1）坝前水位由 175.00m 降至 174.50m 库区水面比降变化。2010 年 11 月 2—5 日坝前水位由 175.00m 降至 174.50m，由于坝前水位变幅较小（只有 0.5m），下泄流量变化较小。水面比降变化趋势主要受上游来水影响。11 月 2 日因上游来水量大，同河段比降较大。

2）坝前水位由 174.50m 升至 175.00m 库区水面比降变化。同一河段，坝前水位由 174.50m 升至 175.00m，水面比降受坝前水位抬升、上游来水及下泄流量减少三重影响，库区上段比降变小，而库区下段比降无明显变化。

2. 沿程水面线变化过程分析

水库沿程水面线变化过程分析其目的是分析在上游来流量发生变化时，水库库区沿程水面线的变化。2010 年三峡水库上游来水由 11 月 2 日的 9935m³/s 逐渐减小到 11 月 11 日的 6576m³/s，部分站水位过程线变化如图 8.3－3 所示。水位观测过程中，长江干流控制站朱沱站受上游来水减小影响水位呈缓慢下降的一个过程，水位由 11 月 2 日 8 时的 199.15m 降至 11 月 11 日 20 时的 197.59m，10d 降低 1.56m。坝前水位则主要受三峡水库调度影响，坝前水位由 11 月 2 日 8 时的 175.05m 降低至 11 月 6 日 20 时的 174.43m，而后水位逐渐上升至 11 月 11 日 14 时的 174.91m。库区其余站水位则同时受上游来水及坝前水位的双重影响。

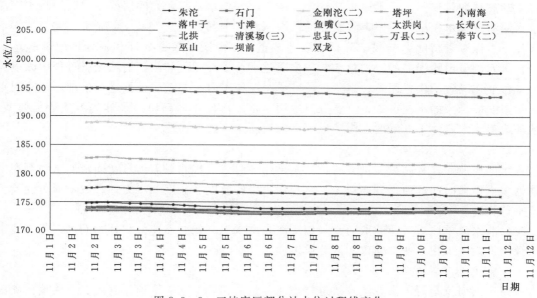

图 8.3-3　三峡库区部分站水位过程线变化

3. 横比降分析

三峡水库 175.00～174.50～175.00m 蓄水位水面线动态变化观测在原有专用水尺的对岸共增设了 44 组新水尺，共有 46 个断面左右岸进行了同步观测。从观测结果看，三峡库区常年回水绝大多数站左右岸平均水位差小于 2cm，左右岸平均落差为 0.005cm，平均横比降仅为 1.01×10^{-5}，无明显横比降；变动回水区处于回水末端和天然状况，大部分测站横比降均小于 2cm，但个别测站因处于弯道附近，横比降较大。观测期间钓二嘴以上左右岸平均落差为 0.034cm，平均横比降为 6.13×10^{-5}。但整个库区横比降不大。以上三峡水库水位及水面线观测分析成果表明：短时间内水库常年回水段水面比降较小，水位变幅不大；变动回水区水面比降变化较大，水位变化也较大。故在水库测量过程中，沿程水尺布置及观测次数要求应与水库特性相结合。

8.4　水下地形测量

8.4.1　测线测点布置及导航定位

水库水下地形测量测线测点布置与湖泊、河道的测线、测点布置方法和要求一致。其指标还应满足下列要求：水面宽宜控制在图上 30～200mm 范围内；80% 以上的首曲线应能清晰地勾绘出来，陡峻部位应以计曲线紧密排列通过。

水库测量导航定位方法与感潮河段及湖泊测量方法类似，可详见前述章节。

8.4.2 水深测量

水库测深最常用的是单波束测深系统、多波束测深系统，主体部件均是测深仪，是一种主动声呐测量仪器。因水库水深较大，常规测深技术带来较大的误差，因此，在水库深水水深测量技术领域，基于声线跟踪的水库深水水深测量改正技术应运而生，它包括深水条件下水深测量精度影响因子分析、姿态改正、水温跃层数据处理和最佳声速公式选取等。水库测量消除误差的方法包括：一是通过进行姿态测量和改正消除测量过程中因摇晃和方位变化导致的位置误差；二是采用声线跟踪技术对水温跃层数据进行处理，消除因垂向水温跃层带来的水深误差；三是探讨适用于水库库区水域环境的最佳的声速计算模型，从而取得深水条件下准确的水深数据，真实反映水下地形。

1. 水库声速获取与改正

水中声速通常有两种测量方法：一是采用环鸣法直接测量声信号在固定的已知距离内往返多次传播时间进而得到声速；二是利用水中的温度、盐度和压力等参数，通过经验公式来计算。

目前水库单波束声速获取通常采用实测表层水温、经验声速公式计算而来；但多波束水深测量系统采用声速剖面仪实测分层声速。

2. 使用仪器及性能

声速剖面仪是用声学方法直接进行声速测量的仪器，它能快速、有效、方便地为测深仪、声呐、水域声标等水声设备校正测量误差提供实时的声速剖面数据。本节通过水布垭水库实例介绍声速获取方法。

(1) 主要仪器设备技术指标。声速采集用的主要仪器有 HY 1200 B 型声速剖面仪、MKⅢ双频测深仪、测深板、测船和数据采集系统。吊测深板的钢丝绳直径为 3mm，测深板重量为 150kg。

HY 1200 B 型声速剖面仪、MKⅢ双频测深仪的主要技术指标见表 8.4 - 1、表 8.4 - 2。

表 8.4 - 1　　　　　　　　　　　HY 1200 B 型声速剖面仪主要技术指标

指标　　　　　参数	范围	精度	分辨率
声速测量/(m/s)	1440～1600	±0.2	0.01
温度测量/℃	0～40	±0.1	0.01
深度测量/m	0～200	±0.8	0.01

表 8.4 - 2　　　　　　　　　　　MKⅢ双频测深仪主要技术指标

参数	指标
高频/低频	200kHz - 4 或 24kHz - 20
测深范围	0.2～1500m
发射频度	25 次
分辨率	1cm
精度	1cm±0.1%D，D 为水深值
	10cm±0.1%D

（2）温跃层声速数据采集。水布垭水库库首段水深大，常年存在水体水温跃层。试验时间 2013 年 7 月 27 日，试验时库首段水流流速小于 0.1m/s，气温 38℃，风速小于 1m/s，可忽略盐度，即 $S=0‰$。试验中用标记有刻度的钢丝绳下放测深板，使用 MKⅢ 双频测深仪采用标准声速（1500m/s）测量测深板深度，使用 HY1200B 型声速剖面仪同步实测水温、声速剖面。测深板下放与回收过程实测水温、声速，经整理后的水温分层图、声速分布图如图 8.4-1、图 8.4-2 所示。

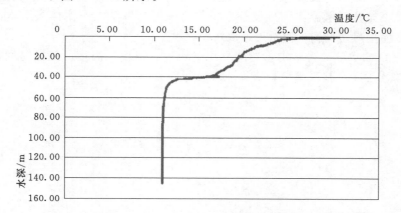

图 8.4-1　2013 年 7 月 27 日水布垭水库库首段水温分层图

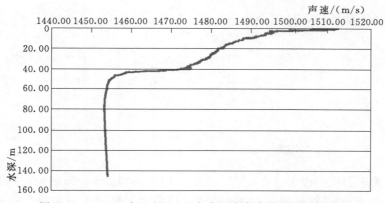

图 8.4-2　2013 年 7 月 27 日水布垭水库库首段声速分布图

　　显然，水布垭水库水温存在两处明显的温跃层，即 0～10m、40～45m，水温变幅分别为 7.01℃、4.74℃；5～40m、45～60m 为渐变层，水温变幅分别为 6.71℃、0.72℃；60m 以下为滞温层，水温变幅为 0.27℃。

　　（3）声速公式比较。根据声速试验数据（以 5m 为一层），采用多种声速公式分别计算各层声速。在不考虑盐度影响、水温变幅达 19.63℃（10.94～30.57℃）的条件下，将实测声速与使用不同声速公式计算的声速比较，水布垭水库以式（8.4-1）的适用性最佳。

$$C=1449.2+4.6T-0.0557T^2+0.00029T^3+(1.34-0.01T)(S-35)+0.016D$$

$$(8.4-1)$$

式中 T——温度，℃；

     S——盐度，‰；

     D——深度，m。

适用范围：$0℃ \leqslant T \leqslant 32℃$；$22‰ \leqslant S \leqslant 32‰$；$D \leqslant 1000m$。

8.4.2.1 水库声速改正方法

天然河流上下层水体交换充分，水温垂向变化较为均匀，水库由于水体流动性小，上下层水体交换不充分，水温不同程度存在分层现象，特殊情况下水体表层水温还存在跃层，因此必须使用声速剖面仪测量声速或水温梯度。

将深度为 D 的水体分为 n 层，对应每层的声速、厚度、温度、传播时间、盐度分别为 c_i、d_i、T_i、t_i、s_i，其算术平均值为

$$\left. \begin{array}{l} C_n = \sum_{i=1}^{n} c_i / n \\[2mm] T_n = \sum_{i=1}^{n} T_i / n \\[2mm] S_n = \sum_{n=1}^{n} s_i / n \\[2mm] D_n = \sum_{n=1}^{n} d_i / n \end{array} \right\} \qquad (8.4-2)$$

以深度加权平均计算，则

$$\left. \begin{array}{l} C_n = \sum_{i=1}^{n} d_i C_i / \sum_{i=1}^{n} d_i \\[2mm] T_n = \sum_{i=1}^{n} d_i T_i / \sum_{i=1}^{n} d_i \\[2mm] S_n = \sum_{i=1}^{n} d_i S_i / \sum_{i=1}^{n} d_i \\[2mm] D_n = D / 2 \end{array} \right\} \qquad (8.4-3)$$

目前，水库水深测量以现场深度改正为主，即现场测量水体水温或声速，计算利用声速（垂线平均声速），通常依据声速试验资料，以算术平均法、分层深度加权平均计算的垂线平均水温、垂线平均声速总是存在差异。以垂线算术平均声速、垂线深度加权声速所计算的水深与实际水深的较差相比较，两者差异不大，但后者略优。

水布垭水库使用 Medwin 公式，分别以垂线算术平均水温、垂线深度加权水温所计算的应用水深与实际水深的较差相比较，后者的标准差、离散度均优于前者。

8.4.2.2 声线跟踪模型

实际水深测量中，存在大量非垂直入射波束，未加姿态改正或简单的一级近似（即认为声线在整个水体中按直线传播，采用三角法直接得到床面点的坐标）计算水深精度难以满足要求。

声线跟踪是建立在声速剖面基础上的一种波束脚印（投射点）相对船体坐标系坐标的计算方法。声线跟踪通常采用层追加方法，即将声速剖面内相邻两个声速采样点划分为一

个层，层内声速变化可假设为常值（零梯度）或常梯度。

1. 基于层内常声速（$g=0$）下的声线跟踪

假设波束经历 N 层水体，声速在层内常速 C_i 传播，设层 i 上下界面处的深度分别为 d_i 和 d_{i+1}，层厚度为 $\Delta d_i(\Delta d_i=d_{i+1}-d_i)$，则波束在层 i 内的水平位移 y_i 和传播时间 t_i 分别为

$$y_i=d_i\tan\theta_i=\frac{d_i\sin\theta_i}{\cos\theta_i}=\frac{pC_id_i}{[1-(pC_i)^2]^{1/2}} \tag{8.4-4}$$

$$t_i=\frac{y_i/\sin\theta_i}{C_i}=\frac{y_i}{pC_iC_i}=\frac{d_i}{C_i[1-(pC_i)^2]^{1/2}} \tag{8.4-5}$$

其中

$$p=p_i=\frac{\sin\theta_i}{C_i}=\frac{\sin\theta_{i+1}}{C_i} \tag{8.4-6}$$

则波束经历整个水体的水平距离和传播时间为

$$y=\sum_{i=1}^{n}\frac{pC_id_i}{[1-(pC_i)^2]^{1/2}} \tag{8.4-7}$$

$$t=\sum_{i=1}^{n}\frac{d_i}{C_i[1-(pC_i)^2]^{1/2}} \tag{8.4-8}$$

2. 基于层内常梯度（$g\neq0$）下的声线跟踪

假设波束经历由 N 个不同介质层组成的水柱，声速在各层中以常梯度 g_i 变化。波束在层内的实际传播轨迹为一连续的、带有一定曲率半径 R_i 的弧度。曲率半径为

$$R_i=-\frac{1}{pg_i} \tag{8.4-9}$$

层 i 内声线的水平位移 y_i 为

$$y_i=R_i(\cos\theta_{i+1}-\cos\theta_i)=\frac{\cos\theta_i-\cos\theta_{i+1}}{pg_i} \tag{8.4-10}$$

$$\cos\theta_i=[1-(pC_i)^2]^{1/2} \tag{8.4-11}$$

波束在该层经历的弧段长度 $S_i=R_i(\theta_i-\theta_{i+1})$，则经历该段的水平位移 y_i 和时间 t_i 为

$$y_i=\frac{[1-(pC_i)^2]^{1/2}-[1-p^2(C_i+g_id_i)^2]^{1/2}}{pg_i} \tag{8.4-12}$$

$$t_i=\frac{R_i(\theta_i-\theta_{i+1})}{C_{Hi}}=\frac{\theta_{i+1}-\theta_i}{pg_i^2d_i}\ln\frac{C_{i+1}}{C_i}$$

$$=\frac{\arcsin[p(C_i+g_id_i)]-\arcsin(pC_i)}{pg_i^2d_i}\ln\left(1+\frac{g_id_i}{C_i}\right) \tag{8.4-13}$$

3. 案例分析

以水布垭库区试验数据为例说明声线跟踪的作用。

上下温差达 $19.63℃$，水深 140.70m 情况下，测深仪测深为 144.90m，误差达 4.2m。采用声速剖面数据，按常值（零梯度）和常梯度声线跟踪两种改正方法，其最大水深差、较差的标准差分别为（0.25m、0.10m）、（0.25m、0.10m）。成果见表 8.4-3。

4. 声线跟踪效果分析

声线跟踪效果利用 2013 年 5 月 8—13 日，三峡水库的试验资料进行说明。

表 8.4 - 3　水布垭库区测量区声线跟踪计算表

水温层性质	声速剖面仪实测成果					水深试验成果 水深/m				较差/m	零梯度声线改正							常梯度声线改正						
	水深层厚度/m	分层厚度/m	声速/(m/s)	发射声速/(m/s)	水温/℃	MKIII	水深差	理论钢绳长	实际绳长		入射角 p/(°)	传播时间/s	水平位移/m	同层水深改正/m	水体层厚度/m	应用水深/m	较差/m	入射角 p/(°)	传播时间/s	声速梯度/(°)	同层水深改正/m	水体层厚度/m	应用水深/m	较差/m
温跃层	0.10	0.10	1511.24	1500.00	30.57	0.10	0.00	0.00	0.00	-0.10	0.00	0.00	0.00	0.00	0.10	0.10	0.00	0.00	0.00	0.00	0.00	0.10	0.10	0.10
	5.00	4.90	1494.33	1500.00	23.56	5.00	0.00	5.00	5.00	0.00	0.00	0.00	0.00	-0.02	4.88	4.98	-0.02	0.00	0.00	-7.01	-0.02	4.88	4.98	-0.02
	10.00	5.00	1490.01	1500.00	21.62	10.10	0.00	10.00	10.00	-0.10	0.00	0.00	0.01	-0.03	5.07	10.05	0.04	0.00	0.00	-1.94	-0.03	5.07	10.05	0.04
渐变层	15.10	5.10	1484.75	1500.00	20.27																			
	20.00	4.90	1482.39	1500.00	19.85	20.29	0.01	20.00	20.01	-0.28	0.00	0.00	0.01	-0.12	10.06	20.11	0.10	0.00	0.01	-0.42	-0.12	10.06	20.11	0.10
	24.90	4.90	1479.87	1500.00	18.93																			
温跃层	30.00	5.10	1478.10	1500.00	18.30	30.43	0.03	30.00	30.03	-0.40	0.00	0.01	0.01	-0.15	9.97	30.08	0.05	0.00	0.01	-0.63	-0.15	9.97	30.08	0.05
	35.00	5.00	1475.67	1500.00	17.34																			
	40.00	5.00	1472.92	1500.00	16.85	40.85	0.05	40.00	40.05	-0.80	0.00	0.01	0.01	-0.18	10.22	40.30	0.25	0.00	0.01	-0.49	-0.18	10.22	40.30	0.25
渐变层	45.20	5.20	1457.47	1500.00	12.01																			
	50.10	4.90	1454.40	1500.00	11.48	51.07	0.07	50.00	50.07	-1.00	0.00	0.01	0.01	-0.32	9.88	50.18	0.11	0.00	0.01	-0.53	-0.32	9.88	50.18	0.11
	55.10	5.00	1453.56	1500.00	11.29																			
滞温层	60.00	4.90	1453.20	1500.00	11.21	61.50	0.10	60.00	60.10	-1.40	0.00	0.01	0.01	-0.32	10.08	60.26	0.16	0.00	0.01	-0.08	-0.32	10.08	60.26	0.16
	65.00	5.00	1452.95	1500.00	11.12																			
	70.20	5.20	1452.72	1500.00	11.03	71.84	0.14	70.00	70.14	-1.70	0.00	0.01	0.01	-0.33	9.97	70.23	0.09	0.00	0.01	-0.09	-0.33	9.97	70.23	0.09
	75.10	4.90	1452.66	1500.00	11.00																			
	80.00	4.90	1452.64	1500.00	10.99	82.18	0.18	80.00	80.18	-2.00	0.00	0.01	0.01	-0.32	9.98	80.21	0.03	0.00	0.01	-0.01	-0.32	9.98	80.21	0.03
	85.00	5.00	1452.64	1500.00	10.98																			
	90.00	5.00	1452.71	1500.00	10.96	92.63	0.23	90.00	90.23	-2.40	0.00	0.01	0.01	-0.33	10.07	90.28	0.05	0.00	0.01	-0.01	-0.33	10.07	90.28	0.05
	94.90	4.90	1452.74	1500.00	10.95																			

续表

水温层性质	声速剖面仪实测成果			发射声速/(m/s)	水温/℃	水深试验成果（1500m/s）					零梯度声线改正								常梯度声线改正							
	分层厚度/m	深度/m	声速/(m/s)			水深/m				较差/m	入射角/(°)	p	传播时间/s	水平位移/m	同层水深改正/m	水体厚度/m	应用水深/m	较差/m	入射角/(°)	p	传播时间/s	声速梯度/(°)	同层水深改正/m	水体厚度/m	应用水深/m	较差/m
						MKIII	水深差	理论钢绳长	实际绳长																	
滞温层	10.00	100.00	1452.82	1500.00	10.95	102.70	10.30	100.00	100.29	-2.70	0.00	0.00	0.01	0.01	-0.32	9.98	100.26	-0.03	0.00	0.00	0.01	0.00	-0.32	9.98	100.26	-0.03
		105.00	1452.85	1500.00	10.94																					
	10.00	110.00	1452.95	1500.00	10.95	113.10	10.40	110.00	110.35	-3.10	0.00	0.00	0.01	0.01	-0.32	10.08	110.34	-0.01	0.00	0.00	0.01	0.01	-0.32	10.08	110.33	-0.01
		115.10	1453.00	1500.00	10.94																					
	10.00	120.00	1453.08	1500.00	10.94	123.40	10.30	120.00	120.41	-3.40	0.00	0.00	0.01	0.01	-0.32	9.98	120.31	-0.10	0.00	0.00	0.01	0.00	-0.32	9.98	120.31	-0.10
		125.00	1453.18	1500.00	10.95																					
	10.00	130.00	1453.25	1500.00	10.95	133.80	10.40	130.00	130.49	-3.80	0.00	0.00	0.01	0.01	-0.32	10.08	130.39	-0.09	0.00	0.00	0.01	0.01	-0.32	10.08	130.39	-0.10
		135.00	1453.31	1500.00	10.94																					
	10.00	140.00	1453.39	1500.00	10.94	144.20	10.40	140.00	140.56	-4.20	0.00	0.00	0.01	0.01	-0.32	10.08	140.47	-0.09	0.00	0.00	0.01	0.00	-0.32	10.08	140.47	-0.09
		145.00	1453.46	1500.00	10.94																					
统计 算术均值																		0.03								0.04
最大																		0.25								0.25
最小																		-0.10								-0.10
离散度																		0.07								0.07
标准差																		0.10								0.10

（1）实测声线跟踪与计算声线跟踪。2013 年 5 月 8—13 日，三峡库区近坝段的水体存在水温温差，其中 S53 断面的底表层水温差最大值达 6.12℃，见表 8.4-4。

表 8.4-4　　　　　　2013 年 5 月 8—13 日三峡水库实测较大的水温跃层断面

测量日期	断面名称	表层水温/(°)	底层水温/(°)	底、表层水温差/(°)
2013-05-09	S39-2	17.61	13.52	-4.09
2013-05-10	S41	17.90	14.39	-3.51
2013-05-11	S53	18.98	12.87	-6.12
2013-05-11	S59-1	18.52	12.95	-5.57
2013-05-12	S60-1	18.41	13.46	-4.95
2013-05-12	S61	18.40	13.18	-5.22
2013-05-12	S64	18.92	13.65	-5.27
2013-05-13	S66-1	18.63	14.31	-4.33
2013-05-13	S68	18.77	13.89	-4.88

试验中，采用声速剖面仪测量的分层声速、水温数据和单波束测深仪测量的水深数据，分别进行实测声线跟踪改正和计算声线跟踪改正。计算声线跟踪改正即根据水体分层水温数据，运用声速公式分层计算声速，然后用计算的声速剖面数据、水深数据以声线跟踪模型改正相应的水深数据。

采用两种不同的声速剖面数据，分别以声线跟踪改正模型所获取的每个断面同起点距处的水深比较，计算声线跟踪改正后的水深值比实测声线跟踪改正后的水深值偏大，且随深度增加其差值也增加，最大值为 0.30m，见表 8.4-5。其中 H_1 表示计算声线跟踪改正后的水深值，H_2 表示实测声线跟踪改正后的水深值。

表 8.4-5　　　　　　三峡水库实测声线跟踪与计算声线跟踪改正统计

测量日期	断面名称	$H_1 - H_2$ 的最大值/m
2013-05-08	S39-2	0.20
2013-05-10	S41	0.19
2013-05-11	S53	0.17
2013-05-12	S59-1	0.22
2013-05-12	S60-1	0.14
2013-05-12	S61	0.15
2013-05-12	S64	0.30
2013-05-13	S68	0.12

（2）姿态改正与计算声线跟踪。声线跟踪的精确计算除了精准的声速剖面（或水温剖面）外，波束（主轴）的入射角也是关键因素，通常使用姿态传感器测量（即纵摇、横摇，取值于河床纵、横剖面起伏度与测船航向的关系）。

不考虑波束的入射角，经计算声线跟踪改正后的水深值比测量的偏小，同起点距处水深差的最大值为 1.19m，见表 8.4-6。其中 H_1 为实测的水深值，H_2 为经计算声线跟踪改正后的水深值。$H_1 - H_2$ 随水深增加而增加。

表 8.4 - 6 三峡水库无姿态改正下的计算声线跟踪改正计算统计

测量日期	断面名称	$H_1 - H_2$ 的最大值/m
2013 - 05 - 08	S39 - 2	0.74
2013 - 05 - 10	S41	0.90
2013 - 05 - 11	S53	0.67
2013 - 05 - 12	S59 - 1	1.19
2013 - 05 - 12	S60 - 1	0.48
2013 - 05 - 12	S61	0.56
2013 - 05 - 12	S64	0.58
2013 - 05 - 13	S68	0.44

考虑姿态改正（即考虑波束的入射角），经计算声线跟踪改正后的水深值比测量的水深偏小，同起点距处水深差的最大值为 1.30m，$H_1 - H_2$ 随水深增加而增加。见表 8.4 - 7。

表 8.4 - 7 考虑波束的入射角条件下，三峡水库计算声线跟踪改正计算统计

测量日期	断面名称	$H_1 - H_2$ 的最大值/m
2013 - 05 - 08	S39 - 2	0.83
2013 - 05 - 10	S41	0.95
2013 - 05 - 11	S53	0.80
2013 - 05 - 12	S59 - 1	1.30
2013 - 05 - 12	S60 - 1	0.65
2013 - 05 - 12	S61	0.68
2013 - 05 - 12	S64	0.78
2013 - 05 - 13	S68	0.42

三峡水库试验表明，声线跟踪改正对水深的改正效果明显，占改正的主要部分；姿态改正对数据有改正效果，占次要部分。

8.4.2.3 利用声速的技巧

水库是否具有分层特性，是否需声线跟踪改正，要具体问题具体分析，不能一概而论。但是有以下特点：

（1）水库蓄水后，库区河道水文特性随之改变，致使库区水体交换、更新不畅，是水体发生水温分层的主导因素之一。

（2）气候条件的季节性变化，也会使水体更新严重不足，诱导水温分层现象的发生。例如，三峡水库近坝区出现水温分层的温跃层集中表现在 90～140m 水深，出现水温分层现象时段集中在 4—6 月间水体升温期内，库区水体垂向水温差与河道水深成正比。

（3）声速与水温关系密切。当断面垂向水温差超过 2℃ 或出现温跃层时，不能简单采用水体表层声速代替垂线声速，否则，水深数据将严重失真。

（4）水深测量中，可现场利用声速（水温）剖面数据，使用声速改正模型计算利用声速。通过改变测深仪发射的声速与利用声速一致的方式测量，可有效减少水深改正的计算工程量。

（5）声线跟踪模型考虑了声波波束的入射角的影响，即测船姿态对水深测量及改正的影响。声线跟踪技术中常梯度声线改正模型为最优，经声线跟踪模型改正后的水深与实际水深更接近。

8.4.2.4 水库测量姿态改正

测船姿态变化会引起 GNSS 天线倾斜和测深仪发射的波束中轴偏移（即存在波束入射角），这些变量均会造成水深点的平面位置偏移。在水流条件好、水面平静的理想条件下，平面位置偏移量较小，可忽略不计。有关测船的姿态改正方法已在第 6 章详细论述。以下通过三峡库区 2013 年 5 月 26—27 日的典型河段试验说明水库测量的测船姿态改正方法。

1. 测船姿态改正

2013 年 5 月 26—27 日三峡库区典型河段试验采用 2 种测船共施测 8 个断面，施测时间水流平稳，风力小于 2 级。其中，5 月 26 日测量时船体平稳，横摇角度一般小于 1°，纵摇角度多为 0°；5 月 27 日采用小船测量，横、纵摇角度均超过 5°。试验断面中部水深超 100m，共采集 2384 组数据。试验期测船姿态统计见表 8.4-8。水深测点的平面定位偏移量、深度改正量的统计结果见表 8.4-9、表 8.4-10。

表 8.4-8　　　　　　　　三峡水库试验期测船姿态统计

日　期	升沉绝对值/m		横摇绝对值/(°)		纵摇绝对值/(°)		船长/m
	最大	平均	最大	平均	最大	平均	
2013-05-26	0.28	0.07	0.07	0.01	0.42	0	18
2013-05-27	0.3	0.07	5.34	0.02	0.37	0	6
2013-05-26-27	0.3	0.07	5.34	0.02	0.37	0	

表 8.4-9　　　　三峡水库试验期水深测点的平面定位偏移量统计　　　　单位：m

日　期	姿态改正		姿态与波束倾斜改正		测船船型
	最大值	平均值	最大值	平均值	
2013-05-26	0.02	0.00	0.67	0.01	18m（水文 026-2）
2013-05-27	0.19	0.00	9.15	0.03	6m 测船（渔船）

表 8.4-10　　　　三峡水库试验期水深测点的深度改正量统计　　　　单位：m

日　期	姿态改正		姿态与波束倾斜改正		测船船型
	改正最大值	改正数据组数	改正最大值	改正数据组数	
2013-05-26	0.57	12 组	0.72	12 组	18m（水文 026-2）
2013-05-27	0.58	19 组	2.09	19 组	6m 测船（渔船）

统计表明：相同的水流条件、气象条件，体型较小的测船姿态变化较大、变化的幅度

也大。不考虑波束入射角的姿态改正，水深点的平面偏移量、深度改正的最大值分别约为 0.19m、0.58m；除少数测点（约占总数 0.8%）外，水深点的平面偏移量、深度改正的平均值为 0。考虑波束入射角的姿态改正，水深点的平面偏移量、深度改正的最大值分别约为 9.15m、2.15m；水深点的平面偏移量的平均值为 0.02m；绝大多数水深点（超过 99%）的深度改正量为 0m。大型测船与小型测船相比，其水深点的平面偏移量、深度改正的最大值明显偏小。试验表明测船的姿态变化程度、幅度与水深点的平面偏移量、深度改正量相关，相同姿态变化的情况下，水深越深，其平面偏移量、深度改正量也越大。

2. 动态吃水改正

三峡水库典型河段动态吃水试验数据表明：测船以 4kn 速度航行时动态吃水不大于 0.01m，测船以 9kn 以上速度航行时动态吃水明显增大，超过 0.10m。动态吃水一般与测船航行速度、测船船型、大小以及换能器安装部位相关。在相同航行速度的条件下，测船越大动态吃水越大；换能器安装部位距船舷中部越近，受影响越小。

3. 时延改正

测船航行不仅带来动态吃水变化，还会产生水深点平面位移和水深测量误差。在水域水深大且测船高速航行的情况下，船移产生的时延误差不可忽视。

（1）深度误差。船只移动产生的测深误差与测量水深、船速、床面倾角 α 等因素有关。三峡水库试验资料表明对于 200m 水深和 10kn 船速，波束角 α、床面倾斜角 θ 分别为 $\alpha = -1°$、$\theta = 1.5°$，$\alpha = -10°$、$\theta = 2.5°$，$\alpha = -60°$、$\theta = 5.0°$ 时，产生的最大测深误差、相对测深精度分别为 $-0.01m$、0.005% 水深，$-0.03m$、0.015% 水深，$-0.06m$、0.03% 水深，且当 α 和 θ 一定时，测深误差随测量水深和船速的增大而增大。因此，当测量水深和船速一定的情况下，测深误差随 α 的增大而增大，但增加量受到 θ 的限制。

对于 $\alpha < 0$ 和 $\alpha > 0$ 计算结果可以发现：当 $\alpha < 0$ 时，测深误差总为负，即因测船移动，测深仪测得的水深值比垂线方向值小；当 $\alpha > 0$ 时，测深误差总为正，即因测船移动，测深仪测得的水深值比垂线方向值大。因此，船移效应存在非对称性，这种非对称现象随测量水深、船速、波束角 θ 和床面倾斜角 α 的增大而明显，从而产生测深系统误差。为满足不同等级测量的要求，应根据不同的测量等级的精度要求采用窄波束或甚窄波束和限制船速的方法降低其影响。

（2）位置偏移误差。船只移动造成的测深点位置偏移误差是测量水深和船速的函数，随水深和船速的增大而增大，且总是在测船航向上产生正的测深点位置偏移误差，水深点的位置偏移误差见表 8.4 - 11。

表 8.4 - 11　　　　　　　　三峡水库试验水深点的位置偏移误差

水深/m	船　速/kn				
	2	4	6	8	10
10	0.01	0.03	0.04	0.05	0.07
20	0.03	0.05	0.08	0.11	0.14
30	0.04	0.08	0.12	0.16	0.21

水深/m	船　速/kn				
	2	4	6	8	10
40	0.05	0.11	0.16	0.22	0.27
50	0.07	0.14	0.21	0.27	0.34
100	0.14	0.27	0.41	0.55	0.69
150	0.21	0.41	0.62	0.82	1.03
200	0.27	0.55	0.82	1.10	1.37

注　kn 为速度单位，节，1kn＝1.852km/h。

（3）综合时延误差。三峡水库试验环境见"姿态改正"，试验期均进行了综合延时改正、静态吃水改正，未进行姿态改正、动吃水改正。低速（2～3kn）、中速（4.5～5.5kn）的船移效应误差试验数据，见表8.4-12。

表 8.4-12　　三峡水库试验低速、中速船移效应误差（断面面积误差）统计表　　单位：m²

日　期	断　面		低　速		平均值	中　速		平均值	相对差
2013-05-27	S34	测量文件	034_1309	034_1328	87725	034_1344	034_1355	87718	−0.008%
		测量方向	R→L	L→R		R→L	L→R		
		面积	87620	87831		87583	87853		
2013-05-27	S35	测量文件	035_1414	035_1427	81127	035_1442	035_1449	81081	−0.057%
		测量方向	R→L	L→R		R→L	L→R		
		面积	81137	81118		81061	81101		
2013-05-27	S36	测量文件	036_1515	036_1529	82390	036_1540	036_1548	82472	0.100%
		测量方向	R→L	L→R		R→L	L→R		
		面积	82648	82132		82319	82625		
2013-05-26	S37	测量文件	037_1603	037_1609	56145	037_1616	037_1622	55776	−0.657%
		测量方向	R→L	L→R		R→L	L→R		
		面积	55454	56836		55449	56104		
2013-05-27	S38	测量文件	038_1100	038_1111	60425	038_1119	038_1125	60188	−0.392%
		测量方向	R→L	L→R		R→L	L→R		
		面积	60504	60346		60090	60286		
2013-05-27	S39-2	测量文件	392_1025	392_1033	57372	392_1041	392_1047	57445	0.127%
		测量方向	R→L	L→R		R→L	L→R		
		面积	57598	57146		57861	57029		
2013-05-27	S40-1	测量文件	401_0936	401_0947	67163	401_0958			−0.246%
		测量方向	R→L	L→R		R→L			
		面积	67225	67102		66998			

测船在高速（近10kn）航行过程中，测深仪测深效果明显变差，主要表现在噪声增

多、回波信号丢失（甚至大范围丢失信号），测船高速测量下的回波截图如图 8.4－3、图 8.4－4 所示。

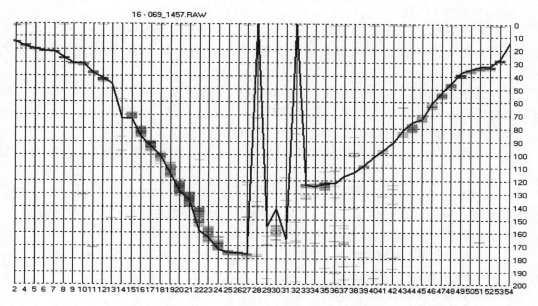

图 8.4－3　2012 年 11 月 20 日 18m 测船高速测量下的回波截图（三峡水库试验）

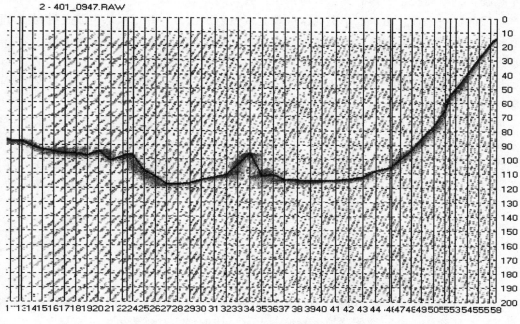

图 8.4－4　2013 年 5 月 27 日 6m 测船高速测量下的回波截图（三峡水库试验）

　　因此，高速测量过程中回波信号差且丢失严重，为保证水深测量质量应采用中、低船速。试验表明，船移所产生的综合误差还与航向相关，即在同一断面采取相同航速、相反航向测量，求得的断面面积存在差异。但采用中、低船速测量时，同一断面的面积相差不大，相对误差小于 1%。

4. 水库姿态改正技巧

（1）当测船的横、纵摇小于测深仪的波束角时，可不进行横、纵摇改正；反之则须改正。航向角使波束沿铅直方向旋转，将直接影响水深点的平面位置，可用坐标旋转公式改正。

（2）应尽量采用中、低船速测量，若测量过程中测船平稳，测船的动态吃水远小于测深仪测量水深的深度误差，则可不进行动态吃水改正；反之，必须加入改正。若采用 GNSS 三维水道观测技术测量，则动态吃水已实时进行了改正。

（3）时移效应产生的系统误差，应采用窄波束或甚窄波束和限制船速的方法降低其影响。

（4）吨位、行深、型宽均较大的测船抵御风浪能力较强，其稳定性相对较好，不建议使用小型船舶（5m 以内）测量。测深仪宜安装在船体的近中部船舷（或距船首约 1/2～1/3 船长）。使用小型或狭长形船舶测量更应避免高航速测量方式。

（5）为提高水库水深测量精度，测量过程中采用低船速并加入姿态传感器。

8.4.3　水库水深校正标应用

1. 水深校正标校正原理

（1）水深校正原理。水深校正标原理是利用水深校正标进行水深测量的检测校正，包括定点校正、断面校正和延时校正。应用声波在均匀介质中做匀速直线传播，在不同界面上产生反射这一原理，由水面垂直向水底校正标发射声信号，并记录从声波发射到信号由水底校正标返回的时间间隔，测定水面到水底校正标的深度 $H_{测深仪}$。校正标的海拔 $H_{校正标}$ 已事先测定，通过水位接测水面高程 $H_{水面}$ 后，求得深度真值 $H_{已知} = H_{水面} - H_{校正标}$。那么，$H_{已知}$ 和 $H_{测深仪}$ 之间的差值就是测深仪测深误差，通过声速和温差的改正来校正回声测深仪测量水深值，即可达到检测校正的目的。

如图 8.4 - 5、图 8.4 - 6 所示，安装在测量船体下的测深仪换能器，垂直向水下发射一定频率的声波脉冲，以声速 C 在水中传播到水底校正标，经反射或散射返回，被换能器接收。设自发射脉冲声波的瞬时起，至换能器接收到水底校正标反射的回波时间为 t，换能器的吃水深度为 D，L 为换能器反射声波和接收回波位置差（声波在实际水体中为非直线传播），H 为水深真值，$H_{测深仪}$ 为实测水深值，即

$$H_{测深仪} = \frac{1}{2} \times C \times t + D \tag{8.4 - 14}$$

式中　C——声波在水中的传播速度；

　　　t——声波在水中的传播时间。

（2）时延校正原理。水深测量系统延时是因为 GNSS 接收机与回声测深仪数据采集时间不同步所致，它会导致所测地形沿航向上有整体偏移，对测量精度影响较大。校正原理如下：

在测区内选定一校正标 A，布设一条通过校正标 A 的测线，以较低的航速 v_1 沿测线测量，得到校正标 A 的偏移位置 P_1；再以较高的航速 v_2 沿同一方向测量，得到校正标 A

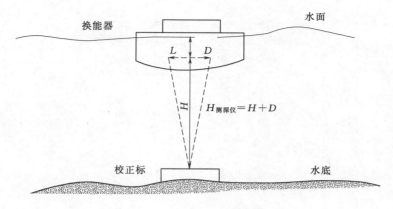

图 8.4-5　水深校正标原理图

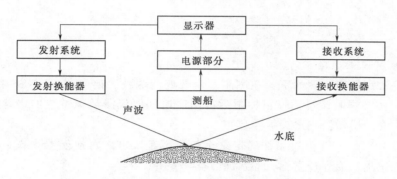

图 8.4-6　测深仪原理图

的偏移位置 P_2（图 8.4-7）。由于存在系统延时，导致不同速度 v_1、v_2 测出的校正标 A 位置与实际位置（已知）相差距离 Δs，则时间延迟 ΔT 可按下述几种方法计算：

$$\Delta T = \Delta s / (v_2 - v_1) \tag{8.4-15}$$

$$\Delta T = \sqrt{(X_{P_2} - X_{P_1})^2 + (Y_{P_2} - Y_{P_1})^2} / (v_2 - v_1) \tag{8.4-16}$$

$$\Delta T = \sqrt{(X_A - X_{P_1})^2 + (Y_A - Y_{P_1})^2} / v_1 \tag{8.4-17}$$

$$\Delta T = \sqrt{(X_A - X_{P_2})^2 + (Y_A - Y_{P_2})^2} / v_2 \tag{8.4-18}$$

　　校正时沿航向选择有 $1\sim2$ 个校正标的斜坡特征地形，利用软件自动计算，分粗算、精算、极精算三步进行，一步步缩小计算范围，最后得出最优值。如果特征地形及校正标位置吻合或者吻合趋势较好，则校正值 ΔT 可以采用。

　　2. 水深校正标的设立

　　水深校正标，是指利用水库蓄水前或湖泊枯水期，在库（湖）底最低处不同高度的床面上埋设的 $2m \times 2m \times 0.2m$ 规格的一组混凝土标石，或利用天然石台、平整的水泥地、沥青路面等改造成的校正标石。考虑到蓄水或汛期容易产生淤积，通常在最低处的一组校正标石上埋设几根间隔均匀、净高 0.3m 的封闭带小孔且与校正标等长的钢管，然后对每组校正标和钢管的平面坐标及高程进行测量。待蓄水后或汛期，这些标石就可进行水深测量的检测校正了。

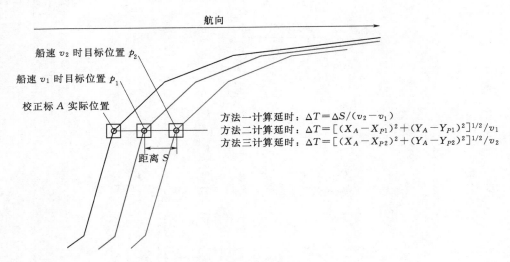

图 8.4 - 7　延时校正图

3. 现场水深校正步骤

（1）现场水深校正步骤如下：在测船上安装好测深仪、换能器、GNSS 和辅助设备，通过 GNSS 定位将测船导航至校正标附近，用声速剖面仪测量该垂线的声速剖面，同时将测定表层水温、换能器吃水深等参数。

（2）通过 GNSS 导航将测船准确定位至校正标正上方，将换能器垂直、精确对准正下方的标石，采集水面到校正标石的水深数据 $H_{测深仪}$。

（3）通过事先测定的校正标真值 $H_{校正标}$、水面高程 $H_{水面}$，可求得深度真值 $H_{已知} = H_{水面} - H_{校正标}$，并计算 $H_{已知}$ 和 $H_{测深仪}$ 之间的差值。如果差值大于规范规定限差，则需对测深仪进行声速和温差的改正，从而达到检测校正的目的。

浅水测量时可直接采用观测的表层水温，依据规范改正声速。若水库存在温跃层，需采用声速剖面仪实测水体温度、声速剖面线进行声速改正。改正方法有公式改正法和实测声速剖面线改正法，公式法改正法可采用式（2.4 - 5）。

实测声速剖面线改正可采用算术平均法和距离加权平均法。

（1）算术平均法。使用声速剖面仪测得不同深度的声速，按声速 v_1 测得每个点的水深 H_1；采用声速剖面仪测得声速，算出该点水深以上的平均声速 v_2。由公式 $t = H_1/v_1$ 得到该点声速传播时间，根据公式 $H_2 = v_2 t$，得到该点改正后水深 H_2。

（2）距离加权平均法。设某点水深为 H_1，并将 $0 \sim H_1$ 分为 n 层。采用声速剖面仪测深的数据按计算分层加权后的平均声速，得到改正后的水深值。

实践表明，当温跃层温差为 $6 \sim 7$℃时，两种方法计算的声速差值在 $0 \sim 0.3$m/s 之间；水深为 $0 \sim 100$m 时，其水深差值在 $0 \sim 0.005$m 之间，两种方法差别不大。

4. 现场延时校正步骤

测量现场延时校正步骤如下：

（1）选择一条具有一定斜坡的航线或断面线，确保航线上设有 $1 \sim 2$ 个校正标石。

（2）安装好测深仪、换能器、GNSS 和辅助设备，分别以速度 v 和 $v/2$ 同向航行 1

次，沿预置航线以一定间距采集水深和定位数据，遇校正标时手工加测数据。

（3）将 2 次采集的数据进行水深改正，编辑成断面数据（含点号、起点距、水深或高程等信息）成图并进行叠加重合，计算二者间的位移差 ΔS_1 以及实测校正标与已知校正标之间的位移 ΔS_2。分别取延时 $\Delta T_1 = 2 \times \Delta S_1 / v$、$\Delta T_2 = 2 \times \Delta S_2 / v$，如果 ΔT_1 和 ΔT_2 差值较小，取其平均值作为延时改正参数，否则重新测量、校正和计算。

5. 水深校正标应用实例

以长江委水文局在长江上游溪洛渡、向家坝水库的水深校正标专项试验为例，介绍水深校正标在水库测深中的应用。

在溪洛渡、向家坝水库蓄水前，利用 RTK 实测各固定校正标三维坐标作为真值。蓄水后，分别利用各类型回声测深仪定点比测各固定校正标，对于有温跃层的水库利用声速剖面仪施测水体温差和声速剖面线进行改正。

2013—2014 年，分别采用无锡海鹰 HY1601、美国 ODOM MKⅢ型回声测深仪在溪洛渡库区坝前 A、B 和 C 点，向家坝库区的坝前、绥江和新市等区域对各校正标进行定点比测，同时通过测定水体的温差和声速剖面线后进行改正，利用方差和均值分别与蓄水前的固定校正标的真值来比较，判断两种型号测深仪的性能，作为大水深测量选择回声测深仪的依据。定点比测精度统计见表 8.4 - 13。

表 8.4 - 13　溪洛渡、向家坝水库 ODOM MKⅢ和 HY1601 定点比测精度统计表

仪器名称	比测地点	采集样本数/个	已知高程/m	水深测量均值/m		测时水位/m	测量点高程值改前/m	测量点高程值改后/m	样本方差	样本均方差	与固定点较差/m	
				改正前	加入温差改正后						改正前	加入温差改正后
美国 ODOM MKⅢ	溪洛渡水库坝区 A	306	440.25	100.753	101.274	540.76	440.01	439.49	0.015	0.12342	−0.24	−0.76
美国 ODOM MKⅢ	溪洛渡水库坝区 A	501	440.25	158.221	158.926	599.11	440.89	440.18	0.025	0.15680	0.64	−0.07
无锡海鹰 HY1601	溪洛渡水库坝区 A	418	440.25	100.883	101.398	540.80	439.92	439.40	0.012	0.10838	−0.33	−0.85
美国 ODOM MKⅢ	向家坝坝区	286	297.36	80.647	无温跃层	378.31	297.66	297.66	0.118	0.34289	0.30	0.30
美国 ODOM MKⅢ	绥江	89	314.01	64.272	无温跃层	377.99	313.72	313.72	0.047	0.21773	−0.29	−0.29
美国 ODOM MKⅢ	新市	121	310.15	68.915	无温跃层	379.22	310.31	310.31	0.009	0.09581	0.16	0.16
美国 ODOM MKⅢ	溪洛渡水库坝区 B	487	441.65	156.932	157.633	599.11	442.18	441.47	0.042	0.20521	0.53	−0.18
美国 ODOM MKⅢ	溪洛渡水库坝区 C1	98	442.25	115.387	115.896	557.85	442.46	441.95	0.116	0.34110	0.21	−0.30
美国 ODOM MKⅢ	溪洛渡水库坝区 C2	491	442.45	156.195	156.726	599.10	442.91	442.37	0.025	0.15751	0.46	0.12

8.5 水库淤积物厚度测量

水库的形成不仅改变原天然河流河床水深测量的边界条件，而且给水库水深测量中底边界界定带来不确定性。随着水库水深增大，水流速度大大减缓，导致了泥沙的沉降，逐渐在河底形成不同淤泥层面。

8.5.1 河底声波特性与反射损失

1. 河底回波的结构

对于正入射声波，河底回波由三部分组成，分别是与沉积物交界处的镜面反射 $r(t)$、起伏分界面上的反向散射 $s(t)$ 以及不均匀河底内部的散射和分层结构的反射 $l(t)$，如图 8.5 - 1 所示。

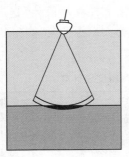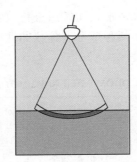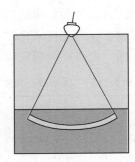

（a）镜反射   （b）表面与内部散/反射   （c）内部散/反射

图 8.5 - 1　平坦河底正入射回波的形成示意图

若是平坦的水底，回波从时间上可以分成三个阶段：回波的起始阶段（a）为镜面反射部分 $r(t)$；中间阶段（b）则由表面散射 $s(t)$ 和河底内部散射与反射 $l(t)$ 共同形成；最后阶段基本只有水底内部分量 $l(t)$。三个阶段的能量组成比例随底质类型和内部的不均匀（有分层或散射体）程度而不同。如果忽略多次反射的影响，每一时刻的回波都是一个有厚度的球壳状声波照射区内河底的散射与反射贡献之和。对于回声测深仪而言，声波发射脉宽很窄，$r(t)$ 和 $l(t)$ 时间上重叠部分很小。

当水底不平整时，三阶段将混在一起，时间上难以区分。视水底表面的粗糙程度不同，$s(t)$ 可以从回波的前沿开始到任意位置结束。

2. 水底反射损失

由声学原理可知，水底平面反射系数为

$$\frac{I_r}{I_i}=\frac{m\sin\theta_1-n\sin\theta_2}{m\sin\theta_1+n\sin\theta_2}=\frac{m\sin\theta_1-\sqrt{n^2-\cos^2\theta_1}}{m\sin\theta_1+\sqrt{n^2-\cos^2\theta_1}} \tag{8.5-1}$$

其中

$$m=\rho_2/\rho_1,\ n=c_1/c_2$$

式中　I_r——反射声强；

I_i——入射声强；

θ_1——入射波的掠射角；

θ_2——反射波的掠射角；

ρ_2——下介质密度；

ρ_1——上介质密度；

c_2——下介质声速；

c_1——上介质声速。

水底发射损失定义为：$TL_v=10\lg\overline{I_i}$，即反射损失是上述比值的对数表示式。作为掠射角的函数，反射损失随比值 m 与 n 而改变，在某一掠射角以内反射损失线性上升，其斜率与频率呈正比。

在许多软泥底中声速接近于它上面水中的声速，它存在一个透射角，即声波具有可向下透射的物理特性。

3. 声波的反射与透射

声波辐射至水底淤泥层界面或淤泥底层界面时要产生反射和透射。

反射系数为

$$T=\frac{I_t}{I_i}=\left(\frac{4\rho_2 c_2 \rho_1 c_1}{\rho_2 c_2 + \rho_1 c_1}\right)^2$$

透射系数为

$$R=\frac{I_r}{I_i}=\left(\frac{\rho_2 c_2 - \rho_1 c_1}{\rho_2 c_2 + \rho_1 c_1}\right)^2$$

式中　I_i——入射声强；

　　　c_1——第一层介质声速；

　　　I_r——反射声强；

　　　ρ_1——第一层介质相对密度；

　　　c_2——第二层介质声速；

　　　ρ_2——第二层介质相对密度。

可以看出 $\rho_2 c_2$ 与 $\rho_1 c_1$ 的差别越大，反射系数越大，当 $\rho_2 c_2=\rho_1 c_1$ 时，$R=0$，$T=1$，也就是不产生反射，全部透射。声信号的能量在沉积地层中传播时会产生吸收损失，吸收系数为

$$\alpha\approx kf$$

式中　f——声波频率；

　　　k——与沉积层物质孔隙度有关的系数，当孔隙为 $35\%\sim60\%$ 时，$k\approx0.5$。

可以看出吸收系数 α 与声波频率 f 呈线性关系。另外，在淤泥河底中，还存在散射系数，它与河底的泥沙粗糙度有着重要的关系，即粗糙度比波长大的河底反向散射系数与频率无关；粗糙度小于波长时，散射强度随频率而增大。

回声测深仪向正下方发射一束圆锥形声波束，声波到达水底时一部分能量被水底反射回来，得到一个很强的回波；一部分能量透入水底，在淤积层内继续向地层深处传播，由于固体物质的散射和吸收，部分能量损耗，部分能量反向散射回换能器。声传

播特性是由其介质的密度（ρ）和声速（c）决定的，当遇到 ρ、c 发生剧烈变化的地层界面时，声波会产生较强的反射，所以声传播特性可在一定程度上反映地层的分层结构。如图 8.5-2 所示，从水体到淤泥，从淤泥到硬泥，ρ、c 都发生变化，所以在这两个界面上形成较强的反射；水体中的 ρ、c 变化很小，几乎不产生回波。因淤泥结构不像水体那样均匀，其回波信号比水体略强，当信号进入硬泥后，信号迅速衰减，也就不能形成回波。

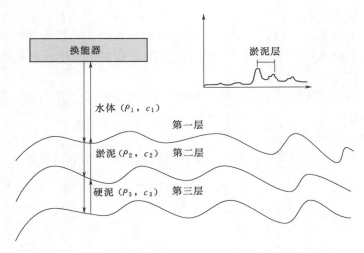

图 8.5-2　测深仪探测淤泥工作原理

根据声波传播特性，回声测深仪采用高频率时，测点精度高，分辨率高，但在水中传播能量损失较大，其声波在传播过程中碰到传播介质发生突变时，即产生反射与散射（即记录的是水底淤泥层表层的回波信号）。而低频测量精度较差，分辨率较低，但在水中传播能量损失较小，能穿透一定厚度且介质密度较大的淤泥层，一部分信号反射，形成回波信号，另一部分继续向下辐射，直至能量损失耗尽。因此，低频与高频在水底有淤泥介质的测深中便产生了深度差。

8.5.2　淤积物厚度测量试验

1. 试验条件

采用双频 GNSS 配 DF-3200 测深仪（200kHz、7.5°窄波束和 24kHz、25°宽波束）和 EF-500 测深仪（100kHz、12°）、由基准站和流动站组合的伪距差分实时定位测量模式。DF-3200 测深仪高、低频两种波束集中在同一换能器上同步作业，其回波记录纸上的灰度梯度有明显差异，宽波束呈深色，窄波束呈浅灰色。

选择三峡水库近坝区 S31 断面附近试验。试验水深为 30～80m，且河床底相对平坦；为避免不同仪器之间产生中频干扰，测深仪采用异步比测方式。

2. 试验结果

试验日期为 2004 年，在三峡近坝流量为 15100m³/s（5 月 4 日）、30300m³/s（6 月 16 日）、35100m³/s（7 月 17 日）、60100m³/s（9 月 8 日）时进行了测深、容重取沙试验。试验数据见表 8.5-1～表 8.5-4。

表 8.5 - 1　　　　　　回声测深仪比测及容重成果表（2004 年 5 月 4 日）

序号	DF - 3200		EF500 /m	干容重/(t/m³)
	H/m	L/m		
1	20.9	21	21	0.92
2	21	21.8	21	0.68
3	21.6	21.8	21.5	0.77
4	32.5	33.6	31.6	0.56
5	30	31	30.7	0.64
6	28.4	29.7	30.4	0.66
7	22.1	27.4	22.2	0.18
8	28.4	30	28.6	0.85
9	32.9	30.9	32.2	0.62
10	23.3	23.5	22.7	1.03
11	32.2	32.2	31.5	0.33
12	31.7	31.8	31.7	0.55

表 8.5 - 2　　　　　　回声测深仪比测及容重成果表（2004 年 6 月 16 日）

序号	DF - 3200		EF500 /m	干容重 /(t/m³)	水深 /m	干容重 /(t/m³)	水深 /m	干容重 /(t/m³)	淤泥厚度 /m
	H/m	L/m							
1	28.8	30.3	30.4	0.919					
2	30	30.6	29.8	0.919					
3	24.1	24.4	24.3	0.699					
4	16.2	16.3	16.2	0.919					
5	31	31	30.1	0.956					
6	30.8	31	30.8	1.165					
7	23.1	23	23.6	0.882					
8	19.4	19.6		0.515					
9	59.8			0.221	60	0.56	61	0.8	1.4
10		62.7		0.809					
11			59.9	0.221	61	0.81	61	0.7	1.3
12	75.3			0.294	76	0.81	76	0.8	1
13		78.4		0.809					
14			75.2	0.294					

续表

序号	DF-3200		EF500 /m	干容重 /(t/m³)	水深 /m	干容重 /(t/m³)	水深 /m	干容重 /(t/m³)	淤泥厚度 /m
	H/m	L/m							
15	76.6			0.735	78	0.88			
16		78.8		0.882					
17			75.7	0.735					
18	76.4	78.7	76.2	0.809	77	0.81	77	0.8	1.0
19	88.4		88.4	0.515	89	0.81	90	0.9	1.1
20		91.2		0.882					

表 8.5-3 　　　　　回声测深仪比测及容重成果表（2004 年 7 月 17 日）

序号	DF-3200		EF500 /m	干容重 /(t/m³)	水深 /m	干容重 /(t/m³)	水深 /m	干容重 /(t/m³)	淤泥厚度 /m
	H/m	L/m							
1	49.4			0.41	49.8	0.7	50.2	0.66	0.8
2		52.1		0.66					
3	75		74.9	0.22	75.6	0.5	76.6	0.63	1.6
4		78.7		0.63					
5	74.7		74.6	0.29	75.7	0.6	76.1	0.7	1.4
6		77.5		0.7					
7	75.3		74.8	0.48	76	0.5	77.1	0.7	1.8
8		78.3		0.7					
9	74.6		75	0.18	75	0.6	76	0.7	1.4
10		79		0.7					
11	48.5		48.7	0.29	49	0.6	49.9	0.63	1.4
12		51.8		0.63					
13	48.8		48.7	0.37	49.4	0.7	49.8	0.67	1
14		51.9		0.7					

表 8.5-4 　　　　　回声测深仪比测及容重成果表（2004 年 9 月 8 日）

序号	DF-3200		EF500 /m	干容重 /(t/m³)	水深 /m	干容重 /(t/m³)	水深 /m	干容重 /(t/m³)	水深 /m	干容重 /(t/m³)	淤泥厚度 /m
	H/m	L/m									
1	78.4		78.4	0.515	79.4	0.846	80.4	0.77	81	0.8	1.
2		81		0.772							
3	78.6		78.5	0.221	79.8	0.993	80.8	0.7	81	0.9	1.2

续表

序号	DF-3200		EF500 /m	干容重 /(t/m³)	水深 /m	干容重 /(t/m³)	水深 /m	干容重 /(t/m³)	水深 /m	干容重 /(t/m³)	淤泥厚度 /m
	H/m	L/m									
4		84		0.882							
5	74		73.8	0.441	74.8	0.699	75.1	0.92	76	1	0.8
6		78		0.956							
7	74.5		74.5	0.294	75.6	0.735	76.6	0.96	77	0.8	1.1
8		79		0.846							
9	76.3			0.404	77.2	0.882	77.7	0.85			0.9
10		80		0.846							
11	74.8		74.7	0.478	76	0.662	76.5	0.81	77	0.9	1.2
12		79		0.882							
13	74.9		75	0.368	75.9	0.735	77.2	0.81			1
14	75		75	0.404							
15	74.9		74.8	0.551							
16	74.8		74.6	0.291							
17		79		0.809							

3. 试验结论

回声测深仪工作频率的大小，对淤泥河底的测深精度影响较大。试验结果表明：

（1）不同频率测深仪在测量淤泥容重较大的水底时（水底表层淤积容重至少 0.5t/m³ 以上），获得的水深相对误差较小（表8.5-1）。

图 8.5-3（a）下一层低频记录为原始的地层记录，上一层为高频回波记录，两种频率的回波，界面清晰，反映三峡水库某一时间河底淤泥的厚度。回波图由不同灰度的两个界面层组成，下层黑度较大为低频碰至强反射面的回波信号，上层则为高频信号与低频信号的叠加，且测点表层淤泥容重在 0.5t/m³ 以上。

图 8.5-3（b）回波较清楚，因 EF-500 工作频率为 100kHz，属高频范畴，仪器发射功率较大，声波至河底返回时，在记录纸上回波质量较好。

（2）在水底表层淤泥容重较小时，不同频率测深仪能获得不同的水深深度（表8.5-2～表8.5-4）。表 8.5-2～表 8.5-4 中的高工作频率与低工作频率最大水深值相对差 5.6m，可理解为 DF-3200 低频测量的淤泥厚度为 5.6m。

图 8.5-3（a）为 DF-3200 回声测深仪的一次回波记录。由于 2004 年最大的一次洪水入库后，沉降时间较短，河床底表层泥浆比洪水前河底表面泥浆更稀释，因此 DF-3200 高频测得的回波记录色浅，界面轨迹浓度有较大差异，说明泥浆层面泥沙分布并非均匀。DF-3200 低频声波穿透河底表层的泥浆层，辐射至淤泥容重较大的层面才反射，形成了色度较深的回波记录。EF-500 记录着泥浆层的回波记录，但也包含有下面淤泥层

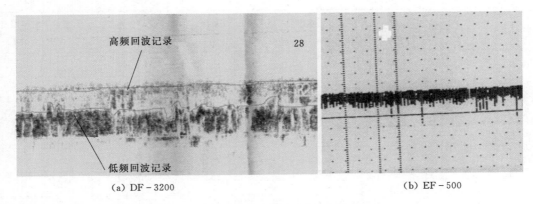

（a）DF－3200 （b）EF－500

图 8.5－3 回声测深仪回波记录（高容重淤泥）

的信号。

回声测深仪各频率测量深度所对应的最小容重关系如图 8.5－4 所示。试验表明频率为 $100\sim200kHz$ 的声波在河底介质密度容重为 $0.18t/m^3$ 左右的界面产生反射；频率为 $24kHz$ 左右时，声波可以穿透一定介质密度的淤泥层面，其反射回波信号的介质密度最小为 $0.5t/m^3$ 左右。

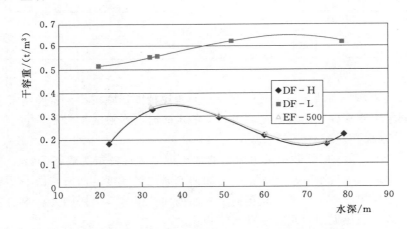

图 8.5－4 试验仪器测量深度对应的最小容重关系

（3）淤泥容重与低工作频率测量厚度。表 8.5－5 列出了沉积物的密度、孔隙度、声速和反射系数的关系。测深仪工作频率越低，在水底传播损失越小，即使其容重较大，也能探测较大的淤泥厚度。浅地层剖面仪采用了编码脉冲技术，即发射一个 $2\sim7kHz$、$\Delta f=5kHz$ 的 chirp（调频）脉冲，可以探测淤泥达几十米的厚度。

2004 年试验结果数据看出，三峡水库坝前水底的泥沙粒径在 $0.004\sim0.129mm$ 之间，泥沙干容重在 $0.5\sim0.9t/m^3$ 之间，但低工作频率在这一质地仍有一定的穿透能力。

沙的粒径与穿透深度的关系比较复杂，不是单一的对应关系，主要由表面反射、内部反向散射和分层反射等信号叠加而成。目前没有对应的试验数据能给出明确的结论，只能定性分析，一般情况下，粒径较大的沙底的穿透大，粒径较小时，穿透较小。

表 8.5-5 典型沉积物的密度、孔隙度、声速和反射系数的关系

沉积物类别	平均粒径 /mm	砂 /%	粉砂 /%	黏土 /%	密度 /(g/cm³)	孔隙度	声速 /(m/s)	反射系数
砂								
粗砂	0.530	100	—	—	2.03	38.6	1836	0.4098
中砂	0.376	99.8	0.2	—	2.01	39.7	1749	0.3835
细砂	0.153	88.1	6.3	7.1	1.98	43.9	1742	0.3749
极细砂	0.090	83.9	13.0	2.9	1.91	47.4	1711	0.3517
粉砂质砂	0.073	65.0	21.6	13.4	1.83	52.8	1677	0.3228
砂质粉砂	0.036	34.5	51.2	14.3	1.56	68.3	1522	0.2136
砂-粉砂-黏土	0.018	32.6	41.2	26.1	1.58	67.5	1578	0.2504
黏土质粉砂	0.006	6.1	59.2	34.8	1.43	75.0	1535	0.1767
粉砂质黏土	0.003	5.3	41.5	53.6	1.42	76.0	1519	0.1586

第 9 章

河床组成测量分析

9.1 河床分类与组成

9.1.1 河床分类

根据河床的演变规律及其平面形态，可将河床划分为顺直微弯型、弯曲蜿蜒型、分汊型及游荡型等四种类型。

1. 顺直微弯型河床

河床总体呈顺直形态，是中、小型河流常见的河床。在平水期河床内深槽、浅滩交替出现，两岸的边滩犬牙交错。洪水季节水流充满河床，边滩、浅滩全在水下，河水顺直奔流，并推动着水下边滩、浅滩缓缓下移。洪水过后，边滩出水，水流归槽，仍在河床内的弯曲水道中流动。

2. 弯曲蜿蜒型河床

河床的平面形态呈弯曲状态，是平原地区常见的河床。河流在河床中的流动受地球自转偏向力的影响或受较坚硬地层的阻挡，使水流向一岸，一岸受到冲刷侵蚀，而相对一岸出现堆积，同时产生横向环流，造成河底横剖面的不对称形态。河床在平面上呈现弯曲状态，河床纵剖面深槽、浅滩相间分布。弯曲蜿蜒型河床总是在凹岸侵蚀，凸岸堆积，使侧蚀加强，弯曲下移、加大，结果使其河床上、下邻段越来越靠近，形成曲流颈。在特大洪水来到时，河水就可能冲出弯道，截弯取直，使原来的转弯河道被废弃，形成牛轭湖。长江下游荆江段、汉江下游等都是有名的弯曲蜿蜒型河床。如长江中游下荆江河段（图 9.1-1）。

3. 分汊型河床

河床展宽后，出现心滩或江心洲，使河床中水流分成两股或几股，形成分汊河道。由心滩分开的汊河，仅在枯水季节存在，在洪水季节，心滩被淹没，汊河也就不存在了。而江心洲分开的汊河一般比较稳定，如长江中游河段中经常出现江心洲分隔的汊河。如图 9.1-2 所示。

4. 游荡型河床

这类河床往往出现在大河下游地段，地势平坦，河床很宽，水流较浅，心滩较多，水流散乱，河道变化无常。洪水季节，河水冲刷和破坏了原来的心滩和边滩，洪水过后，多

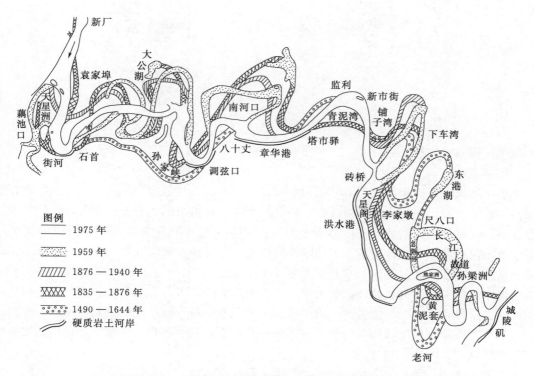

图 9.1-1　长江中游下荆江河段（蜿蜒型）河床演变图

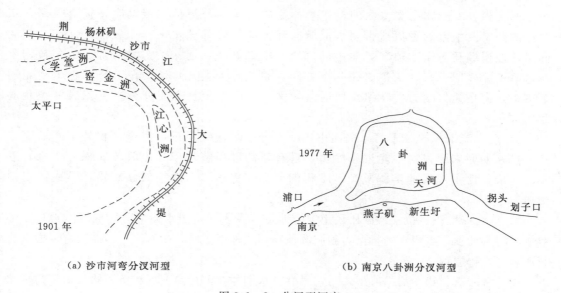

（a）沙市河弯分汊河型　　　　（b）南京八卦洲分汊河型

图 9.1-2　分汊型河床

数老滩已不存在，形成很多新的心滩和边滩，许多汊河重新出现，有时主流和汊河很难分辨。黄河下游段是典型的游荡型河床，如图 9.1-3 所示。

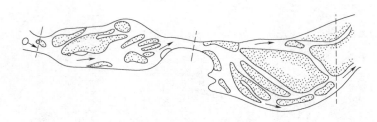

图 9.1-3　黄河下游段游荡型河床

9.1.2　河床组成

1. 山区河床组成

山区河流，其冲积物完全由河床相组成，没有牛轭湖相沉积，河漫滩相冲积物发育也很差。在平水期，河床冲积物为砾石、卵石及粗砂。在洪水期，水流能量大，剧烈侵蚀河谷谷底，同时带来大量的卵石、砂砾石及混浊物质，这些物质混杂堆积，形成叠瓦状构造。由于河床坡降大，砂及黏土等细颗粒物质几乎不可能在河床底部的表面沉积下来，在洪峰过后，洪水开始退落时，在巨大的砾石中，混浊水流中的泥沙以填充的方式沉积下来，河床组成中没有成层的砂、黏土层，山区河床冲积物以巨砾和卵石为主。山区河流冲积物的横向分布取决于流速大小，流速越大，冲积物的粒径与粒径的变幅也越大，主流区卵石粒径较大，粒径比较均匀，近主流区卵石粒径小，粒径不均匀程度高，近岸区则由卵石砂砾组成。

2. 平原河床组成

（1）河床沉积物。平原河床沉积物是在河流的发展中，与河流侵蚀作用同时形成的主要的沉积。冲积物在深水区的沉积规律主要与单向环流的水流动态特征有关系。在河床的凹岸及水流的主流线带，水流横向环流的下降部分侵蚀作用较强，仅有一些从凹岸冲蚀崩塌及河床冲蚀破坏的坚硬岩块及巨砾堆积在河床的深槽底部。细颗粒物质在这里不能停留下来。从主流往凸岸方向，底流转为上升水流，在上升过程中动能逐渐减小，搬运能力减弱，堆积作用逐渐加强。河床堆积物主要分为近主流线堆积和滨河床堆积。

1）近主流堆积。位于河床剖面中较陡部分，主流线附近，河床堆积处于不稳定状态，洪水期原来堆积物可能被侵蚀掉，只有新的堆积叠加于其上时才能保存下来，近主流的堆积比主流线的堆积复杂，堆积的卵石、粗砂、细砂等相互交错，形成不规则交错层。

2）滨河床堆积。位于河床比较稳定的地带，平水期露出水面部分构成浅滩地形，并组成滨河床沙坝。堆积物的特点为砂质沉积物，层理很规则，由于水下沙波发育，常形成斜层理及交错层理。

（2）漫滩沉积物。河漫滩形成后，只有洪水期才在河漫滩上堆积沉积物。由于河漫滩上的水很浅并且水流缓慢，只能堆积细砂、亚砂土、亚黏土、黏土等细颗粒物覆盖在粗粒的砂、砾河床冲积物之上，形成特殊的二元结构（图 9.1-4～图 9.1-6），河床冲积物与河漫滩冲积物是同时形成的两个冲积物。

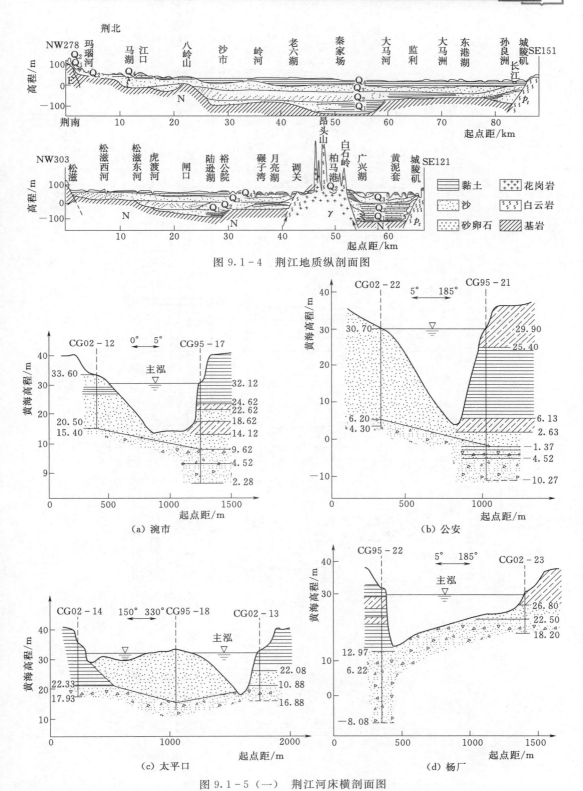

图 9.1-4　荆江地质纵剖面图

（a）浣市　　　　　　　　　（b）公安

（c）太平口　　　　　　　　（d）杨厂

图 9.1-5（一）　荆江河床横剖面图

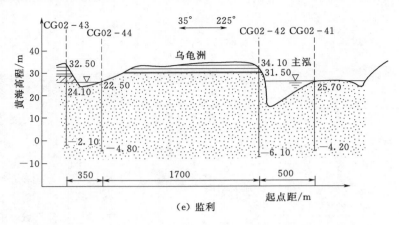

（e）监利

图 9.1-5（二） 荆江河床横剖面图

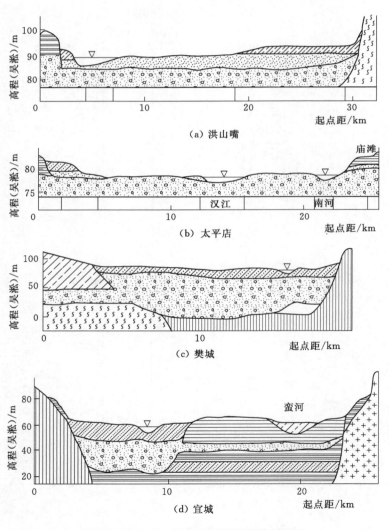

（a）洪山嘴

（b）太平店

（c）樊城

（d）宜城

图 9.1-6（一） 汉江中下游地质横剖面图

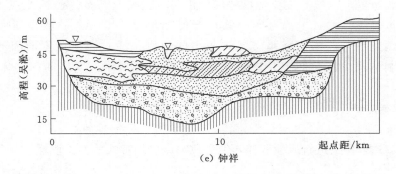

图 9.1－6（二）　汉江中下游地质横剖面图

9.2　河床分层测量

　　河床分层测量的目的主要是了解、掌握河床边界组成分布特征及其变化规律，为河流泥沙科学研究、河道演变分析及河道整治工程等提供科学依据，河床分层测量由水下床沙观测和洲滩床沙观测两部分组成。

　　床沙观测主要内容包括定位、取样、颗粒级配分析、泥沙岩性鉴定等。

　　床沙取样方法可包括坑测法、器测法、物探法、揭面法、照相法等。

　　河床组成分层测量主要包括地质钻探、洲滩坑测、水下床沙取样、浅地层剖面仪水下探测及河床组成勘测调查等技术手段。地质钻探主要获取河床表层以下一定深度（数米至数十米）河床组成情况。洲滩坑测主要获取河床表层（一般 2m 以内）河床组成情况。水下床沙取样主要获取水下河床表层床沙级配。浅地层剖面仪探测水下河床的组成类别和厚度。河床组成勘测调查主要为地质钻探和洲滩坑测方法的补充。

　　床沙颗粒级配分析方法可采用量测法（筛分法、尺量法）、沉降法（粒径计法、吸管法、消光法、离心沉降法）、激光法等。

9.2.1　水下床沙观测

9.2.1.1　观测布置

1. 测次及时机安排

（1）年内变化的测次布置可分为汛前、汛中、汛后；年际变化的测次布置可分为枯水年、中水年、丰水年。

（2）一年或多年施测一次的水道，选择在枯水季节观测。

（3）一年施测多次的水道，选择在水、沙平稳期观测。

2. 观测布置

（1）断面布置。水下床沙观测一般采用固定断面床沙取样，若无重大河势变化，取样垂线相对固定。

（2）垂线布置。测线布设要能反映床沙沿河宽的变化特征。若河宽在 1000m 以内，一般每断面取样 5 点，且主泓必布一线；若河宽超过 1000m，一般每断面取样 5～10 点；遇分汊河道在左、右汊各取 3 点，露出的边滩、江心洲视宽度增加取样，至少 3 点。为了资料的连续性和便于分析研究，取样断面与前测次取样断面的床沙取样垂线位置一致。

9.2.1.2 取样方法

1. 取样仪器

采用挖斗式采样器进行床沙取样，纯砂质河床可用锥式采样器取样。

2. 定位

垂线平面定位采用 GNSS，按 1∶10000 地形散点的定位方法和精度进行。

3. 沙量

为满足泥沙粒径分析要求，床沙采样沙量视粒径而定。一般细砂或砂质黏土取样不少于 50g；粗砂取样 100～300g，直径大于 2mm 者取样不少于 1000g。如一次取样数量不足，可分次采取。一般连续三次都取不到沙样时，可不再取样，但要在资料中说明情况。具体取样的样品重量见表 9.2-1。

表 9.2-1   **水下床沙取样样品重量**

沙样颗粒组成情况	取样重量/g
不含大于 2mm 的颗粒	50～100
粒配大于 2mm 的样品小于样品总重 10%	100～200
粒配大于 2mm 的样品重占样品总重 10%～30%	200～2000
粒配大于 2mm 的样品重大于样品总重 30% 以上	2000～20000
含有大于 100mm 的颗粒	>20000

取样前应全面检查采样器，保证器内无泥沙和杂物。测船应准确定位在所测断面垂线上，采样器入水后，应尽可能不扰动河底泥。

9.2.1.3 沙样处理

沙样的处理分为现场处理和室内分析处理。

1. 现场处理

样品中大于 100mm 的颗粒采用尺量；大于 100mm 的沙样颗粒数少于 15 颗时，应逐个测量三径、称重，多于 15 颗时，只逐个测量中径，分组称重。现场分析的沙样中，除有典型标志意义的样品保留外，其他样品均不保存。

2. 室内处理

除了现场处理的沙样，砂质沙样应在现场装入容器，并记载编号，及时送分析室分析；粒径大于 2mm 的砾、卵石样品，颗粒分析宜风干后在现场进行。粒径小于 2mm 的样品，其沙量大于总沙量的 10% 时，送室内分析，小于 10% 时，只称沙量，参加级配计算；床沙样品应先称总沙量，再称分组沙量，各组的沙量之和与总沙量的差不得大于 3%。

9.2.2 洲滩床沙观测

陆上洲滩床沙观测包括固定断面洲滩和河道沿程洲滩床沙勘测。在砂质洲滩上取样时可用钻管式采样器采样，在卵石洲滩上取样可用坑测法。

固定断面床沙取样遇洲滩时，应在洲滩上沿断面线均匀布设取样点。下面主要介绍坑测法采样的布坑原则及采样方法。

9.2.2.1 布坑原则

（1）在水文测站测流断面线通过的洲滩上布坑时，坑位应尽量与高水期的推移质、悬移质泥沙测验垂线重合。

（2）洲滩床沙勘测取样点应布置在滩头、滩中、滩尾，洲顶、洲脊等有代表性位置。取样洲滩选择的原则为"选新不选老，择大不择小"，取得代表性高的演变过程样品。取样点位（试坑）布设，一般按照某一洲滩的床沙组成分布变化布置，通常在洲滩的上、中、下、左、中、右等部位安排5～7点；组成单一的洲滩，或在人力有限的条件下，可减至上、中、下三点；如只需大体了解洲滩组成时，可在洲滩迎水面洲脊上，自枯水边至洲顶3/5～4/5的位置布1点，做活动层分层取样，也具一定代表性。

（3）一滩布多坑时，各坑分别选择在需要代表某种组成的中心部分，并利用手持GPS现场圈定洲滩表层不同组成的分界线，确定河床上各种不同物质成分所占的面积比例。

（4）布坑后仍遗留有局部较典型组成床面时，则需采用"散点法"取样，如洲头、洲外侧枯水主流冲刷切割形成的洲坎上，洲尾细粒泥沙堆积区等部位。

9.2.2.2 试坑规格及方法

1. 试坑规格

试坑平面尺寸及分层深度见表9.2-2。

表9.2-2　　　　　　　　　　　　试坑平面尺寸及分层深度

D_{max}/mm	平面尺寸/m	分层深度/m	总深度/m
<50	0.5×0.5	0.1～0.2	0.5
50～300	1.0×1.0	0.2～0.5	1.0
>300	1.0×1.0 或 1.5×1.5	0.3～0.5	1.0～2.0

（1）坑面大小。一般以坑位表面最大颗粒中径8倍左右的长度作为坑面正方形的边长（砂卵石标准坑1.0m×1.0m，砂质标准坑0.5m×0.5m）。

（2）试坑深度。一般要求1m深，如1m深内，床沙组成较为复杂，需增加深度0.5～1.0m；如洲滩沿深度组成分布较均匀，取样深度可控制在0.5～0.8m内；替代钻孔的特深坑，其深度需达到1.5～2.0m。凡大于1.0m深度的深坑在取样过程中，需逐层安置钢板框模，固定坑壁，防止坑壁崩垮，以提高坑测样品精度。

2. 试坑方法

试坑分为表层、次表层、深层。表层仅分一单元层；次表层以一个最大粒径为厚度；

深层可分多层，层数和厚度视实际组成分布与需要确定。每单元层样品采集，可用网格法、面块法、横断面法等。

表层：采用撒粉法或染色法确定表层样品，并逐一揭起粘有粉色的卵砾、砂、泥样品，做一单元层。

次表层：挖取表层以下最大颗粒中径厚度的泥沙作为第二单元层。

深层：次表层以下为深层，可视竖向组成变化，按 0.2～0.5m，0.5～1.0m 等不同厚度分层，做多个单元层。

单元层样本采集方法及注意事项如下：

（1）网格法的分块大小及各块间的距离应大于床沙最大颗粒的直径。

（2）用定网格法取样时，将每个网格为 100mm×100mm、框面积为 1000mm×1000mm 的金属网格紧贴在床面上，采取每个网格交点下的单个颗粒，合成一个样品。

（3）用直格法取样时，先在河段内顺水流方向的卵石洲滩上等间距平行布设 3～5 条直线，每条直线的长度大于河宽。在每条直线的等距处取样，一条直线所采取的颗粒合成一个样品。

（4）用面块法取样时，在河滩上框定一块正方形床面，其正方形边长为表层最大颗粒中径的 8 倍，并将表面层涂满涂料，然后将涂有标记的颗粒取出，合成一个样品。

（5）用横断面法取样时，在取样断面上拉一横线，拾取沿线下面的全部颗粒合成一个样品。

（6）一个单元层样品，应不少于 100 颗。一个试坑的样品质量应达到 10～100kg 之间。

3. 样品分析处理

（1）每个取样层都作为独立的样本，进行颗粒级配分析。

（2）颗粒级配取样现场分析（$D>2$mm）可采用现场筛分法（图 9.2－1）、尺量法；室内分析（$D<2$mm）可采用筛分法、粒径计法、吸管法、消光法、离心沉降法、激光法。

（3）选择有代表性洲滩的主要试坑（图 9.2－2），以分层样品进行全样或抽样的岩性分析，分类按实有岩性种类进行分类，做岩性分析的坑数控制在试坑总数 1/5～1/4 范围内。卵石的岩性鉴定、几何形态及磨圆度现场分析一般采用肉眼鉴定；遇不能辨别时分类记载，样品带回实验室分析、验证、修正野外定名。

图 9.2－1 坑测法现场筛分法

图 9.2－2 主要试坑（尺寸 1m×1m×1m）

（4）细砂样（$D<2mm$）在现场装入容器，样品重量应大于 50g，并标志河段名、坑号、取样深度、日期，送室内分析。个别细砂样含泥较重，可将 $D<5mm$ 的沙样送室内分析，但样品重量应增加（不少于 2kg）。

散点法是对试坑法取样的补充和完善。在代表性部位挖取一个小坑，取出小坑内全部床沙样进行颗分，其数量应视样品级配宽度范围而定，一般采集样品 30～100kg，采集水边样时，需观察估测细粒泥沙的比例。

9.2.3 地质钻探

坑测、水下河床表层床沙采样器及浅层剖面仪器只能获取河床表层床沙组成，想要取得表层以下的河床组成情况，可以采用地质钻探。

床沙勘探包括勘探布置、勘探方法、定位、钻探取样、颗粒级配分析、泥沙岩性鉴定、资料整理分析等内容。

9.2.3.1 勘探布置

根据钻探目的，钻孔数量以能控制河段纵向、横向深层组成的分布为原则。一般布置勘探网时，孔位尽可能沿横断面线分布，要求能跨越河床的摆动带。对一个洲滩而言，按洲滩大小以及分布地段的重要性，可按单孔或多孔布置。多孔可分为网格法，纵、横剖面法等。单孔法宜布置在洲滩中段偏上游并靠主流一侧。卵砾石床沙集中分布区和支流与分流河口区域加密布置钻孔。

9.2.3.2 勘探方法

根据土层岩性及孔深进行选择钻进方式，在回转钻进中，上部黏性土可采用螺旋钻进或管钻，砂层采用冲击贯入或管钻。

卵石层采用管钻，可选用硬质合金钻头、金刚石钻头或钢粒钻进。钻进过程中，为保证正常钻进和取样，必须根据地层条件，合理选择泥浆、水压或套管等护壁处理。

9.2.3.3 取样仪器的选用

（1）黏性土。黏性土取样可以使用口径为 110mm 管钻或 75mm 的取样器。

（2）砂土。砂土取样可以使用标准贯入器和口径 75mm 以上管钻取样。

（3）碎石土。碎石土（砂卵石）用口径 130mm 管钻取样，取样钻头可采用合金钢丝钻头。

9.2.3.4 钻孔定位

钻孔点位按 1：10000 地形散点的定位方法和精度进行。

受钻管直径大小限制，而河床组成中卵砾石级配较宽，粒径大者可达 150mm 以上，细颗粒泥沙、小砾石等会在施钻过程中流失，可辅以试坑法做特深坑采样用以替代部分钻孔，从而获取较为准确的河床组成及其颗粒级配成果。

9.2.3.5 钻孔深度等技术要求

1. 钻孔深度要求

对砂质河床，孔深要求钻至河床深泓以下 3～5m。对砂卵石河床，孔深要求钻至河床深泓以下 1～2m。在计划孔深范围内，若遇基岩，取样后可终孔。

2. 单回次进尺控制要求

为满足土壤分层和沿垂直深度内的床沙取芯，黏性土层一般控制在 1.0～1.5m 内。

砂性土、砂卵石等一般控制在 $1.0\sim2.0m$ 范围内。

3. 岩芯采取率要求

一般黏土或粉质黏土岩芯采取率不低于 80%。一般粉土（粉质壤土）岩芯采取率不低于 75%。一般砂层岩芯采取率不低于 65%。砂卵石（碎石土）层岩芯采取率不低于 50%。黏土、粉土、细砂等复杂土层岩芯采取率不低于 $75\%\sim70\%$。

4. 封孔要求

凡钻孔靠近堤防时，为保证堤防安全，需采用干黏土泥球回填钻孔。

9.2.3.6 样品处理

（1）样品采集按原始结构是否破坏可分为扰动样、原状样。一般床沙取样多采用扰动样，按一般钻井工艺采取即可。当需测干容重时应取原状样，对于一般软土的原状样采集用取样器压取和锤击取样，取样过程中应尽量减少对样品的扰动。

（2）一般黏性土和砂土等细粒床沙样送室内分析，卵砾石等粗粒床沙样的筛分和岩矿鉴定以野外现场分析为主。

（3）黏性土层样品一般按分层取样进行。当土层厚度小于 $1.00m$ 时，取样一个，当土层厚度大于 $1.0m$ 时，按每 $2.0m/$个的密度采取；取样量不少于 $200g$。

（4）砂性土厚度小于 $2.0m$ 时按单层取样；厚度超过 $2.0m$ 时，应按 $2.0m/$层的密度分层取样，每层样品取样量不小于 $1.0kg$。

（5）砂卵石（碎石土）应分层取样，取样数量尽可能以多为佳（一般卵砾石颗粒数量不少于 100 颗）。钻进时要保证泥浆的浓度，取样时应采取停水干钻等技术措施，尽可能取得原始级配，并分层现场进行卵砾石级配分析（筛分析）；对 $D<2.0mm$ 的床沙样品送室内分析。

（6）粗颗粒 $D>5mm$ 的卵砾石一般需在现场逐个进行岩性鉴定，其样品应分层、分粒径组，按岩性类别进行称量统计；对 $D<5mm$ 的细颗粒按比例可选取部分带回室内镜下鉴定；对于难以辨认的物质可送有关单位做磨片鉴定等。

（7）基岩样一般仅做现场鉴定描述后，取部分保留样，填写标签后用塑袋封存备查。

（8）钻孔中如有古树、古陶片、特殊的卵砾石或土层等特殊样，应进行收集并填写标签后封存，做进一步研究或长期保存。

（9）土样送分析室前应对样品进行清点核对，填写送样清单。对于原状样在运送过程中要防止震动，交样时，样品和清单一并提交实验室，验收签字，清单一式二份，各自保存备查。

9.2.4 河床组成勘测调查

河床组成十分复杂，不同的河段，由于来水来沙条件不同，河势情况各异，即使是同一个洲滩，其床沙在平面上的分布也是极不均匀的，为了全面准确地掌握勘测区域的河床组成情况，需进行河床组成勘测调查。

河床组成勘测调查，包括河段上游及区间来沙变化调查、地质地貌调查、洲滩调查、采砂调查、人类活动对区间来沙的影响调查等方面的内容。

9.2.4.1 河段上游及区间来沙变化调查

调查测区内及上游水文测站的悬移质、推移质泥沙年输沙量，悬移质、推移质、床沙的级配组成变化，应收集其相关水文资料。估算支流卵砾石推移质来量比例：在汇合口上、下游的洲滩上分别布设探坑，采用岩性分析法，估算支流卵砾石推移质来量比例及其变化。

将汇合口—上游 10~20km 的干、支流分别作为一个河段，在每个河段的 2 个以上的洲滩上布设探坑数量不少于 4 个；在汇合口—下游 20~30km 的河段布设探坑数量不少于 8 个，洲滩数量不少于 4 个。

9.2.4.2　地质地貌调查

河床地质地貌的调查，主要是了解河谷形态、气候、水系变迁、地质灾害等信息。

（1）观察河谷地形、土壤植被，调查走访当地的水利、气象部门，了解气候、水文、河流、水系变迁等河段自然环境。

（2）结合地形图，对山体丘陵的高度，形态，阶地级数与高度进行描述，收集其相关地质地貌资料。

（3）河床地形与组成调查包括岸坡形态，岸坡组成，河滩基岩调查，地质灾害，卵石胶结岩、古遗址和墓葬调查等。

岸坡形态：描述岸坡形态，并评价河岸的抗冲性和稳定性（划分为稳定河岸、崩塌河岸、淤积河岸）。

岸坡组成：按岩性定名描述。

河滩基岩调查：给出基岩面积及所占河段比例。对局部河势、基岩的分布和微地貌进行照相、摄像。

地质灾害：了解滑坡、泥石流发生的时间、地点、规模、危害及成因。滑坡观测点调查，并收集相关资料。

卵石胶结岩、古遗址和墓葬调查：调查卵石胶结岩、古遗址和墓葬分布的平面位置、高程、年代，了解河道历史变迁。可采用 GPS 定位，在地形图上查高程。

9.2.4.3　洲滩调查

（1）在现势性强的地形图或现场实测获取洲滩的平面位置及长、宽、滩顶高程等信息。

（2）现场了解并描述洲滩的形态、表面特征。

（3）洲滩表层床沙按基岩、卵石夹沙、沙、泥等类别分区，采用 GPS 测绘分区界线，绘制洲滩的表层床沙组成平面分布图，描述各分区床沙的代表性粒径级。

（4）对局部河势、洲滩的全貌和微地貌进行照相、摄像。

（5）调查主要洲滩的堆积形成过程及近期演变特点，重点关注洲滩在现阶段是否处于冲刷、淤积或平衡。

9.2.4.4　洲滩取样

利用洲滩冲刷或崩坍形成的剖面，或人工采砂、淘金等挖掘的深坑巷道坎壁等，进行分层取样、量测各层厚度、用 GNSS 定位，描述竖向组成变化规律，并分析形成原因。

9.2.4.5　河道采砂调查

采砂调查包括采砂方式、采砂范围、采砂量以及人类活动影响等方面的调查。

1. 采砂方式调查

采砂方式可分为人工采砂、机械采砂。机械采砂一般采用铲车、挖掘机、采砂船作业。采砂船种类有链斗式、抓斗式、虹吸式。调查采砂是否有弃石及弃石的堆放位置。

2. 采砂范围调查

陆上开采部位位于洲滩的相对位置，如洲头、洲尾、水边、坎边等；水下开采部位位于顺直段、分汊段，离主泓、坎边的横向距离等。开采范围包括纵、横向长度及深度。

3. 采砂量调查

调查并估算采砂量。

4. 采砂区床沙级配调查

对采砂区未筛选过的原状样、弃样进行床沙级配分析。

5. 人类活动影响调查

调查河段水利设施、交通设施、航道整治工程等情况；调查水利枢纽修建的时间、坝址位置、装机容量、水库库容、运行调度方式等；调查新修筑的公路和铁路修建的时间、范围，估算进入干、支流的路渣数量；调查开矿（可分为铜、铁、锡、煤矿等）的时间、范围，估算每年进入干、支流的矿渣数量；调查封山育林范围、实施时间、效果、管理机构等。

9.2.5　浅层剖面仪探测

水下地质钻探能够获取河床数米至数十米河床组成情况，但工序复杂，代价较高。在只需要定性了解水下河床浅层组成情况时，通过浅地层剖面探测，能初步探测出河床松散沉积层分布特征及基岩埋深状况，初步探测出护岸工程护坡及抛石等界限或范围等。

浅层剖面仪是一种新型声遥感探测系统，它利用高强的发射功率与超低的工作频率在水下信号衰减极小的特点，通过声波入射河底地层浅层带，获取浅地层的地理信息，揭示河床底部浅地层的物质结构、特征。

浅层剖面声呐具有较高输出功率，它最大可输出平均功率1000W，相当于一般测深仪输出功率的5~10倍，为穿透河底浅地层提供了能量保证。

9.2.5.1　测量原理

浅地层剖面仪由船上单元、水下电缆和拖鱼组成，拖鱼与一条电缆连接悬在水中，装有宽频带发射阵列和接收阵列。探测采用声呐原理（图9.2-3），发射阵列发射一定频段范围内的调频脉冲，脉冲信号遇到不同波阻抗界面产生反射脉冲，反射脉冲信号被拖鱼内的接收阵列接收并放大，由电缆送至船上单元的数控放大器放大，再由A/D转换器采样转换为反射波的数字信号，然后送到DSP板做相关处理，最后把信号送到工作站完成显示和存储处理。经时深转换与数据处理，可得到水面以下浑水介质和地层分布情况。河底浅层剖面声呐，即利用换能器向水下发射声波脉冲信号，当声脉冲抵达河底时，一部分能量被河底表面界面反射至换能器，得到一个较强的回波信号；一部分能量透射河底表层向地层传播，地层内由于固体物质的散射与吸收，透射的能量被损耗与衰减，其中部分能量反向散射回换能器，这部分能量的大小包含了地层厚度的信息。如何有效地提高这部分厚度信息的可信度，即探测河底地层介质的厚度，并真实地反映在仪器记录上，必须增加发射声波的能量，即增大发射脉冲的宽度，同时，还需限制增加发射脉冲宽度给仪器带来的分辨率下降的不利因素。仪器通过增大发射信号的带宽来提高地层探测分辨率，同时通过增大发射脉冲的宽度增加发射能量，提高了穿透地层的能力。

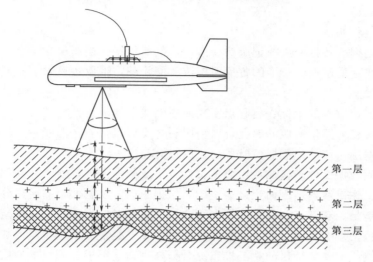

图 9.2-3　浅地层剖面声呐原理示意图

　　浅层剖面仪众多，下面以 Coda GeoSurvey DAseries 浅地层剖面仪为例说明其组成。该剖面仪采集系统兼容所有侧扫声呐和浅地层剖面仪，拥有 4 个模拟输入通道、数字网络接口、2 个独立的触发通道、1U，19 英寸主机箱、可以同时接 2 个显示器、具备 2 个打印机接口、可以实时输入涌浪数据、可以接收磁力仪数据。仪器构成如图 9.2-4、图 9.2-5 所示。

计算机处理工作站 ──以太网连接线──→ DSP6641 收发机 ──电缆──→ 换能器

图 9.2-4　浅地层剖面仪结构示意

图 9.2-5　浅地层剖面仪系统组成示意

9.2.5.2　数据处理

1. 数据处理流程

　　浅地层剖面仪资料处理包括：确定 GNSS 测量航线的 GNSS 点与设计测线的位置；对测线范围内有效的原始采集数据进行归类；整理出 GNSS 点与浅地层剖面文件的对

应关系；整理出 GNSS 点与参考钻孔的对应关系；根据浅地层剖面采集数据测量时的工作次序，最后确定浅地层剖面时间与 GNSS 点和物探测线位置的对应关系；形成对应关系表格。

数据处理流程如下：

(1) 数据处理。数据回放→记录测线浅地层剖面数据→绘制映像图。

(2) 确定浅地层剖面记录上的各反射层位的同相轴，拾取各反射层位同相轴时间，形成时间数据文件。

(3) 计算各拾取点的坐标、离起点距离或中轴线上的里程数。

(4) 根据各反射层位对应的钻孔资料情况和各反射层位波组的能量、频率、相位等特征，确定各反射层对应的地质层位及各层位的纵波速度。

(5) 将时间数据文件转换成深度数据文件，形成图形文件，绘成地质解释剖面图。

成果解释工作以浅地层剖面记录为基础，根据图中各反射波组的时序分布关系、各反射层位波组的能量、频率、相位等特征，结合钻孔资料对应地质层位，确定各反射层对应的地层。在层位出现交叉、分离、重叠等特征时，主要是根据层位波组的能量、频率、相位特征，结合测线的整体地层的特征进行综合分析判断，形成各测线的地质解释剖面图。

2. 数据处理案例

以荆江沙市河段沮漳河出口断面测量的数据说明数据处理的基本程序。

图 9.2-6 为原始采集的数据图像，图 9.2-7 为经过噪声过滤处理后的图像。底层表面有明显不同的介质层，上界面的反射较强，界面之下的反射较弱。在河床坡度上，由于底质介质密度大，波阻抗大，因而穿透的声波少。下面有一层明显的图像反射，是二次回波，二次回波数据不可用。

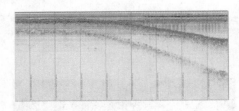　　　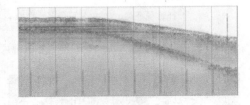

图 9.2-6　原始采集数据图像　　　　图 9.2-7　经过噪声过滤处理后的图像

由于外界有噪声存在，应滤除噪声，即频率在设定范围内的回波信号全部在图中显示，而范围之外频率的回波信号都被过滤掉，可过滤掉一些船体噪声。另外，应用时变增益，使探测影像数据分层更为清晰。这些设置均不会改变原始数据，只是对数据的显示进行了处理。图 9.2-8、图 9.2-9 是经过处理后的图像，从图中可以分辨出所测区域的地层结构变化。

对所测量的数据利用软件进行后处理，标注底层表面反射的明显不同，寻找可能的礁石或泥沙点，将标注点的位置通过报告显示出来。

9.2.5.3　影像资料分析

探测的原始记录用灰度图可实时地显示在仪器屏幕上，通过原始记录（即影像图像）可大体看出水下淤泥、砂层、硬质砂层（卵石夹砂）与抛石、护岸等纵横向大致分布情况。

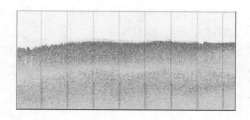
图 9.2-8　经过处理后的图像

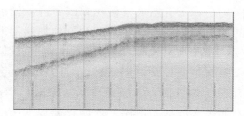
图 9.2-9　经过二次处理后图像

脉冲信号对于淤泥层具有很强的穿透力及微弱的反射作用，穿透深度可达数十米，其反射面较为光滑、介质影像较厚且颜色较浅；对于砂质层，声波穿透力较弱，穿透深度较浅，一般在 3～5m，且回波信号强烈，其反射界面连续光滑、介质影像较窄且颜色较深；而对于护岸及抛石，影像图显示出不连续不清楚界面，主要是抛石散乱、表面不规则，声波难以穿透，容易发生散射，而且反射十分强烈，类似于基岩探测影像。

为准确、快捷地处理解释数据资料，首先在浅地层剖面仪探测前，需在各个河段、不同的地质条件下对浅地层剖面系统进行现场调试和比测试验，优化各参数以满足现场图像判读的要求。即对仪器探测与人工探摸进行对比，为保证探测结果的可靠性和代表性，可选择动水、静水、有石无沙、有石有沙和无石以及低水、高水期等具有代表性的断面或探测环境进行对比探测，探测内容包括探测能力、探测精度、水上定位精度及探测效率等。根据浅地层剖面仪系统采集的图像数据及影像特征，能初步判断淤泥、砂质或卵石、护岸及抛石分层或分布情况，可基本用于探测河床介质分层。

无论对于何种浅地层仪器进行探测，对于不同介质的影像图特征基本一致。对于护坡、抛石，声波穿透力差，可以看到影像模糊；砂质河床底层表面的反射信号较强，影像图光滑。

对于枯水水位以上的近岸河床，通过钻探取样可以知道河床的组成，但水下部分钻探取样就较困难，如果采用钻孔取样法与浅层剖面法二者相结合基本可以解决河床浅层组成。在浅层剖面仪测线上，同一测点位置，钻孔取样分层厚度与浅层影像分层厚度为一常数即声速值 1500m/s。通过对比分析，有了浅层剖面的影像资料，就可以推算出各分层的厚度，而不必进行大量的河床钻探工作。

9.2.5.4　应用及存在的问题

浅层剖面声呐在荆江河段和隔河岩水库的初步探测试验结果表明，浅层剖面声呐，把现代科学技术与大发射功率、低工作频率超声探测技术组合为一体，成为新型声遥感探测系统，能揭示并处理分析河流、水库水底浅地层的地理信息特征，无疑是声波探测领域的创新。

浅层剖面声呐仪可对平原河流近岸河床组成进行适时动态监测，探测堤防险段地层分层结构，抛石厚度以及冲刷、淤积形态特征，为堤防的运行管理及防洪决策提供技术支撑；可用于水库、内河的动态监测，探测河床地层的结构关系、淤积状况等。但浅地层剖面仪也存在如下问题需要解决：

（1）浅层剖面声呐受到了发射功率与频率的制约，也与河床底质界面物质的粗糙度有关，在工作频率、仪器发射功率，地层密度都为定值时，界面越平滑，反射强度越大，穿透深度越小，只有增大发射功率或者降低发射频率，来提高声波的穿透能量。由于受到换能器的体积制造工艺难度的制约，增加仪器的发射能量尚存在困难。

（2）浅层剖面仪有较大的输出功率与较低的工作频率，不适用于浅水区探测地层。因为工作频率越低，发射声波单位时间较长，会导致了浅水混响和噪声的增加，使记录图像不能直观反映回波地层层面特征。同时，二次回波可能覆盖回波层，只有仪器改善信噪比，增加多次波抑制电路，才能提高浅水区的回波层接收质量。

（3）地层层面深度（厚度）的量化功能偏弱。由于声波在水、泥、沙或砂砾石、卵石中的传播速度不一致，对地层各层厚度的界定较为困难，需研究建立经验估算法。

9.2.6 资料的整理与分析

9.2.6.1 外业记录要求

外业记录项目包括：①取样点平面定位成果；②级配分析成果；③卵石岩性鉴定成果；④卵石的三径成果；⑤卵石的磨圆度成果。

外业记录应注意下列事项：

（1）不带自记功能的观测仪器，所有原始数据均应有人工纸质记录。

（2）外业资料的记录要使用铅笔，字迹清晰、准确，内容全面，各道工序手续齐备。

（3）记录数值位数：①级配分析中的称量、级配百分数一般保留一位小数；②卵石岩性鉴定中的称量、级配百分数一般保留一位小数；③卵石的三径数据一般取整数（mm）；④取样点平面定位数据一般取整数（m）。

（4）电子记录的地名应与相应的纸质记录一致，特殊情况应做好备注。测量结束的当天应进行备份。

（5）应认真清理当天原始资料，做到系统、全面、有序，各道工序手续齐备。

（6）对数据成果需要进行检查，检查内容包括：①检查记录的完整性，发现缺漏应及时补齐。不能补做的应查明原因加以说明；②检查测线数及单点样品沙重是否符合要求；③检查使用仪器设备是否合格和完善；④外业观测控制成果的可靠性。

（7）对于床沙勘探要求还有以下方面的内容：

1）钻孔报表记录。要求文字详细，数字准确，字迹清晰。现场详细记录钻孔和取样中的操作流程，从中可以反映操作是否满足技术设计要求，每回次所用钻探方式、选用的钻具，钻杆总长度，上余长度，钻探总进尺，取样位置，样品编号、取样器类型等都必须详细记录，并且对钻进过程中的孔内以及机械运行过程中的异常情况应予以记录，以核对和备查。

2）地质描述。钻孔报表是钻探成果的原始资料，因此要求详细准确，记录包含土的定名、分层深度、岩性描述包括土的名称、颜色、土的结构、构造、包含物、天然状态、软硬程度、黏性和颗粒粗细、层理情况等，地质员必须跟班，随时掌握钻探过程中土层的变化，以便指导钻探操作人员即时更换钻具、取样等，及时记录钻探过程中地层的微细变化。

3）调查资料。对钻探沿线或附近干支流的特殊地质现象进行调查、收集有关资料、拍照和采集典型样品等。

9.2.6.2 成果计算

床沙颗粒级配成果的计算参照水利行业相关技术标准。在尺量法中以各组最大粒径为分组上限粒径，按分组重量计算颗粒级配，点绘级配曲线，再查读统一粒径级的百分数。

1. 计算方法

床沙平均颗粒级配计算方法如下：

（1）试坑法的平均级配，用分层重量加权计算。

（2）边滩平均级配分左、右两岸统计，用坑所代表的部分河宽加权计算；洲滩活动层平均级配，以现场量测各试坑所代表平面面积加权计算。

（3）水下部分的断面平均颗粒级配，计算公式为

$$\overline{P_j} = \frac{(2b_0 + b_1)P_1 + (b_1 + b_2)P_2 + \cdots + (b_{n-1} + 2b_n)P_n}{(2b_0 + b_1) + (b_1 + b_2) + \cdots + (b_{n-1} + 2b_n)} \tag{9.2-1}$$

式中 $\overline{P_j}$——断面平均小于某粒径沙重百分数，%；

      b_0、b_n——近岸垂线到各自岸边的距离，m；

      b_1——第一条垂线到第二条垂线的距离，m，以此类推；

P_1，P_2，$\cdots$，P_n——第一线，第二线，$\cdots$，第 n 线小于某粒径沙重的百分数，%。

床沙组成复杂时，可以不计算断面平均颗粒级配，只计算单点成果。

（4）断面平均粒径的计算公式为

$$\overline{D} = \sum \overline{D_i} \Delta P_i / 100 \tag{9.2-2}$$

式中 $\overline{D}$——平均粒径，mm；

      $\overline{D_i}$——某粒径组的平均粒径，mm，$\overline{D_i} = \sqrt{D_u D_l}$，$D_u$、$D_l$ 分别为该粒径组的上下限粒径，mm；

      ΔP_i——某粒径组的部分沙重百分数，%。

2. 测站月平均颗粒级配计算

（1）一月内只取一次床沙者，以该次颗粒级配代表该月的月平均颗粒级配。

（2）一月内取 2 次以上床沙资料时，按各次床沙颗粒级配代表的时距（以日为单位，记至 0.1 日）加权计算。

（3）未实测颗粒级配的枯水期月份，用前后相邻月份的资料插补，汛期无实测资料的月份，如经分析确定没有大的变化时，可以按照前后月份插补，插补值应加插补符号。

3. 测站年平均颗粒级配及月、年平均粒径的计算

（1）年平均颗粒级配由月平均颗粒级配的算术平均值求得。月平均值不全者，只整编实测成果。

（2）月、年平均粒径按照式（9.2-2）进行计算。

9.2.6.3 资料整理分析

资料整理的基本要求如下：

（1）观测资料必须完整，因特殊原因未能完成的任务，必须将有关情况说明清楚。

（2）内业资料的整理必须有序进行。应按工作内容的类别和作业点的空间位置分布整

理内业资料。

（3）数据必须准确无误。不论是原始数据，还是分析计算数据，都必须做到准确无误，对异常数据应谨慎对待。

（4）分析计算方法应正确。

（5）成果图表应规范、美观。

1. 固定断面床沙分析

（1）对颗粒级配曲线应做下列检查：①曲线走向的合理性；②最大粒径有无不合理现象；③两种颗粒分析方法接头处的连接是否合理，如不合理应做技术处理，使其接头圆滑；④各粒径级的组距的合理性，发现问题应提出改进意见。

（2）一个断面横跨深槽时，除需计算全断面各项成果外，还应同时分别计算各汊泓的相应成果。

（3）各种泥沙级配百分数，原则上应按计算值填表，若因分析粒径级与填表粒径级不一致而无计算值者，可以从级配曲线上查取。

（4）凡长系列床沙资料，其样品垂线少于2线者，不计算断面平均级配和平均粒径；多于3线者，应计算断面平均级配和平均粒径。

（5）填制河段床沙颗粒级配分段平均成果表（含分段特征粒径 D_{max}、D_{50} 等）。

2. 洲滩床沙分析

洲滩床沙取样资料整理工作主要包括如下内容：

（1）坑测分层样品、散点样品颗粒分析、计算。

（2）坑测分层级配及全坑平均级配计算。

（3）散点、坑测分层、坑平均级配曲线绘制。

（4）床沙级配及相应特征成果表调制。

（5）取样点平面、高程计算、定位成果表调制、河段床沙勘测取样点位分布示意图绘制。

（6）试坑竖向组成分布剖面图绘制及文字描述。

（7）河段纯砂质床沙洲滩表层、活动层颗粒级配统计表编制。

（8）河段卵砾洲滩活动层 D_{50} 粒径沿深度统计表编制。

（9）河段卵砾洲滩表层、活动层粗细化统计分析表编制。

（10）河段卵、砾、沙洲滩活动层泥沙含量分布统计表编制。

3. 床沙勘探取样分析

（1）床沙勘探取样资料整理工作主要包括如下内容：

1）调制河段河床组成地质勘探钻孔孔报表。

2）计算各钻孔分层沙样的级配成果，并点绘勘探钻孔床沙 D_{50} 曲线。

3）调制河段河床组成勘探砂、卵石粒径组成与岩性百分数统计表。

4）计算钻孔平面坐标与孔口高程，编制钻孔定位成果表。

5）绘制河段河床组成勘探钻孔平面布置图。

6）绘制河段河床组成勘探钻孔纵向柱状图和横向剖面图。

（2）主要技术要求。

1）钻孔平面布置图应根据图幅的需要绘制，以标明河段洲滩钻孔的位置，满足需要为原则。图上内容应含钻孔位置、剖面编号、钻孔编号、沿程地名、洲滩分布、典型的地物地貌、水流方向、指北标识符号等；必要时可附钻孔测量成果一览表（包含孔号、地理位置、孔位坐标、孔口高程及钻孔深度等）。

2）钻孔报表内容含钻孔柱状图、对地层的文字描述和床沙粒径组成三部分。钻孔柱状图应根据土层详细分层绘制，并注明地层年代符号，岩土的分层深度、单层厚度、各层高程；床沙粒径组成主要给出各种土层的砂、粉、黏的百分含量等；文字部分为土的分类定名和岩性特征描述等。要求在确定土的名称时应根据室内床沙级配资料进行修正。

3）钻孔纵向柱状图只按沿程间距排列，并按照统一基面高程，依据各孔组成分布，组绘而成。把全河段深层组成分布浓缩到一张图上便于对照分析。

4）选择河段河道横向摆动典型断面，或地质组成复杂断面，根据钻孔资料、调查资料，辅以地形资料绘制钻孔横向剖面图。

5）资料整理中使用的地质时代符号、岩土名称、组成质图例、专业用语等应采用国内外所规定的和通用的，需补充的应予注明。

6）钻孔定位平面、高程系统宜与所勘测河段地形测量系统一致。

4. 河床组成勘测调查资料整理

河床组成勘测调查资料整理包括如下内容：

（1）水文站流量、悬移质（输沙量、含沙量、颗粒级配）、推移质（输沙量、颗粒级配）特征值统计。

（2）滑坡、泥石流统计。

（3）崩岸统计。

（4）洲滩特征值统计。

（5）取样点平面、高程计算、定位成果表调制。

（6）样品颗粒分析、计算。

（7）河道采砂量统计。

5. 河床组成勘测调查分析报告

地质钻探、洲滩坑测、水下床沙取样及河床组成调查等河床组成勘测调查对资料进行整理计算后，需要编制分析报告，分析报告包括下列内容：

（1）前言（含任务来源及目的、项目内容与要求、项目执行情况等）。

（2）河道概况（含自然地理概况、水文站网基本情况、河道基本情况、河道来水来沙、河道演变概述等）。

（3）勘测调查布局与实施（包括水下、洲滩床沙取样，洲滩调查，基岩、胶结岩、黏土层调查和崩岸调查等）。

（4）水下床沙组成分析。

（5）洲滩床沙组成分析。

（6）结论和建议。

9.3 临底悬沙观测

目前悬移质泥沙测验测量范围多是在距河底0.2倍水深以上，而距河底0.2倍水深以下至河床的泥沙，就是介于悬沙与床沙之间的部分临底泥沙，该部分泥沙属于底边界的一部分，直接影响底边界测量的精度。

9.3.1 临底悬沙采样仪器

1. 临底悬沙采样器

新仪器研制采用横式采样器与铅鱼组合的方式（图9.3-1）。选用双管垂直连接型式

图9.3-1 双管垂直连接型临底悬沙采样器

（河底上0.1m和河底上0.5m两管），双管同步取样，开关联动布置。采样器器盖采用触及河底立即关闭的结构型式，可有效防止仪器放到床面后扰动河床，使测得的近底悬沙真实可靠。为减少采样器因重力下放陷入淤泥中的可能，在采样器底部加装一护板（活动的，可插卸），护板的作用主要是增大对软质床面的承压面，使之不易下陷，防止泥浆涌入采样区域。

2. 临底悬沙采样器的操作

临底悬沙采样器操作时应注意以下四方面：

（1）使用触底自关采样器，可避免触地过猛掀起床沙，同时将测点以上的含沙水样带到取样测点，使测到的临底悬沙偏小。

（2）在仪器临近河底时，应稍停片刻，再缓慢下放触底。

（3）临底悬沙采样器倾倒水样一般都不够方便，因此，倒水后要将器壁黏附的沙样冲洗干净，一般情况下，要用洗耳球吸清水反复冲洗三次。

（4）在砂质河床上进行近底悬沙测验时，有时会发生河床扰动，因此，对近底悬沙测验成果必须进行合理检查。检查方法是：点绘 $d < d_c$（d_c 为床沙质和冲泻质分界粒径）含沙量垂直分布，此曲线在临底部分应无突变，如出现突变，则可能是扰动了床沙，使测得的成果不真实。

9.3.2 临底悬沙观测的主要内容

临底悬观测的主要内容包括流速（流量）测验、悬沙测验及床沙测验。

（1）流速（流量）测验。临底悬沙试验采用多线多点法，根据测站的具体情况布置流速测点，同时视水位和河宽变化实际情况，对某些水边垂线进行取舍。

（2）悬沙测验。悬沙测验垂线布置与流速（流量）测验相同，采样时在垂线相对位置1.0、0.8、0.4、0.2处采用常规横式采样器取样，而垂线相对位置0.1、距床面0.5m和距床面0.1m处则用临底悬沙采样器取样。每次在取悬移质含沙量水样的同时，也同样另取一套作为悬移质颗分水样。

（3）床沙测验。床沙测验需与每次临底悬沙测验配套进行。

9.3.3 临底悬沙试验成果分析

9.3.3.1 流速垂向分布概化

各站临底多点法垂线相对流速（$v_\eta/\overline{v}$）与相对水深可表示为

$$v_\eta = v_{max} - (H^2/2P)(\eta - \eta_{max})^2 \qquad (9.3-1)$$

式中 v_η——同一相对水深 η 处的横向平均流速；

  v_{max}——垂线上最大测点流速；

  η——垂线上测点的相对水深值；

  η_{max}——垂线上最大测点流速处的相对水深；

  H——垂线水深；

  P——参数。

可转化为

$$\frac{v_\eta}{v_{max}} = 1 - K(\eta - \eta_{max})^2 \qquad (9.3-2)$$

采用最小二乘法建立每一测次过原点的关系直线，其直线斜率即为流速分布曲线公式的系数。

概化垂线平均流速沿水深基本呈指数分布规律。流速垂线曲线可用公式表示为

$$v_\eta = K\eta^{\frac{1}{m}} \qquad (9.3-3)$$

式中 η——垂线上测点的相对水深值；

  v_η——同一相对水深 η 处的横向平均流速；

  K——系数；

  $\dfrac{1}{m}$——指数。

则概化垂线平均流速为

$$v_{cp} = \int_0^1 k\eta^{\frac{1}{m}} \, \mathrm{d}\eta = k\frac{m}{1+m} \qquad (9.3-4)$$

可转化为

$$\frac{v_\eta}{v_{cp}} = \left(1 + \frac{1}{m}\right)\eta^{\frac{1}{m}} \qquad (9.3-5)$$

式（9.3-5）两边同取对数，可根据实测资料采用最小二乘法建立每一测次关系直线，其直线斜率即为流速分布曲线公式的指数 $\dfrac{1}{m}$。从而得到各单一测次流速概化曲线公式参数。图 9.3-2 和图 9.3-3 分别为长江清溪场水文站和监利水文站流速垂向分布图。

9.3.3.2 含沙量垂向分布概化

由横算法计算出 $C_{s\eta}$ 后，按粒径分成下列各组：

（1）d_i 组。$d_1 \geqslant 1.0$、$d_2 = 1.0 \sim 0.5$、$d_3 = 0.5 \sim 0.25$、$d_4 = 0.25 \sim 0.125$、$d_5 = 0.125 \sim 0.062$、$d_6 = 0.062 \sim 0.031$、$d_7 < 0.031$。

（2）全沙。$C_{s\eta}$（全）。

（3）床沙质。不小于 d_c。

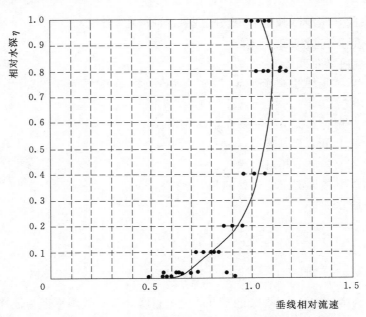

图 9.3-2 清溪场站概化垂线相对流速相对水深关系综合曲线图

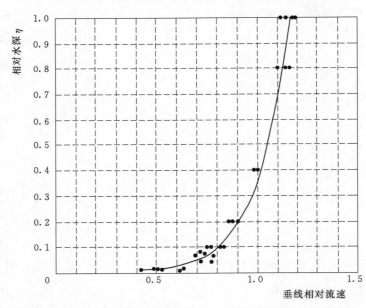

图 9.3-3 监利站概化垂线相对流速与相对水深关系综合曲线图

（4）冲泻质。小于 d_c。

由实测资料计算 $C_{s\eta(全)}$，设 $C_{s\eta-d_i}$ 与 $C_{s\eta-d_{c(床)}}$ 分别为全沙中 d_i 组及临界粒径 d_c 以上床沙质含沙量，$\Delta P_{\eta-di}$ 与 $\Delta P_{\eta-d_c}$ 分别为概化垂线 d_i 组及临界粒径 d_c 以上床沙质重量百分数，则有

$$C_{s\eta-d_i}=C_{s\eta(全)}\times\Delta P_{\eta-d_i}$$
$$C_{s\eta-d_{c(床)}}=C_{s\eta(全)}\times\Delta P_{\eta-d_c} \tag{9.3-6}$$

其中，床沙质和冲泻质分界粒径确定方法为：在床沙级配曲线右端小于 10% 范围图，以出现明显拐点的相应床沙粒径为 d_c，作为悬移质中床沙质与冲泻质的划分粒径，大于 d_c 的为床沙质。在床沙级配曲线右端小于 10% 范围图，若无明显的拐点，则取曲线上与纵坐标 5% 相应的粒径为 d_c。库区一般可取为 0.01～0.02mm（采用内插求得），长江中下游一般可取为 0.1mm，具体可据资料分析确定。

含沙量分布一般可用以下公式表示：

$$C_{s\eta(全)} 或 C_{s\eta-d_{c(床)}} = r\left(\frac{1}{\eta}-1\right)^z \tag{9.3-7}$$

式中　r——系数；

　　　z——指数。

可转化为

$$\frac{C_{s\eta(全)}}{C_{s0.2(全)}} 或 \frac{C_{s\eta-d_i}}{C_{s0.2-d_i}} 或 \frac{C_{s\eta-d_{c(床)}}}{C_{s0.2-d_{c(床)}}} = \left(\frac{1}{0.2}-1\right)^{-z}\times\left(\frac{1}{\eta}-1\right)^z = a\left(\frac{1}{\eta}-1\right)^z \tag{9.3-8}$$

式中　$C_{s0.2(全)}$、$C_{s0.2-d_{c(床)}}$、$C_{s0.2-d_i}$——计算得到的相对水深 0.2 处的全沙、床沙及第 i 组粒径沙的含沙量。

按上述方法求出各站单一测次分组粒径概化曲线公式中的系数与指数，根据全年所有测次求得各站的综合概化曲线公式参数。

9.3.4　输沙量改正计算

9.3.4.1　输沙量改正系数计算

输沙量改正系数为综合概化曲线公式按积分法所计算的输沙量与按规范规定的方法得出的输沙量的比值。

由于流速及含沙量部分概化的不同，输沙量改正系数计算选用不同公式进行计算。长江清溪场站计算式为

$$\left.\begin{array}{l}\theta_{d_i} = \displaystyle\int_A^1 [1-k(\eta-\eta_{max})^2]\times\left(\frac{1}{\eta}-1\right)^{z'}\frac{d\eta}{X} = \frac{E}{X} \\[3mm] \theta_{d_{c(床)}} = \displaystyle\int_A^1 [1-k(\eta-\eta_{max})^2]\times\left(\frac{1}{\eta}-1\right)^{z'}\frac{d\eta}{X} = \frac{E}{X}\end{array}\right\} \tag{9.3-9}$$

以长江监利站为例，计算式为

$$\left.\begin{array}{l}\theta_{d_i} = \displaystyle\int_A^1 \eta^{\frac{1}{m}}\left(\frac{1}{\eta}-1\right)^{z'}\frac{d\eta}{X} = \frac{E}{X} \\[3mm] \theta_{d_{c(床)}} = \displaystyle\int_A^1 \eta^{\frac{1}{m}}\left(\frac{1}{\eta}-1\right)^{z'}\frac{d\eta}{X} = \frac{E}{X}\end{array}\right\} \tag{9.3-10}$$

式中　θ_{d_i}——d_i 组泥沙输沙量改正系数；

　　　$\theta_{d_{c(床)}}$——$d_{c(床)}$ 组床沙质输沙量改正系数；

　　　$\theta_{d_{(全)}}$——全组沙（指所有粒径组的泥沙）改正系数，等于各分组泥沙改正量之和除以改正前全组沙输沙量。

相对水深 A 值，一般认为是悬移质泥沙层与砂质推移泥沙层的分界点，H. A. 爱因

斯坦提出 $A = \dfrac{2\overline{D}}{h}$ ［对概化垂线来说，h 应为断面平均水深，$\overline{D}$ 为近河底（$y = 0.1\text{m}$）处悬移质泥沙 d_i 组的平均粒径］。对水深较大的河流，A 值是极其微小的，可取为 0。

E 可采用数值积分方法近似求值，将积分区间 $0 \sim 1$ 平均分为 1000 份可基本接近真值，X 计算公式为

$$E = X = \sum_{\eta} K'_{\eta} \left[1 - k(\eta - \eta_{\max})^2 \right] \left(\frac{1}{\eta} - 1 \right)^{z'} \tag{9.3-11}$$

E 亦可采用下面方法计算：

$$E = \int_A^1 \eta^{\frac{1}{m}} \left(\frac{1}{\eta} - 1 \right)^{z'} \mathrm{d}\eta = \frac{1 - A^M}{M} - \frac{Z'(1 - A^{M+1})}{M+1} - \frac{Z'(Z'-1)(1 - A^{M+2})}{2(M+2)}$$

$$- \frac{Z'(Z'-1)(Z'-2)(1 - A^{M+3})}{6(M+3)} \tag{9.3-12}$$

其中

$$M = \frac{1}{m} - Z' + 1$$

则 X 按建立的综合曲线公式求得

$$X = \sum_{\eta} K'_{\eta} \eta^{\frac{1}{m}} \left(\frac{1}{\eta} - 1 \right)^{z'} \tag{9.3-13}$$

X 应以临底多线多点法观测资料，按常规观测的测点计算。

由计算式（9.3-9）～式（9.3-13）可以求出改正参数。

9.3.4.2　年输沙量改正计算

输沙量改正采用按粒径分组与按床沙分组改正。在按粒径分组改正时，先进行分组改正，然后进行全组沙的改正。在进行床沙改正时，床沙质泥沙不分多组，只以 $d_{c(\text{床})}$ 划分一组泥沙做改正。

1. 未经改正的年输沙量计算

$$W'_{s-d_i} = W'_s \times \Delta P_{d_i} \tag{9.3-14}$$

$$W'_{s-d_{c(\text{床})}} = W'_s \times \Delta P_{d_{c(\text{床})}} \tag{9.3-15}$$

式中　　　　　　　W'_s——悬移质泥沙（全组沙）年总输沙量整编成果；

ΔP_{d_i}、$\Delta P_{d_{c(\text{床})}}$——$d_i$、$d_{c(\text{床})}$ 组泥沙的年输沙量；

W'_{s-d_i}、$W'_{s-d_{c(\text{床})}}$——未改正的 d_i、$d_{c(\text{床})}$ 组泥沙的年输沙量。

2. 改正后的分组年输沙量改正计算

$$W_{s-d_i} = \theta_{d_i} W'_{s-d_i} \tag{9.3-16}$$

$$W_{s-d_{c(\text{床})}} = \theta_{d_{c(\text{床})}} W'_{s-d_{c(\text{床})}} \tag{9.3-17}$$

式中　W_{s-d_i}——改正后的 d_i 组泥沙年输沙量；

$W_{s-d_{c(\text{床})}}$——改正后的 $d_{c(\text{床})}$ 组床沙质年输沙量。

3. 年输沙量改正值及其比值计算

（1）全组沙。$W_{s(\text{全})}$ 为改正后的全组沙年输沙量，则有

$$W_{s(\text{全})} = \sum W_{s-d_i} \tag{9.3-18}$$

设 $\Delta W_{s(全)}$ 为全组沙年输沙量总改正值，则有计算式：

$$\Delta W_{s(全)} = W_{s(全)} - W'_s \qquad (9.3-19)$$

全沙年改正量占改正前全组沙输沙量比值 $B_{(全)}$：

$$B_{(全)} = \frac{\Delta W_{s(全)}}{W'_s} \qquad (9.3-20)$$

（2）床沙质部分。设 $\Delta W_{s-d_{c(床)}}$ 为床沙质年输沙量改正值，则有计算式：

$$\Delta W_{s-d_{c(床)}} = W_{s-d_{c(床)}} - W'_{s-d_{c(床)}} \qquad (9.3-21)$$

设 W_{sc} 为进行床沙部分改正后的全组沙年总输沙量，则有计算式：

$$W_{sc} = W'_s + \Delta W_{s-d_{c(床)}} \qquad (9.3-22)$$

床沙质年改正量占改正前床沙质年输沙量的比值：

$$B_{(床)} = \frac{\Delta W_{s-d_{c(床)}}}{W'_{s-d_{c(床)}}} \qquad (9.3-23)$$

床沙质年改正量占改正前全组沙输沙量比值：

$$B_{(床全)} = \frac{\Delta W_{s-d_{c(床)}}}{W'_s} \qquad (9.3-24)$$

通过以上计算，可以得到各站年输沙量改正计算值。结果表明，输沙改正比例随泥沙粒径的增大逐渐增大，即说明常规测验对粗颗粒部分泥沙（床沙质部分）测验的误差相对较大，细颗粒泥沙（冲泻质部分）测验误差较小。

9.4 河床采样

9.4.1 床沙采样器的选择

9.4.1.1 采样器的选择

床沙采样器的选择要达到以下要求：

（1）能取到天然状态下的床沙样品。

（2）有效取样容积应满足颗粒分析对样品数量的要求。

（3）用于砂质河床的采样器，应能采集表面以下 50mm 深度内的样品。卵石河床采样器，其取样深度应以表层床沙最大颗粒径作为取样深度。

（4）采样过程中，样品不被水流冲走或漏失。

（5）结构合理牢固，操作维修简便。

9.4.1.2 采样器型号选用

床沙采样器应根据河床组成、测验设备、采样器的性能和使用范围等条件选用。

（1）适合于淤泥质软底河床的采样器有转轴式（图 9.4-1）、锤击形挖斗式。

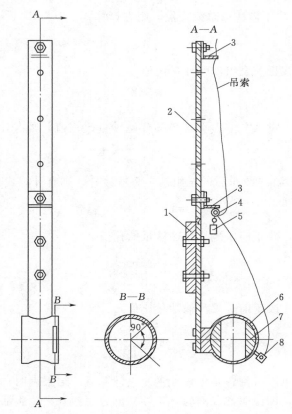

图 9.4-1 转轴式采样器结构示意图

1—铅块；2—采样器把体；3—绳索支撑铁；4—挂钩；5—铅锤；
6—采样器转轴体；7—采样器转轴；8—销钉

（2）适合于砂质河床的采样器有拖斗式（图 9.4-2）、横管式（图 9.4-3）、锥式（图 9.4-4）、钳式（图 9.4-5）、活塞钻管式（图 9.4-6）、中型挖斗式（图 9.4-7）等。

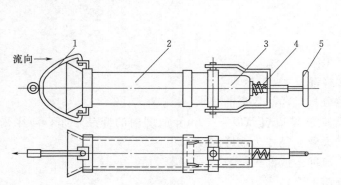

图 9.4-2 拖斗式采样器结构示意图

1—吊环；2—圆筒铲斗；3—取样容器；
4—弹簧；5—手柄

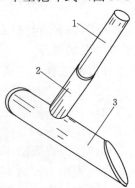

图 9.4-3 横管式采样器结构示意图

1—杆；2—连接管；3—横管

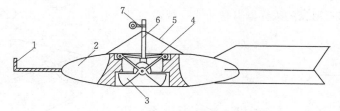

图 9.4 - 4　锥式采样器结构示意图

1—流速仪安装架；2—铅鱼；3—采样钳；

4—连杆；5—吊环；6—悬杆；7—平衡锤

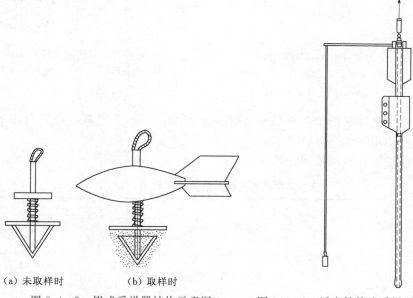

（a）未取样时　　　　（b）取样时

图 9.4 - 5　钳式采样器结构示意图　　　　图 9.4 - 6　活塞钻管式采样器结构示意图

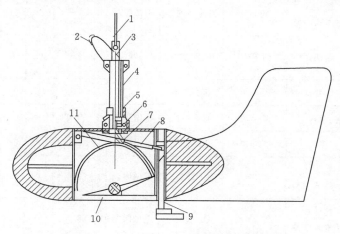

图 9.4 - 7　中型挖斗式采样器结构示意图

1—吊环；2—吊环绳；3—悬杆；4—套筒；5—卡圈；6—卡爪；

7—挖斗绳；8—顶架；9—触杆；10—盖板；11—挖斗

（3）适合于卵石河床的采样器有挖斗式、犁式（图9.4-8）、沉筒式（图9.4-9）等。

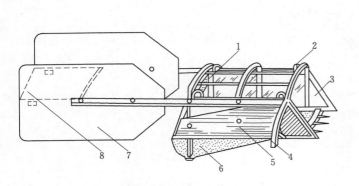 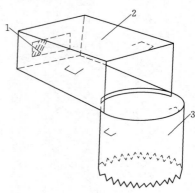

图9.4-8　犁式采样器结构示意图

1—背网；2—吊环；3—铅墙；4—弧形脚；5—加重块铅；
6—底网；7—尾翼；8—活动水平翼

图9.4-9　沉筒式采样器结构示意图

1—200自筛网；2—样品箱；3—卵石切割器

（4）对于基岩、坚硬黏土、含砾黏土、镶嵌紧密的卵砾石、松散的卵石、漂石、块石、大卵石等，可使用河床打印器。

床沙采样器的性能与适用范围见表9.4-1。

表9.4-1　　　　　　　　　　　床沙采样器的性能及适用范围表

序号	类型	采样器名称	样品重量/g	河床组成	适用范围			操作方式
					水深/m	流速/(m/s)	粒径/mm	
1	淤泥质	转轴式	约200	淤泥	不做限制	<0.8	<0.25	测船上用绞车悬吊或手持
2	淤泥质	挖斗式（锤击式小型）	约500	淤泥、细砂	不做限制	<1.5	<1.0	测船上绞车悬吊
3	砂砾质	拖斗式	约1000	软底砂质	不做限制	<1.5	<2.0	测船上用牵引索加重球
4	砂砾质	横管式	约300	软底砂质	<3.0	<2.5	<2.0	测船上手持悬杆
5	砂砾质	锥式	约300	软底砂质	不做限制	<3.0	<2.0	测船上用绞车悬吊
6	砂砾质	钳式	约200	硬底砂质	不做限制	<3.0	<2.0	测船上用绞车悬吊
7	砂砾质	挖斗式（触脚式中型）	约1000	底、砂夹砾	不做限制	<3.0	<40	测船上用绞车悬吊
8	砂砾质、卵石夹砂	挖斗式（锤击式中型）	约2500	软、硬底	不做限制	<3.0	<50	测船上用绞车悬吊
9	卵石夹砂	挖斗式（锤击式重型）	3000～5000	硬底、卵砾夹砂	不做限制	<3.0	<70	测船上用绞车悬吊

序号	类型	采样器名称	样品重量/g	河床组成	适用范围			操作方式
					水深/m	流速/(m/s)	粒径/mm	
10	卵石	沉筒式	100000	硬底、中小卵石、基本不夹砂	<1.0	<1.0	<150	小船上或涉水手工操作
11	坚硬岩、黏土、大卵石	打印器	无	基岩、黏土、大卵石、漂石	不作限制	<3.5	<300	测船上用绞车悬吊

9.4.1.3 采样器使用基本要求

1. 淤泥质床沙采样器

（1）采用转轴式采样器取样时，仪器应垂直下放，当用悬索提放时，悬索偏角应不大于15°。

（2）用小型锤击挖斗式取样时，仪器必须密封良好，当下放接近水底时，应慢放轻落，取样后关紧口门再上提。

2. 砂砾质床沙采样器

（1）用拖斗式采样器取样时，牵引索上应吊装重锤，使拖拉时仪器口门伏贴河床。

（2）用横管式采样器取样时，横管轴线应与水流方向一致，并应顺水流下放和提出。

（3）用钳式、中型挖斗式（水底松散较软时，用锤击式；水底较硬时，用触脚式）采样器取样时，应平稳地贴近河床，并缓慢提离床面，若宽级配床沙样品中的卵石卡住口门，导致小粒床沙漏掉时，应重新取样。

3. 卵砾质床沙采样器

（1）用挖斗式锤击重型采样器取样时，应注意慢放轻落，避免冲击床面，破坏原型组成，若口门未闭合严密时，所获沙样不能作为正式级配样品。

（2）犁式采样器安装时，应预置15°的仰角；下放的悬索长度，应使船体上行取样时悬索与垂直方向保持60°的偏角，犁动距离为5～10m。

（3）使用沉筒式采样器取样时，应使样品箱的口门逆向水流，筒底铁脚插入河床。

（4）使用取样勺在筒内不同位置采取样品，上提沉筒时，样品箱的口部应向上，不使样品流失。

4. 石质采样器

由基岩、坚硬黏土、含砾黏土、镶嵌紧密的卵石以及松散的卵石、漂石、块石、大卵石等组成河床，宜使用河床打印器探测。打印时，要求垂直急放重落，以取得好的打印效果。探测级配用的打印器底面积宜大，最小面积应为卵石床沙 D_{max} 面积的三倍。

9.4.2 床沙取样方法

床沙取样的方法有坑测法、取样器取样法、现场直接测定法等。

1. 坑测法

坑测法主要用于裸露的河床或滩地，方法是在现场挖出大小适度的坑，将事先通过试验求出的体积质量标准沙填入坑内反求体积，将挖出的泥沙烘干称重，除以由上述方法求出的体积，取得样品的干密度。

2. 取样器取样法

取样器主要有环刀、滚轴式、重力式钻管、旋杆式、活塞式钻管等，其结构特点与使用范围见表9.4-2。

表9.4-2　　　　　　　　　淤积物取样器结构特点与使用范围

仪器名称	结构特点及取样方法	适应范围
环刀	由环刀、环刀盖、定向筒、击锤等部分组成。取样将环刀压入土中取样	适用于露出水面的淤积物取样
滚轴式	组成如图9.4-10所示	适用于截取0.3～0.4m内干密度为0.3～1.0t/m³的淤积物
重力式钻管	由钻管、尾舵和铅球等部件组成，当钻管取样提出床面时，能自动旋转	可钻测0.3～1.5m
旋杆式	组成如图9.4-11所示	适用于水下未固结的软泥中取样
活塞式钻管	如图9.4-6所示	可钻测3～5m

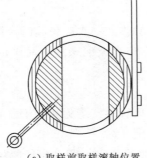

（a）取样前取样滚轴位置

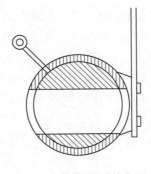

（b）取样后取样滚轴位置

图9.4-10　滚轴式采样器

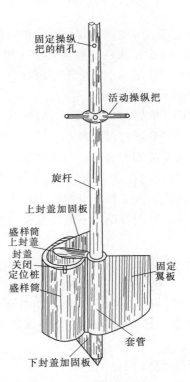

固定操纵把的梢孔

活动操纵把

旋杆

上封盖加固板

盛样筒
上封盖

封盖
关闭
定位桩
盛样筒

固定
翼板

套管

下封盖加固板

图9.4-11　旋杆式采样器

3. 现场直接测定法

可应用放射性同位素干密度测验仪现场直接测定，测量设备有钻机式和轻便式两种。

（1）钻机式。全套设备由探头、钻杆、定标器和提放钻杆的钻机等部件组成。使用前，应通过室内率定，求出淤积物干密度或密度与计数率的关系，使用时，将装有放射源和计数管的探头装入钻探管内，由钻机将钻管钻入淤泥内，直接测出干密度。采用这种方法可以测出深层淤积物干密度或密度，但设备庞大，操作复杂，花费大，不易广泛应用。

（2）轻便式。全套设备由探头、电缆、定标器和起重绞车等部件组成，探头由底、中、顶三段组合而成，底段是一圆锥形的套管，管内有一闪烁探测器，中段是外径为90mm的钢柱体，分成九节，每节长440mm，重19kg，顶段长240mm。探头可视需要加长至5.7m，总重200kg。使用时，用悬索悬吊探头，由安装在测船上的普通水文绞车提放，利用探头自重钻入泥层，直接测出淤积物干密度或密度。这种设备曾在丹江口等水库实际运用，实测资料表明，在水深70m的条件下，可以测出厚度为3.0～5.5m的淤积物密度变化。

9.5 泥沙颗粒分析

泥沙颗粒分析包括：测定样品的颗粒大小；测量样品中不同粒径组的沙量（用质量占沙样总质量的百分数表达）。

9.5.1 泥沙颗粒分析方法

泥沙颗粒分析分为取样现场分析及室内分析。取样现场分析（$D>2mm$）可采用筛析法、尺量法。室内分析（$D<2mm$）可采用筛析法、粒径计法、吸管法、消光法、离心沉降法、激光粒度仪法。颗粒分析方法按照粒径的测量方法进行分类。

（1）直接量测法。

1）尺量法。用卡尺或直尺在野外现场直接量测泥沙样品的尺寸，适用于测量粒径大于100mm的大颗粒。

2）容积法。将颗粒放入水中，根据它排开水的体积，计算颗粒的等容粒径。

3）筛析法。适用于分析粒径为0.1～100mm的砂、砾石和卵石样品。

（2）沉降法。

1）清水沉降法。适应于粒径为0.05～2.0mm沙量较少时的泥沙颗粒分析，该类方法主要有粒径计法、沉沙计法和累计沉降管法等。

2）混匀沉降法。适用于粒径为0.002～0.05mm（或0.1mm）的泥沙颗粒分析，这类方法主要有吸管法、比重计法、底漏管法、消光法等。

3）离心沉降法。适应于粒径小于0.005mm的胶粒分析。

（3）激光粒度仪法。激光粒度仪法适用于快速泥沙颗粒分析。

泥沙颗粒分析方法的适用粒径范围及沙量要求见表9.5-1。

表 9.5-1 泥沙颗粒分析方法的适用粒径范围及沙量要求

分析方法		测得粒径类型	粒径范围 /mm	沙量或浓度范围		盛样条件
				沙量/g	质量比浓度/%	
直接量测法	尺量法	三轴平均粒径	>64.0	—	—	—
	筛分法	筛分粒径	2.0~64.0	—	—	圆孔粗筛，框径 200mm/400mm
			0.062~2.0	1.0~2.0	—	编织筛，框径 90mm/120mm
				3.0~5.0	—	编织筛，框径 120mm/200mm
沉降法	粒径计法	清水沉降粒径	0.062~2.0	0.05~5.0	—	管内径 40mm，管长 1300mm
			0.062~1.0	0.01~2.0	—	管内径 25mm，管长 1050mm
	吸管法	混匀沉降粒径	0.002~0.062	—	0.05~2.0	圆筒 1000mL/600mL
	消光法	混匀沉降粒径	0.002~0.062	—	0.05~0.5	直管式
	离心沉降法	混匀沉降粒径	0.002~0.062	—	0.05~5.0	直管式
			<0.031	—	0.05~1.0	圆盘式
激光粒度仪法		衍射投影球体直径	$2×10^{-5}$~2.0			烧杯或专用器皿

泥沙颗粒分析方法种类较多，用时根据具体情况而定。对于大于 100mm 的颗粒，一般采用直接测量法；沙量较多的粗砂、砾石和卵石样品可采用筛析法；沙量较少，粒径在 0.05~2.0mm 范围内的粗、中、细砂，可采用清水沉降法做分析；对于粒径小于 0.05mm 的细砂样品，则视沙量的多少和设备条件分别选用比重计法、吸管法、底漏管法和消光法等；含胶粒较多的极细泥沙样品，则可采用离心沉降法或激光粒度仪法。对于粒径分布范围较大的天然河流泥沙，需要运用集中方法结合进行分析。

9.5.2 泥沙粒径和级配的表达

1. 泥沙粒径的表示方法和相互关系

天然粒径具有不规则形状，同一颗粒运用不同的颗粒分析方法测定，会得出不同的结果。

（1）三轴平均粒径。泥沙在相互垂直的长、中、短三轴上长度的平均值，尺量法所得的结果常用这种粒径表达。

（2）等容粒径。与泥沙颗粒同一体积的球体直径，容积法所得的结果常用的粒径表达。

（3）投影粒径。系圆的直径，颗粒具有最大稳定度的平面，正好包围着它的投影图像。

（4）筛析粒径。筛析法所得的粒径，其值等于颗粒恰能通过的正方形筛孔的边长。

（5）沉降粒径。在同一沉降液中，在同一温度条件下与某给定颗粒具有同一相对密度和同一沉速的球体直径。

对于粒径范围很宽的泥沙样品，常需要采用几种不同的分析方法，颗粒级配常出现不连续现象，为使几种颗粒分析方法所得的级配曲线保持连续光滑，提出了沉降粒径、筛析粒径和投影粒径之间的近似关系：

$$D_{sd} = 0.94 D_{sa} = 0.67 D_{pd} \qquad (9.5-1)$$

式中　　D_{sd}——沉降粒径，mm；

　　　　D_{sa}——筛析粒径，mm；

　　　　D_{sp}——投影粒径，mm。

2. 泥沙粒径分级方法

河流泥沙颗粒级配采用 Φ 分级法划分，也可采用其他分级法划分。

Φ 分级法划分的粒径分级为：0.002、0.004、0.008、0.016、0.032、0.063、0.125、0.25、0.5、1.0、2.0、4.0、8.0、16.0、32.0、64.0、128、250、500、1000，粒径单位为 mm。

当采用以上粒径级不足以控制级配曲线形式时，可由 Φ 组距中插补粒径级。计算平均粒径的组距分为：0.001～0.002、0.002～0.004、0.004～0.008、0.008～0.016、0.016～0.031、0.031～0.045、0.045～0.062、0.062～0.088、0.088～0.125、0.125～0.25、0.25～0.35、0.35～0.50、0.50～0.70、0.70～1.0、1.0～1.5、1.5～2.0、2.0～4.0、4.0～8.0、8.0～12.0、12.0～16.0、16.0～24.0、24.0～～32.0、32.0～48.0、48.0～64.0、64.0～90.0、90.0～128、128～～250、250～350、350～500、500～700、700～1000，单位为 mm。

3. 颗粒分析的上、下限

颗粒分析的上限点，累计沙重百分数应在 95% 以上，当达不到 95% 以上时，应加密粒径级。级配曲线上端端点，以最大粒径或分析粒径的上一粒径级处为 100%。

悬移质分析的下限点，分析至 0.004mm，当查不出 D_{50} 时，应分析至 0.002mm。推移质和床沙分析的下限点的累积沙重百分数应在 10% 以下。

4. 泥沙颗粒级配表达方法

泥沙颗粒级配可用频率曲线和累积频率曲线表达。

（1）频率曲线。按各粒径组的含量（%）用柱状图表示。

（2）累积频率曲线。按相应于各粒径的累积沙重百分数（小于某粒径的累积沙重百分数）表示。曲线绘制方法，按所采用的坐标分为半对数图、对数-概率格图。

1）半对数图。横坐标表示粒径，用对数格，纵坐标表示小于某粒径的沙重百分数，用一般方格表示，如图 9.5-1 所示。

2）对数-概率格图。横坐标为粒径，用对数表示，纵坐标用概率格，表示小于某粒径沙重百分数。如图 9.5-2 所示。

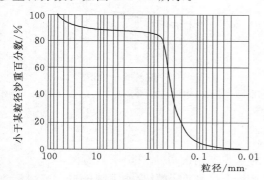

图 9.5-1　泥沙颗粒级配曲线（半对数图）

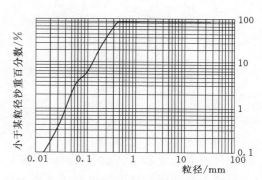

图 9.5-2　泥沙颗粒级配曲线（对数-概率格图）

3）方格图。用于 ϕ 分级法。

9.5.3 试样制备

野外采集到的沙样，根据分析方法的要求分别进行处理，并制备成符合颗粒分析要求的试样。

9.5.3.1 试样保存

试样一般应及时进行分析，不宜保存过久，当不能及时分析时，应将试样进行妥善保存。对于由沙组成的床沙或沉积物样品，其中含一定数量的黏土，应在湿润的状态下保存，防止沙样因干燥而发生胶结。如果湿样需要保存较长时间，则应加入防腐剂做防腐处理，如需要保存干沙样，应采样冰冻干燥法进行处理。对于悬移质沙样，含有较多的粉砂和黏土，应避光低温保存，防止有机物生长。

9.5.3.2 沙样分离

含有黏土、粉砂和砂粒的泥沙，需要运用筛析法、清水沉降法或混匀沉降法等多种方法结合分析。需要运用孔径 0.07mm（或 0.062mm）的洗筛将沙样中的粗、细成分分离，也可将沙样注入盛清水的沉降管中用沉降法分离，沙样中如有杂草、贝壳等杂质应当除掉。

9.5.3.3 分样

1. 细泥沙（$D<0.05$mm）

对于沙量较多，需要进行分沙处理的细泥沙含量较多的水样，可使用两分式分沙器（图 9.5-3）或旋转式分沙器（图 9.5-4）进行分沙。用两分式分沙器分沙时，应先将水样摇匀，然后将水样小股地、均匀往返地注入分沙槽内。用旋转式分沙器分沙时，转速应均匀，被分水样要适中并搅拌均匀后再注入分沙器漏斗中，注入的速度要均匀一致。如果样品中不含大于 0.05mm 的泥沙，可采用在量筒内充分搅拌均匀后用吸管吸样分沙。

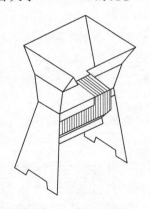

图 9.5-3 两分式分沙器

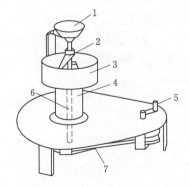

图 9.5-4 旋转式分沙器

1—漏斗；2—偏心管嘴；3—分隔漏斗；4—支承圆筒；
5—摇把；6—中心轴；7—转动轴

2. 床沙样品

床沙样品数量较多需要分样时，根据沙样的干、湿情况分别采用下列方法。

（1）干沙分样。将沙样堆放于光滑洁净的平板上，拌和均匀后堆成圆锥形，通过圆锥体顶点，用刀子将沙样分成四等份，取其相对的两份混合，此法称为四分法。

（2）湿沙分样。在盛样容器内选择二三处，用薄壁管插入容器直至底部，取出管内沙样混合。

9.5.3.4 有机质处理

当沙样中有机质含量大于1％时，应除去有机质。其基本方法和步骤如下：

（1）样品沉淀后，吸出上层清水，加入30～40mL纯水并搅拌均匀。

（2）根据沙洋重量，按每1g干沙沙样加入5mL 6％双氧水溶液，充分搅拌后，放置5～10min，然后试样移至电炉或酒精灯上，不时地进行搅拌。

（3）待气泡和响声消失后，必要时也可再加入一些过氧化氢，按照步骤重复几次，直至气泡与响声完全消失。

（4）将温度调高，煮沸样品2min左右，除去二氧化碳和余氧。

9.5.3.5 分散处理

可用机械分散方法，将湿润沙样中相互黏结的颗粒进行分散。常用研磨法、搅拌法、振荡法、冲击法、超声波法等方法。

1. 研磨法

用橡皮杆将湿润沙样研磨成黏糊状。

2. 搅拌法

在一根金属杆的上端，连接小型电动机，下端装两叶片。将此杆插入试样中，接上电源，借叶片的高速旋转作用，可在10min内使试样分散。

3. 振荡法

将盛有悬液的容器放在振荡机上振动。有效的振荡方法是在容量500mL的玻璃瓶中，装入250mL左右的试样，盖紧瓶塞，横卧在往复式的振动机上，使瓶中试样来回自行撞击，这种振荡方法可使失水胶结的试样在半小时内分散。

4. 冲击法

在一根金属杆的下端装一有机玻璃圆盘（直径略小于沉降筒内径），盘面钻若干个2mm小孔，使用时，握住金属杆上端，在试样的沉降筒内以每分钟往返30次速度上下往返搅拌一分钟，每次向下时，要强烈触及筒底。用吸管法分析时，用这种方法搅拌，可得到良好的分散效果。

5. 超声波法

将频率100Hz的高频电流加在两个极板上，极板之间有一石英片，电极通电后，石英片会发生同频的机械振荡，这种高频波可使黏结的沙样分散。

9.5.3.6 反絮凝处理

针对粒径小于0.062mm的泥沙样品，用沉降法进行分析，需要进行絮凝处理。

1. 反凝剂选择

反凝剂的选择应根据泥沙颗粒表面电化学性质而定，其选择有以下要求：

（1）当可溶盐的pH值等于或大于7时，选用六偏磷酸钠，当pH值大于7时，选用氢氧化钠。

（2）反凝剂用量，为试样可溶盐mol/g的1.5～2.0倍，无实测资料时，可每克沙加

2mL。当反凝剂用量的体积大于试样体积的 2%时，应减少试样的沙重和重新估算反凝剂的用量。

2. 反凝剂的配置和储存

(1) 配制 $C\left[\dfrac{1}{6}(NaPO_3)_6\right]=0.5mol/L$ 标准溶液。将 51g 六偏磷酸钠溶于水中，搅拌至完全溶解，再加纯水稀释至 1000mL，储存在磨口玻璃瓶中，使用期不超过 3 个月。

(2) 配制 $C(NaOH)=0.5mol/L$ 标准溶液。迅速称取 20g 氢氧化钠，加纯水搅拌溶解，冷却后，再加纯水稀释至 1000mL，储存于带皮塞的玻璃瓶中，使用有效期不超过 3 个月。

使用时，先倒出适量的反凝剂于玻璃杯中，从杯中吸取需要量，剩余的舍弃。不得用吸管由试剂瓶内直接吸取。

3. 絮凝处理步骤

(1) 用 1mm 孔径洗筛除去样品中的杂质。

(2) 用 0.062mm 孔径洗筛将试样分成两部分。筛上部分不做反凝处理，筛下部分如沙量过多，应进行分样。

(3) 将试样移入沉降分析筒内，加纯水至有效容积 2/3 处，用搅拌器强烈搅拌 2～3min，搅拌速度每分钟往返不少于 30 次。

(4) 按上面要求，选用和加入反凝剂，再搅拌 2min，加纯水至规定刻度，静置 1.5h 后，即可进行分析。

9.5.3.7 分析用水

为了使泥沙颗粒分析在标准条件下进行，使不同河流或同一河流不同时期的颗粒分析成果能互相比较，颗粒分析用水要使用蒸馏水或用离子交换树脂制取的无盐水。分析用水经过检验应符合以下要求：

(1) Cl^-。分别取 10～20mL 水样，装入两个小试管中，将数滴 1%的硝酸银滴入任一试管中，不出白色，其透明度与未加试剂的另一试管相同。

(2) 总硬度。取 10mL 水样，先加入 1mL 氨缓冲溶液，然后再加入 1 滴铬黑 T 指示剂，水样呈纯蓝色，而不显紫红色。

(3) pH 值。在 5～7 之间。

(4) SO_4^{2-}。取 10mL 水样放入小试管内，加入 0.5mol/L 氯化钡溶液 3mL，加热后不发生浑浊现象。

为了比较天然泥沙用无盐水分析和用天然河水分析的颗粒分析成果。有的国家规定每年要进行一定数量的对比分析。凡用天然水进行分析时，室内的各项沙样处理均用天然水进行。

9.5.4 砂、卵石颗粒级配测定

用砂、卵石颗粒级配的测定的主要方法有尺量法、筛分析法、粒径计法等方法。

9.5.4.1 尺量法

1. 使用尺量法的主要设备的要求

(1) 分离筛，孔径 32mm，外框直径 400mm。

（2）游标卡尺，分度值 0.1mm。

（3）台秤或杆秤，分度值 10g，药物天平分度值 1g。

2. 分析步骤与技术要求

将全部样品用 32mm 孔径筛分离，筛下部分，视沙量多少按不同方法进行处理。

（1）床沙样品粒径大于 16mm 的颗粒占总重的 90％以上时，可在现场用 16mm 孔径筛进行分离。筛上部分全部用于分析，筛下颗粒称其重量后直接参加颗粒级配计算。

（2）床沙样品中粒径大于 16mm 的颗粒少于 90％，且砾石、砂粒的重量超过 3kg 时，用 16mm 孔筛将全部样品进行分离，筛上全部作为分析试样。筛下部分，在现场称其湿沙重，用四分法取 1～3kg 装入塑料袋，防止水分损失，带入室内进行分析。筛上卵石颗粒，依粒径太小次序排列后，分成若干自由组，其中最大粒径列为第一组。每组挑选最大一颗或两颗用游标卡尺量其二轴，求出几何平均粒径。当整个样品卵石数量少于 15 颗时，应逐颗测量。

各组最大颗粒的粒径为

$$D_i = \sqrt[3]{abc}$$

（9.5－2）

式中　a——颗粒长轴方向的长度，mm；

b——颗粒垂直于 a 方向的最大宽度，mm；

c——颗粒垂直于 a 和 b 方向的最大厚度，mm。

（3）分别对各组沙样称量。

3. 实测颗粒级配计算

小于某粒径沙重百分数计算公式：

$$P_i = \frac{W_{sui} + W_{sL}}{W_{su} + W_{sL}} \times 100$$

（9.5－3）

式中　P_i——全样小于某粒径沙重百分数，％；

W_{sui}——卵石部分小于某粒径的累积沙重，g；

W_{su}——筛上颗粒的干沙重，g；

W_{sL}——筛下颗粒的干沙重，g。

根据实测粒径和累积沙重百分数点绘颗粒级配曲线，从曲线图上摘录规定粒径级及相应的累积沙重百分数。

9.5.4.2　筛分析法

1. 筛分析机理

沙样过筛率与过筛时间的关系曲线有急变、过渡和缓变三段。急变段沙样过筛时间快，关系线坡度大，在概率纸上呈直线，在过渡区，沙样过筛速率逐渐减弱。关系线呈曲线形，至缓变段，因过筛时间已经很长，能过筛而仍留在筛上的沙样，其粒径与筛网孔径相当接近，沙样过筛很慢，曲线坡度平缓。要使所有粒径小于筛孔的沙样全部过筛，筛析时间必须长。试验表明，沙样的筛析级配是一个不确定的数值，它随振筛时间、振筛方法、使用套筛的级数、沙样数量和干湿程度、筛网的制作材料、筛孔的均匀程度等多种因素有关，任一条件发生变化，都将给筛析成果带来影响。如要获得一个可供比较的颗粒级配成果，必须使用标准的分析筛，限定使用条件，并严格执行操作规程。

2. 筛分析仪器

分析筛主要有大型圆孔筛、普通筛、小型筛、洗筛、微孔筛、烘箱等设备。

(1) 分析筛。指筛孔为 Φ 标准孔径系列。圆孔粗筛，直径为 4mm 以上各级，筛框尺寸有 400mm 和 200mm 两种。方孔编织筛，孔径为 0.062～2mm 各级，筛框尺寸有 200mm 和 120mm 两种。筛框应均为硬质不变形的金属材料，网布为耐腐蚀、耐磨损和高强度的铜丝编织。筛框无受压变形，框网焊接牢固，光滑无缝隙；编织筛的经纬线应互相垂直、无扭曲、无断丝、触感无凹陷。

方孔编织筛，使用前或使用 1～3 年后，应用投影放大仪或高倍显微镜检测一次。当检测孔径与标号尺寸的偏差符合规范控制指标时方可使用。

(2) 振筛机。旋转敲击形式，附有定时控制器，运行时差为每 15min 不超过 15s。

(3) 其他设备。分度值 10mg 和 1mg 的天平各一台；电热干燥箱、超声波清洗机、游标卡尺、软质毛刷、平口铲刀等。

3. 筛分析步骤

(1) 对粒径大于 2mm 的颗粒。将圆孔粗筛，依孔径 32.0mm、16.0mm、8.0mm、4.0mm 筛组装成套；将试样置于套筛最上层，逐级手摇过筛，直至筛下无颗粒下落为止；当样品沙重过多时，可分几次过筛，同一组的颗粒，可合并称重计算。

(2) 对粒径小于 2mm 的颗粒。用外框 200mm 或 120mm 的方孔编织筛，依孔径 2.00mm、1.00mm、0.5mm、0.25mm、0.180mm、0.125mm、0.090mm、0.062mm 筛和底盘组装成套；将试样倒在套筛最上层，用软质毛刷拂平，加上顶盖；移至振筛机座上，套紧压盖板，启动振筛机，定时振筛 15min。

(3) 逐级称量沙重。从最上一级筛盘中挑出最大颗粒，用游标卡尺量其三轴并称其重量，列为第一粒径组；分别称各级筛盘中的沙重，小于某粒径的沙重，为该筛孔以下各级沙重之和，由小到大，逐级累计，直至最大粒径。

(4) 当累计总沙重与备样沙重之差超过 1% 时，应重新备样分析。

4. 筛分析颗粒级配计算

(1) 粒径 2mm 以上部分的小于某粒径沙重百分数按照式 (9.5 - 3) 进行计算。

(2) 粒径 2mm 以下部分的小于某粒径沙重百分数，无分样情况时为

$$P_i = \frac{W_{sLi}}{W_{su} + W_{sL}} \tag{9.5 - 4}$$

有分样情况时为

$$P_i = \frac{W_{sLVi}}{W_{sLV}} \times 100\% \tag{9.5 - 5}$$

式中　W_{sLi}——筛下小于某粒径的沙重，g；

　　　W_{sLV}——筛下用于分析的分样沙重，g；

　　　W_{sLVi}——筛下分样中小于某粒径的沙重，g。

(3) 当分析筛孔径与规定粒径级不完全一致时，转换成规定的粒径级及相应的沙重百分数。

9.5.4.3 粒径计法

1. 主要仪器构成

粒径计法使用的主要仪器有粒径计管、注样器、洗筛、天平、温度表、接沙杯、电热干燥箱等。

（1）粒径计管。根据适用粒径范围和沙重不同，粒径计管可分别选用不同规格，如图9.5-5所示。粒径计管主要有管长1300mm，内径40mm，沉降距离1250mm，最大粒径观读沉距1000mm；管长1050mm，内径25mm，沉降距离1000mm，最大粒径观读沉距800mm两种。粒径计管下端80～100mm处，开始逐渐收缩至管底口内径8mm，管内壁光滑，管身顺直，中部弯曲矢距小于2mm。

粒径计管标记，应用钢尺测量，油漆刻画。沉降始线，由管的下口向上量至1250mm和1000mm水面线，在始线以上5mm处。最大粒径终止线，在始线以下1000mm和800mm处。

粒径计管应垂直安装在稳固的分析架上。分析架应位置适中，光线明亮，避免热源影响和阳光直射，管高和两管间距以便于注样操作为宜。

（2）注样器。如图9.5-6所示，注样器由带柄玻璃短管与皮塞组成，管长45mm，外径为34mm或22mm，柄长20～30mm。注样器盖为一圆薄片，直径略大于注样器外径，并用细线与管柄连接。

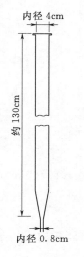

图9.5-5　粒径计管
示意图

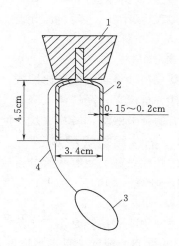

图9.5-6　注样器纵剖面图
1—橡皮塞；2—玻璃管；
3—盖子；4—线绳

2. 分析试样制备

（1）试样经过大于1mm孔径洗筛除去杂质后，再经0.062mm孔径筛水洗过筛将其分离为两部分，筛上部分用本法分析。

（2）当沙重超过粒径计法规定范围时，可用两只或多只注样器盛装，分别分析，同粒径级的沙重可以合并。

（3）将试样移入注样器，注入纯水至有效容积 4/5 处。

3．分析步骤

（1）将粒径计管下端管口套上皮嘴，管内注入纯水至水面线。

（2）为每只粒径计管配备 5～6 个接沙杯，并注满纯水。

（3）观测管内水温，准备操作时间表和计时钟表。

（4）将注样器加上盖片，手握注样器，拇指按住盖片，摇匀试样，在预定分析前 10s 将注样器倒立，松开拇指，将试样移入粒径计管内，按预定分析开始时间，迅速准时接触水面，同时开动秒表，旋紧皮塞，观读和记录最大粒径到达"终线"的时间。

（5）当管口旋紧皮塞后，立即拔掉下管口皮嘴，放上第一个接沙杯。当第一组粒径沉降历时终了时，迅速将杯移开，同时换上第二个接沙杯，如此交替接、换，直至最后一级。

（6）将管内余样放入尾样杯，澄清后，将沉积泥沙移入小于 0.062mm 粒径级杯内。

（7）各接沙杯澄清后，小心倾出上层清水，移入电热干燥箱，在 100～105℃ 条件下烘至无明显水迹后，再继续烘干 1h，切断电源。

（8）待干燥箱内温度降至 60～80℃ 后，将接沙杯移入干燥器内，加盖冷却至室温，逐个称重，并用下式计算各粒径组沙重。

$$W_{si} = W_{sib} - W_b \qquad (9.5-6)$$

式中　W_{si}——某粒径组沙重，g；

　　　W_{sib}——某粒径组沙、杯共重，g；

　　　W_b——某杯空杯重，g。

4．颗粒级配计算

（1）小于某粒径沙重百分数可比照式（9.5-4）进行计算。

（2）粒径计分析成果，受群体沉降和扩散影响，应根据标样对试验分析确定的方法进行校正，校正后的颗粒级配，转换成规定的粒径级及相应的沙重百分数。

9.5.5 粉砂、黏性颗粒级配测定

粉砂、黏性颗粒级配测定有吸管分析法、消光法、离心沉降法等方法。

9.5.5.1 吸管分析法

1．工作原理

吸管分析法又称吸管法，是用于小于 0.05mm 细泥沙颗粒的最可靠的常规分析方法，若 0.05～0.1mm 之间的泥沙含量不多也可延长至 0.1mm。

假定沙样中有粗、中、细三种颗粒，并均匀分布于沉降筒各处。这时如从任何位置吸取某一容积 V_0 的悬液，并测定其沙量 W_s，则悬液的总沙量 W_{s0} 为 $W_{s0} = \dfrac{W_s}{V_0} V$（$V$ 为悬液总容积）。

假定开始沉降后的 t_1 秒，粗粒已全部通过 h 深度的 AA' 平面，此时 AA' 平面以上将不再有粗粒存在。同一时刻，虽有一部分中细砂粒通过 AA' 平面，但该断面以上会有相同数量的同样大小的颗粒不断补充，故该处的中细砂的含沙量保持不变。此时如正在 AA' 处吸取薄层水样，假定吸得的容积为 V_1、沙重为 W_{s1}，则全部悬液中的中细沙粒总量

W_s 为

$$W_s = \frac{W_{s1}}{V_1} V$$

设中细颗粒沙量在总沙量中所占的百分数为 P_1（小于粗粒径的沙量百分数），则有

$$P_1 = \frac{W_{s1}}{W_{s0}} \times 100 = \frac{W_{s1} V_0}{W_s V_1} \times 100, 如 V_0 = V_1$$

则有

$$P_1 = \frac{W_{s1}}{W_s} \times 100$$

同理，可以求得小于其他粒径的沙量百分数，最后可得沙样的级配曲线。

2. 主要仪器设备

（1）吸样装置。有手持式、机械式和真空瓶式等三种：

1）手持式吸样装置由吸管、洗耳球和橡皮软管三部分组成，如图 9.5-7 所示。吸样前，用手压扁洗耳球，因软管内有一直径比管径略大的钢球（或玻璃球），可以截断球和移液管的空气通道。当用手捏钢珠而挤压橡皮管时，即形成一小缝，使移液管与洗耳球间的空气通道流通，借洗耳球恢复原形所形成的负压便能吸取水样。

2）机械式吸样装置有多种型式，最常用的是机械分析架和真空瓶吸样装置。机械分析架（图 9.5-8）由升降架、吸管、简易负压吸液器和冲洗瓶等组成。吸管可绕主螺杆旋转，并可上下升降和前后微动。管上有两个活塞开关，分别用橡皮管连接于冲洗瓶和负压吸液器。负压吸液器系利用 30mL 的注射器制成，简便适用。

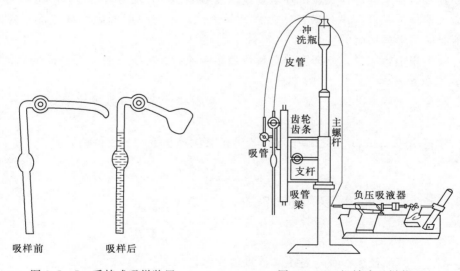

图 9.5-7　手持式吸样装置　　　　图 9.5-8　机械式吸样装置

3）真空瓶式吸样装置，由真空瓶负压抽吸器、吸管升降架和吸管冲洗器等几个部分组成（图 9.5-9）。其负压装置系一密封的真空瓶，为吸样提供动力。吸管装在吸管架上，既可垂直移动又可左右移动，便于同时分析几个样品。吸管上带用三通开关，用以控制吸样、泄样和洗管等项动作。

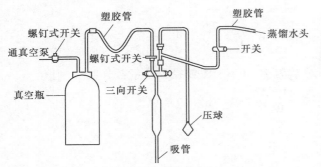

图 9.5-9　真空瓶式吸样装置

（2）其他设备。吸管分析法还需量筒（容积为 600mL 或 1000mL），洗筛，搅拌器，盛沙杯，天平或电子秤，干燥器，温度计，比重瓶等。

3．分析步骤

（1）吸管法的沙样应进行反凝处理，反凝试剂在沙样浓缩后加入，随后再充分搅拌，使试剂能与沙样充分作用，静置一段时间后再进行颗粒分析。

（2）将沙样摇匀倒入量筒，加无盐水至规定刻度后测定浑液温度，然后用搅拌器强烈搅动 10s，再在量筒内上下搅动 1min（往返各 30 次）。每次向下时均应较强烈地触及筒底，向上时，不能提出水面，以免浑液掺气。

（3）取出搅拌器，将吸管垂直于量筒中央插入到 20cm 深度处，吸样 25mL 注于盛沙杯中，用以测定总浓度。

（4）再将搅拌器放入量筒内，按第（2）步搅拌 1min，取出搅拌器，立即开动秒表计时。

（5）根据悬液温度、粒径分组和沉降距离，采用规定的沉速公式，可计算制定吸样时间表。等到各粒径组的泥沙颗粒沉降至规定深度处之前约 15s 时，慢慢将吸管垂直地自量筒中央插入至预定深度，准备吸样。吸样开始时间，按操作时间表中规定的正点时间提前，提前时间为吸样历时的一半。

（6）吸到规定容积时，立即取出移液管放出吸液，并冲洗吸管，将水样烘干、称重。

4．颗粒级配计算

（1）粒径大于 0.062mm 的筛上部分，小于某粒径沙重百分数可比照式（9.5-3）进行计算。

（2）粒径小于 0.062mm 的筛下部分，小于某粒径沙重百分数计算公式：

$$P_i = \frac{W_{sLi} - a}{W_{sLj} - a} \times 100C \qquad (9.5-7)$$

式中　W_{sLi}——筛下部分小于某粒径的吸样沙重，g；

$\qquad W_{sLj}$——筛下部分试样搅拌均匀时的吸样沙重，g；

$\qquad a$——吸样体积内分散剂重，g；

$\qquad C$——某粒径组沙重与各组总沙重的比值。

当吸样容积多于或少于预定容积时，应乘以容积改正系数。

9.5.5.2　消光法

消光法适用于粒径 0.05～0.005mm（不做消光系数改正）或 0.002mm（做消光系数改正）及浓度为 0.05%～0.1% 的泥沙颗粒分析。部分仪器将沙样分为小于 0.05mm 及 0.25～0.05mm 两类分别分析，可将分析范围适当扩大。

1. 基本原理

根据光线通过浑水强度被削弱，且削弱的光强与泥沙浓度成正比的原理，通过测定光强的变化，获取泥沙浓度的变化，进而确定泥沙级配。光强与泥沙悬液浓度之间的关系可用下式表示：

$$I = I_0 e^{-KSL/D}$$

(9.5 - 8)

式中　I_0、I——通过蒸馏水和泥沙悬液后的光强；

　　　e——自然对数的底；

　　　K——消光系数；

　　　S——透光层的含沙量；

　　　D——泥沙粒径；

　　　L——光线透过液层的厚度。

将关系式变为自然对数形式，则为

$$\ln \frac{I_0}{I} = \ln I_0 - \ln I = \frac{KSL}{D}$$

消光仪器并不直接测定透射光强，而是将透射光经过光电转换元件接收后，转换成为电量（电流或电压），由仪表显示记录。应用消光仪进行颗粒分析时，仪器将一个光源分为两个光路，同时分别透过容积尺寸相同的蒸馏水和泥沙混匀悬液，按适宜的移动速度自下而上地扫描。起初，沉降盒内泥沙刚开始沉降，两光路的光强读数的对数差最大；此后，由大到小的各种泥沙颗粒先后降到射光层底边以下，仪器的读数逐渐减小。因消光系数 K 实际上是随粒径而变化，可以运用散射消光原理从理论上导出 K 随粒径而变化的规律，经过黄河、长江若干组不同粒径的沙样测定的消光系数，验证了上述规律。应用消光法分析时，只需对较细粒径组采用消光系数改正，能使分析下限达到 0.002mm。

2. 主要仪器

河流泥沙颗粒分析主要采用光电颗粒分析仪。目前，主要使用的专用仪器有 GDY-1 型和 NSY-1 型两种：

（1）GDY-1 型仪器。由光源电路、光学系统、沉降盒及传动系统、光电接收和记录显示等部分组成，沉降盒的沉降距离为 10cm，分析泥沙的粒径范围为 0.05～0.005mm。

（2）NSY-1 型仪器。沉降盒的高度为 30cm，沉降盒的底部装设孔口，在分析细颗粒部分时，可令悬液自孔口徐徐排出以降低液面，缩短分析历时，分析范围 0.05～0.005mm，如将沙样大于和小于 0.05mm 两部分分别放入沉降盒沉降并记录其光密度变化，分析范围可扩大为 0.25～0.002mm。

消光法用到的其他仪器包括自动记录仪、稳压器、量筒、搅拌棒、温度计、分沙器、洗筛和秒表等。

3. 沙样制备

消光法分析制备沙样方法如下：

（1）用分样器分取符合要求的沙重。

（2）用置换法测定试样沙重。

（3）将已知沙重的试样过 0.062mm 孔径的洗筛，筛上部分用其他方法测定颗粒级配，筛下部分接入 500mL 量筒中。

（4）将量筒内试样加入适量的反凝剂，并加纯水 300～500mL，充分搅拌分散，静置 1.5h 后做消光法分析。

4. 消光法操作步骤

（1）开机预热。

（2）调试仪器。记录仪指针零点检查，走纸速度和扫描方式选择，沉降距离检查及仪器说明书要求的有关内容。

（3）充分搅拌量筒中制备好的样品，停止搅拌的同时，随即用吸管吸取适量试样注入沉沙盒内，加纯水至满刻度线并测记水温。

（4）搅拌沉降盒内试样使其均匀，停止搅拌的同时沉降计时开始。

（5）在沉降过程中，根据选择的沉降扫描方式对试样进行扫描。

（6）根据选用的仪器情况，事先输入或在分析结束后填写记录曲线速度、样品来源、取样日期、分析日期和试样水温等。

5. 颗粒级配计算

（1）筛上部分可比照式（9.5-3）进行计算。

（2）筛下部分小于某粒径沙重百分数用下式计算：

$$P_i = \frac{\sum_{j=1}^{i} \dfrac{D_j}{K_j} u_j}{\sum_{j=1}^{n} \dfrac{D_j}{K_j} u_j} \times 100C \qquad (9.5-9)$$

式中　P_i——小于某粒径沙重百分数，%；

　　　D_j——某粒径组上、下限粒径的算术平均值，mm；

　　　u_j——某粒径组上、下限粒径相对应的光密度的差值；

　　　C——某粒径组沙重与各组总沙重之比值；

　　　K_j——消光系数，当分析下限点为 0.004mm 时，消光系数可做常数处理。

9.5.5.3　离心沉降法

1. 仪器设备

离心沉降颗粒分析仪有清水沉降的圆盘式和混匀沉降的直管式两种。具体选用何种仪器根据层流区雷诺数的范围和泥沙样品情况，结合仪器特点，对试样浓度的选用、沉降介质的配制、仪器转速的选定等与吸管法进行对比试验，确定选用仪器。

所用到的其他设备包括量筒、吸管、搅拌器、天平、洗筛、温度计等。

2. 沙样制备

（1）直管式离心沉降颗粒分析仪的试样制备，与消光法沙样制备相同。

（2）圆盘式离心沉降颗粒分析仪的试样制备，按吸管法制备试样和进行分级吸液操作；当吸管法分析至 0.031mm 或 0.004mm 时，再用吸管吸取小于 0.031mm 或 0.004mm 的试样，供作离心沉降分析。

3. 离心沉降分析的操作步骤

（1）开机预热。

（2）对仪器进行检查调试。

（3）输入专用程序。

（4）输入测试粒径的分级数、预置各粒径级。

（5）输入试样名称、取样地点、取样日期、分析日期、试样密度、沉降介质密度和黏度等。

（6）选择分析方式。

（7）圆盘式离心仪，从制备好的样品中吸取适量试样进行测试，直管式离心仪，可直接将消光法或吸管法分析的试样进行离心沉降分析。

（8）输出各种数据和沙重分布图表等结果。

4. 颗粒级配计算

（1）混匀沉降分析的颗粒级配按式（9.5-3）计算。

（2）清水沉降分析的颗粒级配用下式计算：

$$P_i = \frac{\sum\limits_{j=1}^{i} \overline{\rho_j}\,\overline{\omega_j}\Delta t_j}{\sum\limits_{j=1}^{n} \overline{\rho_j}\,\overline{\omega_j}\Delta t_j} \times 100C \tag{9.5-10}$$

式中　P_i——小于某粒径沙重百分数，%；

　　　$\overline{\rho_j}$——时距 Δt_j 内的泥沙平均浓度；

　　　$\overline{\omega_j}$——时距 Δt_j 内的泥沙平均沉速；

　　　C——某组沙重与各组总沙重之比值。

（3）同一样品的不同粒径级分别由不同方法测完时，应根据各颗分方法的分级沙重与总沙重的关系，将分段测定的颗粒级配合成为统一的小于某粒径沙重百分数。

9.6 干容重观测

9.6.1 淤积物干容重

干容重指不含水分状态的容重，一般用于表示淤积物的压实效果，干容重越大表示压实效果越好。淤积物干容重受淤积物粗细及组成、淤积时间、淤积物、埋深及是否露出水面等四方面因素的综合影响，干容重变化很复杂。淤积物干容重又包括淤积物初期干容重、密实过程中的干容重和稳定干容重。

1. 初期干容重

室内试验和野外观测资料表明，$D<0.1$mm 以下的淤积物（特别是 $D<0.02$mm 时）初期密实较快，干容重迅速增加，经过较短时间（大约数日以至十数日）后，密实速度大为降低且干容重增加很慢，趋于初步稳定。初期干容重就是指初步稳定时期的干容重，室内试验不特别压密条件下和野外观测到新淤积物的干容重均属于初期干容重。对于 $D>0.1$mm 的淤积物，初期干容重就是不特别压密条件下的稳定干容重。除初期干容重外，还有所谓干容重与第一年干容重之说。若淤积物很细且完全淹没，以上这两种干容重与初期干容重相近；若淤积物常露出水面发生密实，上述两种干容重就会大于初期干容重。

淤积物取样在上一节进行了详细的介绍，关于干容重的分析也将在本节后面叙述，以下介绍初期干容重研究的有关计算成果。

（1）莱恩及柯兹尔根据一些水库初期干容重资料，给出经验公式：

$$\gamma_0 = 0.816(R+2)^{0.13} \tag{9.6-1}$$

式中 γ_0——初期干容重，t/m^3；

R——$D > 0.05mm$ 泥沙百分数。

经与一些实际资料对比，此式不适用于很细的颗粒和很粗的砾石，卵石等。

（2）拉腊通过搜集多地水库资料，用回归分析方法得出初期干容重：

$$\gamma_0 = a_c P_c + a_m P_m + a_s P_s \tag{9.6-2}$$

式中 P_c、P_m、P_s——泥沙中黏土（$D < 0.004mm$）、粉土（$0.00mm \leqslant D < 0.062mm$）、砂土（$D \geqslant 0.0062mm$）含量百分数；

a_c——黏土分组泥沙的干容重；

a_m——粉土分组泥沙的干容重；

a_s——沙土分组泥沙的初期干容重。

a_c、a_m、a_s 根据泥沙暴露情况，由表 9.6-1 决定。

表 9.6-1 各种泥沙暴露情况分组初期干容重表

淤积物暴露情况	a_c	a_m	a_s
经常淹没	0.417	1.123 1.140	1.558
时出时没	0.562	1.140	1.558
经常空库	0.643	1.156	1.558
河槽中泥沙	0.963	1.172	1.558

（3）韩其为给出的对于均匀颗粒淤积物初期干容重计算方法：

$$\gamma_0 = \begin{cases} 1.41\left(\dfrac{D}{D+4\delta_1}\right)^3 & (D \leqslant 1mm) \\ 1.89 - 0.472\exp\left[-0.095\left(\dfrac{D-D_1}{D_1}\right)\right] & (D \geqslant 1mm) \end{cases} \tag{9.6-3}$$

式中 δ_1——薄膜水厚度，取 $4 \times 10^{-7}m$。

对于非均匀沙，当 $D < 0.1m$ 时，可以不考虑不同粗细颗粒之间的填充，按下式计算：

$$\frac{1}{\gamma_0} = \sum_e \frac{R_e}{\gamma_{0.e}} \tag{9.6-4}$$

式中 $\gamma_{0.e}$——第 e 组泥沙的初期干容重，由式（9.6-3）决定；

R_e——第 e 组泥沙级配。

对于非均匀沙，当 $D \geqslant 0.1mm$ 且粒径范围很广时，初期干容重为

$$\frac{1}{\gamma_0} = \frac{R_1 Q}{\gamma_{0.1}} + \frac{(1-Q)R_1}{\gamma_s} + \frac{R_2}{\gamma_{0.2}} \tag{9.6-5}$$

式中 R_1、R_2——粗、细两组淤积物的级配；

$\gamma_{0.1}$、$\gamma_{0.2}$——分组的初期干容重。

其中

$$Q = 1 - P_2^{n+1} \tag{9.6-6}$$

P_2 表示粗颗粒空隙未被细颗粒充填的概率，n 表示充填的层数：

$$n = \frac{1}{2} + 0.078 \frac{D_1 + D_2}{D_2} \tag{9.6-7}$$

$$P_2 = \frac{\dfrac{R_2}{D_2}}{\dfrac{R_1}{D_1} + \dfrac{R_2}{D_2}} \tag{9.6-8}$$

式中 P_2——与细颗粒接触的概率；

D_1、D_2——粗、细两种砂的粒径。

2. 密实过程中的干容重

莱恩及柯兹尔给出的密实过程中的干容重经验公式：

$$\overline{\gamma} = \gamma_1 + B \lg t \tag{9.6-9}$$

式中 γ_1——淤积物经过一年后的干容重，t/m^3；

B——常数，t 以年计。

γ_1 与 B 视粒径粗细与水库运用方式而异。式（9.6-9）给出的是淤积 t 年时的干容重，至于从开始至淤积 t 年后的平均干容重，密勒将式（9.6-9）积分，得出平均干容重：

$$\gamma_m = \gamma_1 + 0.438 B \left(\frac{t}{t-1} \ln t - 1 \right) \tag{9.6-10}$$

3. 稳定干容重

淤积物密实过程资料相对较少，如果淤积年限很长，往往直接使用稳定干容重。稳定干容重是指经过长期的一般的压密（上面被其他淤积物覆盖）后的干容重。根据有关研究成果，对于非均匀沙，当 $D > 0.1 mm$ 时的淤积物由于压密影响很小，粗细颗粒充填作用大，可以采用表 9.6-2 的结果。

表 9.6-2　　　　　　　　　　非均匀沙稳定干容重表

泥　沙		稳定干容重/(t/m^3)
名称	粒径范围/mm	
黏土	<0.005	0.8~1.2
淤泥	0.005~0.05	1.0~1.3
中细砂	0.01~0.5	1.3~1.6
砾石、粗砂	0.5~10	1.4~1.8
卵石	>10	1.7~2.1

9.6.2　取样仪器的研制与改进

目前，国内外常用的干容重取样仪器有转轴式采样器、环刀、旋杆式采样器、活塞式钻管采样器、重力式钻管采样器、挖斗式采样器、AZC 型采样器、AWC 型采样器等。

1. 转轴式采样器

转轴式采样器是目前国内淤积物干容重取样广泛使用的仪器之一，体积小、质量轻、便于携带，适合测取软泥表层淤积物原状样品。该仪器不能测取深层样品，也不能用于较硬的淤积物层，故不能用于干容重垂向梯度变化测量。

2. 环刀

环刀是土工常用的一种方法，一般只能用于露出水面以上且含水量小的滩地淤积物，不适用于含水量大的细砂淤泥物。

3. 旋杆式采样器

旋杆式采样器适用于水浅低流速的水下软泥，采用手工旋转的方式取样，不适用于水深较大，水流条件超过仪器的使用范围的淤积物原状取样。

4. 活塞式钻管采样器

活塞式钻管采样器适用于水下 3～5m 深的软泥沙样钻测。但存在以下问题：一是不能测取干容重的垂向梯度变化；二是钻取厚度有限；三是钻管长度固定，不能随泥沙淤积厚薄而变。

5. 重力式钻管采样器

重力式钻管采样器可用于水下软泥中钻测 0.3～1.5m 深的沙样，与活塞式钻管采样器一样不适用于水深较大的测量。

6. 挖斗式采样器

挖斗式采样器主要是满足床沙测验需要，也可用于挖取水下粗砂和小卵石的干容重样品，相当于非原状干容重取样。因采样时对河床有较大的扰动，不能采集粗颗粒样品（仅120mm 口门宽），且采样器容量偏小、仪器重量偏轻。

7. AZC 型采样器

AZC 型采样器是借鉴转轴式采样器原理基础上研制的，根据采样器的采样盒形式分 AZC-1 型（旋转式）、AZC-2 型（插板式）两种型号，如图 9.6-1 所示。采集样品如图 9.6-2 所示。

（a）旋转式采样器（AZC-1）　　（b）插板式采样器（AZC-2）

图 9.6-1　AZC 型采样器

AZC 型采样器其主要有如下特点：

（1）适应于如三峡库区等大水深采样。

（2）对河床淤积物的扰动小。

（3）可一次采取垂线不同位置的多个沙样，能准确的测出干容重垂向梯度变化。

（4）测取的淤积物体积固定，准确可靠。

（5）测取的淤积物样品能同时满足干容重和颗粒级配分析需要。

图 9.6-2 AZC 型采样器采集样品

（6）插管长度可随淤积厚度的变化而变化。可将插管设计成若干小节，采样时根据泥沙淤积厚度的不同，可灵活增减。

8. AWC 型采样器

AWC 型采样器是在原挖斗式采样器基础上改进而成的，主要用于挖取水下粗砂和小卵石等干容重样品，如图 9.6-3 所示。其主要特点如下：

图 9.6-3 AWC 型采样器

（1）口门宽从 120mm 加大到 250mm，增大了挖掘面，提高了采集大颗粒干容重样品的能力。

（2）增大了采样仓容积，有效取样体积由 3kg 增加到 10kg。

（3）将采样器自重由 120kg 增加到 250kg。这使得采样器能顺利下放到河底，采样时更能紧贴床面。

（4）口门形状由平口改为齿状，增加了挖掘力度和厚度。

9.6.3 取样方法和样品分析

淤积物干容重观测按采样方法可分为原状淤积物取样法、非原状淤积物取样法和模拟试验法；按取样仪器来分主要有坑测法、采样器取样法和现场直接测定法。

1. 取样方法

（1）干容重取样位置选择在泥沙淤积部位兼顾泥沙淤积的纵横向分布。

（2）库区和典型河段的实际淤积物厚度，根据水库蓄水前本底资料和新近实测断面资料确定。

（3）干容重取样水深测量采用回声测深仪定标测深。

（4）干容重取样平面定位，使用 GPS 实时导航定位。

（5）对退水后裸露的河床或洲、滩地淤积物干容重测定采用坑测法。

（6）浮泥河床干容重取样主要采用器测法（转轴式、AZC-1、AZC-2 型）。

（7）中细砂河床主要采用器测法，包括转轴式、挖斗式采样器。

（8）粗砂河床主要采用器测法，包括犁式、挖斗式采样器。

（9）砾、卵石河床主要采用器测法，包括犁式、挖斗式采样器。

（10）沙样应在现场测量容积，并使用量测精度为 1g 的台秤称重并记录。

2. 分析方法

（1）采用转轴式、AZC 型采样器测取的样品，现场记录体积、重量并全部带回实验室，进行烘干、称重和颗分，计算干容重。

（2）对粗颗粒泥沙（一般为大于 2mm）应先进行现场筛分处理，2mm 以下的泥沙密封后带回室内采用结合法进行分析。

（3）干容重样品均应做泥沙颗粒分析。其分析方法可采用水析法或筛析法。水析法包括粒径计法、吸管法、消光法、离心沉降法、激光法。

第 10 章

数据处理系统及信息管理

10.1 概述

　　数据处理系统，是指运用计算机处理信息而构成的系统。其主要功能是将输入的数据信息进行加工、整理，计算各种分析指标，变为易于被人们所接受的信息形式，并将处理后的信息进行有序储存，可通过外部设备传输给信息使用者。数据处理主要包括八个方面：①数据采集；②数据转换；③数据分组；④数据组织；⑤数据计算；⑥数据存储；⑦数据检索；⑧数据排序。数据处理的基本目的是从大量的、可能是杂乱无章的、难以理解的数据中抽取并推导出有价值、有意义的数据。数据处理技术的发展及其应用的广度和深度，极大地影响着社会发展的进程。

　　信息管理是为了有效地开发和利用信息资源，以现代信息技术为手段，对信息资源进行计划、组织和控制。简单地说，信息管理就是人对信息资源和信息活动的管理。信息管理有两个基本要求：一是及时，二是准确。所谓及时就是信息管理要灵敏、迅速地发现和提供管理活动所需要的信息，一方面要及时发现和收集信息；另一方面要及时传递信息。因此，要以最迅速、最有效的手段将有用信息提供给有关部门和人员，使其成为决策、指挥和控制的依据。所谓准确，只有准确的信息，才能使决策者做出正确的判断。为保证信息准确，首先要求原始信息可靠；其次是保持信息的统一性和唯一性。因此，在加工整理信息时，既要注意信息的统一，也要做到计量单位相同，以免在信息使用时造成混乱现象。

　　数据处理和信息管理，前者是基础，后者是面向用户的需求，后者指引前者的发展方向。对内陆水体边界测量而言，数据处理系统及信息管理包括数据采集、数据预处理、数据改正、成图、入库以及数据应用和信息发布等。影响内陆水体测量成果的因素是多方面的，至关重要的还是在于野外数据的采集及改正。关于数据的采集，已在前面的章节中进行了论述，本章着重讲述数据处理（改正）及信息发布相关内容。

10.2 数据处理

10.2.1 数据特点

进入 21 世纪后，大数据正前所未有地改变人们的生产生活方式，也同时改变着人们的思维方式和管理模式。大数据让企业拥有了增值的潜力与爆发力：通过对销售大数据的分析应用，企业可以对消费者的需求有更精准的把握，从而进行更有针对性的生产；通过对用户评价大数据的分析挖掘，企业能够更有针对性地改善用户体验，从而促进产品营销。而凭借大数据的支撑，居家生活、旅游出行、投资理财将更为便捷、多样化。大数据的意义不在于数据本身，而在于对数据的分析与应用，从而释放出数据所蕴涵的巨大价值。

内陆水体测量数据，也正在向大数据时代跟进。多波速测深系统、高分辨率侧扫声呐、无人机测量、三维激光扫描测量、机载激光测深等测量新技术，无不以大数据为基础，其承载的数据量，是传统测量技术手段所无法体现的。然而，这些大数据的处理，在经过如内插程序、噪声滤波、边缘建模以及异常检测等优化，获得含有丰富地物信息的表面模型后，除生成漂亮的数字 3D 图外，依然要与传统的数据分析系统相结合，以生成量化的数字高程图形。

由于各种高科技测量手段的数据处理方法千差万别，本章依然以传统的 GNSS 控制测量、边角网、单波束测深校正以及水位改正为基础，来表述内陆水体边界测量的基础处理过程。

10.2.2 GNSS 静态网数据处理

GNSS 数据处理通常包括 GNSS 静态网数据处理、RTK 数据处理、PPK 数据处理等，GNSS 静态网数据处理是 GNSS 数据处理的关键和主要部分。按照应用领域的不同GNSS 数据处理软件可分为科研软件和商用软件。科研软件主要是为了研究新理论和新方法，其用户主要是大学、科研机构等高精度的国家测绘机构等。目前广泛应用的科研软件主要有：BERNESE 软件、GAMIT/BLOBK 软件和 GIPSY。而一般的商用软件主要应用于工程项目，应用已有的理论成果进行实际生产。目前国外常见的后处理软件主要包括天宝公司的 TBC 软件和徕卡公司的 LGO 数据处理系统，国内的后处理软件种类繁多，包括南方测绘公司的 GNSS 数据处理软件、中海达数据后处理软件 HDS2003 软件以及上海华测公司的 Compass 静态处理软件。这些后处理软件本身具有各自的特点，都能满足一般控制测量数据解算的需要，但在数据模型上有不同，因此用各自软件进行数据处理后的结果也存在着细微的差别。

在建立 GNSS 网时，数据处理工作通常随着外业测量的开展分阶段进行，从算法角度分析可以将 GNSS 网数据处理流程分为数据导入、数据转换与标准化（可选）、基线向量解算、网平差等四个阶段。图 10.2－1 为 GNSS 静态网数据处理具体流程。

10.2.2.1 数据导入

在进行基线解算时，首先需要导入原始的GNSS 观测数据。一般来说，各接收机厂商随接收机一起提供的数据处理软件都可以直接处理从接收机中传输出来的 GNSS 原始观测数据，而如果选择第三方数据处理软件，则需要将原始观测数据转换为 GNSS 通用数据格式，目前国际上最常用的格式为 RENIX 格式。

1. 平台环境准备

在进行数据处理之前，首先应建立与工程匹配的坐标系，设置好椭球参数、投影参数等。利用 TBC 软件的工具/Coordinate System Manager，可以调出坐标系统管理器，如 10.2 - 2 所示。

2. 导入数据

以天宝公司的数据处理软件 TBC 为例，打开天宝 TBC 软件，选择文件→导入。或者点击工具栏上的导入标签，在 TBC 窗口右侧点击导入窗口快捷图标。在导入窗口，点击浏览按钮，浏览文件夹对话框显示。浏览到指定的包含数据的文件夹，点击确认（图 10.2 - 3）。

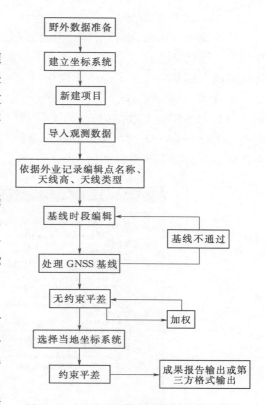

图 10.2 - 1　GNSS 静态网数据处理流程图

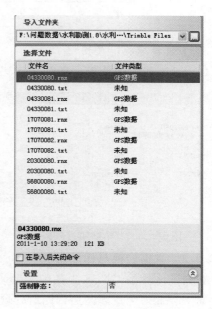

图 10.2 - 3　观测数据导入界面

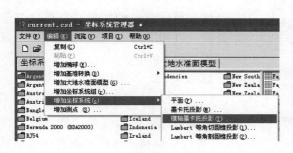

图 10.2 - 2　建立坐标系统

3. 同名点编辑处理

外业观测数据通常会有命名相同的原始观测点,在数据处理前需要对这些点进行确认和处理,当确认为同一点时,需要合并这些点。当两个观测点的位置接近时可采用软件工具栏的放大标签放大显示进一步确认。

4. 下载参考站数据

当 GNSS 网需要联测附近的 CORS 站点进行联合解算时,可通过网络下载命令从当地的 CORS 网站上下载参考站数据。选择文件→Internet 下载,或者在工具栏上点击网络下载标签。数据下载窗口如图 10.2 - 4 所示。

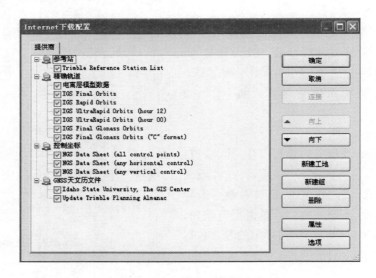

图 10.2 - 4 参考站数据下载

5. 下载精确轨道数据

GNSS 基线数据处理,有时出于工程需要,需要导入精确轨道的 GNSS 时间框架数据,在 GNSS 处理基线时可以使用最后的轨道数据。GNSS 轨道数据导入到工程中,并不是所有的数据都包含电离层数据,当工程需要时,可以在 Internet 下载设置中,新添加一个适合项目属性的地址,下载附加的电离层数据,以利于数据处理。在网络下载窗口,双击 IGS Final Orbits,显示下载参数对话框,如图 10.2 - 5 所示。

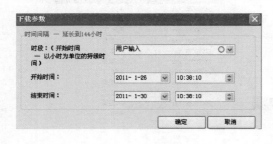

图 10.2 - 5 精确轨道数据下载

10.2.2.2 数据转换与标准化

在内陆水体的 GNSS 测量中主要采用两种方式获取数据:一为野外采集。使用接收机存储卡存储,完成观测后带回后处理;二为使用传输网络将接收机的数据直接传回。以上存储和传输的数据均为二进制数据,而不同厂商、不同型号的接收机输出的二进制数据格式都为自己定义,一般是不同的。尤其在多种型号 GNSS 接收机协同进行数据观测时,需要在进行 GNSS 基线解算之前，将不同型号 GNSS 接收机采集的观测数据进行格式转换。为了方便后续处理，国际上设计了一种通用的 GNSS 数据格式，即 RINEX（Receiver Independent Exchange Format）。

1. RINEX 数据格式

RINEX 格式由瑞士伯尔尼大学天文学院（Astronomical Institute，University of Berne）的 Werner Gurtner 于 1989 年提出，当时提出该数据格式的目的是为了能够综合处理在 EUREF 89（欧洲一项大规模的 GPS 联测项目）中所采集的 GPS 数据，该项目采用了来自 4 个不同厂商的 60 多台 GPS 接收机。

RINEX 格式采用文本文件存储数据，数据记录格式与接收机的制造厂商和具体型号无关，经过多年不断修订完善，目前应用最为普遍的是 RINEX 格式的第 2 版，该版本能够用于包括静态和动态 GNSS 测量在内的不同观测模式数据。

2. RENIX 格式转换

（1）中海达 GNSS 格式转换。HDS 2003 是中海达开发的一款面向项目进行管理的 GNSS 数据处理软件。该处理软件可以将中海达 GNSS 观测数据转换成 RINEX 格式，方法是在左侧树状结构中选取需要转换的数据文件，右击，在弹出菜单中选择"转换成 RINEX 格式"，生成的文件存放在相应项目目录下的 RINEX 子目录中，具体如图 10.2 - 6 所示。

图 10.2 - 6　中海达 GNSS 观测数据转换为 RINEX 格式

（2）南方 GNSS 格式转换。打开南方 GNSS 数据处理软件，导入南方 GNSS 原始观测数据后，点击成果——RINEX 输出后出现图 10.2 - 7 所示的对话框，选择保存路径后确定即可。

（3）天宝 GNSS 格式转换。启动天宝公司的 TBC 软件，运用 Conver to Rinex 模块可以原始观测数据进行格式转换，确认文件的输出路径后可保留默认设置，选择待转换的文件后点击转换按钮，文件开始转换，转换后的数据与原始数据同在一个文件夹下（不改变输出路径的情况下），具体如图 10.2 - 8 所示。

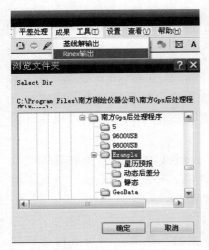

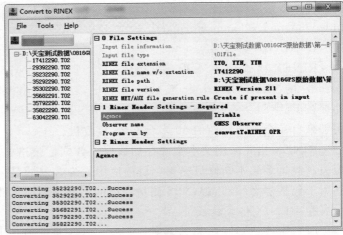

图 10.2 - 7　南方 GNSS 原始观测
数据转换为 RINEX 格式

图 10.2 - 8　天宝 GNSS 观测数据转换为 RINEX 格式

10.2.2.3　GNSS 基线解算

1. 基线解算模型

基线解算即基线向量解算（baseline vector solution），是指在卫星定位中利用载波相位观测值或其差分观测值，求解两个同步观测的测站之间的基线向量坐标差的过程。此前须进行数据预处理，剔除观测值中的粗差，即进行周跳的探测与修复，然后通过参数估计的方法计算出两两接收机间的三维坐标差。与常规地面测量中所测定的基线边长不同，GNSS 基线向量是既具有长度特性又具有方向特性的矢量，而地面基线边长则是仅具有长度特性，基线向量主要采用空间直角坐标的坐标差的形式。

在一个基线解算结果中，包含很多项内容，但其中最主要的只有两项，即基线向量估值及其验后方差-协方差阵。对于一组具有一个共同端点的同步观测基线来说，由于在进行基线解算时用到了一部分相同的观测数据（如三条同步观测基线 AB、AC、AD 均用到了 A 点的数据），数据中的误差将同时影响这些基线向量，因此这些同步观测基线之间存在固有的统计相关性。在进行基线解算时，应考虑这种相关性，并通过基线向量估值的方差-协方差阵加以体现，从而能最终应用于后续的网平差。基线解算模式主要有单基线解模式、多基线解模式和整体解模式三种。

（1）单基线解模式。在上述三种基线解算模式中，单基线解模式（single - baseline mode）是最简单也是最常用的一种。在该模式中基线逐条进行解算，一次仅同时提取两台 GNSS 接收机的同步观测数据来计算基线向量，当在该时段中有多台接收机进行了同步观测而需要计算多条基线时，这些基线将逐条独立解算。由于这种基线解算模式是以基线为单位进行解算的，因而也被称为基线模式（baseline mode）。

单基线解模式的优点是模型简单，一次求解的参数、计算量较少；缺点：一是解算结果无法反映同步观测基线间的统计相关性，由于基线是在不同解算过程中逐一解算的，因此，无法给出同步观测基线之间的统计相关性，这将对网平差产生不利影响；二是无法充分利用观测数据之间的关联性。在大多数情况下，单基线解模式的解算结果能够满足一般工程应用的要求。它是目前工程应用中采用最为普遍的基线解算模式，绝大多数商业软件采用这一模式进行基线解算。

（2）多基线解模式。在多基线解模式（multi - baseline mode）中，基线逐时段进行解算，在进行基线解算时，一次提取一个观测时段中所有进行同步观测的 n 台 GNSS 接收机所采集的同步观测数据，在一个单一解算过程中，共同解出所有 $n-1$ 条相互函数独立的基线。在每一个完整的多基线解中，包含了所解算出的 $n-1$ 条基线向量的结果。

采用多基线解模式进行基线解算时，基线选择的常见方法有射线法和导线法。射线法是从 n 个点中选择一个基准点，所解算的基线为该基准点至剩余 $n-1$ 个点的基线向量；导线法是对 n 个点进行排序，所解算的基线为该序列中相邻两点间的基线向量。由于基线解算模型的不完善，不同选择方法所得到的基线解算结果也不完全相同，基本原则是选择数据质量好的点作为基准点，选择距离较短的基线进行解算。由于多基线解模式是以时段为单位进行基线解算的，因而也被称为时段模式（session mode）。与单基线解模式相比，多基线解模式的优点是数学模型严密，并能在结果中反映出同步观测基线之间的统计相关性。但其数学模型和解算过程较为复杂、计算量大，因此该模式通常应用于要求较高的控制网或者科学研究等。

（3）整体解模式。一次性解算出所有参与构网的相互函数独立的基线，在进行基线解算时，一次提取项目整个观测过程中所有观测数据，在一个单一解算过程中同时处理，得出所有函数独立的基线。在每一个完整的整体解结果中，包含了整个 GNSS 网中所有相互函数独立的基线向量的结果。由于这种基线解算模式是以整个项目（战役）为单位进行基线解算的，因而也被称为战役模式（campaign mode）。

该模式除了具有与多基线解一样的优点外，整体解模式还避免了同一基线的不同时段解不一致以及不同时段基线所组成闭合环的闭合差不为 0 的问题，是最为严密的基线解算方式。实际上，整体解模式是将基线解算与网平差融为了一体。整体解模式是所有基线解算模式中最为复杂的一种，对计算机的存储能力和计算能力要求都非常高，只有一些大型的高精度定位、定轨软件才采用这种模式进行数据处理。

2. 基线解算过程

应用天宝数据处理软件进行 GNSS 基线解算主要包括以下几个步骤：

（1）基线处理参数设置。根据工程需要或者具体观测环境对基线处理的模式和参数进行适当调整。具体如天线类型、历元间隔、验收标准或具体观测卫星。参数设定后可保存为固定的模板，在相同的处理环境下可以重复使用。

（2）基线处理。基线处理参数设定后，软件可以自动进行基线处理，无须人工干预。在基线处理对话框，点击保存按钮保存基线，工程会用新创建的基线重新处理。当基线处理对话框中显示基线的错误标志，软件可以通过使用不同的坐标搜索重复处理基线本身来清除错误标志，当软件不能自动判别错误时，需要用户逐一判别处理基线的信息是否正确（天线类型、天线高、点名等信息）。

（3）基线编辑和重新处理。在观测条件良好的情况下，软件对基线自动处理后不需要编辑，可直接进行网平差。否则需要对个别基线进行编辑处理，矫正数据中卫星信号的周跳，具体如截取某观测站需要的观测时间、禁止不健康卫星、调整卫星高度角等。

（4）基线质量控制。基线解算完毕后，基线结果不能马上用于后续的处理，还必须对其质量进行评估。只有质量合格的基线才能用于后续处理。若基线解算结果质量不合格，则需要对基线进行重新解算或重新测量。基线的质量评估指标包括 Ritio、RDOP、RMS、同步环闭合差、异步环闭合差、重复基线较差以及 GNSS 网无约束平差基线向量改正数等。

（5）基线结果输出。基线结果输出可用来评估解的质量，并可以输入到后续的网平差软件中进行网平差处理。基线解算结果包括数据记录情况、观测站详细信息、每一测站在测量期间的卫星跟踪状况、气象数据、基线解算参数设置、基线向量估算及其统计信息、观测值残差序列等。

3. 天宝基线处理软件结果

基线处理完成后，测量视图中地图的基线将改变颜色，标志处理完毕。在一条或多条基线上也可以由红色警告标志。每条基线的单行总结显示在软件的处理对话框中，基线处理的三个等级分别是通过、标志以及失败。

（1）通过。处理结果符合软件的验收标准。使用检查框为这些基线所选择，并且不产生红色警告标志。

（2）标志。有至少一个基线不符合软件的验收标准，但却没有达到失败的状态。此类基线应该进行进一步具体的检验，来查看他们与网的拟合程度。使用检查框为这些基线选择，软件会产生红色警报标志。

（3）失败。基线质量不合格。造成失败的基线处理结果可能有以下几个原因：一是野外工作失误，天线高测量错误，测站点名错误或对中误差超限；二是接收机的主要相关参数设置错误；三是数据未达到最低要求的采集要求，例如，观测的卫星数目太少，PDOP值过高、太多的卫星低于高度角、多路径效应、太多的周条以及观测时间过短。

第一类潜在的误差是操作错误或粗差。用户可以通过严密的野外观测程序减少粗差。尤其在天线高量取时要在开始和结束时分别进行量取，使用稳定的固定三脚架减少读数误差。野外记录的测站名、位置、观测时间和天线高要清楚准确，当处理数据时，这些都有助于问题的解决。

第二、三类潜在的误差很难去除。用户可以通过在软件中进行适当操作来提高成果的准确度。

4. 采用天宝基线处理软件进行质量改进

当基线数据处理结果不理想时，某些情况基线的质量是可以在软件中通过参数调整、数据编辑等重新调整来提高解算质量。使用天宝软件的 Timeline 编辑数据。Timeline 中的黑红色线条代表载波相位观测值，其中有一些凸起部分或间断部分即为周跳。对于含有周跳的部分，可以使用左键框选后，在框中点击右键，在弹出的菜单中选择"禁止"命令，不允许此数据参与解算；观测时间很短的卫星也要去掉，刚开始出现的基线观测部分也可以删除。

基线处理完成后可以点击每一条基线，查看基线解算信息，主要包括未固定基线的共用卫星图、卫星残差等。对于卫星残差大的卫星，可以通过软件将此部分卫星数据删除。残差一般分布相位中线呈正弦曲线，若分布比较离散，则说明此颗卫星信号质量差，可以删除。基线解算完成后，通过查看重复基线较差、环闭合差和网无约束平差等结果来检查基线解算结果质量。如果有基线不满足质量要求，则需要采用新的基线解算策略重新解算这些基线或者进行外业返工测量。

10.2.2.4　GNSS 网平差

1. GNSS 网平差的目的

GNSS 网数据处理过程中，基线解算所得到的基线向量能够确定 GNSS 网的相对位置关系，但无法得到网点的绝对坐标。在 GNSS 网平差中，通过起算点坐标可以引入绝对基准，同时可以消除由观测量和已知条件中存在的误差引起的 GNSS 网在几何上的不一致。由于观测值中存在的误差以及不同软件和处理模型造成的误差等因素，基线解算结果中必定存在误差，另外起算数据中也存在内符合性误差，这些误差使 GNSS 网在几何上不一致，即存在着环闭合差、基线较差等；GNSS 网平差可以改善整体观测质量，评定观测精度，结合精度指标可以对基线进行重复处理，从而改善网的观测质量；确定 GNSS 网中点在指定坐标系下的坐标以及其他所需参数的估值，通过引入起算点信息，最终确定观测点在指定参照系下的坐标及基准转换参数等。

2. GNSS 网平差的类型

根据网平差时所采用的观测量和已知条件的类型和数量，可将网平差分为无约束（自由网）平差、约束平差和联合平差。这三种平差类型的共同点是都能消除由于观测值和已知条件引起的网在几何上的不一致；区别是无约束平差能够被用来评定网的内符合精度和探测处理粗差，约束平差和联合平差能够确定观测点在指定参照系下的坐标。

3. GNSS 网平差

通常在采用平差软件进行 GNSS 静态网平差时，需要遵循以下处理流程（图 10.2 - 9）：

（1）无约束平差。在进行无约束平差之前，首先需要提取基线向量，构建 GNSS 基线向量网。提取基线向量时，必须选取相互独立的基线（否则平差结果会与真实情况不相符合）；所选取的基线应该能够构成闭合的几何图形；依

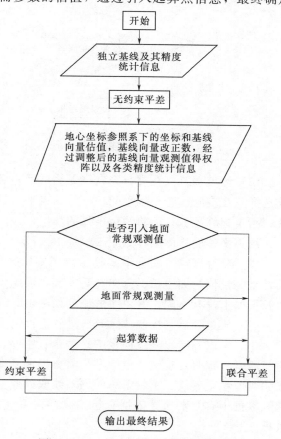

图 10.2 - 9　GNSS 静态网平差流程图

据 RMS、RDOP、Ritio、同步环闭合差、异步环闭合差及重复基线较差等参数选取质量好的基线向量；选取边长较短、能够成边数较少的异步环的基线向量。

无约束平差主要达成两个目的：一是根据无约束平差的结果，判别在所构成的 GNSS 网中是否存在粗差，如果发现粗差则需要重新进行基线解算，必须保证所有的基线向量均满足规范要求；二是调整各基线向量观测值得权重，保证向量之间相互匹配。GNSS 无约束平差流程如图 10.2 - 10 所示。

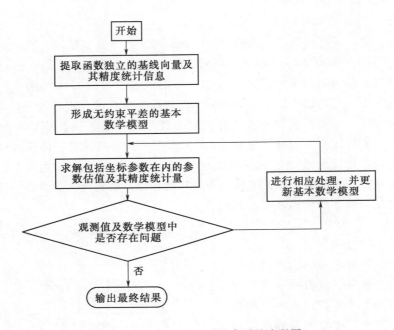

图 10.2 - 10　GNSS 无约束平差流程图

（2）约束平差。在进行完三维无约束平差后，需要进行约束平差。平差可根据实际情况选择三维空间或者二维空间进行。约束平差的步骤首先要指定进行平差的基准和坐标系统；指定起算数据；检验约束条件的质量，最后进行平差解算。

约束平差的具体流程如图 10.2 - 11 所示。

（3）联合平差。联合平差是指除了 GNSS 基线向量观测值和约束数据以外，还有地面常规测量值，如边长、方向和高差等，因此同约束平差相比较，在数学模型、平差方法以及目的上没有不同，其主要的流程如图 10.2 - 12 所示。

（4）质量分析与控制。GNSS 网平差的质量控制指标：一是 GNSS 基线向量的改正数的大小，可以判断出基线向量中是否含有粗差；二是相邻点的中误差和相对中误差，若在进行质量评定时发现有质量问题，需要根据具体情况进行处理，当发现网中粗差，可采用删除对应粗差基线、重新解算问题基线或外业重新观测对应基线等方法来解决。当在多个起算数据中有个别起算数据有粗差或存在系统差等问题时，则应该删除含有问题的起算数据。

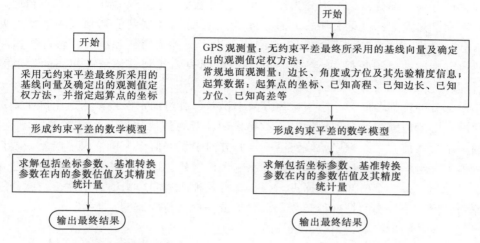

图 10.2－11　GNSS 约束平差流程图　　　　图 10.2－12　GNSS 联合平差流程图

10.2.3　地面控制网数据处理

由于 GNSS 技术的飞速发展和不断进步，常规的控制测量手段逐步被 GNSS 技术所代替。但在高等级控制测量领域或高程异常变换较大区域，仍需要采取常规地面观测手段进行。地面控制网一般包括边角网、导线网、水准网等，在内陆水体边界测量中水准测量和导线测量应用较为广泛。COSA－CODAPS 是由武汉大学开发的可以对地面工程测量、控制测量进行数据处理的平差系统，该系统能对导线网、边角网、水准网等进行严密平差，具有概算、平差、精度评定及成果输出等功能，同时具有网图显绘、粗差剔除、方差分量估计、贯通误差影响值计算、闭合差计算等功能。由于软件具有自动化程度高、通用性强、处理速度快、解算容量大等特点，在地面控制测量数据处理中得到了广泛应用。

10.2.3.1　导线网平差

目前，导线测量在山区河道控制测量或 GNSS 信号接收不理想的情况下使用较为广泛，导线网平差的主要步骤一般包括数据准备、平差参数设定、平差计算和成果输出。

1. 数据准备

平面观测值文件为标准的 ASCⅡ码文件，可以使用任何文本编辑器建立编辑和修改。其结构如下：

Ⅰ
> 方向中误差 1，测边固定误差 1，比例误差 1〔，精度号 1〕
> 方向中误差 2，测边固定误差 2，比例误差 2，精度号 2
> ……
> 方向中误差 n，测边固定误差 n，比例误差 n，精度号 n
> 已知点点号，X 坐标，Y 坐标
> ……

Ⅱ
> 测站点点号
> 照准点点号，观测值类型，观测值〔，观测值精度〕
> ……

　　该文件分为两部分：第一部分为控制网的已知数据，包括先验的方向观测精度，先验测边精度和已知点坐标（见文件的 I 部分）；第二部分为控制网的测站观测数据（见文件的 II 部分），包括方向、边长、方位角观测值。为了文件的简洁和统一，将已知边和已知方位角也放到测站观测数据中，它们和相应的观测边和观测方位角有相同的"观测值类型"，但其精度值赋"0"，即权为无穷大。

　　第一部分的排列顺序为：第一行为方向中误差，测边固定误差，测边比例误差。若为纯测角网，则测边固定误差和比例误差不起作用；若为纯测边网，方向误差则不起作用，这时输一个默认值"1"。程序始终将第一行的方向中误差值作为单位权中误差。若只有一种（或称为一组）测角、测边精度，则可不输入精度号。这时，从第二行开始为已知点点号及其坐标值，每一个已知点数据占一行。若有几种测角测边精度，则需按精度分组，组数为测角、测边中最多的精度种类数，每一组占一行，精度号输 1，2，…，n。若有两种测角精度，三种测边精度，则应分成三组。

　　第二部分的排列顺序为：第一行为测站点点号，从第二行开始为照准点点号，观测值类型，观测值和观测值精度。在同测站上的方向和边长观测值必须按顺时针顺序排列。边角同测时，边长观测值应紧放在方向观测值的后面。每一个有观测值的测站在文件中只能出现一次。没有设站的已知点（如附合导线的定向点）和未知点（如前方交会点）在第二部分不必也不能给出任何虚拟测站信息。观测值分三种，分别用一个字符（大小写均可）表示：L 为方向，以度分秒为单位。S 为边长，以米为单位。A 为方位角，以度分秒为单位。观测值精度与第一部分中的精度号相对应，若只有一组观测精度，则可省略；否则在观测值精度一栏中须输入与该观测值对应的精度号。已知边长和已知方位角的精度值一定要输"0"。

　　如果边长是单向观测，则只需在一个测站上给出其边长观测值。若是对向观测的边，则按实际观测情况在每一测站上输入相应的边长观测值，程序将自动对往返边长取平均值并作限差检验和超限提示；如果用户已将对向边长取平均值，则可对往返边长均输入其均值，或第一个边长（如往测）输均值，第二个边长输一个负数如"−1"。对向观测边的精度高于单向观测边的精度，但不增加观测值个数。

　　平面观测值文件中的测站顺序可以任意排列，示例数据如下：

```
1.800,3.000,2.000,1
3.000,5.000,3.000,2
5.000,5.000,5.000,3
k1,  2800.000000,  2400.000000
k4,  2400.000000,  3200.000000
……
k1
k2,L,0.0000,1
k5,L,  44.595993,1
k6,L,  89.595993,1
k7,L, 135.000120,1
```

k4

p5,L,0.0000,2

p5,S, 200.004728,2

p3,L, 90.000031,2

2. 平差参数设定

在进行平差之前，应首先进行平差参数设定（图 10.2-13），如坐标系统、坐标常数与改正数、单位权选择、平差迭代限制等。

3. 平差计算

如果观测值文件中的边长、方向观测值需要进行改化计算，则须先在"平差"栏的"设置与选项"中进行相应选择，并在"平差"栏中激活"生成概算文件"，形成概算文件后，用鼠标单击"平差"栏中的"平面网"或单击工具条中平差快捷键，主菜单窗口弹出对话框，

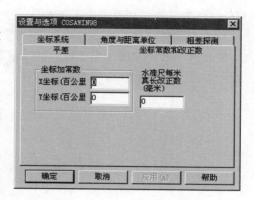

图 10.2-13 地面网平差参数设定

在该对话框中选择并打开要进行平差的平面观测值文件，将自动进行概算、组成并解算法方程、法方程求逆和精度评定及成果输出等工作，平差结果存于平面平差结果文件"网名.OU2"，并自动打开以供查看。

4. 成果输出

在"报表"菜单栏中的"平差结果"下点击"平面网"选择需要的平面观测平差结果文件（OU2 文件），系统自动生成平面网平差结果报表 WORD 文件，文件名为"网名_RT2.DOC"。

10.2.3.2 水准网平差

水准网是由一系列水准点构成的高程控制网，平原地区内陆水体高程控制测量多采用水准测量方法建立，水准网平差的主要步骤一般包括数据准备、平差参数设定、平差计算、成果输出（一般的三角高程导线测量也可采用此方法进行数据处理）等。

1. 数据准备

在进行平差之前，首先要准备好控制网观测值文件，即高程观测值文件（取名规则为"网名.in1"）。观测值文件采用网点数据结构，包含了水准网的所有已知点、未知点和观测值信息。高程观测值文件为标准的 ASCⅡ码文件，可以使用任何文本编辑器建立编辑和修改。其结构如下：

Ⅰ $\begin{cases} 已知点点号，已知点高程值 \\ …… \end{cases}$

Ⅱ $\begin{cases} 测段起点，终点，高差，距离，测段测站数，精度号 \\ ……［，…］ \end{cases}$

该文件的内容分为两部分：第一部分为高程控制网的已知数据，即已知高程点点号及其高程值（见文件的Ⅰ部分）；第二部分为高程控制网的观测数据，它包括测段的起点点号、终点点号、测段高差、测段距离、测段测站数和精度号（见文件的Ⅱ部分）。

第一部分中每一个已知高程点占一行，已知高程以米为单位，其顺序可以任意排列。第二部分中每一个测段占一行，对于水准测量，两高程点间的水准线路为一测段，测段高差以米为单位，测段距离以千米为单位。对于光电测距三角高程网，测段表示每条光电测距边，测段距离为该边的平距（单位千米）。如果平差时每一测段观测按距离定权，则"测段测站数"这一项不要输入或输入一个负整数如−1。若输了测站测段数，则平差时自动按测段测站数定权。该文件中测段的顺序可以任意排列。当只有一种精度时，精度号可以不输。对于多种精度（多等级）的水准网，第一部分的前面还要增加几行，每行表示一种精度，有三个数据。以下为数据示例：

```
TP1,100
Z5,TP1,0.0585,1.000
Z5,Z6,0.0683,1.000
Z6,Z5,0.0634,1.000
Z6,A4,0.0683,1.000
Z6,Z7,0.0489,1.000
TP1,A2,0.0320,1.000
TP1,A3,40.1607,1.415
TP1,A4,0.0562,1.000
A3,TP1,−39.8801,1.415
A2,TP1,0.0732,1.000
A4,Z6,0.0780,1.000
A4,TP1,0.0683,1.000
```

2．平差参数设定

在进行平差之前，应首先进行平差参数设定，如水准尺每米真长改正数、距离单位设置、粗差界限设定等。

3．平差计算

用鼠标单击"平差"栏中的"高程网"，或单击工具条中的快捷键，主菜单窗口将弹出如图 10.2-14 所示的对话框。在该对话框中选择并打开要进行平差的高程观测值文件，将自动进行高程网平差、精度评定及成果输出等工作。平差结果存于高程平差结果文件"网名.OU1"中，并自动打开以供查看。通过查看和分析后验单位权中误差值以及高差观测值的改正数，可以判断观测值和平差结果的质量。

4．成果输出

在"报表"菜单栏中的"平差结果"下点击"高程网"选择需要的高程平差结果文件（OU1 文件），系统自动生成高程网平差结果报表 WORD 文件，文件名为"网名_RT1.DOC"。

10.2.4 单波束测深数据校正

回声测深仪是常用的测量水深的仪器，其工作原理是利用换能器在水中发出声波，当声波遇到障碍物而反射回换能器时，根据声波往返的时间和所测水域中声波传播的速度，就可以求得障碍物与换能器之间的距离。声波在水中的传播速度，随水的温度、盐度和水

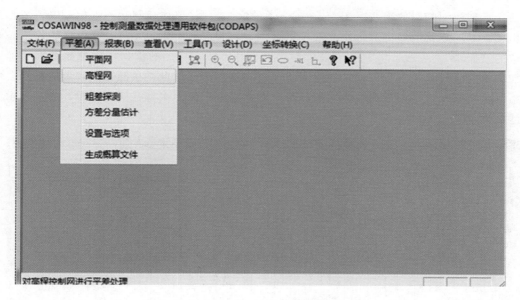

图 10.2 - 14　平差计算界面

中压强而变化，所以在使用回声测深仪之前，应对仪器进行率定，计算值要加以校正。

回声测深仪的显示、记录方式有多种不同类型。近代测深仪除用放电或热敏纸记录器记录外，还有数字显示及存储，甚至可以和计算机结合起来而自动绘制水下地形图等多种不同方式。其中，热敏纸记录模拟信号，计算机控制同步记录定位和测深数据是常见的生产模式。

对测深模拟信号转换成水深的校对，一般在野外工作完成后，室内打印出每一定标点的水深数据，采用人工的方法与回声纸逐点进行校对。校对过程需要经过校核与复核两道手续以及第三道审核才能进入下一道工序，即便如此，也难免有个别水深错误，不但影响了工程进度，更影响成果质量。随着计算机技术的发展及大容量存储器的出现，野外数据采集时能记录下每一个接收到的平面与测深信息。基于该需求，长江委水文局开发了回声测深模拟信号智能校正软件，该软件针对 HYPACK 定位导航及数据采集软件中所收集的回声测深数据进行智能后处理。由于该软件修改时所见即所得，最大限度地减少了人为因素造成的错误，极大地提高了工作效率。

大多数水下地形测量软件只有在需要时才记录下某定标点的平面位置与水深，而HYPACK 则记录下所有接收到的位置和测深信号，同时记录下每一信号的时间，在某个设定条件下（如到了一定时间或距离），给测深仪发一个定标信号，并在数据文件中记下定标时间及定标特征码（如 Fix），这一过程并不影响原始数据的采集，因而数据文件本身是完整的。又由于很短时间内有多个测深信号（不同的仪器在不同环境下使用，测深信号的多少不一样），在误码少的情况下，这些测深信号的连线基本上能代表该测量断面的原始地貌。通俗来讲，将这些密集的测深信号按时序相连即相当于测深仪的"回声纸"。

回声测深模拟信号智能校正软件，首先将数据文件中的水深按时间顺序连成"测深信号电子图"（图 10.2 - 15 中的黑线），然后将每一个定标点的水深也按时间顺序相连，产生一条近似测深断面的连线（图10.2-15中的绿线），将该连线与"测深信号电子图"重叠比较，对不相符的地方进行修改取舍（可用鼠标操作），从而达到比较吻合的效果。软件中的"撤销""更改""添加""删除"等操作并不改变原始数据，仅在原始数据文件中添加相应的修改信息，在数据转换时主程序自动解释这些信息，从而输出有效的数据。用文本编辑器删除这些因为编辑而增加的行，则在用本程序再次打开该文件时，还是显示原始的数据状态。

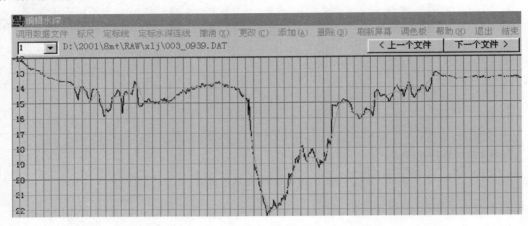

图 10.2-15　模拟信号转换成"电子测深纸"以及定标信号连线

由于电子图的直观简捷，替代了多重人工手续，在"回声测深数据校正"方面达到了高度智能，不但大幅度地解放了劳动力，也提升了测深数据校对的精度。

10.2.5　水位改正

采用回声测深仪进行水体底部测量，测深仪测得的深度是由瞬时水面起算的，由于水面受水位或潮位的影响不断变化，同一地点在不同水位时测得的水深是不一致的，因此要想得到水体底部的测点高程必须对该点的水深测量值进行水位改正，进而得到水下地形点高程，水下地形点的高程是由水面高程（水位）减去相应水深间接求取的。

影响水下地形点高程精度的两大因素是水深和水位。在水深测量误差一定时，水下地形测点高程精度主要取决于水位。影响水位的因素主要可分为两类：一类是水位观测误差，另一类是测点水位推算误差。在不考虑水位观测误差的情况下，推算水位的准确与否是影响水下地形测量资料精度的关键。

10.2.5.1　一般河段水位改正

1. 水位改算模型

小型封闭水域或比降较小的天然河流的局部区域，水面高度近乎相同，水面比降几乎可以忽略，这种情况的测点水位可采用单站水位改正模式即采用一个水位值来计算：

$$G = Z - H \tag{10.2-1}$$

式中　G——河底高程；

　　　Z——地形点对应的水面高程，即瞬时水位；

　　　H——水下测量点的瞬时深度。

天然河道，在不考虑横比降的情况下可采用双站线性改正模式。两站间的测点水位改正，首先根据水尺涨落数据，将两站水尺进行时间内插，将两站水尺换算到与待推算的水下地形点的测量时刻，然后按照距离（注意不是直线距离，而是按照河道主泓计算的曲线距离）进行空间内插。

在考虑横比降的情况下，可以采用两步内插法或三角形单元面积加权法进行水位改正，改正方法可参照第6章水位改正。

大型水库、湖泊地区可采用距离加权法进行潮位改算。这类水域一般面积广阔，比降情况不宜掌握。一般这种情况的水尺布置在水域的四周，设 A_1、A_2、A_3、A_4 四个水尺在某时刻观测的水位为 Z_1、Z_2、Z_3、Z_4，则 P 点的水位可由 P 点至四个已知水尺距离的倒数加权求得，设 P 点至上述四点的距离分别为 S_1、S_2、S_3、S_4，则 P 点的水位为 $Z_P = (Z_1/S_1 + Z_2/S_2 + Z_3/S_1 + Z_4/S_4)/(1/S_1 + 1/S_2 + 1/S_3 + 1/S_4)$。

2. 采用 HYPACK 软件进行水位改算

HYPACK 水文测量软件是一种功能齐全的水下地形数据采集与处理软件，该软件的单波束编辑器提供了中心线法和三点法水位改正工具。

（1）中心线法。该方法是根据水下测点投影到中心线与水位站投影到中心线距离插补水位改正进而求得该水下地形测点高程。HYPACK 软件在进行水位改正时，根据已布设的河道中心线，各水位站沿河道纵向至中心线起点的距离，按时间与距离加权平均的方法计算出水下断面各测点的实时水位。

图 10.2-16 为某测量河段水位站布设及水位推算示意图。在上下游布置了 3 个临时水位站 P_1、P_2、P_3，按中心线法，使用临时水位站 P_1、P_2 的观测水位，某时刻 t 测点线性插补的应用水位 Z_t 按式（10.2-2）推求。

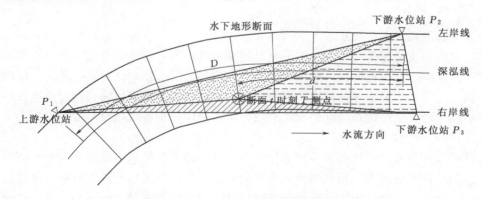

图 10.2-16　某测量河段水位站布设及水位推算示意图

$$Z_t = Z_{2_t} + (Z_{1_t} - Z_{2_t}) \times \frac{d}{D} \tag{10.2-2}$$

式中　Z_t——断面 t 时刻测点推算水位，m；

Z_{1_t}、Z_{2_t}——断面上、下游水位站 t 时刻水位，m；

d——断面至下游水位站间沿深泓线方向距离，m；

D——断面上、下游水位站间沿深泓线方向距离，m。

在河段局部存在横比降的情况下，使用临时水位站 P_1、P_2、P_3 的观测水位，t 时刻 T 测点由三点法推算的应用水位 Z_t 按式（10.2 - 3）推求。

$$Z_t = (a_1 Z_{P1} + a_2 Z_{P2} + a_3 Z_{P3})/a \qquad (10.2 - 3)$$

式中　Z_t、Z_{P1}、Z_{P2}、Z_{P3}——t 时刻 T、P_1、P_2、P_3 处的水位，m；

　　　　a、a_1、a_2、a_3——$\Delta P_1 P_2 P_3$、$\Delta T P_2 P_3$、$\Delta T P_1 P_2$、$\Delta T P_1 P_3$ 的面积，m^2。

（2）三点法。该方法是在三个水位站围绕的测区，HYPACK 程序由三个水位站位置坐标建立一个三角水位面按照三角形面积加权法原理进行水位改正的，复杂的三角计算在计算机程序的帮助下变得简单。

（3）具体推算过程。使用 HYPACK 软件中心线法推算水位前，需要准备的文件包括：每个水位站观测数据生成的 TID 文件、量测每个水位站沿中心线的距离、仅由中心线点构成的 LNW 文件。在单波束编辑器界面下选择工具-水位推算-中心线法。通过文件选择对话框在 LNW 文件区域中选择测区的中心线文件；将鼠标置于表中第一有效单元格的位置上，单击鼠标，通过出现的文件选择对话框选择水位站 TID 水位数据文件；对应输入水位站沿中心线的距离；测区所有水位站数据输入完毕后，点击水位推算，程序将会把推算的每个测点的水位加入到已编辑的文件中。在使用 HYPACK 软件三点法推算水位时，仅需要准备好三个水位站的坐标及三个水位站的 TID 水位文件即可。

传统的中心线法水位推算是以断面为推算单位，是以假定某一断面施测期间水位不变的情况下，以断面推算水位代替该断面所有测点水位进行测点高程改算。严格来说仅考虑了断面距水位站的距离，忽略了水位在施测某一断面期间时间上变化，当水位随时间变化较大或某一断面施测时间较长时，可能造成部分测点高程失真。HYPACK 软件以测点为推算单位，考虑了上下游水位的时空变化和测点空间位置，理论上推求的测点应用水位更为准确。

10.2.5.2　感潮河段水位改正

感潮河段潮位的涨落，不但给水下地形测量带来困难，资料整理时，潮水位改正也是一个难题。水下地形内业计算一般采用"潮位-水深"得到该点的高程，测点高程的精度取决于该点潮位与实测水深的精度，若所用定位和测深设备精度较高，则河底高程的精度就主要取决于测点潮位的精度。因此，采用合适的潮位改正模型以及高效的计算工具，是潮水位改正的关键。

长江委水文局开发的感潮河段潮水位改正软件，通过改进潮水位改正模型，创新地增加潮位站的控制方向属性，用鼠标圈定合适的潮位站以控制需要计算的区域，并通过可重复选择区域和重复计算选项，解决了复杂感潮河段潮水位改正计算的难题。其水位改正方法见第 6 章内容。计算图形界面如图 10.2 - 17 所示。

图形显示是按水深点的状态以不同的颜色来表示，可以了解相应的信息。黑色表示尚未进行潮水位改正的水深点，黄色表示该点已经进行了潮水位改正，亮青色表示该点由本程序刚刚计算好高程，粉红色表示水深点虽然在水位站控制范围内，但因为潮水位的时间与测量点的时间不对应，没进行潮水位改正，此时会出现错误提示框，显示具体的信息。

具体计算时，用鼠标在屏幕上按顺时针或逆时针方向点取四点。该四点首尾相连形成一个闭合框，闭合框内的水位站以粉红色表示，若闭合框内含一个水位站，则提示"是否单点计算"。若有两个水位站，则那些既在闭合框内又在两水位站之间的测点被选中，选中的点颜色变成粉红色。计算时若某点的测量时间超出水位时间，则该点颜色依然为粉红色，并在屏幕左边显示未改正潮水位的点号。若测点改正了潮水位变成高程点，则点位颜色变成亮青色。计算进行中有一个进度框按百分比提示进程。

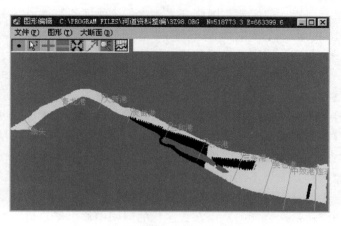

图 10.2-17　感潮河段潮水位计算图形界面

软件通过独特的"潮位作用方位角"，实现了潮位站的覆盖范围（类似于虚拟潮位站），再通过"重新计算已有高程"选项，实现了河道很宽或拐弯频繁等复杂地形处的指定区域的重复计算，以达到预期的成果。

10.3　数字化测绘及成图系统

传统的地形图测量是将测得的观测值用图解的方法转化为图形。但在信息剧增的今天，一纸之图已难载诸多图形信息，变更、修改也极不方便，难以适应当前经济建设的需要。数字测图就是要实现丰富的地形信息和地理信息数字化和作业过程的自动化或半自动化。

数字测图的基本思想是将地面上的地形和地理要素（或称模拟量）转换为数字量，然后由电子计算机对其进行处理，得到内容丰富的电子地图，需要时由图形输出设备（如显示器、绘图仪）输出地形图或各种专题图图形。将模拟量转换为数字量这一过程通常称为数据采集。目前数据采集的方法主要有航片数据采集法、原图数字化法、野外数据采集法。数字测图就是通过采集有关的绘图信息并及时记录在数据终端（或直接传输给便携机），然后在室内通过数据接口将采集的数据传输给电子计算机，并由计算机对数据进行处理，再经过人机交互的屏幕编辑，形成绘图数据文件。数字测图虽然生产成品仍然以提供图解地形图为主，但它以数字形式保存着地形模型及地理信息。

数字测图是测绘技术进步和测绘仪器功能不断完善的结果。纵观近年来电子计算机在测绘行业的广泛应用，测绘仪器的推陈出新、功能不断改进和完善，改变了测量工作的作业习惯和方式，也拓展了测量技术的一些概念和手段。由于数字化测图相对于传统模拟法测图，具有精度高、自动化程度高、作业效率高、劳动强度小、成图周期短、成图规范化、地形图信息易于保存、复制、传输与共享等显著技术优势，加之近年来数字化测绘设备价格的持续下降，规划、设计等用图单位普遍采用计算机设计而要求提供数字化测绘成果等因素，数字化测图已基本淘汰传统的模拟法测图技术，成为占主导地位的技术方法。

10.3.1 数字化测图的特点

数字化测图最主要的特点是淡化了比例尺的概念。

地图比例尺是指地图上某线段的长度与实地相对应线段的水平长度之比。它是地图上重要的数学要素之一，决定着实地的地理目标转变为地形图上的符号的形状及大小，标志着地图对地面的缩小程度，直接影响着地图内容表示的可能性，即选取化简和概括地图内容的细致程度。传统的平板测图由于一定幅面内地形符号的负载及表现能力的局限，不得已分为各种比例尺，而在各种比例尺的地图中不光细致程度不同，精度也不同，相互间很难转换，需要不同比例尺的地形图时，就需要重复测绘。数字化测图虽然也分比例尺，但它主要是用来定义地图输出时点状符号的大小及线状符号的间隔、宽窄等，即为输出传统的纸质地图定义的，而在数字化的测图中输出纸质地图并不是数字化测图的最终目的，数字化测图的使用主要是在计算机上进行的，比例尺的换算也是计算机自动完成的，精度也因计算机具有无级缩放显示的功能，而不受图形缩放的影响。所以除点状字符及部分线状符号的大小定义不同外，不同比例尺的数字地图间的差异仅仅是取决于细致程度的不同，而与精度无关。这是数字测图有别于平板测图的一大特点，也是最大的优点。

10.3.2 数字化测图软件的比较

水下地形数字化测图软件主要有三类：一是以北京清华山维新技术开发有限公司（以下简称"清华山维"）与清华大学土木系联合开发的测霸 EPSW（Electronic Plane‐table‐Surveying and Mapping system）系列；二是武汉瑞得公司的 RDMS 系列；三是广州南方测绘仪器公司和广州开思公司的 CASS 系列与 SCS 系列。其中 EPSW 和 RDMS 是自主开发的，CASS 是在 AutoCAD 图形平台二次开发的。

以 AutoCAD 平台二次开发似乎是一条捷径，但 AutoCAD 本身只是一种面向机械和建筑工程等的绘图工具软件，只注重图的绘制和图面表达，与数字测绘和 GIS 等应用的要求存在一定的差异。而随着 GIS 的广泛应用，对基础空间数据的要求发生了质的变化，测绘的数据成果不但要求规范的、完美的图面表达效果，而且还要求能够方便地进入 GIS 的数据库，可进行查询、统计、分析、决策等，所以对数字测绘成果提出了信息完整、一致、拓扑关系正确，逻辑性合理等更高要求。基于 CAD 平台二次开发的成图系统所表现出来的局限性，还在于自身缺乏对作业人员操作上的约束，不同的人员采集的数据，在其分层、编码等方面不尽一致，这就加大了数据标准化的难度和质检以及差错修正的工作量。由于架构的先天性，CAD 不是以面向对象的思想来看待地物地貌，因此测绘中广泛应用的各种线划和复杂的符号需要通过辅助线、装饰线来表达，缺乏整体性，给图形编辑造成麻烦。而 CAD 文件基于图幅的管理在应用上也带来烦琐的拼接，不同比例尺的数据难以共享或者需要巨大的拼接工作量。

因此，基于 AutoCAD 开发的测绘数字图软件离 GIS 要求的地理信息管理与数据入库共享等现代化测绘的要求还有很大的差距，这里对 CASS 系列不做介绍。

10.3.2.1 武汉瑞德 RDMS

武汉瑞得公司开发的 RDMS 是一套较为优秀的国产数字测图软件，集数字采集、数据处理、图形编辑于一体，其图数合一的立体化操作、高效的事务性管理以及多接口数据输出等，为其赢得了口碑和市场。RDMS 在 GIS 图形平台上开发，也提供了电子平板方式，也可利用电子手簿或全站仪所存储的测量数据传到计算机上再以交互编辑的方式成图。

RDMS 系统具备如下功能：

（1）等高线自动处理，也可指定某一区域生成或不生成等高线。

（2）自动土石方计算。

（3）数据自动拓扑检查。

（4）逼真的三维漫游。

（5）无限的 UNDO 与 REDO 操作。

（6）直接使用全站仪内存。

（7）兼容其他方式采集的数据。

（8）操作简单易学。

（9）操作可视化、图数合一。

（10）符号作图随手可得。

（11）图形分层管理。

（12）开放的符号库。

（13）注记灵活方便。

（14）动态属性连接。

10.3.2.2　清华山维 EPS 平台

清华山维与清华大学合作，于 1994 年开发了数字测绘软件 EPSW，在同类软件中用户拥有量较大。EPS 平台是清华山维公司以数据库管理为核心的 GIS 数据采集与编辑处理平台，2003 年正式推向市场。EPS 平台的创建首先从地理信息的角度构建数据模型，有机地将 CAD 技术与 GIS 技术结合在一起，以大型数据库为核心，采用面向对象技术，构建图形与属性共存的框架，彻底将图形和属性融为一体，并从数据生产的源头率先实现了从数字图到信息化的转变。主要特点如下：

（1）自主版权，提供二次开发功能。

（2）数据库引擎。EPS 是建立在数据库基础上的图形平台，采用数据库作为图形存储管理基础，避免了以图形数据文件为基础的软件，非正常退出（如死机）时造成数据丢失现象，同时使海量数据存储、快速查询、安全性得到保证。

（3）"所见即所得"及"随手用"的编辑功能及强大注记功能，无限次的 UNDO/RE-DO 功能以及图形属性编辑功能已超过 CAD 在测绘和 GIS 专业领域的功能。

（4）开放的符号制作体系及专业计算。开放的符号制作体系，全面解决了测量图式中以前计算机未能很好实现的各类复杂图形及与其他系统交换的一致性；可嵌入多套符号模板，以满足不同比例的地形的需要。

（5）独特的"信息映射机制"与科学严密的符号制作体系相配合，全面解决测量的各种图示需要以及与 GIS 平台、CAD 等图形平台的数据交换。

（6）提供拓扑与属性管理功能。

（7）严格用户化分类的文字与图像并存的编码查询功能。

（8）方便简捷的图形预览功能，图像可在平台上旋转、缩放、矢量叠加；图像裁剪拼接，实现图像无缝接边。

10.3.3 基于 GIS 的内外业一体化河道成图系统

"基于 GIS 的内外业一体化河道成图系统"由长江委水文局与清华山维在清华山维原有平台的基础上，共同进一步开发完成。

开发该成图系统的背景在于，国家通用的测绘行业标准，主要针对陆地常见的地物地貌对表达方式进行规定。由于河流两岸存在大量的涉水建筑物，同时还存在许多河道整治工程的护岸、丁坝等水下建筑物，这些建筑物是河道地形测量所需要弄清的重要内容，而这些特殊建筑物是现有测绘标准规定所没有的或不能准确表达的。

河道地形测量的另一个特点在于既有河道两岸的陆地地形测绘，又有不通视的水下地形测量以及水下与岸上地形的接头及水边线测量等特殊测量，要用到水声呐、多波束、超声波、雷达等众多陆地地形测绘不涉及的先进仪器设备。而河道地形变化与水流水速、流向、河床组成密切相关，在河道地形测量时应有所表述，这些都是陆地和海洋测绘所没有的。因此，需要尽快完善现行规范所不涵盖的数据标准，开发能对河道地形（同时能满足陆地、海洋地形）数据进行采集、输入、处理、成图、输出、分析、管理的河道测绘系统，实现全国河道地形数据共享，并与现行 GIS 实现无缝连接。

该系统在既能满足通用的测绘标准，又能符合水利行业特殊要求的基础上，采用数据库管理模式，全息数据结构和开放的标准定制机制，支持 GPS、全站仪及单波束测深仪、水声呐、多波束测深系统等的测记、电子平板以及 PDA 等多种数据采集方法，从而实现与现有 GIS 系统数据共享。

"基于 GIS 的内外业一体化河道成图系统"通过提出河道地形测绘与 GIS 相结合的编码体系，定制了结合测绘、水利、地理信息的统一数据标准以及采用多数据源同化及CAD、GPS、RS、GIS 融合技术，依托大型数据库平台，采用面向对象技术，构建图形与属性共存的框架，直接对空间数据和属性数据统一管理，实现了测绘行业的内、外业一体化；又通过采用点对象基于 Z 值实现自动标注，采用全息数据结构和开放的标准定制机制，基于骨架线的地理信息存储及符号化显示机制，同时满足 GIS 与地形制图的需求，完美实现了 1：500、1：1000、1：2000、1：5000、1：10000、1：25000、1：50000 等各比例尺水道模块数据共享，大幅度降低了内陆水利测绘中的重复劳动想象，极大地降低了生产成本、提高了工作效率。

10.3.3.1 主要特点

1. 实现了内外业一体化河道成图

通过将 CAD、GPS、RS 技术与 GIS 技术结合在一起，依托大型数据库平台，采用面向对象的技术，构建图形与属性共存的框架，将图形与属性融为一体，并在数据生产源头率先实现了数字化到信息化的转变。特别是依据《水道观测规范》（SL 257—2000），使我国反映河道、湖泊、水库、近海特点的水道观测、信息管理的国家标准得以统一，并开发了既能满足常规陆地测绘，又能适应河道特殊要求的内外业一体化河道成图系统。

2. 独特的河道地形测绘与 GIS 相结合的编码体系

作为 GIS 的前端数据采集系统，必须更好地满足 GIS 对基础地理信息的要求。野外数据采集时，不仅仅是采集空间数据，同时还必须采集相应的属性数据。因此，科学的编码体系、标准的数据格式、统一的分层标准以及完善的数据转换、交换功能是必需的。该系统通过制定结合测绘、水利、地理信息的统一数据标准，首次提出了河道地形测绘与 GIS 结合的编码体系，并使之成为《水文数据 GIS 分类编码标准》（SL 385—2007）。

3. 大小比例尺水道模块数据共享

系统通过采用点对象基于 Z 值实现自动标注，采用全息数据结构和开放的标准定制机制，完美实现了大小比例尺水道模块数据共享。

系统通过将实体对象描述成"全息数据结构"，描述客观对象的空间性与时间性，即空间维与时间维（X、Y、Z、T），使描述结构中所固有的或可扩充的数据成员又包括：空间信息、时间信息、基本属性、扩展属性、序列属性、随机属性、多媒体属性。通过可自由伸缩的数据描述方式为系统扩展提供强有力的支持，包括点对象、线对象、面对象、注记对象、图块、OLE 对象。其中点对象基于 Z 值实现自动自动标注，基于骨架线的地理信息存储及符号化显示机制，同时满足 GIS 与地形制图的需求，能实现 1：500、1：1000、1：2000、1：5000、1：10000、1：25000、1：50000 等各比例尺水道模块数据共享。

4. 符号描述体系与符号表达能力

在系统中，任何一个地理特征元素（feature，单一的地物或对象）都有一个唯一的编码，用于地物的分类管理，同时，为每类地物又配上一个形象的符号，用于地物的抽象表示。描述符号画法规则的语句叫作符号描述，按描述规则将一个符号分解成一系列最基本的点线面（显示设备可接受的）的过程叫作符号化，也称符号解析。

Eps 符号是当今地理信息平台中结构最复杂、功能最强大、体系最健全的符号系统之一，在动作上符合最基本的硬件绘图原理，在结构上符合组件化思想，即一个符号描述中除了包含基本绘图动作外，还可任意嵌套其他符号（组件/图元）。

5. 实现了测图软件图、属一体化管理，并与 GIS 实现完全数据共享

系统通过内嵌关系数据库引擎，可对 Oracle、SQL Server、Access 等专业数据库直接进行数据读写，直接对空间数据和属性数据统一管理，不需要中间软件，实现了空间数据和属性数据的一体化的多源、海量数据管理和数据安全性的管理，与 GIS 完全共享数据。

系统直接采用数据库管理模式，数据容量大，安全性好，首次实现了测图软件图、属一体化管理，并与 GIS 实现完全数据共享。系统有机地将 CAD 技术与 GIS 技术结合在一起，依托大型数据库平台，采用面向对象的技术，构建图形与属性共存的框架，彻底将图形与属性融为一体，并在数据生产源头率先实现了数字化到信息化的转变。

10.3.3.2 系统平台的专业功能

1. 地理要素的符号化表达功能

依据国家地形图图式中有关地物符号的表达规定，根据地物的几何特征并结合定位信息，将系统符号分为七大类（表 10.3 - 1）。

表 10.3 - 1   系 统 符 号 分 类

符号名称	英文代号	符号类型代码	符号定义	符号举例
点状符号	G (ground point)	0	具有一定大小、颜色和方向的点状符号	埋石图根点、GPS点、路灯
简单线型符号	L (line)	1	具有一定线型、宽度和颜色的实线	一般房屋、首曲线
复杂线型符号	LC (line complex)	2	指按一定步距连续均匀地插入基本绘图指令、图元或文字而形成的线型符号	围墙、栏栅、行树
两点比例类符号	P (proportion)	3	根据两个基本点定位的、可按基线长度比例缩放的线性符号	宣传橱窗、广告牌、电力线
四点结构类符号	Y (yacc)	4	由4个基本点定位的、可按双线性规则自由缩放的面状符号	人行桥、龙门吊
面状填充符号	H (hatch)	5	指定范围线内按一定规则填充的面状符号	稻田、沙地
特殊类符号	E (extra symbol)	6	指无法用上述6种符号定义规则描述，而需要编写特定程序实现的符号	室外楼梯、台阶

根据以上七大类符号，设计规定一套描述符号画法的规则，并定制一套语言，对描述符号画法进行语义表达（称为符号描述 symbol script 语句），在实体绘制时由系统解析该要素编码定义语句，将一个符号分解成一系列显示设备可接受的最基本的基本绘图元素（点线面），从而进行屏幕绘制（称为符号解析过程）；为满足信息化符号解析的需要，符号描述语法还支持信息化的绘图指令，即包括"用户层""编码""颜色""线宽"等，并在结构上符合组件化思想，即一个符号描述中除了包含基本绘图动作外，还可任意嵌套其他符号（组件/图元）。

系统符号的自动绘制在动作上符合最基本的硬件绘图原理，如抬笔、落笔、画线、左偏、右偏等。

（1）符号描述语法支持的基本绘图指令如下：

1）画点（代码：0）。

2）画直线（代码：1）。

3）画曲线（代码：2）。

4）画圆弧（代码：3）。

5）画圆（代码：4）。

6）画骨架线（代码：%）。

7）画文字（代码：&·T/T）。

（2）符号描述语法的其他一些基本约定如下：

1）坐标系。使用数学坐标系。东坐标——X 坐标、北坐标——Y 坐标。

2）嵌套类。是指在制作一个复杂的地物符号时，可以嵌套其他点类，线类和标注的地物。

3）可选项。在符号描述语句中，方括号中内容为可选项。若选取后项，前项必选。

4）偏移。作图中，用于确定一个定位点。正数为作图的前进方向左偏移或前偏移，负数为作图的前进方向右偏移或后偏移。偏移量是一个相对值，可定义为常量或变量。当偏移量定义为常量时，偏移量的大小相对于起点（0）或终点（1）；当偏移量定义为变量时，偏移量的大小则相对于与起点（0）到终点（1）的长度比。

5）结点优先。作图中，在指定的位置嵌套图元。

EPS 具有完全基于骨架线的符号库进行图形符号化显示、符号化出图机制，满足多种比例尺图式符号制图要求，采用基于骨架线的地理要素的符号化表达的优势在于：第一，保证了地理数据的图形表现与实质内容的一致性。只要采集要素的定位点即所谓的骨架点或骨架线，成图时软件自动动态加载要素的图式符号。一个地理要素实体就与系统的一个对象形成了一一对应的关系，保证了地理数据整体化、自动化的图形表现能力。也就是说，无论看起来多么复杂的符号，其符号化的结果依然是一个整体（在拖动时，符号被整体拖动），保持着地理意义上实体的完整性，满足并保证地理实体查询统计分析结果的正确性。第二，没有任何辅助线划需要存储，避免了"垃圾"数据的产生，给信息的查询检索、统计分析带来便利，也使数据的编辑和数据更新变得简单直接和高效。

尽管 EPS 系统依赖模板实现了对象与其可视化样式（符号）的捆绑，但系统仍然支持运行时刻可任意交互编辑的符号配置功能，并且通过二次开发可实现按预先设置方案展现符号动态配置效果，即同一个对象在不同的窗口环境下显示的符号各异。

EPS 系统支持要素级的符号配置方法，即同类对象的不同个体可以有不同的表现。EPS 系统的符号配置主要应用在以下方面：

a. 主题展现。

b. 专题图制作。

c. 为无码的外部数据提供符号化支持。

2. 数据库管理功能

系统中的数据分门别类以数据表的形式保存在数据库中，一个数据库中存储的最大数据量取决于所选取的数据库管理系统，一般 MS Access 数据库最大容量为 2G，MS SQL Server 和 Orcale 的容量为 Tbyte 级。

系统不以分幅形式存储数据，而是建立无缝数据库。系统在数据库中存储的数据是透明的，用户可以系统数据库为数据源做数据二次加工或应用程序开发。

系统创建了关于多个模板的同一个数据库集成化管理的解决方案，实现多源数据支持，通过多源数据平行管理，可以将多个数据库中的数据组成一个逻辑上的大数据库，并能在同一窗口中同时显示、浏览、查询、编辑。被编辑的处理数据能自动回存到各自的数据库中，该技术为解决诸如图幅接边等问题提供了有力支持，给生产和工作带来较大的灵活性和方便性。更深远的意义还在于平台能够将难以控制的大数据库分解成若干小数据库，同时也能使平台将多个存储独立的小数据库合成一个逻辑上的大数据库，为构建大型数据库系统提供另类解决方案。

高度自动化的处理方法使得系统同时操纵多个数据库和操纵单一数据库表面上并无实

质区别。

3. 基于 EPS 平台开发的外业采集专业功能

EPSW 全息测绘系统是基于 EPS 平台开发的外业测绘专业版本，是一个集电子平板测图、掌上机测图、电子手簿、全站仪内存等多种测图方法及数据库管理、内业编辑、查询统计、打印出图、工程应用等于一体的完全面向 GIS 的数据采集系统，采用数据库管理模式，内嵌关系数据库引擎连接 Access、SQL Server 等数据库，将图形信息与属性信息融合在一个数据库中管理。

EPSW 以国标、规范为依据，提供从数据采集、实时成图、图形属性编辑、空间数据库管理及数据应用等多方面的方式和方法，专业功能多达几十项，并可进行二次开发，还可直接为用户构建简单的数据库管理系统，完成一般需要 GIS 应用软件才能完成的日常服务。其应用包含地形、地籍、房产、管网、航道等诸多领域的数据采集。

EPSW 系统继承了传统测图软件以满足 CAD 制图为主的方式方法、同时增加了面向 GIS 的数据采集与数据库维护的支持，完成了传统测图软件从主要为数字地图测绘服务到地理信息采集服务的转变，并提供了面向城市三维景观模型处理的初步方法。EPSW 系统模块结构与主要功能图如图 10.3-1 所示。

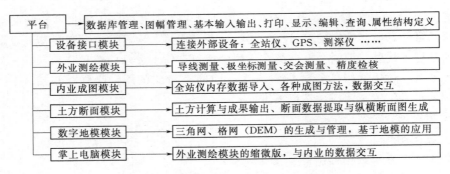

图 10.3-1 EPSW 系统模块结构与主要功能图

4. 支持二次开发功能

（1）基于 SDL 的二次开发。EPS 支持可运行时刻动态加载功能的方法以及这类功能的开发。

1）可接受系统命令的功能接口类基础类 CSSInterface；类 CSSInterface 主要完成记录专业模块的句柄（m_hInstance），注册命令（RegisterCmd），执行功能（ExecFunction），响应消息等。

2）SDL 模块。SDL 实际是基于平台二次开发的，可被平台运行时刻动态加载（或卸载）的 DLL。

（2）基于组件的二次开发。基于 SDL 的二次开发只是在系统可运行的框架上添加自己的功能，即用户不能定制或改变程序业已形成的界面，一般称此种形式的二次开发为功能级开发。相比之下，基于系统的组件或库函数的二次开发具有更大的自由度，开发者不但能开发出各种功能，而且还可选择语言，定制自己独具风格的界面，一般称此种开发为专业级二次开发。

10.3.3.3　系统平台的基本功能

1. 输入输出功能

系统支持下面格式数据的输入输出：输出 Epsw 98 的 COR/NOT 数据；调入 Epsw 98 的 COR/NOT 数据；输出 Eps 系统公共交换格式数据 Exf 1.0，Exf 2.0；调入 Eps 系统公共交换格式数据 Exf 1.0，Exf 2.0；输出 DXF 12、DXF 14 格式数据；调入 DXF12、DXF14 格式数据。

2. 图形绘制功能

（1）加点。用指定点编码和坐标绘制点对象。

（2）加线。用指定线编码和坐标绘制线对象。

（3）加面。用指定面编码和坐标绘制面对象。

（4）绘制矩形。给定点位和边长绘制矩形。

（5）面填充。在闭合区域中自动生成面对象。

（6）扩展加线。用给定的坐标点列生成一系列与之相关的多个图形对象。

（7）坐标输入。利用多种形式的可计算点位信息的数据文件生成图形对象。

（8）加注记。用给定的点位或线及输入的文本生成单点、多行或弧段注记。

3. 属性录入功能

在对象在绘制过程中或已经存在的对象被选中后，对象的属性（基本属性和扩展属性）将按名称列在对象的属性列表中，可直接在表中录入或修改属性内容。对于多媒体属性，选择要录入的文件或将已经录入的文件打开或删除。多媒体属性已经录入，其内容已经保存在系统数据库中，与源文件没有关系。可录入多媒体属性的字段类型是文本型，字段长度大于 38 字节，录入时先输入 GUID_NULL，随后即可选择文件。

4. 属性表的编辑与属性项的扩展

系统对象的属性包含基本属性和扩展属性两种，基本属性包括对象的名称、编码、层名、颜色、线型、线宽、时间等，扩展属性可描述基本属性外属性，如一些专题属性；扩展属性的有无或属性的类型由用户定义的属性表决定，系统允许在数据生成的中间过程修改或扩充对象的扩展属性表。

5. 对象选择功能

系统提供多种对象方式及选择过滤功能如下：

（1）单选。选择一个对象。

（2）复选。选中多个对象或取消已选中的对象。

（3）窗选。用鼠标拉框一次选中多个对象。

（4）多边形选择。用鼠标画一多边形一次选中多个对象。

（5）带状选择。指定线路，选择线路两侧给定宽度范围的多个对象。

（6）条件选择。在上面的选择过程中加入附加条件，使操作更加有效，如只选择某种颜色的对象或面积在一定范围的对象。可附加的条件包括对象的全部属性，诸如房屋的层数、材料等。

6. 点位捕捉功能

系统提供的捕捉功能有：捕捉最近点、捕捉线段中点、捕捉线上指定等分数的等分点、捕捉线上任意点、捕捉两线的实交点或虚交点、捕捉点到线段的垂足点、捕捉反向垂足点、捕捉线段的延伸点或过端点的垂直点、捕捉点的垂直或水平方向点、捕捉圆心点、圆的四等分点、捕捉点到圆的切线点和最近点、十字尺捕捉功能、相对坐标系定位功能、定向量边功能、万向求交功能。

7. 图形、属性一体化编辑功能

在选择集操作模式下，选中一个对象，利用系统提供的 20 多种快捷键可实现对象点位的增、删、改、查，关键点的捕捉，在对象属性列表中实现基本属性和扩展属性的编辑修改。选中多个对象，在对象属性列表中实现多个对象的基本属性和扩展属性的批量编辑修改。

8. 常用对象几何编辑功能

对象编辑的恢复与重做功能；拷贝、粘贴、剪贴、删除功能；平移、旋转、镜像、阵列、缩放功能；延伸、裁剪、打断功能；局部线修改功能；斜角、圆角功能；过点平行线、距离平行线、比例平行线功能；拖高、拖注、拖对象功能。

9. 数据处理功能

除常用对象几何编辑功能外，系统还提供上百种旨在提高作业效率的批处理功能及特殊的数据编辑处理功能及其辅助功能，主要有以下几种：

（1）悬挂点处理、自动拓扑与构面、数据合法性检查。

（2）点相关功能。自动生成属性点、匹配高程值、高程注记筛选、高程点复制。

（3）线相关功能。等高线批量赋值、标注、着色、等高线内插；曲线节点抽稀、曲线折线化；线合并、多义线编辑、调整点列闭合位置。

（4）面相关功能。简单面合并、分割；复合面合成、分解；面填充设置。

（5）注记与属性。属性转注记、注记转属性、扩展属性自动提取；沿线注记自动顺向。

（6）图块。图块的生成、分解、查询。

（7）对象整合、矢量校正、图幅接边、对象基本属性重置、图形打散、区域裁剪与掏出、缓冲区创建、面中心线自动提取、快速换码、公路曲线生成、公路曲线要素报表、坐标换带与投影换算。

10. 图像

图像的打开、定位、移动、与矢量图形的叠加显示；图像属性的设置；图像列表管理。

11. 显示控制

分层显示开关；按点、线、面、注记等对象类型显示开关；地物按编码显示开关；按时间范围显示开关；对象名称、点序号、坐标信息显示开关；点相关标注显示开关；分幅格网线、坐标格网线、图号显示开关；特殊对象集合显示开关；闪烁、高亮、变灰、变暗显示控制；显示背景色设置；三维显示与二维显示模式转换。

12. 显示漫游

开窗放大、定比缩放、无级缩放、鼠标拖屏、定点移屏、自动移屏、全视图、作业区范围、当前图幅、前一屏、后一屏、三维图形的旋转、缩放与漫游。

13. 常用查找

按坐标查找位置、按名称查找对象、按文本查找注记、按编码或 ID 查找对象。

14. 基本空间量算

坐标查看；求距离、长度、角度、方位；求点到直线的垂距；求面积。

15. 常用报表

（1）坐标报表。选取多个点地物，生成点地物坐标报表；选取一条线地物，生成线路节点坐标、长度报表；选取一个面地物，生成面边界点列坐标，面积，周长报表。

（2）属性报表。选取多个编码相同的地物，按照自定义格式生成地物属性报表。

（3）界址点报表。将坐标按界址点表格式报表。

16. 尺寸标注

（1）坐标标注。将指定点的坐标值在合适位置标出。

（2）长度标注。标注线段或圆弧的长度。

（3）高度标注。标注剖面图结构点之间的高度（垂直）。

（4）宽度标注。标注剖面图结构点之间的宽度（水平）。

（5）角度标注。标注两线之间的夹角。

（6）边长方位角标注。标注线段的边长和方位角（如导线示意图）。

（7）半径标注。标注圆或圆弧的半径。

（8）直径标注。标注圆或圆弧的直径。

（9）轴线标注。标注平面结构图的轴线（包括轴线号）。

（10）高程标注。标注剖面图结构点（线）的高程。

（11）说明标签。带边框和指向箭头的文本段。

17. 对象嵌入与链接

（1）对象嵌入。在图形区直接显示诸如 Word 文档、电子表格、DWG 图形等所有支持嵌入的 Windows 对象。被嵌入对象的位置可拖动、范围可缩放，支持动态编辑。

（2）对象链接。在图形区只显示被拖入对象的图标，不显示图形，如 TXT 文档、一般可执行程序等。被链入对象的位置可拖动、范围可缩放，支持动态编辑。

对象一经嵌入或链入，其自身的拷贝已经保存到系统的数据库中，而与原始的文件无关，即当原始文件被删除或移动位置后，系统对该对象的管理不受影响。支持 OLE 对象的链接与嵌入技术使系统获得制作图文并茂的地图产品的能力，扩展了系统的应用。

18. 数据引入控制

系统不限制用户在一个工程数据库中保存的数据量，当数据量非常大时，将给显示或编辑带来困难，因此系统提供按条件进行数据调入与释放的方法。具有调入或释放全部数据、调入或释放分层数据、调入或释放分幅数据、调入或释放任意区域数据等功能。

19. 图幅管理

系统管理的是无缝数据库，但仍然提供按图幅的输入、输出方法；大批量的图幅信息的录入、查询与使用方法；图幅信息库的建立与管理方法。

20. 图幅修饰与图形打印

（1）标准图廓。根据需要可预先在模板中定义多个满足不同需求的图廓，供打印时选择。

（2）自定义图廓。允许用户实时对图廓的大小、样式、比例进行调整以满足临时出图的要求。

（3）打印设置。可以选择打印机、纸张类型、纸张大小；可以任意指定打印范围、打印比例；可以旋转任意角度打印；可以调节打印色彩、线宽比例；提供针对打印机精度的微调节方法。

10.3.4　数字化测图的发展方向

数字测图顺应了现代测绘技术的新潮流，与传统白纸测图相比，全数字地形测图不只在方法上有所改进，在技术上也有本质的飞跃，不同比例尺数字图的差别仅仅区别于细致程度不同，而与精度无关。较之传统的大平板仪（地形、地籍）测绘技术，数字化测绘可以让测绘产品更加多样化，技术含量和应用水平更高，产品的使用与维护更加方便、快捷、直观。与传统的测绘产品（地形、地籍图件）比较，数字化测绘产品具有明显的优越性。由于技术标准和规范不同，国外研究成功的数字化测绘系统不适合国情，难以推广应用，随着数字化测绘技术的发展，国内数字化测图软件也同步快速发展。现有十几个大专院校、仪器公司和数字化测量单位，先后开发和研制出多个适合中国国情的数字测图系统软件，将部分室外工作转移至室内完成，不但减小了劳动强度、提高了测图精度及作业效率，而且打通了面向地理信息管理系统（GIS）的通道，符合现代社会信息的要求，是现代测绘的发展方向。

随着计算机、网络技术的发展以及测量仪器的智能化，地形测绘技术发生了重大变革，正朝自动化、实时化、网络化方向发展。目前，内陆水体测量代表性区域长江中下游地形测量以计算机为核心，在外连输入、输出设备硬件和软件支持下，外业由GNSS、全站仪、单波束测深仪、多波束测深系统等在野外实测陆上、水下空间信息数据，内业通过由多种专业处理软件构成的一体化内业成图系统，对多源空间数据进行融合、处理、成图、输出，充分保证了地形测量成果的位置精度、属性精度、逻辑完整性、现势性。

三维激光扫描技术与船载雷达一体化水边测量技术同属非接触式遥感技术，近年来在长江水下地形测量中逐步得到应用。三维激光扫描的主要特点是实时性、主动性、适应性好，数据经过简单的处理就可以直接使用，无须复杂的费时费力的数据后处理；且无须和被测物体接触，并且可以和 GNSS 等集合起来实现更强、更多的应用；船载雷达一体化水边测量技术通过雷达连续扫测水边界图像数据，后处理软件自动实现图像校正、拼接，进行水边界数据。以上两种技术有效克服了观测目标难以到达的问题，尤其在崩岸地形、水边植被茂盛等测量人员难以到达区域能发挥重要作用。

10.4　信息管理

信息管理是人类综合采用技术的、经济的、政策的、法律的和人文的方法和手段以便对信息流（包括非正规信息流和正规信息流）进行控制，以提高信息利用效率、最大限度地实现信息效用价值为目的的一种活动。信息是事物的存在状态和运动属性的表现形式。信息管理既包括微观上对信息内容的管理——信息的组织、检索、加工、服务等，又包括宏观上对信息机构和信息系统的管理。

计算机、全球通信和因特网等信息技术的飞速发展及广泛应用，使得科技、经济、文化和社会正在经历一场深刻的变化。20世纪90年代以来，人类已经进入到以"信息化""网络化"和"全球化"为主要特征的经济发展的新时期。信息已成为支撑社会经济发展的继物质和能量之后的重要资源，它正在改变着社会资源的配置方式，改变着人们的价值观念及工作与生活方式。了解信息、信息科学、信息技术和信息社会，把握信息资源和信息管理，对于当代管理者来说，就像把握企业财务管理、人力资源管理和物流管理等一样重要。

信息管理兼具管理特征和时代特征。首先，信息管理是管理的一种，因此它在具有管理的一般性特征时，又有自己独有的特征：管理的对象是信息资源和信息活动；信息管理贯穿于整个管理过程之中，有其自身的管理，同时支持其他管理活动。其次，信息管理又随着时代的发展而有差异，因此又具有信息量迅速增长、信息处理和传播速度更快、信息的处理方法日益复杂、信息管理所涉及的研究领域不断扩大等特点。

下面以长江委水文局与武汉地大坤迪科技有限公司共同开发的"长江水文泥沙信息分析管理系统"来阐述信息管理在长江水文泥沙及河道数据的科学管理和永久保存方面的实现方法及该系统的基本功能。

长江流域设立定点定时系统水文观测起点较早，新中国成立后，逐步增设、调整水文站网，增加测验项目，提高测验精度，并于20世纪50年代相继开展泥沙河道测量工作。60多年来，长江水文积累了110多亿个水文基本数据，基本建成国家水文数据库。这些宝贵数据和资料急需妥善的存储和最大限度地服务于社会。"长江水文泥沙分析信息管理系统"，真实、准确、实时地搜集并分析长江流域河道水文泥沙及河道变化信息，快速、高效地处理大量的历史数据和实时动态监测数据，并结合现代水文泥沙分析计算和预测模型来进行科学的分析和处理，真实再现长江河道三维地形景观，实时、动态、准确地反映长江干流水沙特征及其变化规律。该系统的建成，为长江水文河道泥沙信息的科学管理和永久保存提供了条件，实现了长江水文泥沙及河道原型观测和分析信息的三维可视化、数字化管理，有效保证长江水文泥沙信息管理的统一性、科学性、实时性、实用性和高效性，为实现数字长江打下了基础。

系统按照信息流程分为信息采集与传输、计算机网络、数据库管理与信息服务等四个主要部分，其中信息服务包括长江河道数据矢量化、长江水文泥沙实时分析计算、河道演变分析、信息查询及成果输出、三维模拟显示和长江网络信息发布系统等。

10.4.1 系统开发模式

"长江水文泥沙分析信息管理系统"的基本模式是以三维可视化地学信息系统——GeoView为平台，充分利用先进的计算机数据管理技术、空间分析技术、空间查询技术、计算模拟技术和网络技术，建立数据采集、管理、分析、处理、显示和应用为一体的水文泥沙信息系统。就网络应用模式而言，该系统基于Intranet的企业局域网，以C/S（含

GIS）结构为应用开发模式，以 B/S（含 WebGIS）结构为信息查询服务模式，同时结合适用于网络开发的数据库系统及前端开发工具，实施本系统的开发。

系统的硬件结构自上而下分为核心层和应用层两个层次。核心层即网络主干，是网络系统通信和互联的中枢，由服务器、交换机、路由器等主干设备组成，主要作用是管理和监控整个网络的运行、管理数据库实体和各用户之间的信息交换。网络交换模式采用技术成熟、价格合理的快速交换式以太网技术。

系统的软件结构以主题式的对象-关系数据库为核心、GeoView 为主要支撑平台的 C/S 和 B/S 模式，即在数据库和支撑软件平台上，建立数据支撑层/信息处理层/应用软件层的层叠式复合结构。在这种结构体系下，数据库管理为第一层（下层）；数据管理分发服务器上的中间层和信息处理软件构成第二层（中层），负责接收访问请求；各客户机的浏览、处理和应用为第三层（上层），主要提供信息化处理应用的操作界面。长江水文泥沙信息分析管理系统的逻辑结构如图 10.4-1 所示。

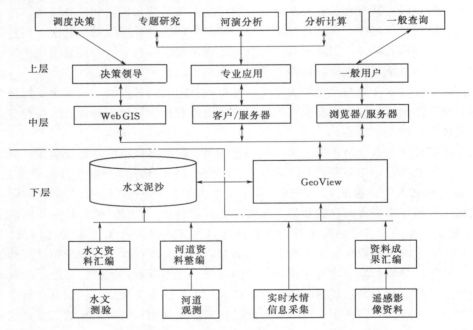

图 10.4-1　长江水文泥沙信息分析管理系统的逻辑结构图

10.4.2　数据特征

长江水文泥沙信息分析管理系统涉及的数据量庞大、种类繁多，其类型可按不同的分类方案进行划分。

1. 按数据的更新频率高低划分

（1）实时数据，包括实时水位、流量、含沙量数据等，更新频率一般为数天、数小时甚至几分钟。

（2）历史数据，包括水文整编资料、河道地形数据、断面测量成果，其更新频率为一年一次。

（3）其他数据，包括水文测站分布、测绘控制成果、固定断面分布等，更新频率为数月甚至数年。

2. 按数据的存储结构划分

（1）属性数据，主要是按关系型数据库表结构格式存储的数据，如断面成果表、逐日平均水位表。

（2）空间数据，包括矢量型和光栅型两类，前者是指以矢量格式储存的地形图，如水下地形图、流态图；后者是指以光栅格式储存的各种图形，例如，遥感图像、水下摄影照片。

3. 按数据的来源和内容划分

测站基本信息、水文整编资料、测绘控制成果、河道地形数据、断面测量成果等。

10.4.3 主要功能

长江水文泥沙状况不仅关系长江本身的发展演变，也反映了流域的环境特性、水土流失程度及人类活动的影响，对治理开发长江具有重大的参考价值。随着长江流域的社会经济发展加快、国家及沿线各省份在流域的社会经济建设项目增多，各地、各部门以及社会公众在工程泥沙调度、河势稳定控制、泥沙预报预测、河道演变分析、航道分析方面，对长江水文泥沙的基本信息需求也越来越大。

10.4.3.1 安全可靠的信息综合管理功能

全面高效地采集、存储和管理长江工程水文泥沙监测所获取的多源、多类和多维信息，以主题式的对象-关系数据库为核心，建立能有效地支持空间、属性数据一体化存储、联合管理，满足泥沙预报预测、河道演变分析、航道分析需要的信息综合管理子系统，该子系统的总体结构具有较高的灵活性、可扩展性、易维护性、稳定性和安全可靠性。

10.4.3.2 界面友好的信息查询功能

查询界面友好、操作简便是信息系统能否最大限度地发挥作用的关键。长江水文泥沙信息分析管理系统支持客户/服务器、浏览器/服务器和WebGIS等多种查询方式，满足不同用户按权限分级调用和操作数据。

其中，对于专业用户的日常水文泥沙分析、水文泥沙计算、水文泥沙预报，河道演变分析、航道分析、水文泥沙信息查询、三维显示和数据库管理，可采用客户/服务器模式。对于一般用户进行可公开信息的常规查询和文档下载，采用浏览器/服务器模式；而对于领导决策层，在提供浏览器/服务器模式的信息查询基础上，进一步提供泥沙预报、河道淤积状况、泥沙计算和河道演变分析成果查询功能，并采用WebGIS的查询界面，提供流域地形图漫游查询及水文泥沙信息的三维显示功能。

10.4.3.3 多样化的水文泥沙专业计算功能

水文泥沙分析计算是河道演变分析、泥沙运动规律研究的基础，是为河流水文泥沙管理、研究和监控提供辅助决策支持的重要环节。系统的水文泥沙计算包括地理空间信息分析、数理统计技术、空间几何运算在内的多方案组合模式。实现的功能有各种水力因子计算、水面比降计算、水量计算、沙量计算、河道槽蓄量（断面法、地形法）计算、冲淤量计算、冲淤厚度计算、水沙平衡计算等。

10.4.3.4 直观全面的水文泥沙专业分析功能

水文泥沙分析主要通过各种编图作业来实现。常用的专业分析图件包括：水位过程线图、流量过程线图、水位-流量关系图、流量沿程变化图、断面平均流速沿程变化曲线图、水面线图、流量沿程变化图、输沙量沿程变化图、含沙量过程线图、推移质输沙率过程线图、含沙量沿程变化图、输沙率沿程变化图、流量-含沙量（输沙率）关系图、流量-推移质输沙率关系图、泥沙颗粒级配沿程变化图、悬移质特征粒径沿程曲线图、推移质特征粒径沿程曲线图、河道组成特征粒径沿程曲线图、断面套绘图、深泓纵剖面曲线图、河道槽蓄量-高程曲线图、沿程槽蓄量分布图、冲淤量沿程分布图、冲淤量-高程曲线图、冲淤厚度分布图、最大冲淤厚度沿程曲线图、平均冲淤厚度沿程变化图、逐月平均水位多年平均曲线图、多年平均径流量年内分配曲线图、多年平均输沙量年内分配曲线图、多年平均悬沙级配曲线图、河道泥沙组成曲线图、历年径流量过程线图、历年输沙量过程线图、年径流量变化对比图、年输沙量变化对比图。系统全面提供上述各种图件的自动编绘功能，满足水文泥沙分析的需要。

10.4.3.5 完善的河道演变分析功能

河势稳定性问题是长江水文泥沙研究的重点之一，其主要内容包括不同水沙条件和运用方式下的河道演变和河势变化状况。河道演变分析以槽蓄量计算、冲淤计算、冲淤厚度计算、水面比降计算、洲（滩）面积计算、分流分沙计算、弯道水面横比降计算、水量平衡计算、沙量平衡计算等水库水沙计算和各种水文、泥沙、河道信息可视化分析为基础，通过基于 GIS 的空间分析技术实现自动或交互编绘有关的断面套绘图、深泓纵剖面曲线图、河道槽蓄量-高程曲线图、沿程槽蓄量分布图、冲淤量沿程分布图、冲淤量-高程曲线图、冲淤厚度分布图、最大冲淤厚度沿程曲线图，以及河势图、深泓线平面变化图、岸线变化图、洲（滩）变化图、汊道变化图、弯道平面变化图等。

10.4.3.6 形象逼真的长江三维可视化功能

通过建立基于 3D WebGIS 的长江干流景观三维可视化分析子系统，实现长江河段三维景观建模、重点目标三维建模、三维可视化分析、长江流域通视分析、水淹分析、大区域漫游、开挖分析、任意断面剪切分析、空间查询、属性查询和长距离的三维飞行浏览等功能。系统形象逼真地展现长江水文泥沙及河道观测和分析信息，为长江水文泥沙研究及防洪抗洪提供直观的分析决策工具。

10.4.3.7 方便快捷的长江水文泥沙信息网络发布功能

通过网络进行的信息服务主要包括以下几种。

1. 发布分析成果

其成果有水位过程线图、流量过程线图、含沙量过程线图、输沙率过程线图、流量沿程变化图、水面线图、径流量沿程变化图、输沙量沿程变化图、含沙量沿程变化图、输沙率沿程变化图、水位-流量关系。

2. 回应基本查询

其查询有水文（位）站查询、水文（位）站沿革查询、水文水位断面及设施查询、水准点沿革情况查询、水尺水位观测设备沿革情况查询、积水面积与距河口距离查询、站以上主要水利工程情况查询、断面基本资料查询、断面成果查询、逐日水面蒸发量查询、月降水量查询、年-月蒸发量查询。

3. 支持专题编图

其图有断面套绘图、深泓纵剖面曲线图、河势图、深泓线平面变化图、岸线变化图、洲（滩）变化图、汊道变化图、弯道平面变化图。

4. 显示三维景观

其景观有显示三维河道地形、三维重要目标、三维河道水淹模型。

5. 文档资料的网络下载浏览功能等

为了提高服务效率，降低系统维护难度，这些信息的发布采用浏览器/服务器模式。对于决策层的领导，还在提供浏览器/服务器模式查询的基础上，提供河道淤积、泥沙计算分析、河道演变分析等详尽成果的查询以及基于 WEBGIS 的流域地形图漫游查询和水文泥沙信息的三维显示等功能。

10.4.4　数据流程

长江水文泥沙信息系统以水沙主题式数据库为核心，采用各种规范的数据分析和处理技术进行水文泥沙资料和河道资料整编，并基于 WebGIS 进行空间数据和属性数据汇编。长江水文泥沙信息系统的逻辑结构包括：水文泥沙数据库管理子系统、图形编辑、长江水文泥沙信息分析与管理（又可进一步细分为长江水文泥沙专业计算、长江水文泥沙可视化分析、长江水沙信息综合查询、三维分析、长江河道演变分析等子系统）、长江景观三维可视化、长江水文泥沙信息网络发布等子系统，数据流向较为复杂，数据流程如图 10.4-2 所示。

10.4.5　系统集成

在系统开发和实际应用中，涉及多项高新技术及其系统，其中包括数据库系统（DBS）、地理信息系统（GIS）、计算机辅助设计系统（CADS）、遥感信息处理系统（RS）和全球卫星定位系统（GPS）以及专家系统（ES）等。其中，对象-关系数据库系统管理各类属性信息和空间信息，是系统的核心，GIS 负责管理和处理空间信息，两者构成了系统的主体和骨干。GIS 系统擅长管理空间信息，但目前的 GIS 是二维或 2.5 维的，对相应的属性信息和三维空间信息管理能力不强，因而需要后台数据库系统的强力支持；同时 GIS 的图形处理能力也没有 CAD 系统来得灵活和方便，也需要借助 CAD 系统来进行图形的生成和输出。遥感（RS）、地理信息系统（GIS）和全球定位系统（GPS）技术构成了现代对地观测技术中信息获取、存储管理、更新、分析和应用的三大支撑技术。由于它们各自的技术特点和功能特点的不同，在实际需求的驱动下已经走向集成化的发展方向。所谓多 S 集成是指基于信息集成的上述多种高新技术系统的集成和应用，其技术路线如图 10.4-3 所示。从图中可以看到，整个系统的建设都围绕着数据这个核心展开，贯串于数据的采集、数据管理与处理、数据分析与应用等各个阶段中。多 S 集成也是分层次的，GIS 和 DBS 是整个系统最核心的部分，也是集成平台，其他几个 S 的应用基于这个核心平台才能充分发挥作用。

信息集成在于使信息应用系统加工的对象和产品——各种信息元素实现规范化和体系化，以便于信息采集、存储、处理和利用。为了实现数据之间的转换，进一步需要建立数据转换规范，数据按某种标准规定的格式进行转换，才便于经过数据库管理系统

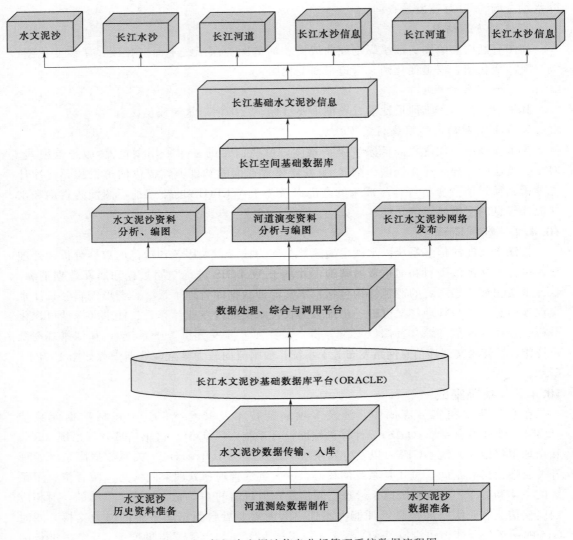

图 10.4 - 2　长江水文泥沙信息分析管理系统数据流程图

（DBMS）存入数据库以及检索利用，同时才利于各子系统之间的信息交流和共享。数据共享通常是实现信息集成的主要目标，组织好原始数据的提炼、加工和不断更新，是实现这一目标的重要工作。

实践中，系统集成包括数据、操作集成和产品集成等。数据集成是指系统所需各类处理数据（包括文字和图像等）在各子系统之间的流畅转换、提取和处理，操作集成则是指实现各子系统功能处理过程的协调操作，产品集成是指有机集成系统所需产品，特别是功能完善的应用软件系统产品。

10.4.6　系统数据标准

系统数据标准化是信息系统建设的必要保证，也是提高系统数据信息利用价值的必经之路。本系统的开发中考虑到的数据标准包括：属性数据标准、空间数据标准（包括图式

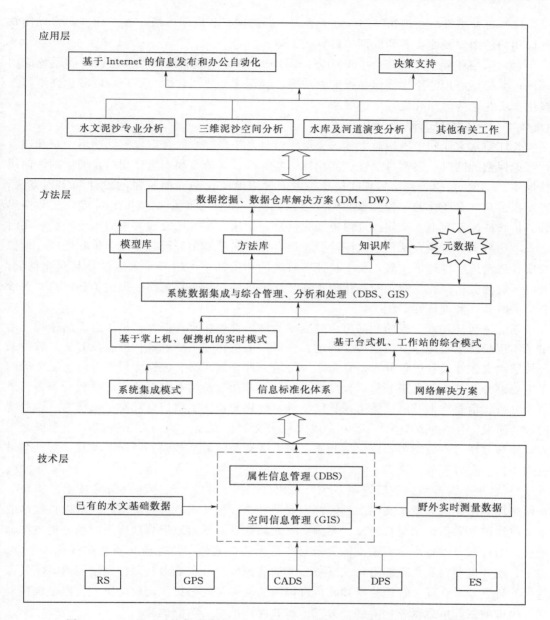

图 10.4 - 3　基于系统集成技术的长江水文泥沙信息分析管理系统研发技术路线

图例标准、数字化分层标准等）和网络应用标准等。制定这些具体标准需要参考有关的国家标准和国际标准。标准化的作用是多方面的，归结起来主要包括以下四方面：

（1）可移植性（portability）。为了获得在硬件、软件和系统上的综合投资效益，系统必须是可移植的，使所开发的应用模块和数据库能够在各种计算机平面上移植。

（2）互操作性（interoperability）。一个大型信息系统，往往是一个由多种计算机平台组成的复杂网络系统，有了标准，可以促进用户从网络的不同节点上获取数据和实现各种应用。

（3）可伸缩性（scalability）。为了适应不同的项目和应用阶段，有了标准，可以使软件以相同的用户界面在不同级别的计算机上运行。

（4）通用环境（common application environment）。标准提供了一个通用的系统应用环境，如提供通用的用户界面和查询方法等。利用这个通用环境，用户可以减少在学习新系统上所花费的时间和提高生产效率。

10.4.7 系统的应用

长江委水文局和中国地质大学国土资源信息系统研究所联合组成的课题组，在开展各种理论探索的同时，遵循科学性、实用性、实时性、开放性和安全性相结合的原则，使用数据库、GIS、遥感、网络等现代信息技术，采用模块化和面向对象的设计和实现方法，开发出了高度专业化的"长江水文泥沙信息分析管理信息系统"，真实、准确、实时搜集并分析长江流域河道水文泥沙及河道变化信息，快速、高效地处理大量的历史数据和实时动态监测数据，并结合现代水文泥沙分析计算和预测模型来进行科学的分析和处理，模拟真实长江河道三维地形景观，反映长江上游地区和长江中下游来水来沙量及其变化情况，及时了解并分析研究三峡水沙变化规律和长江中下游河势变化规律，提高了长江水文泥沙分析的时效性和准确性。

系统还为长江水文泥沙和河道演变数据的科学管理和永久保存提供了可靠的途径，给出了实现长江水文泥沙及河道演变观测、分析的信息化和三维可视化的有效方法。软件系统按照水文泥沙信息流程分为信息采集与传输、计算机网络、数据库管理与信息服务等四个主要部分，其中信息服务包括长江河道数据矢量化、长江水文泥沙实时分析计算、河道演变分析、信息查询及成果输出、长江三维可视化和长江网络信息发布子系统等。该系统的成功研发，使在网络计算环境中完成大量水文泥沙专业计算与数据处理的理想成为现实，能够方便、高效地为长江流域开发、防洪调度及河道治理服务，同时增强了对社会进行水文信息实时服务的能力。

"长江水文泥沙信息分析管理系统"集成数据库、GIS、遥感和网络等技术，实现了在网络环境中完成大量水文泥沙相关的专业计算与数据处理，解决了流域级数以百亿计的水文泥沙监测数据记录与长河段、多测次、大数据量的河道地形管理应用问题，把支持辅助决策的目标与支持水沙管理及科学研究的目标结合起来，使之既具备数据接收、整理、加工、输入、存储和管理能力，又具备强大的数据综合分析能力和图件编绘能力；既具备数据的科学分类管理、快速检索和联机查询的功能，又能够提供面向防洪、发电、泥沙调度等决策的主题信息服务，能够充分发挥水文泥沙信息资源的优势。

系统采用 B/S 和 C/S 构架，实现了基于两种结构的长江水文泥沙信息动态综合管理，以完全自主研发的 Quanty View 为 GIS 平台，以 Oracle 为数据库平台、自主研发的 Quanty View Catalog 为空间数据库引擎搭建，开发了水文泥沙分析、河道演变分析的信息化专业分析平台，在保证自身数据安全的同时，使系统的灵活性、扩展性得到了充分的发挥。实现了长江水文泥沙数据的永久保存和科学集成管理，提高了各种数据的处理、分析、储存、查询速度和效率，提高了信息化程度，为后续科学、快速决策奠定基础。

第 11 章

内陆水体边界测量的创新和展望

目前，陆地和海洋测绘已形成相对完整的标准体系，测量技术较为成熟。然而，内陆水体因形态多变、组成复杂，测量手段相对落后，技术标准尚未形成。因此，针对内陆水体测量存在的问题，根据水体分类特点，须重点突破内陆水体水面线、临底悬移质测量等动态岸、底边界确定的难题，研究开发适应于各种不同水体的测量技术和仪器，构建水体边界测量的标准体系。

11.1 内陆水体边界测量技术创新

内陆水体边界测量成果是国家基础地理信息，为水利、交通等涉水工程建设及运行提供技术支撑。受水流运动、泥沙输移等影响，内陆水体边界呈动态变化，准确测量是世界公认的难题。长江委水文局以内陆水体为研究对象，按山区、平原、感潮河段以及湖泊、水库分类，历时 20 余年，研发了不同内陆水体边界测量的成套技术，推动了水利工程测量、基础测绘等技术进步，填补了我国内陆水体边界测量标准体系的空白。主要创新性成果体现为以下几点：

（1）提出了复杂水网地区楔形水体水面线计算新方法、水体边界无立尺测量方法，研发了感潮河段似大地水准面模型，构建了内陆水体岸边界测量技术体系。

1）提出了复杂水网地区楔形水体水面线计算方法，解决了曲面水体计算验证技术及测量精度控制难题。

针对内陆水体水面线动态变化不确定性问题，经过大量现场验证，通过网格生成技术建立的平面二维水动力模型能较好地拟合水面线变化，有效解决了复杂水网不规则曲面水面对水体边界地形测量精度的影响。主要通过联解水流连续方程和运动方程，采用数值模拟的方法计算给定的出口控制水位条件下水面高程分布 DEM 数据，应用水面 DEM 数据，确定现场测量水位。

2）率先提出了水体无立尺测量方法，为无协作目标仪器的发展奠定了理论基础。

a. 率先提出了无立尺测量方法。在水库、河流枯水期地形测量中，因受淤泥、悬崖陡壁的影响，测量人员无法到达现场立尺。长江委水文局于 20 世纪 80 年代，根据激光测距原理与经纬仪测角原理配套使用，提出并使用了激光测距仪发散角边长改正的计算方法，较无协作目标仪器测量原理应用早 10 余年。该方法既保证了测量精度，增加了测量的范围，又保障了人员的安全。

b. 提出了利用免棱镜全站仪的水体平高测量方法。采用免棱镜全站仪在人员无法到达的地方观测水位已是一项成熟的测量方法，但在山区河流、大坝截流期竣堤口门水位的平高测量中，因受照准误差、水边线潮湿、不规则反射介质面、波浪等影响，精度无法得到满足。提出的利用免棱镜全站仪，按照角度、距离异步，提前、延迟观测，多点平均的方法，消除了所有上述因素影响，保证了精度。

3）提出了感潮河段似大地水准面模型建立方法，研发了高程基准与深度基准相互转换技术，实现了感潮河段水下地形快速测量与数据处理。

a. 提出了感潮河段几何法似大地水准面模型的建立方法。河流与海洋交界的感潮河段，因内陆高程基准与海洋深度基准是不同的体系，若采用不同基准就近直接应用于水下地形测量，会导致实测河床与实际河床的连续变化不匹配，并在相邻海图深度基准定义段的交界处出现跳跃性地形。为统一基准体系，提出了在感潮河段采用几何法构建似大地水准面模型的方法。模型采用二次曲面逼近高程异常的变化，兼顾了离散、跳变的深度基准，构建了连续的深度基准面。

b. 研发了感潮河段高程基准与深度基准无缝转换技术。在感潮河段水体边界测量中，垂直基准的建立和转换较为频繁。垂直基准的高程基准与深度基准转换精度，依赖于绝对基面的准确度。为保证绝对基面的稳定可靠，提出了依据沿河潮位资料确定感潮河段各站理论最低潮面的方法，再通过高程基准与深度基准分别与理论最低潮面建立关系，从而实现感潮河段高程基准与深度基准快速无缝转换。

（2）提出了新的临底悬移质测验方法，研发了稳定性好、适用于深水的河床质采样器；建立了水库基于声线跟踪的水深测量以及水深校正标测量等方法，提高了大水深测量精度；构建了内陆水体底边界测量技术体系。

1）提出了新的临底悬移质测验方法，研发了稳定性好、适用于深水的河床质采样器，解决了内河水体底边界确定难题。

a. 提出了临底悬移质泥沙横向多点法测验方法。提出了按实测垂线同一水深处的测点流速、含沙量和颗粒级配，分别采用面积加权、面积与流速两者加权和面积、流速与含沙量三者加权进行横向计算的方法，代表断面平均情况的概化垂线各水深处的测点流速、含沙量和颗粒级配。根据长江流域清溪场、万县、宜昌、沙市和监利等水文站取得的试验资料，证明提出的临底横向多点法测验计算方法具有足够的精度。

b. 改进了临底悬移质测验仪器。临底悬移质测验仪器需要接触床面，且有相当大的阻力时才能自动关闭；同时，仪器过大易扰动水沙，导致测量值不真实。针对常规悬移质采样器不能满足要求的问题，研制了双管垂直连接型临底悬移质测验仪器，双管可同步取样且开关联动。采样器器盖采用触及河底立即关闭的结构型式，以防止仪器扰动河床，使测得的临底悬移质泥沙真实可靠，可更为方便的区分悬移质与河床质，保证了内河水体底边界确定的准确。

c. 研发了稳定性好、适用于深水的各种推移质、河床质采样器。针对水库蓄水后，水深增大，原有的采样器采样难的问题，研发了稳定性好、适用于深水的沙质推移质采样器和插管式干容重采样器。

2）提出了水库基于声线跟踪的水深测量以及水深校正标测量等方法，提高了大水深测量精度。

a. 提出了基于声线跟踪的水库深水水深测量方法。声线跟踪水深测量方法最早在海底地形测量中使用，主要为提高海洋受测船姿态、水温跃层及盐度变化影响下的深水测量精度。内陆水体因水深较浅且无盐度变化，又有河流泥沙的影响，尚无成熟使用方法。针对大水深水库特点，提出了基于声线跟踪的水库深水水深测量方法，通过测船姿态改正，消除水深测量系统中因测船姿态变化引起的误差；通过声速剖面仪测量声速或水温梯度、以深度加权模型改正声速，消除水温跃层带来的水深误差；通过优选适用于深水水域声速公式，保证水库测深成果质量和精度。提出了适用于水库深水测量的各类修正公式。

b. 提出了水深校正标测量方法。为提供水库大水深测量仪器校正基准，改进水深延时校正方法，提出了水深校正标测量方法。即在水库蓄水前，按沿断面水深均匀布置、避开泥沙冲淤影响的原则建设校正标，提供多组水深真值点。每次测量前，根据校正标提供校正基准对上述的改正公式进行反演，精确检测到回声测深仪水深测量的误差及差值、系统延时等问题，然后再通过声速和温差的改正来校正回声测深仪测量水深值，从而达到校正的目的。

3）构建了内陆水体底边界测量精度控制指标体系。提出了内陆水体水下地形点间距控制指标和水道地形精度控制指标：内陆水体测量精度需求远远高于海底地形测量，而水下特征点又不能如陆地测量可人为选择，故内陆水体测点布置密度、精度要求与陆地和海洋测量均不相同。按照现有的水深测量技术，通过大量不同比例尺、不同观测仪器的比测试验，建立了水下地形点间距控制指标及精度控制指标，为《水道观测规范》所采用（表11.1-1、表11.1-2）。

表 11.1-1 水下地形点间距控制指标

测图比测尺	断面间距/m	测点间距/m
1：25000	300～500	150～250
1：10000	200～250	60～100
1：5000	80～150	40～80
1：2000	20～50	15～25
1：1000	15～25	12～15
1：500	8～13	5～10

表 11.1-2 水道地形精度控制指标

类型	倾角/(°)	地物点图上点位中误差/mm	地形点高程中误差/mm	等高线高程中误差	
				岸上	水下
平原河道	<6	0.5	±h/4	h/2	1h
山区河道	≥6	0.75	±h/3	1h	2h

（3）提出了基于 DXF 格式不同基准图形数据的转换方法，实现了不同坐标系统及投影方式下的快速制图。研制了通用的内外业一体化河道成图系统，建立了河道地形测绘与 GIS 结合的编码体系。

1）提出了基于 DXF 格式不同基准图形数据的转换方法。内陆水体在不同时期、不同行业间有各自独立的基准（独立坐标系），国际上普遍使用通过将图形离散成坐标进行转换的方法，因离散坐标密度限制故"有损"。长江委水文局提出通过建立图形中所有对象在不同坐标系和投影方式下的二维基准转换原理，研发了最佳转换参数和转换点位精度的分析评定方法，实现了转换参数可靠性的验证及残差和单位权中误差统计及验算，避免了产生过渡性图形文件和进行复杂的坐标转换，从而使转换结果"无损"（图 11.1-1）。

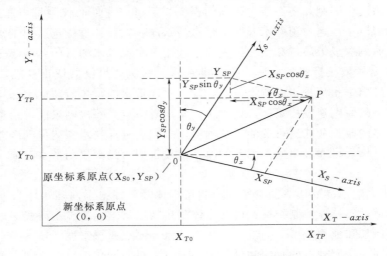

图 11.1-1　二维基准转换原理图

2）研制了通用的内外业一体化河道成图系统，提出了河道地形测绘与 GIS 结合的编码体系。

首次在全国研制成功能适应各行业的通用的内外业一体化河道成图系统：通过将 CAD、GPS、RS 技术与 GIS 技术结合在一起，依托大型数据库平台，采用面向对象的技术，构建图形与属性共存的框架，彻底将图形与属性融为一体，并从数据生产源头率先实现了数字化到信息化的转变。特别是长江委水文局主编的《水道观测规范》（SL 257—2000），使我国反映河道、湖泊、水库、近海特点的水道观测、信息管理的国家标准得以统一，并开发了既能满足常规陆地测绘，又能适应河道特殊要求的内外业一体化河道成图系统。该系统支持 GPS、各种全站仪以及测深仪、水声呐、多波束测深仪等的测记、电子平板以及 PDA 等多种数据采集方法，能与现有 GIS 系统共享数据。

通过制定结合测绘、水利、地理信息的统一数据标准，首次提出了河道地形测绘与 GIS 结合的编码体系：随着测绘技术的不断进步，测绘成果开始由数字图向信息化转变，采集的数据除了满足原来单纯的数字成图、编辑、打印输出以外，还要为 GIS 提供精度高、信息完整、格式规范的前端数据。作为 GIS 的前端数据采集系统，必须更好地满足 GIS 对基础地理信息的要求。野外数据采集时，不仅仅是采集空间数据，同时还必须采集相应的属性数据。因此，科学的编码体系、标准的数据格式、统一的分层标准和完善的数据转换、交换功能是必需的。现使用的测图系统不仅在界面和成图方法上不统一，因各单位使用的软件由多家开发，数据结构和数据组织也不一致，难以做到彼此的完全兼容，普遍存在着编码体系、数据格式、分层标准与现行水利信息化标准统一问题。

提出了河道地形测量与 GIS 结合的编码体系，并使之成为《水文数据 GIS 分类编码标准》（SL 385—2007），经水利部批准，在全国执行。

通过采用点对象基于 Z 值实现自动标注，采用全息数据结构和开放的标准定制机制，完美实现了大小比例尺水道模块数据共享：通过将实体对象描述成"全息数据结构"，描述客观对象的空间性与时间性，即空间维与时间维（X、Y、Z、T），使描述结构中所固有的或可扩充的数据成员又包括：空间信息、时间信息、基本属性、扩展属性、序列属性、随机属性、多媒体属性。通过可自由伸缩的数据描述方式为系统扩展提供强有力的支持，包括点对象、线对象、面对象、注记对象、图块、OLE 对象。其中点对象基于 Z 值实现自动自动标注，基于骨架线的地理信息存储及符号化显示机制，同时满足 GIS 与地形制图的需求，能实现 1：500、1：1000、1：2000、1：5000、1：10000、1：25000、1：50000 等各比例尺水道模块数据共享。

系统直接采用数据库管理模式，数据容量大，安全性好，首次实现了测图软件图、属一体化管理，并与 GIS 实现完全数据共享：系统通过内嵌关系数据库引擎，可对 Oracle、SQL Server、Access 等专业数据库直接进行数据读写，直接对空间数据和属性数据统一管理，不需要中间件，实现了空间数据和属性数据的一体化的多源、海量数据管理和数据安全性的管理，与 GIS 完全共享数据。

3）实现了水文泥沙河道信息的动态管理以及从外业数据转换到数据存储、管理、分析、计算、模拟、编图的全程计算机辅助化和三维可视化。

采用多"S"结合与集成技术，建立了以主题式对象-关系数据库为核心、技术方法与应用软件层叠式复合的信息管理系统，实现了水文泥沙信息的动态综合管理以及水文泥沙分析、河道演变分析的信息化。

以三维可视化地学信息系统为平台，实现了水文泥沙监测分析从外业数据转换到数据存储、管理、分析、计算、模拟、编图的全程计算机辅助化。其中包括全面实现了三维可视化的飞行浏览、水淹分析、水中泥沙浓度分布显示、地形因子分析、开挖分析、通视分析、断面分析、DEM 数据分析以及 3D WebGIS 的信息发布和空间信息查询、检索。

提出了多元槽蓄量计算法，可基于数字高程模型（DEM）和其他多来源、多类型、多时态数据并考虑比降因素的河道槽蓄量计算，实现了精确泥沙冲淤厚度分布计算及其结果的可视化；首次实现了基于图切剖面技术的河道任意断面生成功能，并研发出河演过程可视化模拟模块和深泓线自动追踪模块，为河道演变分析可视化和成果表达可视化提供了强大的技术支持。

11.2 内陆水体边界测量技术展望

11.2.1 连续运行卫星定位系统 CORS

随着全球卫星导航定位系统（Global Navigation Satellite System，GNSS）、计算机、

数据通信和互联网络（LAN/WAN）等技术的不断发展成熟，连续运行基准站系统（Continuous Operational Reference Systems，CORS）应运而生。它是现代 GPS 的发展热点之一，将网络化概念引入到了大地测量应用中，该系统的建立不仅为测绘行业带来深刻的变革，而且也将为现代网络社会中的空间信息服务带来新的思维和模式。CORS 很好地解决了长距离、大规模的厘米级高精度实时定位的问题，CORS 在测量中扩大了覆盖范围、降低了作业成本、提高了定位精度和减少了用户定位的初始化时间。

连续运行参考站系统可以定义为一个或若干个固定的、连续运行的 GPS 参考站，利用现代计算机、数据通信和互联网（LAN/WAN）技术组成的网络，实时地向不同类型、不同需求、不同层次的用户自动地提供经过检验的不同类型的 GPS 观测值（载波相位，伪距），各种改正数、状态信息以及其他有关 GPS 服务项目的系统。由于传统的 RTK 技术需要有测区附近的控制点的点位数据，针对当前项目需要架设基准站以及考虑到初始化时间，改正模型等各方面的因素，CORS 系统的建立对于大中城市的基础测绘来说是实用且经济的。目前 CORS 系统的理论方法主要有 FKP、VRS 和主辅站技术三种。

11.2.2　卫星测高

卫星测高基本原理是：利用星载微波雷达测高仪，通过测定微波从卫星到地球表面再反射回来所经过的时间来确定卫星至地面点的高度，根据已知的卫星轨道和各种改正来确定某种稳态意义上或一定时间尺度平均意义上的水面相对于一个参考椭球的大地高或海洋大地水准面高。

由于测高卫星在运行和工作过程中时刻受着各种客观因素的影响，其观测值不可避免地存在误差，因此要使用观测值，必须先对其进行相应的各种地球物理改正以消除误差源的影响。

卫星测高技术经过几十年的发展，其技术和性能日趋成熟，测高精度、分辨率有了很大的提升，应用范围也扩展到全球区域的覆盖。它可以在全球范围内全天候地多次重复、准确地提供地表、海洋、冰面等表面高度的观测值，改变了人类对地球的认识和观测方式，使我们有能力并且系统地进行与之有关的各种研究。

11.2.3　机载测深

机载激光雷达（Light Detection And Ranging，LIDAR）测深，是以直升机或固定翼飞机为平台，从空中向水面或地面发射激光束来测量水深和地面高程的空间测量系统，它突破了船载系统效率低、受海况和航行条件影响等限制，具有高效率、高精度等优点，给海洋、河道测绘研究带来革命性的进步。

世界上得到大家认可的成熟机载激光测深系统主要有五种，分别是加拿大的 SHOALS 系统、瑞典的 HawkEye 系统、澳大利亚的 LADS 系统、美国 NASA 的 EAARL 以及 SHOALS 系统的升级产品 CZMIL 系统。这些机载激光测深系统尽管原理上大同小异，但由于应用技术和更新周期的关系，技术指标和系统功能还是有很大的差别的。

激光测深的原理与双频回声测深原理相似，从飞机上向海面发射两种波段的激光，一种为红光，波长为 1064nm；另一种为绿光，波长为 523nm。红光被水反射，绿光则透射到水里，到达水底后被反射回来。这样，两束光被接收的时间差等于激光从水面到水底传播时间的两倍，由此可算得水面到水底的深度。

机载激光雷达（LIDAR）是一个集激光、全球定位系统（GPS）和惯性导航系统（INS）三种尖端技术于一身的空间测量系统，是一种低成本高效率获取空间数据的方法，属于主动测深系统，在浅于 50m 的沿岸水域，具有无可比拟的优越性，它能够高效快速对大范围、沿岸岛礁海区、不可进入地区、植被下层、地面与非地面数据的快速获取，具有精度高、覆盖面广、测点密度高、测量周期短、低消耗、易管理、高机动性等特点，缺陷在于对水质要求较高。

11.2.4 高分辨率侧扫声呐和多波束测深系统组合探测水下地形

多波束测深系统与侧扫声呐都是实现海底全覆盖扫测的水声设备，都能够获得几倍于水深的覆盖范围。它们具有相似的工作原理，以一定的角度倾斜向海底发射声波脉冲，接收海底反向散射回波，从海底反向散射回波中提取所需要的海底几何信息。

由于接收波束形式的不同以及对所接收回波信号处理方式的不同，多波束测深仪通过接收波束形成技术能够实现空间精确定向，利用回波信号的某些特征参量进行回波时延检测以确定回波往返时间，从而确定斜距以获取精确的水深数据，绘制出海底地形图。侧扫声呐只是实现了波束空间的粗略定向，依照回波信号在海底反向散射时间的自然顺序检测并记录回波信号的幅度能量，仅仅显示海底目标的相对回波强度信息，获得海底地貌声像图。

利用多波束测深系统进行全覆盖水深测量，获取精确的水深数据，根据水深变化判断目标范围和大小，获得目标的精确位置信息，使用软件分析出目标周围的底质情况。利用侧扫声呐进行扫测，获取海底目标和地形等声像图，通过声图判读确定目标的性质、大小、范围。综合利用多波束测量数据和侧扫声呐声像图进行海底目标的探测，有效增强了不同观测数据的互补性，大大提高了工程质量。另外，在浅水区进行大面积的水深测量中，利用多波束测深系统进行全覆盖水深测量，获得精确的水深数据，利用软件分析出测区底质类别；对于测区的航行障碍物，根据测量的水深数据可确定其最浅点和精确位置，而对航行障碍精确的性质、大小和范围，可使用侧扫声呐进一步扫测，通过扫测获得的声像图来判定。因此，在大面积的水深测量中两种设备的综合应用也具有很强的互补性。

11.2.5 水下机器人技术探测水下地形

进入 21 世纪，水下机器人作为一种高技术手段，在水底这块人类未来最现实的可发展空间中起着至关重要的作用，发展水下机器人的意义是显而易见的。目前有利用水下载人潜水器、水下自治机器人（Autonomous Underwater Vehicle，AUV）或遥控水下机器人（Remotely Operated Vehicle，ROV），集成多波束系统、侧扫声呐系统等船载测深设备，结合水下 DGPS 技术、水下声学定位技术实现水下地形测量的思想和方法。

水下机器人因可以接近目标，利用其荷载的测量设备，可以获得高质量的水下图形和图像数据。目前使用的潜水器以自动式探测器最先进，探测器内装有水声定位系统。

一般来讲，采用水下潜水器进行水下地形测量工作同用水面船只测量的手段和方法大致一样。只是在水下测量时，需要测定潜水器本身的下沉深度。因此，一般需要使用液体静力深度计和向上方向的回声测深仪。水下机器人工作在充满未知和挑战的海洋环境中，风、浪、流、深水压力等各种复杂的海洋环境对水下机器人的运动和控制干扰严重，使得水下机器人的通信和导航定位十分困难，这是与陆地机器人最大的不同，也是目前阻碍水下机器人发展的主要因素。

一些技术比较先进的国家在潜水器上安装了水下立体摄影机。随潜水器运动的水下立体摄影测量，在某种程度上同航空摄影地形测量工作原理一样。由机器人深潜水下，在接近水底时用水下摄影的方式获得水下目标的图像。

11.2.6 洲滩无人机测量技术

河流的洲滩往往人员很难实施常规测量，采用无人机利用 GPS 辅助空中三角测量、多片影像匹配转点、自检校光束平差和自动粗差探测技术，从数字影像自动重建空间三维表面，自动生成数字模型和影像的正射纠正，自动生成带等高线的影像图和三维透视景观影像，能极大地缩短了航测成图周期，减少或免除既费时又辛苦的航测外业工作，提高航测作业功效，充分满足用图的现时性。

长江委水文局于 2014 年 7 月在扬州六圩河口附近采用 UV-Ⅱ型无人机航空摄影系统，利用空中和地面控制系统实现影像的自动拍摄和获取，同时实现航迹的规划和监控、信息数据的压缩和自动传输、影像预处理等功能。全部工作于 2014 年 7 月 29 日开始，到 2014 年 7 月 31 日结束，仅用了 2 天时间完成了航拍及像控测量。共投入无人飞机 1 架，测量汽车 2 辆，GPS 及配套 RTK 设备 2 台套。像控点联测采用江苏 CORS 进行，每次测量前均联测高等级控制点，检核合格后再测量，测量的同时获得像控点的平面和高程成果。本测区加密共分 2 个区进行平差计算，26 个像控点参与平差计算。通过这次试验数据进行精度统计，可以得出结论，能够满足 1∶2000 DLG、DOM 等作业的精度要求。

11.2.7 三维激光扫描

三维激光扫描技术是 20 世纪 90 年代中期开始出现的一项高新技术，它是通过一个连续转动的用来反射脉冲激光的镜子的角度值得到仪器到扫描点的距离值（相对于扫描姿态的仪器坐标 x, y, z），可同步采集现场全景影像，并快速根据采集空间点位信息建立三维影像模型、地形图、现场实景等数据，是继 GPS 空间定位技术后的又一项测绘技术革新，将使测绘数据的获取方法、服务能力与水平、数据处理方法等进入新的发展阶段。

最近几年，三维激光扫描技术不断发展并日渐成熟，目前三维扫描设备也逐渐商业化，三维激光扫描仪的巨大优势就在于可以快速扫描被测物体，不需反射棱镜即可直接获得高精度的扫描点云数据。这样一来就可以高效地对真实世界进行三维建模和虚拟重现。因此，它已经成为当前研究的热点之一，并在文物数字化保护、土木工程、工业测量、自然灾害调查、数字城市地形可视化、城乡规划等领域有广泛的应用。

参 考 文 献

［ 1 ］ 胡乔木. 中国大百科全书·水利［M］. 北京：中国大百科全书出版社，1993.

［ 2 ］ 孔祥元，梅是义. 控制测量学［M］. 武汉：武汉大学出版社，2002.

［ 3 ］ 武汉测绘科技大学. 测量学［M］. 3 版. 北京：测绘出版社，1993.

［ 4 ］ 宁津生. 测绘学概论［M］. 武汉：武汉大学出版社，2004.

［ 5 ］ 王俊，熊明，等. 水文监测体系创新及关键技术研究［M］. 北京：中国水利水电出版社，2014.

［ 6 ］ 王俊，熊明，等. 长江水文测报自动化技术研究［M］. 北京：中国水利水电出版社，2009.

［ 7 ］ 国家测绘地理信息局职业鉴定指导中心. 测绘综合能力［M］. 北京：测绘出版社，2012.

［ 8 ］ 吴子安，吴栋材. 水利工程测量［M］. 北京：测绘出版社，1993.

［ 9 ］ 曹广晶，王俊. 长江三峡工程水文泥沙观测与研究［M］. 北京：科学出版社，2015.

［10］ 李家彪. 多波束勘测原理技术与方法［M］. 北京：海洋出版社，1999.

［11］ SL 197—2013 水利水电工程测量规范［S］. 北京：中国水利水电出版社，2013.

［12］ SL 257—2017 水道观测规范［S］. 北京：中国水利水电出版社，2017.

［13］ 长江水利委员会水文局. 长江水文河道测验分析文集［C］. 武汉：长江出版社，2008.

［14］ 长江水利委员会水文局. 长江水文河道测验分析文集（二）［C］. 武汉：长江出版社，2010.

［15］ 吴敬文，周儒夫，陈建民，等. RTK 三维水深测量的实施与精度控制［J］. 现代测绘，2016，39
（4）：18 - 20.

［16］ 程代忠，辛国，马耀昌. 全站仪代替水准仪的方法研究［J］. 人民长江，2006（11）：13 - 15.

［17］ 程剑刚. 网络 RTK 联合声波测深仪在水下地形测量中的应用［J］. 测绘工程，2014，23（3）：
63 - 65，80.

［18］ 段光磊，王维国，周儒夫，等. 河床组成勘测调查技术与实践［M］. 北京：中国水利水电出版
社，2016.

［19］ 董先勇，王维国. 金沙江溪洛渡水电站变动回水区河床组成调查［J］. 泥沙研究，2010（6）：
54 - 59.

［20］ 李征航，黄劲松. GPS 测量与数据处理［M］. 武汉：武汉大学出版社，2005.

［21］ 徐绍铨，张华海，杨志强，等. GPS 测量原理及应用［M］. 武汉：武汉大学出版社，2006.

［22］ 李建成. 我国现代高程测定关键技术若干问题的研究及进展［J］. 武汉大学学报：信息科学版，
2012，32（5）：980 - 987.

［23］ 孙振勇，杨秀川，冯国正，等. 单站 CORS 双星系统的构建及其在水文测量中的应用研究［J］.
科技信息，2009，304（20）：177 - 179.

［24］ 冯国正，马耀昌，樊小涛，等. 基于 EGM2008 的 CORS 三维坐标转换［J］. 城市建筑，2013，
128（12）：313 - 314

［25］ 柳长征，樊云. 无人立尺测量技术在三峡大江截流中的应用［J］. 人民长江，1998，29
（4）：8 - 9.

［26］ 杨梦云. 影响单波束测深仪测量精度的因素及消除措施［J］. 人民长江，2012，43（21）：42 - 44.

［27］ 傅华，马耀昌，王士毅. 川江风簸碛滩河床演变及航道整治［J］. 泥沙研究，2016，(6)：70 - 74.

［28］ 张正禄，李广云，潘国荣，等. 工程测量学［M］. 武汉：武汉大学出版社，2005.

［29］ 潘正风，杨正尧，程效军，等. 数字测图原理与方法［M］. 武汉：武汉大学出版社，2004.

［30］ 章茂林，谭良，邱晓峰，等. 测量机器人在峡谷河道测量中的应用［J］. 水利水电快报，2012，

33（7）：25－27.

[31] 成芳，杨晓华，付德强. 水深测量测线布设优化方法研究 [J]. 海洋技术，2012，31（4）：16－19.

[32] Yang J L，Fu H，Ma Y C，Yang Y Y. Influence of the three gorges reservoir filling at 175m scheme on Chongqing water transportation [J]. Applied Mechanics and Materials，2012，209/210/211：786－791.

[33] XU G. GPS：theory，algorithms and applications [M]. Heidelberg：Springer Science & Business Media，2007.

[34] 中国地质调查局. 水文地质手册 [M]. 北京：地质出版社，2012.

[35] 程效军，鲍峰，顾孝烈. 测量学 [M]. 上海：同济大学出版社，2016.

[36] 张正禄. 工程测量学 [M]. 武汉：武汉大学出版社，2014.

[37] 张勤，李家权，等. GPS测量原理及应用 [M]. 北京：科学出版社，2005.

[38] 黄声享，郭英起，易庆林. GPS在测量工程中的应用 [M]. 北京：测绘出版社，2007.

[39] 潘正风，程效军，成枢，王腾军，翟翊，王崇倡. 数字地形测量学 [M]. 武汉：武汉大学出版社，2015.

[40] 东海宇. CORS系统与传统RTK测量的优势对比分析 [J]. 西部探矿工程，2012，6（6）：151－152.

[41] 肖付民，刘雁春，暴景阳，徐卫明. 海道测量学概论 [M]. 北京：测绘出版社，2016.

[42] 胡圣武，肖本林. 现代测量数据处理理论与应用 [M]. 北京：测绘出版社，2016.

[43] 葛婷婷. 机载LiDAR技术在滩涂地形测量中的应用 [J]. 数字技术与应用，2014（2）：48－49.

[44] 段光磊. 冲积河流冲淤量计算模式研究 [M]. 北京：中国水利水电出版社，2016.

[45] 赵长胜. 测量数据处理研究 [M]. 北京：测绘出版社，2013.

[46] 张振军，谢中华，冯传勇. RTK测量精度评定方法研究 [J]. 测绘通报，2007（1）：26－28.

[47] 冯传勇，魏猛. 断面测量数据处理系统的设计与开发 [J]. 测绘通报，2011（4）：47－48，61.

[48] Millard K，Redden A M，Webster T，et al. Use of GIS and high Resolution LiDAR in salt marsh restoration site suitability assessments in the upper Bay of Fundy，Canad [J]. Wetlands Ecol Manage，2013（21）：243－262.

[49] Kloiber S M，Macleod R D，Smith A J，et al. A Semi－Automated，Multi－Source Data Fusion Update of a Wetland Inventory for East－Central Minnesota，USA [J]. 2015，35（2）：335－347.

[50] Eling C，Klingdeil L，Wieland M，et al. A Precise Position and Attitude Determination System for Lightweight Unmanned Aerial Vehicles [J]. ISPRS，2013：113－118.

[51] Mankoff K D，Russo T A. A Low－cost，high－resolution，short－range，3D camera [J]. Earth Surface Processes & Landforms，2013，38（9）：926－936.

[52] 余文畴. 长江河道演变与治理 [M]. 北京：中国水利水电出版社，2005.

[53] 王俊，田淳，张志林. 长江口河道演变规律与治理 [M]. 北京：中国水利水电出版社，2013.

[54] ［英］Paul D Groves. GNSS与惯性及多传感器组合导航系统原理 [M]. 练军想，等，译. 北京：国防工业出版社，2015.

[55] 阳凡林，暴景阳，胡兴树，等. 水下地形测量 [M]. 武汉：武汉大学出版社，2017.

[56] 赵建虎. 现代海洋测绘 [M]. 武汉：武汉大学出版社，2007.

[57] 吴宋仁. 海岸动力学 [M]. 北京：人民交通出版社，2004.

[58] 恽才兴. 长江河口近期演变基本规律 [M]. 北京：海洋出版社，2004.

[59] 吴敬文，朱巧云，黄金发. 水深测量中的质量控制与数据检查软件的开发 [J]. 海洋测绘，2016，36（05）：40－42，46.

[60] 赵建虎，刘经南. 多波束测深及图像数据处理 [M]. 武汉：武汉大学出版社，2008.

[61] 张小红. 机载激光雷达测量技术理论与方法 [M]. 武汉：武汉大学出版社，2007.

［62］ 张潮，冯传勇，张振军. 湖北 CORS 系统在长江固定断面测量中的应用［J］. 测绘与空间地理信息，2013，36（10）：124－126.

［63］ 张振军，冯传勇，孙错. 西部部分重要湖泊测深声速改正方法探讨［J］. 北京测绘，2014（2）：39－40，62.

［64］ 魏猛，冯传勇，徐大安. 无验潮测深技术中影响测深精度的几种因素及控制方法［J］. 测绘与空间地理信息，2014，37（9）：199－200，203.

［65］ 张振军，孙错，冯传勇，杨建. 利用 GPS 测高的水准测量粗差检测方法探讨［J］. 测绘通报，2014（9）：73－75.

［66］ 周丰年，周才扬. 水下地形测量中动态差分 GPS 测定船体姿态的实验研究［J］. 江苏测绘，2000（2）：21－23，26.

［67］ 肖付民，刘经南，刘雁春，朱小辰. 海洋测深波束角效应改正的海底倾斜角求解差分算法［J］. 武汉大学学报（信息科学版），2007（3）：238－241.

［68］ 徐晓晗，刘雁春，肖付民，暴景阳，李胜全. 海洋测深波束角效应和波浪效应的耦合作用与改正［J］. 海洋测绘，2003（6）：8－10，30.

［69］ 魏玉阔. 多波束测深假象消除与动态空间归位技术［D］. 哈尔滨：哈尔滨工程大学，2011.

［70］ 孙革. 多波束测深系统声速校正方法研究及其应用［D］. 青岛：中国海洋大学，2007.

［71］ 阳凡林，李家彪，吴自银，赵俐红，艾波. 多波束测深瞬时姿态误差的改正方法［J］. 测绘学报，2009，38（5）：450－456.

［72］ 管铮. 全球海洋洲深声速改正公式［J］. 海洋技术，1988，7（4）：102－104.

［73］ 于家城. 多波束声呐数字测深与改正模型［J］. 北京大学学报：自然科学版，2008，44（3）：429－433.

［74］ 赵建虎. 多波束测深系统的归位问题研究［J］. 海洋测绘，2003，23（1）：6－7，12.

［75］ 刘雁春. 海洋测深空间结构及其数据处理［M］. 北京：测绘出版社，2003.

［76］ 郭发滨，张卫红. 姿态传感器在水深测量中的应用［J］. 海洋测绘，2004，24（4）：56－58.

［77］ Hess K，R Schmalz，C Zervas，et al. Tidal Constituent And Residual Interpolation（TCARI）：A New Method for the Tidal Correction of Bathymetric Data［R］. Technical Report. National Oceanic and Atmospheric A dministration，1995.

［78］ William J. Capell，Sr. Determination of Sound Velocity Profile Errors Using Multibeam Data［C］. Proceeding of Oceans，1999：1144－1148.

［79］ Dell Grosso V A. New equation for the speed of sound in natural waters（with comparisons to other equations）［J］. Journal of the Acoustical Society of America，1974，56（4）：1084－1091.

［80］ HW Frye，JD Pugh. A New Equation for the Speed of Sound in Seawater［J］. Journal of the A-coustical Society of America，1971，50（50）：384－386.

［81］ Dinn D F，Loncarevic B D，Costello G. The Effect of Sound Velocity Errors on Multi－beam Sonar Depth Accuracy［J］. IEEE OCEANS'95. 1995（2）：1001－1010.

［82］ Rob HARE. Depth and Position Error Budgets for Multibeam Echosounding［J］. International Hydrographic Review，2003，72（2）：37－69.

［83］ Best J L and BRISTOW C S. Braided Rivers［M］. Lodon：Published by The Geological Society，1993.

［84］ Leo C van Rijn. Sediment Transport by Current and waves［D］. Deift Hydraulics，1989.

［85］ Sloff C J. Sedimentation in reservoirs［J］. Communications on Hydraulic and Geotechnical Engineering，1997.

［86］ 中国水利学会泥沙专业委员会. 泥沙手册［M］. 北京：中国环境科学出版社，1992.

［87］ 封光寅. 河流泥沙颗粒分析原理与方法［M］. 北京：中国水利水电出版社，2008.

［88］ 姜小俊，胡建炯，史永忠. 海底基岩高程测量中浅地层剖面仪数据处理方法研究［J］. 测绘科学，2008，33（5）.

［89］ 马菲. 泥沙颗粒运动规律及非线性分析［D］. 天津：天津大学，2012.

［90］ 黄磊，方红卫，陈明洪. 泥沙颗粒表面电荷分布的初步研究［J］. 中国科学：技术科学，2012，42（4）：395－401.

［91］ 周家俞，刘亚辉，吴门伍，王召兵，陈广云. 泥沙粒径与水流紊动关系试验研究［J］. 水动力学研究与进展：A辑，2006（5）：679－684.

［92］ 王维国，曹大卫，冯荆州. 金沙江白鹤滩水库变动回水区河床组成勘测调查［J］. 泥沙研究，2016（2）：57－60.

［93］ 孙昭华，曹绮欣，韩剑桥，黄颖. 二维贴体坐标系下的非均质河床组成空间插值［J］. 泥沙研究，2015（5）：69－74.

［94］ 崔承章，张小峰. 河床演变与河床组成的关系［J］. 泥沙研究，1996（2）：61－65.

［95］ 冷魁，王明甫. 非均匀卵石河床床沙位置的分布特性［J］. 长江科学院院报，1993（4）：35－42.

［96］ 夏军强，邓珊珊，周美蓉. 荆江河段崩岸机理及多尺度模拟方法［J］. 人民长江，2017，48（19）：1－11.

［97］ 张琳琳. 汛后落水条件下河岸崩塌的机理分析［D］. 杨凌：西北农林科技大学，2015.

［98］ 宗全利，夏军强，许全喜，邓春艳. 上荆江河段河岸土体组成分析及岸坡稳定性计算［J］. 水力发电学报，2014，33（2）：168－178.

［99］ 李世广，郝映红，隋金玲，等. 山西庞泉沟自然保护区河岸带鸟类群落组成与多样性研究［J］. 山西农业大学学报：自然科学版，2013，33（5）：420－424.

［100］ 李双江，谢龙. 长江上游塘土坝河段水流特性及河床演变分析［J］. 重庆交通大学学报：自然科学版，2013，32（4）：673－676，686.

［101］ 江凌，李义天，曾庆云，等. 上荆江分汊性微弯河段河床演变原因探讨［J］. 泥沙研究，2010（6）：73－80.

［102］ 张俊勇，陈立，刘林，等. 汉江中下游河道最佳弯道形态［J］. 武汉大学学报：工学版，2007（1）：37－41.

［103］ 许炯心，师长兴. 河漫滩地生态系统影响下的河型转化——以红山水库上游河道为例［J］. 地理学报，1995（4）：335－343.

［104］ 李德仁. 展望大数据时代的地球空间信息学［J］. 测绘学报，2016，45（4）：379－384.

［105］ 宁津生，王华，程鹏飞，等. 2000国家大地坐标系框架体系建设及其进展［J］. 武汉大学学报：信息科学版，2015，40（5）：569－573.

［106］ 李德仁，李明. 无人机遥感系统的研究进展与应用前景［J］. 武汉大学学报：信息科学版，2014，39（5）：505－513，540.

［107］ 李建成，褚永海，徐新禹. 区域与全球高程基准差异的确定［J］. 测绘学报，2017，46（10）：1262－1273.

［108］ 李建成，褚永海，姜卫平，等. 利用卫星测高资料监测长江中下游湖泊水位变化［J］. 武汉大学学报：信息科学版，2007（2）：144－147.

［109］ 李建成，宁津生，晁定波，等. 卫星测高在大地测量学中的应用及进展［J］. 测绘科学，2006（6）：19－23，3.

［110］ 桂新，秦海波，王胜平，等. 基于相关系数迭代法的水下地形测量时间延迟探测方法研究［J］. 测绘通报，2015（5）：57－59，62.

［111］ 史富贵. 水下地形测量成果质量检验若干问题探讨［J］. 测绘科学，2015，40（7）：109－112.

［112］ 刘经南，张小红，李征航. GPS测量原理及应用［J］. 武汉大学学报：信息科学版，2002（2）：111－117.

［113］ 赵建虎，张红梅. 水下地形测量技术探讨［J］. 测绘信息与工程，1999（4）：22－26.

[114] 张益泽，陈俊平，周建华，等. 北斗广播星历偏差分析及改正 [J]. 测绘学报，2016，45（S2）：64-71.

[115] 张建新，吴浩，袁凌云，等. 内陆湖泊水深测量的几何内插法与遥感反演法的对比研究 [J]. 测绘科学，2014，39（2）：150-153.

[116] 谭良，樊云，全小龙，等. 高原湖泊容积测量中的关键技术及应用 [J]. 人民长江，2012，43（10）：39-41.

[117] 段祝庚，赵建华. 用 RTK 进行带状地形图根控制测量的精度分析 [J]. 中南林业科技大学学报，2007（6）：122-126.

[118] 陈俊勇，刘经南，张燕平，等. 分布式广域差分 GPS 实时定位系统 [J]. 测绘学报，1998（1）：4-11.

[119] 胡荣明，杨成斌，陈晓娣. 测量数据处理的网络化模式 [J]. 测绘通报，2014（6）：71-74.

[120] 李鹏，沈正康，王敏. IGS 精密星历的误差分析 [J]. 大地测量与地球动力学，2006（3）：40-45.

[121] 洪樱，欧吉坤，彭碧波. GPS 卫星精密星历和钟差三种内插方法的比较 [J]. 武汉大学学报：信息科学版，2006（6）：516-518，556.

[122] 苏衍坤，赵泽平，赵亚蓓. 数字测图中的坐标变换方法 [J]. 海洋测绘，2005（2）：58-60.

[123] 郑崇启，梁玉保，李建民. 大比例尺地面数字测图的精度分析 [J]. 测绘通报，2004（11）：42-44.

[124] 邹进贵，潘正风，李军，等. 基于 Windows CE 的掌上电脑在数字测图中的开发与应用 [J]. 测绘通报，2001（4）：30-32.

[125] 刘志强，王解先. 广播星历 SSR 改正的实时精密单点定位及精度分析 [J]. 测绘科学，2014，39（1）：15-19，109.

[126] 罗海滨，何秀凤. 用 GPS 改正 InSAR 大气延迟误差的研究 [J]. 大地测量与地球动力学，2007（3）：35-38.

[127] 周建红. 荆江河道险工险段崩岸监测技术与预警方法探讨 [J]. 水利水电快报，2017，38（12）：12-16.

[128] 周建红，王泽民. 长江三峡库区水文观测吴淞高程系统的确定 [J]. 地理空间信息，2013，11（2）：127-129，12.

[129] 金兴平，周建红，许全喜. 长江三峡工程水文泥沙原型观测 [J]. 人民长江，2006（7）：6-8，17，112.

[130] 罗林，徐以盛，庄惠荣. 实时动态差分 GPS 与全站仪配合在航道测量中的应用 [J]. 海洋测绘，2005（2）：69-71.

[131] 肖付民，孙新轩，边刚，等. 自容式压力验潮仪水位观测值影响因素与改正 [J]. 海洋测绘，2014，34（2）：35-37，75.

[132] 肖付民，赵江，陈日高，夏伟. 三种验潮方法水位观测性能比较与统计分析 [J]. 海洋测绘，2009，29（3）：24-27.

[133] Mann D. GPS Techniques in Tidal Modeling [R]. The International Hydrographic Review，2007.

[134] 闫永辉，徐建新，吴文强，等. GPS-PPK 结合测深仪在水下地形测量中的应用 [J]. 人民黄河. 2013（5）.

[135] Zhao Jianhu，Hughes Clark J E，Brucker S，et al. On-the-fly GPS Tide Measurement Along Saint John River [R]. International Hydrographic Review，2004.

[136] Sameer Kumar，Kevin B. Moore. The Evolution of Global Positioning System（GPS）Technology [J]. Journal of Science Education and Technology，2002，11（1）：59-80.

[137] 梅文胜，周艳芳，周俊. 基于地面三维激光扫描的精细地形测绘 [J]. 测绘通报，2010（1）：53-56.